普通高等教育“十一五”国家级规划教材

高等学校数学系列教材

（第二版）

复变函数

■ 路见可 钟寿国 刘士强 编著

WUHAN UNIVERSITY PRESS
武汉大学出版社

图书在版编目(CIP)数据

复变函数/路见可,钟寿国,刘士强编著.—2版.—武汉:武汉大学出版社,2007.1(2018.2重印)
普通高等教育"十一五"国家级规划教材
ISBN 978-7-307-04820-1

Ⅰ.复… Ⅱ.①路… ②钟… ③刘… Ⅲ.复变函数—高等学校—教材 Ⅳ.O174.5

中国版本图书馆CIP数据核字(2005)第127765号

责任编辑:顾素萍　　责任校对:黄添生

出版发行:**武汉大学出版社**　(430072　武昌　珞珈山)
(电子邮件:cbs22@whu.edu.cn　网址:www.wdp.com.cn)
印刷:湖北民政印刷厂
开本:720×1000　1/16　印张:16.75　字数:269千字　插页:1
版次:1993年12月第1版　2007年1月第2版
2018年2月第2版第5次印刷
ISBN 978-7-307-04820-1/O·331　定价:28.00元

内 容 简 介

本书根据原国家教委理科数学力学教材编审委员会函数论及泛函分析编审组于1987～1989年期间议定的《复变函数（侧重应用）教材编写提纲》的基础上编写的。全书包括复数及复函数、解析函数基础、积分、级数、留数、解析开拓、共形映照、调和函数、解析函数应用共九章。

作为尝试，本书增添了高阶奇异积分和推广留数定理等具有实用价值的新内容；对教学难点的多值函数作了全新的处理；对柯西定理（同伦形式）、辐角原理、共形映照和解析函数唯一性定理等引进新的证明方法和叙述方式；对传统内容的现代化处理或不同程度的改进渗及全书各章。经过多年教学实践显示它是一本切实可教可学的教材。

本书可供综合大学基础数学、应用数学、计算数学、力学、天文学等专业及师范院校数学专业的本科生及部分工科专业的研究生作为教材，也可供物理专业、工程技术人员及自学者参考。

第二版序

自本书1993年第一版以来，不断地纠正印刷错误、改进欠妥之处、更换图形等，1999年、2001年作了两次修订，作为修订版。但总的说来，体系变动不大。本次第二版则有较多的补充和删改。

在第一版中，曾引进我们对本课程改革探索的新内容，这也激发了部分读者对深层次理论问题的诉求。本版试图在这方面作进一步完善和论证，以供读者参考。

关于初等多值函数分枝问题，我们提出了寻常点的概念，明确了枝点的定义，对有理函数的对数和有理函数的方根这两类常见的初等多值函数作了程式化处理的专门讨论，还提出了初等多值函数单值分枝的判定定理（即定理2.3)，其方法简单易行。但其定理的充分性证明不全（证明的全面展开需要足够的篇幅)，本版补充了详细的证明（见附录一)，专事讨论此问题。

为了介绍武汉大学在复分析积分理论的研究成果之一——推广的留数定理，我们引进了张度（绕度)、边界上关于区域的极点、反常复积分，特别是高阶奇异积分等新概念。在第一版中对二阶奇异积分定义的由来作了详细介绍以阐明Hadamard定义发散积分的思想，但读者似乎并不满足。为了了解一般的高整数阶奇异积分定义的由来，本版做了彻底释疑，见附录二。还有，在把反常实积分推广到反常复积分的过程中，需要光滑曲线上的弦弧不等式，本版增加了其证明。

以上的增补仅以本书内容需要为度，并不求全。有些好的内容考虑到篇幅也只好割弃。另外，本版对全书内容又作了一些订正和删改。由于水平所限，不当之处在所难免，恳请批评指正。

编 者
2006年11月

第一版序

复变函数是各类高等学校理工科的一门重要的专业基础课，目前国内外已有相当一批优秀的复变函数教材。根据国家教育部理科教材编审委员会的意见，希望再编写一本侧重应用方面的、较现代化的、有我国特色的教材，以适应我国教学的需要。本教材就是在这样的背景下编写的。

我们对“侧重应用”的理解是这样的：在材料的选择上，主要考虑到复变函数作为一种工具，在现代科学技术中有着重要的作用，因此要使学生能掌握其有用的基本理论和计算技巧，而不着重照顾条件不同的专业需要的特殊内容。否则，内容将非常庞大。另一方面，虽说是“侧重应用”，但我们认为，绝不能削弱基本概念、基本理论的阐述；虽然有些问题提法中的条件在便于应用情况下已适当加强（如只考虑以逐段光滑曲线而不考虑可求长曲线为边界的区域)，但在论证中却又不失逻辑的严密性。

要写一本“较现代化”切实可教可学的教材实在不是一件易事，对基础课来说尤其如此。我们注意吸收国内外复变函数教材中好的方面，适当引进了一些现代化的术语，而以不超越目前一般师生的条件为前提。此外，对某些重要定理（如柯西定理等）的证明，也参考了新近出现的以及我们的简洁证法。

复变函数中有些内容与数学分析重复较多，它是后者的自然推广，在这方面我们尽量压缩篇幅，而主要让学生总结其间的异同。根据我们的教学经验，初等多值函数是教学中的一个难点，而其困难是由于辐角的多值性而产生的；因此，教材中突出了辐角函数多值性的讨论，这样就为讨论多值的初等函数奠定了基础。在这方面我们还参考了林玉波教授关于多值函数单值分枝连续变化法的内容。这样的处理方法，实践证明是可行的，易于被学生接受。我们还添加了一些通常教材中所见不到的然而在实践中有重要应用的内容（如高阶奇异积分、推广的留数定理及其在计算实积分中的应用等)；有的内容用小字排出，供师生选用。

我们在各节后，常常出一些思考题以启发学生检验对所学内容是否正确掌握。在习题编排方面分两个层次，每节后的属基本习题，供学生复习巩固所学知识；每章末的习题则有一定综合性和技巧性，可供师生根据实际情况选用。较难的习题注有提示，计算题均有答案。

我们希望本教材适用于广大理工和师范院校本科生或研究生各有关专业。由于我们水平和经验所限，教材中很可能有许多不当和不妥之处，希广大师生和读者不吝指正。

编　者

1993 年 9 月

目　录

第一章　复数和复函数……………………………………………………………1
1.1　复数……………………………………………………………………1
1.1.1　复数域……………………………………………………………1
1.1.2　复数的几何表示…………………………………………………2
1.1.3　球极投影、复球面、无穷远点、扩充复平面……………………5
习题 1.1 ………………………………………………………………6
1.2　复变函数……………………………………………………………7
1.2.1　复变函数的概念…………………………………………………7
1.2.2　复变函数的极限与连续性………………………………………8
1.2.3　同伦概念和区域的连通性………………………………………9
1.2.4　辐角函数…………………………………………………………12
习题 1.2 ………………………………………………………………16
1.3　复数列和复级数……………………………………………………17
1.3.1　复数列和复数项级数……………………………………………17
1.3.2　复函数列和复函数项级数………………………………………18
习题 1.3 ………………………………………………………………19
第一章习题……………………………………………………………………19

第二章　解析函数基础…………………………………………………………21
2.1　解析函数……………………………………………………………21
2.1.1　导数及其几何意义………………………………………………21
2.1.2　解析函数概念……………………………………………………24
习题 2.1 ………………………………………………………………26
2.2　一些初等解析函数…………………………………………………27
2.2.1　多项式和有理函数………………………………………………27
2.2.2　指数函数…………………………………………………………27

2.2.3 三角函数和双曲函数 …… 29
2.2.4 对数函数 …… 30
2.2.5 幂函数和根式函数 …… 33
2.2.6 初等多值函数分枝问题 …… 36
2.2.7 有理函数的对数 …… 39
2.2.8 有理函数的方根 …… 42
2.2.9 反三角函数和反双曲函数 …… 44
习题 2.2 …… 45
第二章习题 …… 46

第三章 复积分 …… 48
3.1 复积分概念 …… 48
3.1.1 复积分的定义及计算 …… 48
3.1.2 复积分的基本性质 …… 51
习题 3.1 …… 52
3.2 基本定理 …… 53
3.2.1 柯西积分定理 …… 53
3.2.2 原函数 …… 58
习题 3.2 …… 61
3.3 基本公式 …… 62
3.3.1 柯西积分公式 …… 62
3.3.2 柯西导数公式 …… 64
3.3.3 柯西不等式 …… 66
3.3.4 莫瑞勒(Morera)定理 …… 66
习题 3.3 …… 67
3.4 反常复积分 …… 68
3.4.1 反常复积分的定义 …… 68
3.4.2 柯西主值积分 …… 71
3.4.3 高阶奇异积分 …… 74
习题 3.4 …… 75
第三章习题 …… 76

第四章 解析函数的级数理论 …… 78
4.1 一般理论 …… 78

4.1.1　复函数项级数的逐项积分和逐项求导 …… 78

4.1.2　幂级数及其和函数 …… 79

习题 4.1 …… 81

4.2　泰勒展式及惟一性定理 …… 82

4.2.1　解析函数的泰勒展式 …… 82

4.2.2　解析函数的惟一性 …… 88

4.2.3　最大模原理 …… 90

习题 4.2 …… 91

4.3　罗朗展式及孤立奇点 …… 93

4.3.1　解析函数的罗朗展式 …… 93

4.3.2　求罗朗展式的方法 …… 96

4.3.3　解析函数的孤立奇点 …… 99

4.3.4　整函数和亚纯函数 …… 105

习题 4.3 …… 106

第四章习题 …… 108

第五章　留数理论 …… 110

5.1　留数及其计算 …… 110

5.1.1　留数概念 …… 111

5.1.2　无穷远点处的留数 …… 114

5.1.3　边界点的情形 …… 115

习题 5.1 …… 117

5.2　留数定理及其推广 …… 117

5.2.1　留数定理 …… 117

5.2.2　推广的留数定理 …… 120

习题 5.2 …… 123

5.3　应用于积分计算 …… 124

5.3.1　单值解析函数的应用 …… 124

5.3.2　多值解析函数的应用 …… 128

习题 5.3 …… 134

5.4　辐角原理和儒歇(Rouché) 定理 …… 136

5.4.1　辐角原理 …… 136

5.4.2　儒歇定理 …… 138

习题 5.4 …… 139
第五章习题…… 140

第六章 解析开拓…… 143
6.1 解析开拓的概念和方法 …… 143
6.1.1 基本概念 …… 143
6.1.2 透弧开拓 …… 144
6.1.3 幂级数开拓 …… 147
习题 6.1 …… 150
6.2 完全解析函数及单值性定理 …… 150
6.2.1 完全解析函数和黎曼面 …… 151
6.2.2 单值性定理 …… 152
习题 6.2 …… 156
第六章习题…… 156

第七章 共形映照…… 157
7.1 分式线性映照 …… 157
7.1.1 共形性 …… 158
7.1.2 映照群、不动点 …… 159
7.1.3 三对对应点决定分式线性映照 …… 160
7.1.4 保圆周及侧 …… 161
7.1.5 保对称点 …… 163
7.1.6 三个特殊的分式线性映照 …… 165
习题 7.1 …… 168
7.2 共形映照的一般理论 …… 169
7.2.1 单叶解析函数的性质 …… 169
7.2.2 黎曼映照定理 …… 171
7.2.3 边界对应定理 …… 174
习题 7.2 …… 176
7.3 几个初等函数的映照 …… 176
7.3.1 指数与对数函数映照 …… 177
7.3.2 幂函数映照 …… 178
7.3.3 儒可夫斯基(Жуковский) 函数映照 …… 180
7.3.4 余弦函数映照 …… 182

习题 7.3 …… 183

7.4　综合实例 …… 184

7.4.1　已知函数求映照区域 …… 184

7.4.2　已知对应区域求映照函数 …… 185

习题 7.4 …… 194

第七章习题 …… 195

第八章　调和函数 …… 198

8.1　调和函数的概念及其性质 …… 198

8.1.1　调和函数与解析函数的关系 …… 198

8.1.2　极值原理 …… 201

8.1.3　波阿松(Poisson) 公式及均值公式 …… 202

习题 8.1 …… 203

8.2　狄里克来(Dirichlet) 问题 …… 204

8.2.1　一般狄里克来问题 …… 204

8.2.2　波阿松积分的性质 …… 205

8.2.3　圆域上的狄里克来问题 …… 207

8.2.4　上半平面的狄里克来问题 …… 208

习题 8.2 …… 209

8.3　许瓦兹(Schwarz)-克里斯多菲(Christoffel) 公式 …… 209

8.3.1　一般公式 …… 209

8.3.2　例 …… 213

习题 8.3 …… 216

第八章习题 …… 217

第九章　解析函数在平面场中的应用 …… 219

9.1　解析函数的流体力学意义 …… 219

9.1.1　复环流 …… 219

9.1.2　复势 …… 221

9.1.3　源(汇) 点、涡点 …… 222

9.1.4　偶极子 …… 223

习题 9.1 …… 224

9.2　柱面绕流与机翼升力计算 …… 224

9.2.1　圆盘绕流 …… 224

9.2.2　一般截面绕流 …… 226
9.2.3　机翼升力计算 …… 228
习题 9.2 …… 229

附录一　初等多值函数单值分枝判定定理充分性之证明 …… 230
附录二　高(整数)阶奇异积分定义由来详述 …… 239
习题答案或提示 …… 242

第一章　复数和复函数

1.1　复　　数

1.1.1　复数域

读者已熟悉了实数域$\mathbf{R}$. 在历史上，求解最简单的二次方程$x^2+1=0$便遇到了困难，它在$\mathbf{R}$中显然无根，为此就想象有一种新的数，$\mathrm{i}=\sqrt{-1}$为其根，因此$-\mathrm{i}$也是它的根. 这样，$x^2+1=0$就也有两个根$\pm\mathrm{i}$. 如果允许i参加四则运算，并服从实数的通常运算法则，就像一个代数文字那样，但遇到i^2则可改为-1. 这样，如读者所知，一般的二次方程$ax^2+bx+c=0$也就总有两个根. 然而在很长时间内，人们怀疑是否真的有这种数存在，因而把i起名为"虚数"，意即假想的数. 直到后来发现它有非常现实的意义(见1.1.2小节)，并依靠它可以解决不少过去不能解决的问题，还发现它有十分广泛的应用，才得到普遍的承认.

下面我们从逻辑上定义由实数域$\mathbf{R}$添加i后生成的复数域$\mathbf{C}$. 在实数域$\mathbf{R}$上面，添加一个新的形式的数i，此数称为虚数单位，并允许它可以和实数一起进行加法、减法、乘法的运算($1\cdot\mathrm{i}$仍记为i，$(-1)\cdot\mathrm{i}$记为$-\mathrm{i}$，$0\cdot\mathrm{i}$记为0)，并假定它们仍服从交换律、结合律、分配律；此外还规定$\mathrm{i}\cdot\mathrm{i}=\mathrm{i}^2=-1$(可以证明，这样一些规定是和谐的，即不会导致矛盾). 于是，这样的数一般可写成$z=a+b\mathrm{i}\ (a,b\in\mathbf{R})$，称为**复数**. 称$\bar{z}=a-b\mathrm{i}$为$z$的**共轭复数**.

我们有

$$(a+b\mathrm{i})\pm(c+d\mathrm{i})=(a\pm c)+(b\pm d)\mathrm{i},$$

$$(a+b\mathrm{i})\cdot(c+d\mathrm{i})=(ac-bd)+(ad+bc)\mathrm{i},$$

当且仅当$a=b=0$时，才称$a+b\mathrm{i}=0$；故$a+b\mathrm{i}\neq 0$就意味着a,b中至少有一个不为零. 除法也就可自然地作出如下：

$$\frac{c+di}{a+bi}=\frac{(c+di)(a-bi)}{(a+bi)(a-bi)}$$
$$=\frac{ac+bd}{a^2+b^2}+\frac{ad-bc}{a^2+b^2}\mathrm{i}\quad(a+b\mathrm{i}\neq 0).$$

换句话说，只要在上式左端分子、分母中各乘以分母($\neq 0$)的共轭复数便可计算除法. 这样，复数的四则运算可完全遵循实数的类似运算进行.

所有复数的集合按照以上运算法则并遵从 $\mathrm{i}^2=-1$ 的规则，构成一域，称为**复数域**，并记为 **C**.

复数 $z=a+b\mathrm{i}$ 中的 a 称为 z 的实部，记作 $\mathrm{Re}\,z$；b 称为 z 的虚部，记作 $\mathrm{Im}\,z$（两复数当且仅当它们的实、虚部分别相等时才称为**相等**）. 当 $b=0$ 时 $z=a+0\mathrm{i}=a$ 就是**实数**；当 $a=0$ 时 $z=0+b\mathrm{i}=b\mathrm{i}$ 称为**纯虚数**. 注意 $0=0+0\mathrm{i}$ 既是实数，也是纯虚数①. 因为 $z=a+b\mathrm{i}$ 的共轭复数 $\bar{z}=a-b\mathrm{i}$，显然 $\bar{\bar{z}}=z$，即 z 和 $\bar{z}$ 互为共轭复数. 此外，我们有明显的等式：

$$\mathrm{Re}\,z=\frac{z+\bar{z}}{2},\quad \mathrm{Im}\,z=\frac{z-\bar{z}}{2\mathrm{i}};$$

当 $\mathrm{Im}\,z=0$ 即 $z=\bar{z}$ 时 z 是实数，而当 $\mathrm{Re}\,z=0$ 即 $z=-\bar{z}$ 时 z 是纯虚数.

我们熟知，实数间有大小的区别，但复数间不能比较大小，这是复数域和实数域的一个重要不同，需特别注意.

1.1.2 复数的几何表示

在平面解析几何中，取定一直角坐标系 Oxy 后，可用一有序实数对 (a,b) 表示平面中任何一点 P，称 (a,b) 为 P 的坐标，a 为横坐标，b 为纵坐标（图 1-1）.

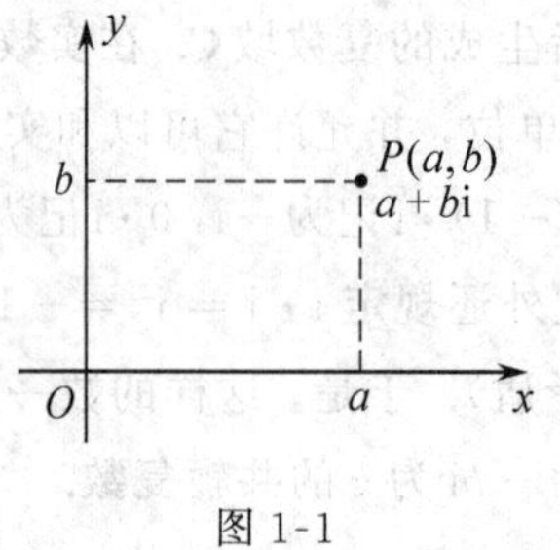

图 1-1

如果我们用复数 $a+b\mathrm{i}$ 来表示 P 的位置显然也是可以的，也就是说，取定一直角坐标系 Oxy 后，就可建立复数 $a+b\mathrm{i}$ 和点 $P(a,b)$ 之间的一个一一对应的关系. 这时我们称这个取定直角坐标系的平面为复平面，仍用 **C** 表示；$a+b\mathrm{i}$ 称为 P 点的复坐标或复数表示. 这是复数的一种几何表示法. x 轴上的点的复坐标是实数，因此 x 轴也称为**实轴**；y 轴上点的复坐标

① 有的作者把 $z=b\mathrm{i}$ 仅当 $b\neq 0$ 时才称作纯虚数；这样，0 不算作纯虚数. 但这样做是不方便的，我们不采用这种说法.

是纯虚数，因此 y 轴也称为**虚轴**.

复数还可用来表示平面向量. 如图 1-2，由复数 $a+b\mathrm{i}$ 决定了点 P（如前），因此也决定了一向量 $\overrightarrow{OP}$；反之向量 $\overrightarrow{OP}$ 决定一复数：P 的复坐标. 当然，复数 0 和零向量相对应. 向量的这种复数表示也很有用. 例如，向量的加减法和复数的加减法是等价的. 即，设

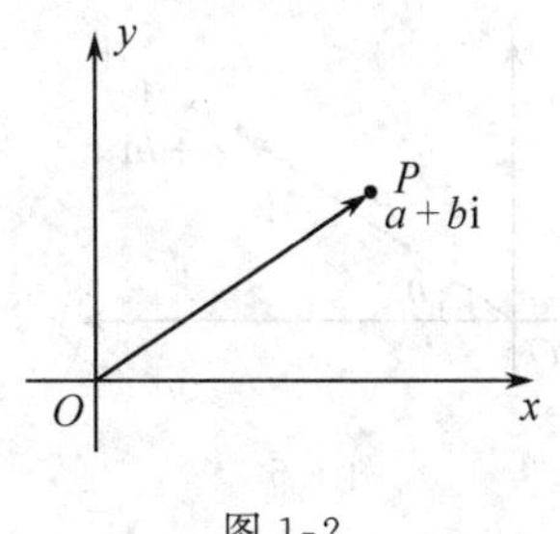

图 1-2

$$\overrightarrow{OP}=a+b\mathrm{i},\quad \overrightarrow{OQ}=c+d\mathrm{i},$$

按平行四边形规则，如 $\overrightarrow{OR}=\overrightarrow{OP}+\overrightarrow{OQ}$，正好有

$$\overrightarrow{OR}=(a+c)+(b+d)\mathrm{i}$$

（图 1-3）. 这在几何上立即可以证明.

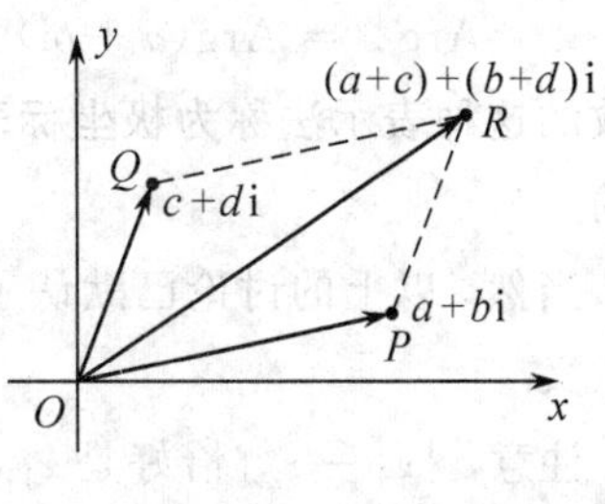

图 1-3

向量的数乘仍与复数和实数的乘法一致：如 $\overrightarrow{OP}=a+b\mathrm{i}$，$\lambda$ 为实数，则

$$\lambda\overrightarrow{OP}=\lambda(a+b\mathrm{i})=\lambda a+\lambda b\mathrm{i}.$$

但向量的内积和外积就与复数的乘法间没有自然的一致性了，这也是应引起注意的.

还应注意，若 P 和 Q 的复坐标分别为 $a+b\mathrm{i}$ 和 $c+d\mathrm{i}$，它们分别表示向量 $\overrightarrow{OP}$ 和 $\overrightarrow{OQ}$，则

$$\overrightarrow{OP}-\overrightarrow{OQ}=\overrightarrow{QP}$$

（图 1-4）；另一方面，$\overrightarrow{QP}$ 作为一自由向量，当把起点 Q 移到原点 O 时，它所对应的复数正好是

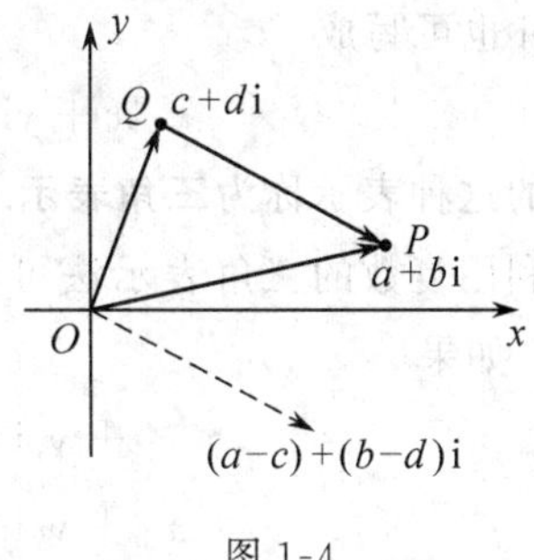

图 1-4

$$(a-c)+(b-d)\mathrm{i}=(a+b\mathrm{i})-(c+d\mathrm{i}).$$

我们不妨仍记 $\overrightarrow{QP}=(a-c)+(b-d)\mathrm{i}$. 这在以后的计算中也是非常有用的.

称 $\sqrt{a^2+b^2}$ 为复数 $z=a+b\mathrm{i}$ 的**模**或**绝对值**，记为 $|z|$. 由平行四边形法则，容易导出复数加减法的重要三角不等式，即若 z_1,z_2 都是复数，则

$$|z_1+z_2|\leqslant|z_1|+|z_2|,$$
$$|z_1-z_2|\geqslant\big||z_1|-|z_2|\big|.$$

我们已看到，复数 $a+b\mathrm{i}$ 可看做向量 $\overrightarrow{OP}$（图 1-5）；另一方面，向量 $\overrightarrow{OP}$ 可由其大小和方向决定：$\overrightarrow{OP}$ 的大小为 $|\overrightarrow{OP}|=\rho=\sqrt{a^2+b^2}$，其方向可由 $\overrightarrow{OP}$

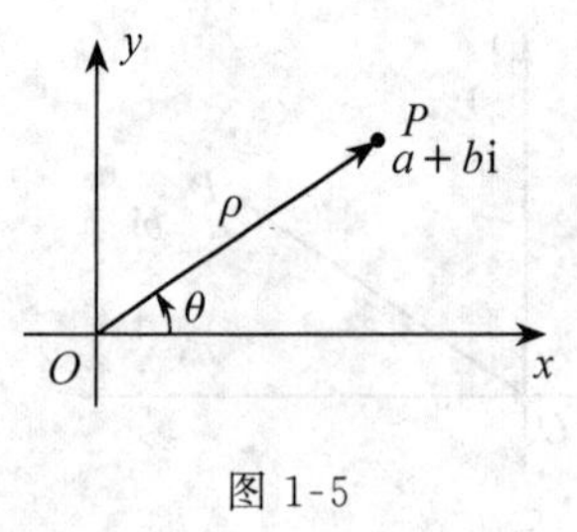

图 1-5

的倾角 θ 来决定(θ 可加减 2π 的整数倍).[①] 这也相当于 P 点的极坐标表示(把 O 点作为极点,x 轴作为极轴). 这样,对于复数 $a+bi$ 来说,它也可由 ρ,θ 决定,其中 ρ 为复数 $a+bi$ 的绝对值,也可写为 $|a+bi|$,而 θ(可加减 2π 的整数倍)称为它的**辐角**,记为 $\operatorname{Arg}(a+bi)$. 亦即,如果 $z=a+bi$,则

$$|z|=|a+bi|=\sqrt{a^2+b^2},$$

$$\operatorname{Arg} z=\operatorname{Arg}(a+bi)=\theta+2k\pi \quad (k=0,\pm 1,\pm 2,\cdots).$$

复数的这种表示法称为**极坐标表示**. 由于 k 可以取任何整数,因此 $\operatorname{Arg} z$ 是多值的.

当然,以上的讨论已默认了 $z\neq 0$. 若 $z=0$,当然有 $|z|=0$,但 $\operatorname{Arg} 0$ 没有意义.

注意,$|z_1-z_2|$ 恰好是 z_1,z_2 之间的距离,而 $\operatorname{Arg}(z_2-z_1)$ 是从 z_1 到 z_2 的向量的倾角.

由极坐标和直角坐标的关系 $x=\rho\cos\theta$, $y=\rho\sin\theta$,立即可知一个复数 $x+yi$ 也可写成

$$x+yi=\rho(\cos\theta+i\sin\theta).$$

复数的这种表示称为**三角表示**. 记 $e^{i\theta}=\cos\theta+i\sin\theta$(原因见 2.2.2 小节).

利用复数的三角表示法可以讨论复数之积、商、幂、方根的运算法则. 例如,如果

$$x_1+y_1 i=\rho_1(\cos\theta_1+i\sin\theta_1),$$

$$x_2+y_2 i=\rho_2(\cos\theta_2+i\sin\theta_2),$$

则有

$$(x_1+y_1 i)(x_2+y_2 i)=\rho_1\rho_2(\cos(\theta_1+\theta_2)+i\sin(\theta_1+\theta_2)).$$

由此可见,两复数相乘(除),其乘积(商)的模为模的乘积(商),而乘积(商)的辐角为辐角的和(差)[②](都可相差 2π 的整数倍). 同理,如果

$$x+yi=\rho(\cos\theta+i\sin\theta),$$

则当 n 为正整数时,有

---

① 注意,零向量没有确定的方向或倾角.

② 两复数相除时,需分母不为零.

$$(x + y\mathrm{i})^n = \rho^n(\cos n\theta + \mathrm{i}\sin n\theta).$$

而把开方看做乘方的逆运算时，有

$$(x + y\mathrm{i})^{\frac{1}{n}} = \sqrt[n]{\rho}\left(\cos\frac{2k\pi + \theta}{n} + \mathrm{i}\sin\frac{2k\pi + \theta}{n}\right),$$
$$k = 0, 1, \cdots, n - 1.$$

这就是我们熟知的复数 $x + y\mathrm{i}$ 的 n 次方根，其中$\sqrt[n]{\rho}$ 为算术根. ①

由本小节的讨论可以看出，复数确有非常现实的意义，而并不是虚无缥缈的了. 我们仍沿用“虚数”这一字眼，纯粹只是历史的原因罢了.

由于本书讨论的对象是复数，因此以后讲到的数如无特别声明，一概指的是复数.

思考题 1.1 解释集合等式

$$\mathrm{Arg}(z_1 z_2) = \mathrm{Arg}\, z_1 + \mathrm{Arg}\, z_2,$$
$$\mathrm{Arg}\left(\frac{z_1}{z_2}\right) = \mathrm{Arg}\, z_1 - \mathrm{Arg}\, z_2$$

的意义，其中 $z_1, z_2 \neq 0$.

思考题 1.2 说明作为集合等式，$\mathrm{Arg}\, z^2 = 2\mathrm{Arg}\, z$ 是错误的.

1.1.3 球极投影、复球面、无穷远点、扩充复平面

历史上，为了绘制地图的需要，有一个球极投影法，使球面上的点和平面上的点之间建立一种对应. 由于平面上的点可用复数表示，因此球面上的点也可用复数表示，就构成所谓**复球面**. 具体说明如下.

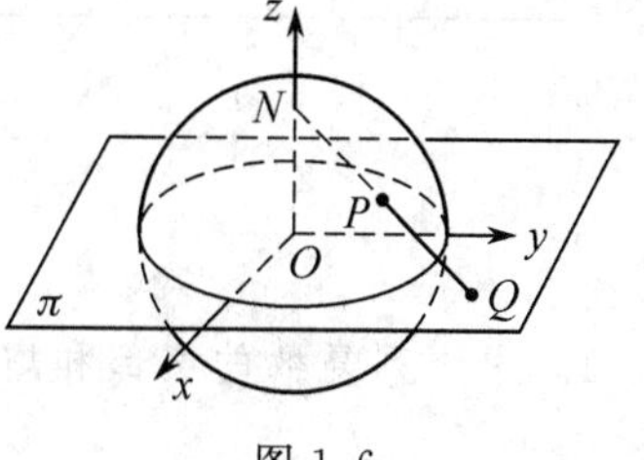

图 1-6

设想一球面 S，不妨认为是中心在原点的单位球面，设 xOy 平面为 π (图 1-6). 在球面上任取一点 P，从“北极”点 N 引一

① 若强调算术根，有时写为 $\sqrt[n]{\rho}_{+}$. 例如 $\sqrt{1}_{+} = 1$，而

$$\sqrt{1} = \sqrt{1}_{+}\left(\cos\frac{2k\pi}{2} + \mathrm{i}\sin\frac{2k\pi}{2}\right) = \pm 1.$$

根据上下文的意思两种根号容易区别. 对算术根，为书写简单，也可省去“+”号，把“+”号记在心中.

射线通过 P 点并延长交平面 π 于点 Q，Q 称为 P 的**球极投影**.

把 π 视为复平面 $\mathbf{C}$，设 Q 在 π 上的复坐标为 z. 于是，球面 S 上的任一点 P（除 N 外）就和点 Q 或 $\mathbf{C}$ 上的 z 对应；反之，任给 π 上一点 Q 或 $z\in\mathbf{C}$，也有 S 上一点 P（$\neq N$）与之相对应. 在通常的拓扑意义下，这种对应还是双方连续的. 当取动点 P（$\in S$）趋于 N 时，其对应点 Q 将在平面 π 中无限远离原点而无极限. 不妨称为点 Q 或 z "趋于无穷远"，记为 $z\to\infty$.

如果把平面 π 上无穷远看成一个理想的"点"，称为**无穷远点**(记为 ∞)，那么 π 上无穷远点在球极投影下和球面 S 上的北极点 N 相对应. 复平面 $\mathbf{C}$ 加上这个无穷远点 ∞ 就称为**扩充复平面**，记为 $\mathbf{C}_\infty$. 这样，球极投影建立起球面 S 和扩充复平面 $\mathbf{C}_\infty$ 的点之间的一一对应. 而且，N 在 S 上的一个邻域，例如，以 N 为中心的 S 上的一个小圆邻域将对应于 $\mathbf{C}_\infty$ 中以 O 为中心、相当大半径的圆的外域(包括 ∞ 点). 如果将这个圆的外域(或任何封闭曲线所围的外域)包括 ∞ 点在内看做 ∞ 点的邻域，则球极投影还可以看做 $\mathbf{C}_\infty$ 和 S 之间的双方连续对应，即拓扑映射. 因此，S 也称为**复球面**.

最后还有一点要略加说明. 数学分析中讲过的开集、闭集、开区域(以后简称为区域或域)、闭区域、邻域等定义在复平面 $\mathbf{C}$ 中仍成立；闭矩形套定理、有限覆盖定理也都成立.

> **思考题 1.3**　无穷远点在本课程中作为唯一的非正常复数而引进，那么这个复数的模、辐角、实部、虚部能否规定？无穷远点和数学分析中的无穷大量有何异同？

习　题　1.1

1. 求下列复数的实部和虚部：$\dfrac{1}{\mathrm{i}}$，$\dfrac{1+\mathrm{i}}{1-\mathrm{i}}$，$\left(\dfrac{1+\mathrm{i}}{1-\mathrm{i}}\right)^2$，$(1+\sqrt{2}\mathrm{i})^3$.

2. 求下列复数的模和辐角：$1+\mathrm{i}$，$\dfrac{1-\mathrm{i}}{2}$，$-\mathrm{i}$，$2-\mathrm{i}$.

3. 若 $z=x+\mathrm{i}y$，求 z^n 的实部和虚部；若 z 的模为 ρ，辐角为 θ，求 z^n 的实部和虚部(n 为自然数).

4. 求 $1+\mathrm{i}$ 和 $-\mathrm{i}$ 的 n 次方根.

5. 设 $z=x+y\mathrm{i}$，证明：

$$|x|(\text{或}\ |y|)\leqslant|z|\leqslant|x|+|y|\quad\text{及}\quad|z|\geqslant\frac{|x|+|y|}{\sqrt{2}}.$$

6. 证明：对任意复数 z_1, z_2 有

$$|z_1 \pm z_2|^2 = |z_1|^2 + |z_2|^2 \pm 2\mathrm{Re}(z_1 \overline{z_2}).$$

7. 求证：$|z_1+z_2|^2+|z_1-z_2|^2=2(|z_1|^2+|z_2|^2)$，并说明其几何意义.

8. 说明 $|z_1+z_2| \leqslant |z_1|+|z_2|$ 和 $|z_1-z_2| \geqslant ||z_1|-|z_2||$ 中等式成立的充要条件.

9. 指出 $z_1+z_2+z_3=0$ 的几何意义，并推广到 $z_1+z_2+\cdots+z_n=0$ 的情形.

10. 若 $|z|=1$，求证：$\left|\dfrac{az+b}{\bar{b}z+\bar{a}}\right|=1$.

11. 写出任意直线方程的复数形式.

12. 求证：$z\bar{z}+a\bar{z}+\bar{a}z+b=0$ 是一圆，其中 b 为实数，且 $|a|^2>b$，并指出其圆心的位置和半径大小. 若 $|a|^2=b$ 或 $<b$，又将如何？

13. 证明：球极投影中，球面 S 上的点 $P(x_1,x_2,x_3)$ 和 $\mathbf{C}$ 中对应点 $z=x+y\mathrm{i}$ 之间有关系式：

$$x_1=\frac{z+\bar{z}}{|z|^2+1},\quad x_2=\frac{z-\bar{z}}{\mathrm{i}(|z|^2+1)},\quad x_3=\frac{|z|^2-1}{|z|^2+1},$$

以及 $z=\dfrac{x_1+\mathrm{i}x_2}{1-x_3}$.

14. 求证：在球极投影下，S 上的圆投影成 $\mathbf{C}$ 平面上的圆. 在什么情况下，圆的投影为直线？

1.2 复变函数

1.2.1 复变函数的概念

我们已经熟悉(一元)实变函数 $f: D\ (\subset \mathbf{R}) \to \mathbf{R}$. 自然地，我们定义(一元或单)**复变函数**(或简称**复函数**)

$$f: D\ (\subset \mathbf{C}) \to \mathbf{C},$$

即复变函数 f 是 $\mathbf{C}$ 中某集合 D 到 $\mathbf{C}$ 的一个映射，也记为例如 $w=f(z)$，D 称为 f 的**定义域**，$f(D)$ 为 f 的**值域**. 如果把 w 看做另一复平面，则 $f: D \to \mathbf{C}$，$z \mapsto w=f(z)$ 可以看做 z 平面上的点集 D 到 w 平面的一个**映射**(**变换**).

有时我们还会遇到实变量的复值函数 $f: D\ (\subset \mathbf{R}) \to \mathbf{C}$ 或复变量的实值函数 $f: D\ (\subset \mathbf{C}) \to \mathbf{R}$，但它们都是一般复函数的特例，没必要单独讨论.

由于复变量可用实部和虚部表示：$z = x + \mathrm{i}y$，$w = u + \mathrm{i}v$，所以 $w = f(z)$，即

$$u + \mathrm{i}v = f(x + \mathrm{i}y) \tag{1.1}$$

实际上是一对二元实函数：

$$u = u(x,y),\quad v = v(x,y), \tag{1.2}$$

其中 $u(x,y) = \operatorname{Re} f(x+\mathrm{i}y)$，$v(x,y) = \operatorname{Im} f(x+\mathrm{i}y)$. 因此，从原则上讲，复变函数理论就是一对二元实函数的理论(这一原则无疑应牢记在心)，似乎没有另行讨论的必要. 但实际上，以后将看到，复函数的紧凑形式(1.1)在一定条件下有无比的优越性并形成一个重要的数学分枝 —— 单复变函数论或解析函数论，即本书所要讨论的基本内容.

有关实函数的一些概念，只要不涉及函数值大小的比较，很多可推广到复函数上来，例如奇(偶)函数、周期函数、有(无)界函数等. 而像单调性、上(下)界、确界这样的概念对复函数就不适用了.

当然，复函数也会有多值的情况，以后我们还要专门讨论它.

1.2.2 复变函数的极限与连续性

对实函数来说，我们已熟悉其极限的 ε-δ 定义，其中运用了绝对值不等式的概念和性质. 由于对复数而言，也有绝对值即模，且也有关于模的不等式(包括三角不等式)的性质，因此可毫无困难地定义复函数的极限. 例如，称复函数 $w = f(z)$ 当 $z \to z_0$ 时**有极限** A，记为 $\lim\limits_{z \to z_0} f(z) = A$，意即：$\forall \varepsilon > 0$，$\exists \delta > 0$，使当 $0 < |z - z_0| < \delta$ 时，恒有 $|f(z) - A| < \varepsilon$. 其几何意义也类似，不过实轴上的邻域 —— 开区间，现在要改为复平面中的邻域 —— 圆域，亦即，任给 w 平面上 A 的 ε- 圆邻域，必存在 z 平面中 z_0 的一个空心 δ- 圆邻域，使当 z 在这个空心邻域中时，$f(z)$ 在前面的圆邻域中.

仔细检查实分析中有关极限的一些性质，很多可推广到复函数中来，例如极限的四则运算、柯西(Cauchy) 准则等. 当然，某些例如像单调有界法则就不能搬到这里来，因为在复函数中，连单调函数这个概念都没有了. 同理，又如“两边夹法则” 在复函数中当然也没有.

还要注意一点，在扩充复平面 $\mathbf{C}_\infty$ 中，∞ 只是看做一个点，因此，$\lim\limits_{z \to z_0} f(z) = \infty$，$\lim\limits_{z \to \infty} f(z) = A$，$\lim\limits_{z \to \infty} f(z) = \infty$ 也可用绝对值(模)、不等式精

确定义；而一般说来，就没有什么 $+\infty$ 或 $-\infty$（除非是在某种特定情况下当 z 或 $f(z)$ 只取实值时）.

类似地也可以定义复函数的连续性：若

$$\lim_{z \to z_0} f(z) = f(z_0) \tag{1.3}$$

成立，则称 f 在 $z = z_0$ 处**连续**；若 f 在区域 D 的每一点都连续，则称 f 在 D 内连续；若 $\overline{D} = D + \partial D$ 为一有界闭区域，则所谓 f 在 $\overline{D}$ 上连续指的是它在 D 内连续，而对边界 ∂D 上任一点 z_0，只要求(1.3)中的 z 限制在 $\overline{D}$ 中趋于 z_0 即可. 自然还可用 ε-δ 方法引进一致连续的概念.

连续函数的许多性质如四则运算、连续函数的复合函数的连续性、有界闭集上的连续函数的有界性和一致连续性等易见也是成立的. 当然像介值性、最值性之类涉及函数值大小比较的实连续函数的性质就不能推广到复函数上来.

既然连续函数的四则运算法则对复函数成立，因此，z 的多项式(包括复系数的)在全平面连续，而有理函数在除掉使分母为零的点外也到处连续.

1.2.3 同伦概念和区域的连通性

在数学分析中，我们知道平面上一条连续曲线可以表示成

$$\begin{cases} x = x(t), \\ y = y(t) \end{cases} \quad (\alpha \leqslant t \leqslant \beta),$$

其中 $x(t), y(t)$ 是实连续函数. 因此，在复平面上的这条连续曲线 L 可以表示成

$$z = L(t) = x(t) + \mathrm{i}y(t) \quad (\alpha \leqslant t \leqslant \beta),$$

其中 $L(t)$ 是实变量的复连续函数，$L(\alpha)$ 和 $L(\beta)$ 称为 L 的端点. 若对于 (α,β) 上不同的两点 t_1, t_2 有 $L(t_1) = L(t_2)$，则称点 $L(t_1)$ 为曲线 L 的重点. 没有重点的连续曲线称为**简单曲线**或**约当**(Jordan) **曲线**. 两端点重合的简单曲线称为**简单封闭曲线**或**约当封闭曲线**. 若还在 $[\alpha,\beta]$ 上，$L'(t) = x'(t) + \mathrm{i}y'(t)$ 存在、连续且不为零，则称 L 为**简单光滑曲线**，或简称**光滑曲线**. 两端点重合(包括端点处的两单侧导数相等)的光滑曲线称为**封闭光滑曲线**(或**光滑封闭曲线**). 取 t 增加的方向为曲线的正向，$L(\alpha)$ 和 $L(\beta)$ 分别称为 L 的**起点**和**终点**. 取逆时针方向为简单封闭曲线的正向. 曲线 L 的反方向曲线记为 L^-，其参数方程为 $z = L(-t)$ $(-\beta \leqslant t \leqslant -\alpha)$. 在有界范围内由有限条光滑曲线首尾连结而成的且无重点的连续曲线称为**逐段光滑曲线**.

设 $L_0, L_1: [0,1] \to D$ 是区域 D 内的两条具有相同的起点和终点的连续

曲线. 若存在连续函数 ψ: $[0,1]\times[0,1]\to D$, 使得

(1) $\psi(t,0)=L_0(t)$, $\psi(t,1)=L_1(t)$, $0\leqslant t\leqslant 1$; (1.4)

(2) $\psi(0,s)=L_0(0)=L_1(0)$, $\psi(1,s)=L_0(1)=L_1(1)$, $0\leqslant s\leqslant 1$, (1.5)

则称 L_0 和 L_1 在 D 内**同伦**, 记为 $L_0\sim L_1(D)$, 或简记为 $L_0\sim L_1$. 称 ψ 为从 L_0 到 L_1 的**伦移**.

任意固定一个 $s\in[0,1]$, ψ_s: $[0,1]\to D$ 是 D 内一条由起点 $L_0(0)$ 到终点 $L_0(1)$ 的连续曲线. 当 s 从 0 变到 1 时, 就得一连续曲线族 ψ_s. 因此, 直观地说, 同伦的意思是: 存在 ψ_s 这样一个连续曲线族, 通过它可由 L_0 连续地变形到 L_1 而不离开区域 D (图 1-7 (a),(b)).

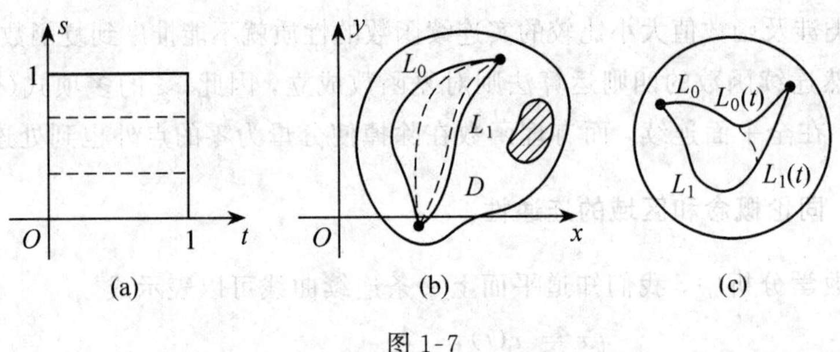

图 1-7

例如, 在圆盘内或在全平面上具有相同起点和终点的两条连续曲线 L_0, L_1 总是同伦的, 这是因为圆盘和全平面都具有凸性, 我们可取 $\psi(t,s)=sL_1(t)+(1-s)L_0(t)$ 作为伦移(图 1-7 (c)).

若 L_0,L_1: $[0,1]\to D$ 是区域 D 内的两条连续封闭曲线, 存在连续函数 ψ: $[0,1]\times[0,1]\to D$, 除(1.4) 成立外, 还使

$$\psi(0,s)=\psi(1,s),\quad 0\leqslant s\leqslant 1 \tag{1.6}$$

成立, 则称 L_0 和 L_1 在 D 内**同伦**.

若 $L_1(t)\equiv$ 常数, 即 L_1 只是一个点, 则称 L_1 为一条**零曲线**; 若 L_0 和零曲线同伦, 就记为 $L_0\sim 0$.

若 L_0,L_1: $[0,1]\to D$ 是区域 D 内的两条光滑(闭) 曲线, 在 D 内同伦, 且 ψ,ψ_t',ψ_s' 在 $R=[0,1]\times[0,1]$ 上连续, 则称 L_0 和 L_1 在 D 内**光滑同伦**.

可以证明(证略), 若 L_0,L_1 是光滑(闭) 曲线且在 D 内同伦, 必存在光滑的伦移, 使 L_0 和 L_1 在 D 内光滑同伦, 也就是说, 一定存在一个使 ψ,ψ_t',ψ_s' 在 R 上连续的伦移, 即 ψ_s 中的每一条曲线是光滑的.

将 D 中所有简单封闭曲线分类，使彼此同伦的曲线归入同一类(因同伦关系满足等价关系的自反律、对称律、传递律，所以这种分类是可能的). L 所属的类不妨记为$[L]$，而零曲线所属的类记为$[0]$. 如果区域中仅含有$[0]$类，称这个区域为**单连通区域**，否则称为**多连通区域**.

例如，在复平面 $\mathbf{C}$ 中，一条简单封闭曲线所围的内域 D 是单连通的. 因为其内的任何一条简单封闭曲线 L 所围的内域 G 仍在 D 内，而 L 显然可在 G 内从而在 D 内连续收缩于一点. 同样，整个平面 $\mathbf{C}$ 也是单连通域.

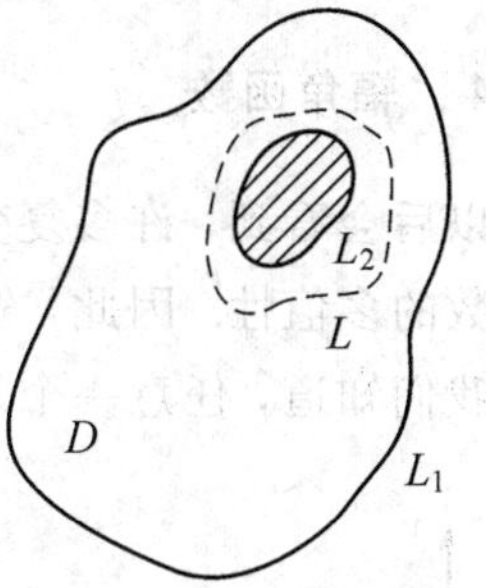

在 $\mathbf{C}$ 中，两条简单封闭曲线 L_1, L_2 (L_2 完全位于 L_1 所围的内域) 之间的区域 D 是多连通的(图 1-8). 因为除同伦于 0 的曲线外，在 D 内还存在这样的 L，它围住了 L_2，而不能在 D 内连续收缩于一点，即不同伦于 0：$[L]\neq[0]$；而且，D 中任何简单封闭曲线 L' 或者没有围住 L_2：$L'\sim 0$，或者围住了 L_2：$L'\sim L_2$. 这种区域称为**二连通的**. 又如，D 由 L_1 所围内域并挖去其内一个点 P 所成的区域也是二连通的.

图 1-8

同样，$\mathbf{C}$ 中一条简单封闭曲线 L 所围的外域 D 也是二连通的(图 1-9). 因为完全在 D 内而围住 L 的 L' 也不能在 D 内连续收缩于一点. 同样，$\mathbf{C}$ 中去掉一点 P 后所成的区域也是二连通的.

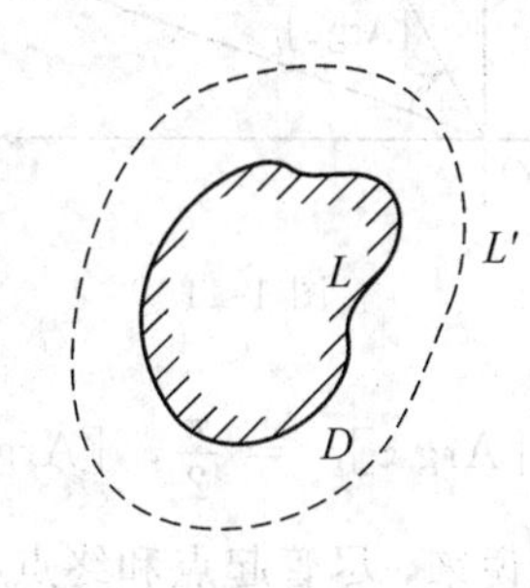

图 1-9

前面所述同伦和连通性概念还可推广到球面 S 上的区域 D，只要把 L 理解为球面上的连续封闭曲线. 例如，整个球面 S 就是单连通域. 但要注意，球面上去掉一个简单封闭曲线所围的一块或者球面去掉一点所成的区域仍是单连通的.

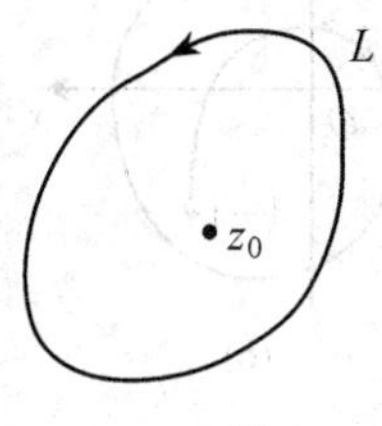

图 1-10

由于扩充复平面 $\mathbf{C}_\infty$ 和球面有相同的拓扑结构，所以，整个 $\mathbf{C}_\infty$ 或 $\mathbf{C}_\infty$ 中挖去一点的区域都是单连通区域. 还可以这样来看：设 D 是 $\mathbf{C}_\infty$ 中挖去一点 z_0 的区域，则任一简单封闭曲线 L 在 D 内同伦于 0. 因为若 L 没有围绕 z_0 则显然 $L\sim 0$. 若 L 围绕 z_0 (图1-10)，则 L 仍可在 D 内连续“收缩”（实际上是扩展）到一点：无穷远点，所以仍有 $L\sim 0$. 同样在$\mathbf{C}_\infty$中，由一条简单封闭曲线 L 所围的外域 D 也是单连通的.

所以，特别要注意的是，对于平面中的一个无界区域 D（其边界不延伸到无穷远），究竟单连通或否，一定要清楚一个前提：是在复平面 $\mathbf{C}$ 中还是在扩充复平面 $\mathbf{C}_\infty$ 中讨论. 如果 D 是一有界区域，则由于不存在 D 中的简单封闭曲线能在 D 内连续“收缩到 ∞”这一问题(因 ∞ 不可能是 D 的内点)，因此，D 在 $\mathbf{C}$ 或 $\mathbf{C}_\infty$ 中的单连通性是一致的.

1.2.4 辐角函数

以后会看到，许多复变量的初等函数是多值的，而其多值性源于所谓辐角函数的多值性. 因此，先弄清楚辐角函数是很有好处的.

我们知道，任意一个复数 z $(\neq 0)$ 都有无穷多个辐角. 因此，辐角函数 $w=\operatorname{Arg} z$ 是一个多值函数，它的定义域是 $\mathbf{C}-\{0\}$.

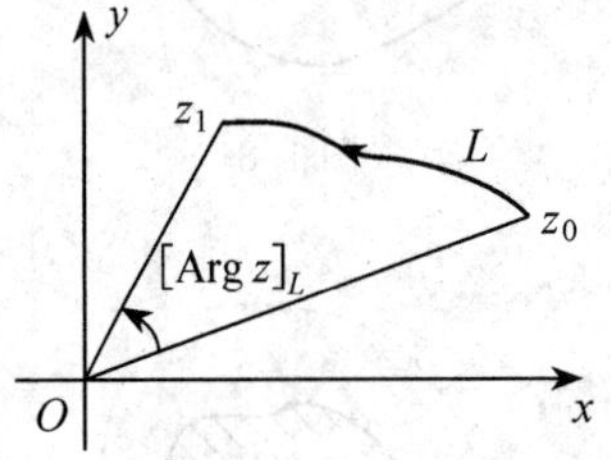

图 1-11

设 L 是 $\mathbf{C}-\{0\}$ 内一条简单曲线，z_0 是 L 的起点，z_1 是 L 的终点. 当 z 沿 L 从 z_0 连续变动到 z_1 时，$\overrightarrow{Oz}$ 所旋转的角称为 $\operatorname{Arg} z$ 在 L 上的改变量，简称辐角改变量，记为 $[\operatorname{Arg} z]_L$（图 1-11），例如，对图 1-12 中的三条有相同起点和终点的简单曲线，我们有

$$[\operatorname{Arg} z]_{L_1}=\frac{\pi}{2},\quad [\operatorname{Arg} z]_{L_2}=-\frac{3\pi}{2},\quad [\operatorname{Arg} z]_{L_3}=2\pi+\frac{\pi}{2}=\frac{5\pi}{2}.$$

一般说来，尽管起点和终点相同，但若曲线不同，其辐角改变量也不尽相同，它们要相差 2π 的一个整数倍. 那么，在什么条件下，起点和终点相同的不同

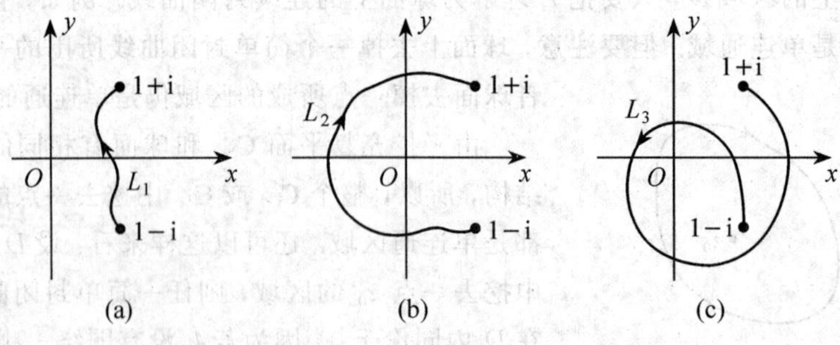

图 1-12

曲线上的辐角改变量相等呢？当且仅当在区域 $\mathbf{C}-\{0\}$ 内 $L_0\sim L_1$ 时，才有 $[\operatorname{Arg} z]_{L_0}=[\operatorname{Arg} z]_{L_1}$. 这是因为，这时 L_0 可不通过原点连续变形到 L_1，而在连续变形中，$[\operatorname{Arg} z]_{L_0}$ 的值也要连续变到 $[\operatorname{Arg} z]_{L_1}$ 的值，就不能从原来的值一下作 2π 的跳跃，从而只能保持原值. 同样地，若 L_0,L_1 为 $\mathbf{C}-\{0\}$ 中的简单封闭曲线，则当且仅当 $L_0\sim L_1$ 时，有 $[\operatorname{Arg} z]_{L_0}=[\operatorname{Arg} z]_{L_1}$. 若 L_1 是零曲线，则显然有 $[\operatorname{Arg} z]_{L_1}=0$. 由于区域 $\mathbf{C}-\{0\}$ 内任一不围绕 0 点的简单封闭曲线 L_0 都能连续收缩到一点，即 $L_0\sim 0$. 因此，

(1) 若简单封闭曲线 $L\subset\mathbf{C}-\{0\}$，则有

$$[\operatorname{Arg} z]_{L^{\pm}}=\begin{cases}0, & z=0\text{ 在 }L\text{ 外部},\\ \pm 2\pi, & z=0\text{ 在 }L\text{ 内部};\end{cases}\tag{1.7}$$

此外，显然有

(2) $$[\operatorname{Arg} z]_L=-[\operatorname{Arg} z]_{L^-};\tag{1.8}$$

(3) 若 $L=L_1+L_2$，且 L_1 的终点为 L_2 的起点，则

$$[\operatorname{Arg} z]_L=[\operatorname{Arg} z]_{L_1}+[\operatorname{Arg} z]_{L_2}.\tag{1.9}$$

设 L 是 $\mathbf{C}-\{0\}$ 内的一条简单曲线，z_0 是 L 的起点，z 是 L 的终点. 在 z_0 取定 $\operatorname{Arg} z$ 的一个值记为 $\arg z_0$，称为 $\operatorname{Arg} z$ 在 z_0 的初值. 我们把 $\arg z_0+[\operatorname{Arg} z]_L$ 称为 $\operatorname{Arg} z$ 在 z 的终值，记为 $\arg z$，即

$$\arg z=\arg z_0+[\operatorname{Arg} z]_L,\tag{1.10}$$

亦即，当自变量从起点 z_0 沿 L 连续变到终点 z 时，辐角函数 $\operatorname{Arg} z$ 从初值 $\arg z_0$ 连续变动到终值 $\arg z$. $\arg z$ 依赖于起点的初值和辐角改变量. 根据辐角改变量的定义，$[\operatorname{Arg} z]_L$ 仅依赖于起点、终点和曲线的形状，而与起点的初值无关. 所以 $\arg z$ 依赖于起点、起点的初值、终点和曲线的形状.

多值函数运用起来极不方便. 我们希望能将 $\operatorname{Arg} z$ 分解为若干个单值连续函数. 由(1.10)，我们看到，即使固定起点 z_0，取定初值 $\arg z_0$，由于 $[\operatorname{Arg} z]_L$ 在 $\mathbf{C}-\{0\}$ 内与 L 的形状有关，对于任一 $z\in\mathbf{C}-\{0\}$，$\arg z$ 都不是唯一的. 因此，在 $\mathbf{C}-\{0\}$ 内 $\operatorname{Arg} z$ 是不能分解为单值连续函数的. 这样自然会想到，缩小区域能否行呢？行不行的关键在于寻找这样的区域，使得辐角改变量只与起点、终点位置有关而与曲线的形状无关. 由(1.7)可知，只要能使区域内任一简单封闭曲线都不围绕 0 点，辐角改变量在这个区域内就与曲线的形状无关. 因此，我们将复平面 $\mathbf{C}$ 沿正实轴(包括原点)“剪”开而成一单连通开区域，记为 D，其边界就是“剖线”—— 正实轴. 但剖线上同一位置(除 0 点及 ∞ 点外)要看成其上、下岸的两个不同点(图 1-13)，即剖线的上、下岸

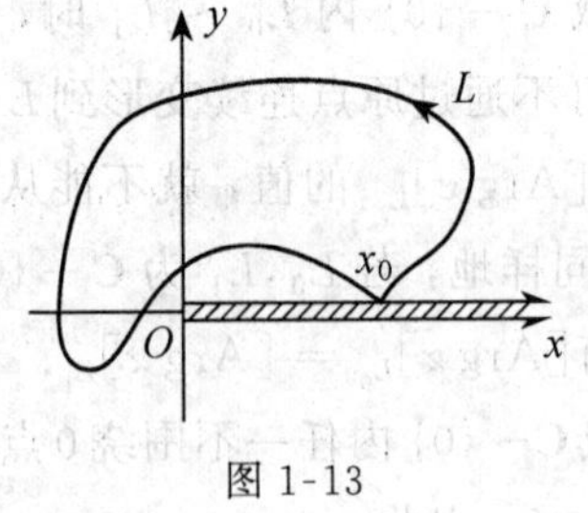

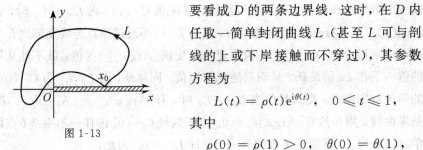

图 1-13

要看成 D 的两条边界线. 这时，在 D 内任取一简单封闭曲线 L（甚至 L 可与剖线的上或下岸接触而不穿过），其参数方程为

$$L(t)=\rho(t)\mathrm{e}^{\mathrm{i}\theta(t)},\quad 0\leqslant t\leqslant 1,$$

其中

$$\rho(0)=\rho(1)>0,\quad \theta(0)=\theta(1),$$

定义伦移 $\psi(t,s)$：

$$\psi(t,s)=[-s\rho(0)+(1-s)\rho(t)]\mathrm{e}^{\mathrm{i}(1-s)\theta(t)}.$$

$\psi(t,s)$ 在 $[0,1]\times[0,1]$ 上连续，对一切 (t,s)，$\psi(t,s)\in D$，且

$$\psi(t,0)=L(t),\quad \psi(t,1)=-\rho(0),\quad \psi(0,s)=\psi(1,s),$$

故 $L\sim 0(D)$. 从而有 $[\operatorname{Arg} z]_L=0$. 于是，对于位于 D 内的任一简单曲线，$[\operatorname{Arg} z]_L$ 将只与 L 的起点和终点有关，而与曲线的形状无关. 在 D 内固定起点 z_0，取定初值 $\arg z_0$，则 $\arg z=\arg z_0+[\operatorname{Arg} z]_L$ 就是终点 z 的单值连续函数. 如果取定初值 $\arg z_0+2\pi$，则得另一个单值连续函数

$$\arg z+2\pi=\arg z_0+2\pi+[\operatorname{Arg} z]_L.$$

一般说来，如果取初值 $\arg z_0+2k\pi$（k 为整数），则得到一个单值连续函数 $\arg z+2k\pi$. 这样一来，我们就在 D 内把 $\operatorname{Arg} z$ 分成无穷多个单值连续函数

$$\arg z+2k\pi,\quad z\in D,\ k\in J\ (J\text{ 为整数集}).$$

每一个单值连续函数称为 $\operatorname{Arg} z$ 在 D 内的一个单值连续分枝. 如果取定起点为正实轴上岸的一点 $x_0>0$，取定初值 $\arg x_0=0$，则得到单值连续分枝 $\arg z$，有 $0\leqslant \arg z\leqslant 2\pi$；如果限制 z 在开区域 D 内，则 $0<\arg z<2\pi$.①这时，我们可以把 $\operatorname{Arg} z$ 表示为

$$\operatorname{Arg} z=\arg z+2k\pi\quad (0\leqslant \arg z\leqslant 2\pi,\ k\in J).\tag{1.11}$$

同样，如果我们将 $\mathbf{C}$ 沿负实轴(包括原点）剖开，并将负实轴上岸某点的辐角取作 π，则可把 $\operatorname{Arg} z$ 表示为

$$\operatorname{Arg} z=\arg z+2k\pi\quad (-\pi\leqslant \arg z\leqslant \pi,\ k\in J).\tag{1.12}$$

一般说来，取连结 0 点和 ∞ 点的简单曲线作剖线，将复平面 $\mathbf{C}$ 剖开所得区域内，$\operatorname{Arg} z$ 都可分解为无穷多个单值连续分枝. 由于原点 0 和 ∞ 具有这种特殊地位，我们称 0 点和 ∞ 点为 $\operatorname{Arg} z$ 的**分枝点**或**枝点**.

---

① 许多作者把这个单值分枝称为 $\operatorname{Arg} z$ 的主值而记为 $\arg z$，但“主值”常常并不是讨论中主要之值，因此本书不着重用这个名称.

综上所述，$\mathrm{Arg}\,z$ 的单值分枝首先取决于剖线. 剖线相同，初值不同是不同的分枝. 例如取正实轴(包括原点)为剖线，取 $z=1$ 上岸 $\arg 1=0$ 与 $\arg 1=2\pi$，则相应 $\arg \mathrm{i}$ 之值分别为 $\frac{\pi}{2}$ 和 $\frac{5\pi}{2}$；如果剖线不同，即使初值相同，仍是不同的分枝. 例如剖线分别取正实轴与负实轴(均含原点)，取初值 $\arg \mathrm{i}=\frac{\pi}{2}$，则分别得到 $\arg(-\mathrm{i})$ 之值为 $\frac{3\pi}{2}$ 和 $-\frac{\pi}{2}$. 总之，$\mathrm{Arg}\,z$ 单值分枝之值是由剖线与初值共同决定的.

我们回到图 1-13 中的区域 D，今记为 D_0，剖线即正实轴的上、下岸分别记为 l_0^+ 和 l_0^-，并记已在 D_0 中取定 $\mathrm{Arg}\,z$ 的一分枝 $\arg_0 z$：$0\leqslant \arg_0 z\leqslant 2\pi$. 我们另取一平面，又作一同样剪开的图形，并记其区域为 D_1，剖线(也是正实轴)的上、下岸分别记为 l_1^+ 和 l_1^-，且在 D_1 中取 $\mathrm{Arg}\,z$ 的一分枝 $\arg_1 z$：$2\pi\leqslant \arg_1 z\leqslant 4\pi$. 我们设想，将这两个平面叠在一起，例如不妨把后者置于上层，且正实轴也叠在一起. 对正实轴上任何一位置 x，它在 D_0 下岸的辐角 $\arg_0 x_{\text{下}}=2\pi$，而在 D_1 上岸的辐角 $\arg_1 x_{\text{上}}$ 也是 2π，即对于正实轴上任何位置 x，$\arg_0 x_{\text{下}}$ 和 $\arg_1 x_{\text{上}}$ 的值恒同. 所以，如果我们设想把 D_0 剖线的下岸和 D_1 剖线的上岸粘在一起，构成一个覆叠区域 D，我们就得到在 D 上的单值连续函数 $\arg z$ $(0\leqslant \arg z\leqslant 4\pi)$，而 D 的边界现在是 D_0 剖线的上岸和 D_1 剖线的下岸.

一般地，如果用第 k 个平面作同样剪开的区域 D_k $(k=0,\pm 1,\pm 2,\cdots)$，在其中取单值分枝 $\arg_k z$ 和

$$2k\pi\leqslant \arg_k z\leqslant 2(k+1)\pi,$$

并把 D_k 的剖线的下岸 l_k^- 和 D_{k+1} 的剖线的上岸 l_{k+1}^+ 粘合在一起，就会得到一个理想的无穷多层覆叠在一起的“区域” D，这时 $\mathrm{Arg}\,z$ 就可看成 D 上的单值连续函数了. 图 1-14 画出了 D 的几个层.

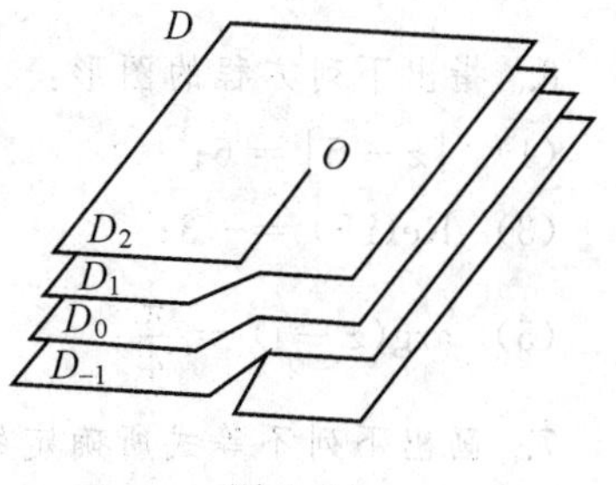

图 1-14

用这样的方法使多值函数在 D 上单值化的思想非常重要，这是近代函数论中的重要分枝 —— **黎曼**(Riemann)**面**的思想背景. 关于黎曼面的一般介绍以后还会讲到.

以上只讨论了 $\mathrm{Arg}\,z$，当然可同样地讨论 $\mathrm{Arg}(z-z_0)$ (z_0 为一固定点)，这只要在以上的讨论中把原点换作 z_0 即可，这时其枝点为 z_0 和 ∞ 点.

思考题 1.4 取定 $\arg z$ 某一确定分枝时，其辐角变动范围是否必定不超过 2π？

思考题 1.5 取定 $\arg z$ 一确定单值分枝，举例说明下面等式一般不成立：

$$\arg(z_1 z_2) = \arg z_1 + \arg z_2, \quad \arg\left(\frac{z_1}{z_2}\right) = \arg z_1 - \arg z_2,$$

何时等式成立？

习 题 1.2

1. 证明：$\lim\limits_{z \to z_0} f(z) = A$ ($A = a + \mathrm{i}b$, $z_0 = x_0 + \mathrm{i}y_0$, $f(z) = u(x,y) + \mathrm{i}v(x,y)$) 的充要条件是

$$\lim_{\substack{x \to x_0 \\ y \to y_0}} u(x,y) = a, \quad \lim_{\substack{x \to x_0 \\ y \to y_0}} v(x,y) = b.$$

2. 证明：$f(z) = u(x,y) + \mathrm{i}v(x,y)$ ($z = x + \mathrm{i}y$) 在 z 处连续的充要条件为实函数 $u(x,y)$ 和 $v(x,y)$ 在 (x,y) 处连续.

3. 讨论辐角函数 $w = \arg z$，$0 \leqslant \arg z < 2\pi$ 在 $\mathbf{C}$ 上的连续性.

4. $f_1(z) = \mathrm{e}^{-\frac{1}{|z|}}$，试问它在 $0 < |z| < 1$ 内是否一致连续？$f_2(z) = \mathrm{e}^{\frac{1}{|z|}}$ 在 $0 < |z| < 1$ 内呢？

5. 下列参数方程代表什么曲线？其中 $-\infty < t < +\infty$.

(1) $z = t + \mathrm{i}$；　(2) $z = t + \mathrm{i}t^2$；　(3) $z = t^2 + \dfrac{\mathrm{i}}{t^2}$.

6. 指出下列方程的图形：

(1) $|z - 5| = 6$；　(2) $|z + \mathrm{i}| = |z - \mathrm{i}|$；

(3) $\mathrm{Re}(\mathrm{i}\,\bar{z}) = -3$；　(4) $|z + 3| + |z + 1| = 4$；

(5) $\arg(z - \mathrm{i}) = \dfrac{\pi}{4}$；　(6) $\mathrm{Im}\,\dfrac{1}{z} = 1$.

7. 画出下列不等式所确定的 z 的域，并指出是开区域还是闭区域？是单连通域还是多连通域？是有界域还是无界域？在 $\mathbf{C}_\infty$ 内又将怎样？

(1) $|z - 1| > 1$；　(2) $2 < |z - 1| < 3$；

(3) $\left|\dfrac{1}{z}\right| > 3$；　(4) $-1 \leqslant \mathrm{Re}\, z \leqslant 2$；

(5) $\operatorname{Im} z \leqslant 0$；　　　　(6) $|\arg z| < \frac{\pi}{3}$；

(7) $\operatorname{Re}\frac{1}{z} < 1$；　　　　(8) $\operatorname{Im} z^2 \geqslant 1$.

8. 函数 $w = \frac{1}{z}$ 把下列 $z\ (= x + \mathrm{i}y)$ 平面上的曲线映射成 w 平面上怎样的曲线？

(1) $x^2 + y^2 = 4$；　　　　(2) $y = x$；

(3) $x = 1$；　　　　(4) $(x-1)^2 + y^2 = 1$.

9. 证明：对星形域(即域 D 内存在一点 α，使 D 内任一点与 α 的连线段落入 D) 内任一简单封闭曲线 L 都有 $L \sim 0$.

10. $\operatorname{Arg} z$ 在圆环 $1 < |z-3| < 3$ 及 $0 < |z| < \rho$ 内能否分成单值连续分枝？为什么？

11. 作出 4 个能使 $\operatorname{Arg}(z-\mathrm{i})$ 分成单值连续枝的剖线区域.

12. 设 L：$|z-3\mathrm{i}| + |z-\mathrm{i}| = 4$，求$[\operatorname{Arg}(z-2\mathrm{i})]_{L^-}$，$[\operatorname{Arg}(z+\mathrm{i})]_{L^+}$，$[\operatorname{Arg} z]_{L^+}$.

13. 取等速螺线 $\rho = \theta\ (0 \leqslant \theta < +\infty)$ 作剖线剖开平面，取定 $\arg 3\pi = 0$，求 $\arg\left(5\pi + \frac{\pi}{2}\right)\mathrm{i}$ 及 $\arg\left(-\frac{\pi}{2}\mathrm{i}\right)$之值.

1.3 复数列和复级数

1.3.1 复数列和复数项级数

正如实分析中数列和级数理论那样，复数列和复级数在复分析中也有重大作用.

$\{z_n\}_1^{+\infty}$ 称为一**复数列**(或简称**数列**)，其中 $z_n\ (n = 1,2,\cdots)$ 为复数. 由于复数的模及其三角不等式和实数的类似，所以 z_n 收敛于 A，即 $z_n \to A$ 或 $\lim\limits_{n\to+\infty} z_n = A$ 以及 z_n 发散于 ∞，即 $z_n \to \infty$ 或 $\lim\limits_{n\to+\infty} z_n = \infty$ 均与实分析中的定义相类似，还有许多性质例如收敛的柯西准则、极限的四则运算法则等也类似，在此不一一列举. 由于在扩充复平面 $\mathbf{C}_\infty$ 上，∞ 看成一个点，有时 $z_n \to \infty$ 也说成 z_n“收敛”到 ∞；不过本书将不采用此术语.

将复数列与实数列对照，有下列原则：如 $z_n = a_n + \mathrm{i}b_n$ (a_n，b_n 分别为 z_n 的实部和虚部)，则 z_n 收敛的充要条件是 a_n 和 b_n 都收敛.

$\sum_{n=1}^{+\infty} z_n$（或简记$\sum z_n$）称为**复数项级数**或简称**复级数**，其收敛定义仍用部分和数列 $S_n = \sum_{k=1}^{n} z_k$ 的收敛性来定义，收敛时其和、余和等意义均同实级数，又其收敛的必要条件 $z_n \to 0$ 以及收敛的柯西准则等均类似于实分析. 同样，$\sum (a_n + \mathrm{i}b_n)$ 收敛的充要条件为$\sum a_n$ 和$\sum b_n$ 均收敛；所以复级数的敛散性也可通过实级数来判别.

我们也可以定义$\sum z_n$ 为绝对收敛，如果$\sum |z_n|$收敛的话；而且可以证明，绝对收敛的级数一定收敛，这只要分开考虑其实部和虚部构成的级数就会明白. 同样，除收敛级数可以施行逐项加、减法外，对绝对收敛级数各项次序可任意颠倒而不改变其和；对两个绝对收敛级数还可进行乘法运算，即如果$\sum z_n'$，$\sum z_n''$ 都绝对收敛，设其和分别为 S'，S''，则$\sum z_j' z_k''$（以任何次序排列）也必绝对收敛，且和为 $S'S''$. 还有许多类似实级数的性质，可参照实分析的方法进行或化为实级数讨论，留给读者考虑.

1.3.2 复函数列和复函数项级数[①]

对于复函数列$\{f_n(z)\}_1^{+\infty}$ 和复函数项级数$\sum f_n(z)$，其中 $f_n(z)$ 是 $\mathbf{C}$ 中某集合例如某区域 D 中的复函数，同样有收敛、发散、收敛点、发散点、极限函数与和函数等概念. 特别，还有一致收敛的概念. 关于一致收敛，也有柯西准则，而且以下两著名性质成立：

1° *若 $f_n(z)$ $(n = 1,2,\cdots)$ 在 D 中连续，且$\{f_n(z)\}$ $\left(或\sum f_n(z)\right)$在 D 中一致收敛，则其极限函数(或和函数) 也在 D 中连续.*

2° *若$|f_n(z)| \leqslant M_n (n = 1,2,\cdots)$，$z \in D$，而$\sum M_n$ 收敛，则$\sum f_n(z)$在 D 中一致收敛.*

此外，性质1°还可放松要求：除 $f_n(z)$ 的连续条件不变外，只要$\{f_n(z)\}$ $\left(或\sum f_n(z)\right)$在 D 内任何有界闭子域$\overline{D_1}(\subset D)$上一致收敛，简称为在 D 中**内闭一致收敛**，就可断定其极限函数(或和函数) 在 D 内连续.

这些性质的证明与实分析中类似的定理相同，也留给读者.

关于一致收敛的复函数项级数的其他分析性质(包括逐项求导、求积分等) 以及有关复的幂级数的讨论将在第四章进行.

---

① 本小节及其相应习题也可放在第四章 4.1.1 小节中处理.

习　题　1.3

1. 以下序列是否有极限？如果有极限，试求出其极限：

(1) $i^n + \frac{i}{n}$；　(2) $\frac{n!}{n^n} i^n$；　(3) $\left(\frac{z}{\bar{z}}\right)^n$.

2. 下列级数是否收敛？是否绝对收敛？

(1) $\sum \frac{i^n}{n}$；　(2) $\sum \frac{i^n}{n!}$；　(3) $\sum (1+i)^n$.

3. 如果$\{z_n\}$收敛，则$\{|z_n|\}$和$\{\arg z_n\}$ $(0 < \arg z_n \leqslant 2\pi)$也收敛吗？反过来，如果$\{|z_n|\}$和$\{\arg z_n\}$都收敛，则$\{z_n\}$收敛，对吗？

4. 证明：$\sum \frac{z^n}{n!}$在整个复平面$\mathbf{C}$中内闭一致收敛.

第一章习题

1. 试证三点z_1, z_2, z_3共线的充要条件是：存在不全为零的实数$\lambda_1, \lambda_2, \lambda_3$使

$$\lambda_1 z_1 + \lambda_2 z_2 + \lambda_3 z_3 = 0,$$

其中$\lambda_1 + \lambda_2 + \lambda_3 = 0$.

2. 定义4个复数z_1, z_2, z_3, z_4的交比为

$$(z_1, z_2, z_3, z_4) = \frac{z_3 - z_1}{z_3 - z_2} : \frac{z_4 - z_1}{z_4 - z_2}.$$

证明：四点共圆的充要条件为$\operatorname{Im}(z_1, z_2, z_3, z_4) = 0$.

3. 设$d(z_1, z_2)$表示复平面上两点z_1, z_2在复球面相应点P_1, P_2之间的距离. 证明：

(1) $$d(z_1, z_2) = \frac{2|z_1 - z_2|}{\sqrt{(|z_1|^2+1)(|z_2|^2+1)}};$$

(2) $$d(z, \infty) = \frac{2}{\sqrt{|z|^2+1}},\ z \in \mathbf{C}.$$

4. 写出$\lim\limits_{z\to\infty} f(z) = A$的精确定义. 若$f(z) = u(x,y) + iv(x,y)$ $(z = x+iy)$，而$A = \alpha + i\beta$，问$\lim\limits_{z\to\infty} f(z) = A$是否意味着$\lim\limits_{\substack{x\to\infty \\ y\to\infty}} u(x,y) = \alpha$和$\lim\limits_{\substack{x\to\infty \\ y\to\infty}} v(x,y) = \beta$?

反之如何？

5. 说明 $\left|\frac{z-a}{z-b}\right| = K$ 的图形($a \neq b$，$K > 0$).

6. 作出使圆环：$0 < R_1 < |z-z_0| < R_2$ 内任一绕圆 L_1：$|z-z_0| = \rho$ ($R_1 < \rho < R_2$) 的简单封闭曲线 L_0 与 L_1 同伦的一个伦移.

7. $\operatorname{Arg}\frac{1}{z} = -\operatorname{Arg} z$ 对吗？取定单值分枝后，$\arg\frac{1}{z} = -\arg z$ 对吗？同样对 $\operatorname{Arg}\bar{z} = -\operatorname{Arg} z$ 和 $\arg\bar{z} = -\arg z$ 进行讨论.

8. 如果 $\sum a_n$ 收敛，$|\arg a_n| \leqslant \alpha\ (< \frac{\pi}{2})$，求证：$\sum a_n$ 绝对收敛.

9. 若 $z_n \to A\ (\neq \infty)$，而 $p_1, p_2, \cdots$ 是任一使得 $P_n = p_1 + p_2 + \cdots + p_n \to +\infty$ 的正数序列，试证：

$$z_n' = \frac{p_1 z_1 + p_2 z_2 + \cdots + p_n z_n}{p_1 + p_2 + \cdots + p_n} \to A.$$

若 $z_n \to \infty$，结论对吗？

10. 证明级数 $\sum f_n(z)$ 在域 D 中内闭一致收敛等价于下列两个条件之一：

(1) 在任一落入 D 内且与 D 的边界有正距离的开圆盘上一致收敛；

(2) 在 D 内任一有界闭集上一致收敛.

第二章　解析函数基础

2.1　解 析 函 数

2.1.1　导数及其几何意义

讨论复分析时，当然首先要阐明最基本的概念——导数. 它是实分析中导数概念的形式推广.

定义 2.1　设 $w=f(z)$ 在 $\mathbf{C}$ 中某点 $z_0=x_0+\mathrm{i}y_0$ 的邻域内有定义，在邻域内任取一点 $z_0+\Delta z$ $(\Delta z=\Delta x+\mathrm{i}\,\Delta y\neq 0)$，若

$$\lim_{\Delta z\to 0}\frac{f(z_0+\Delta z)-f(z_0)}{\Delta z}=\lim_{\Delta z\to 0}\frac{\Delta f}{\Delta z}\tag{2.1}$$

存在(有限)，则称 $f(z)$ 在 z_0 处**可导**，其导数记为 $f'(z_0)$，也记为$\left.\frac{\mathrm{d}f}{\mathrm{d}z}\right|_{z=z_0}$，$w'|_{z=z_0}$. (2.1) 式也可写为(注意：$\Delta z\to 0$ 和 $|\Delta z|\to 0$ 等价)

$$f(z_0+\Delta z)-f(z_0)=f'(z_0)\Delta z+o(|\Delta z|)\quad(\Delta z\to 0).\tag{2.2}$$

也称 $\mathrm{d}f(z_0)=f'(z_0)\Delta z$ 或 $f'(z_0)\mathrm{d}z$ 为 $f(z)$ 在 z_0 处的**微分**，故也称 $f(z)$ 在 z_0 处**可微**.

由于(2.1)和(2.2)与实分析中的相似，且极限运算法则也相似，因此实分析中有关求导的一些运算法则这里也成立，例如有关两复函数和、差、积、商的求导法则，复合函数求导法则等均成立，其证明也类似. 比如，$(z^n)'=nz^{n-1}$ (n 为整数) 成立. 又，如同实分析一样，若 $f(z)$ 在 z_0 处可导，则 $f(z)$ 必在 z_0 处连续；反之却不一定.

另一方面，可导的定义(2.1) 其内容比实分析中导数的定义复杂得多，对函数的要求也高得多. 因为，在实分析中，求函数在某点的导数时，只要求左、右导数存在且相等即可，而现在(2.1) 是一个全面极限：$\Delta z\to 0$ 实际上就是 $\Delta x\to 0$，$\Delta y\to 0$；又因 $f(z)=u(x,y)+\mathrm{i}v(x,y)$，所以(2.1) 实际上

是有关两个二元函数 $u(x,y)$ 和 $v(x,y)$ 的全面极限.

从 $f'(z_0)$ 的存在，立即可推知 $u(x,y)$ 和 $v(x,y)$ 在 (x,y) 处的一阶偏导数存在，这是因为：如果在(2.1)中令 $\Delta z=\Delta x$ 以特殊方式趋于 0 时，可知

$$f'(z_0)=\lim_{\Delta x\to 0}\frac{(u(x_0+\Delta x,y_0)+\mathrm{i}v(x_0+\Delta x,y_0))-(u(x_0,y_0)+\mathrm{i}v(x_0,y_0))}{\Delta x}$$

$$=\lim_{\Delta x\to 0}\frac{u(x_0+\Delta x,y_0)-u(x_0,y_0)}{\Delta x}$$

$$+\mathrm{i}\lim_{\Delta x\to 0}\frac{v(x_0+\Delta x,y_0)-v(x_0,y_0)}{\Delta x}.$$

既然已知 $f'(z_0)$ 存在，故右端两极限也都存在，(为什么?) 且

$$f'(z_0)=u'_x(x_0,y_0)+\mathrm{i}v'_x(x_0,y_0). \tag{2.3}$$

如令 $\Delta z=\mathrm{i}\,\Delta y\to 0$，同理可得

$$f'(z_0)=v'_y(x_0,y_0)-\mathrm{i}u'_y(x_0,y_0). \tag{2.4}$$

由此可顺便看出：如果 $f'(z_0)$ 存在，不仅 $u(x,y)$，$v(x,y)$ 在 (x_0,y_0) 处的偏导数存在，而且

$$u'_x(x_0,y_0)=v'_y(x_0,y_0),\quad u'_y(x_0,y_0)=-v'_x(x_0,y_0), \tag{2.5}$$

这时，$f'(z_0)$ 可由(2.3)或(2.4)表出，条件(2.5)称为**柯西-黎曼(Cauchy-Riemann)条件**，简记为 C. R. 条件.

由此可见，随便取两个一阶偏导数存在的二元实函数 u,v，一般不能配成可导的 $f=u+\mathrm{i}v$.

$f(z)$ 可导与 u,v 的可微性有密切关系. 事实上，我们有

定理 2.1 函数 $f(z)=u+\mathrm{i}v$ 在 $z=x_0+\mathrm{i}y_0$ 处可导(或即可微)的充要条件为 u,v 在 (x_0,y_0) 处可微，且 C. R. 条件(2.5)成立.

证 1° 必要性 设 $f'(z_0)=\alpha+\mathrm{i}\beta$ 存在，即

$$\Delta f=(\alpha+\mathrm{i}\beta)\Delta z+o(|\Delta z|)\quad(\Delta z\to 0),$$

或即

$$\Delta u+\mathrm{i}\,\Delta v=(\alpha+\mathrm{i}\beta)(\Delta x+\mathrm{i}\,\Delta y)+o(|\Delta z|).$$

分开实部和虚部，得

$$\Delta u=\alpha\Delta x-\beta\Delta y+o(|\Delta z|),$$

$$\Delta v=\beta\Delta x+\alpha\Delta y+o(|\Delta z|).$$

可见 u,v 在 (x_0,y_0) 处可微，且 $\mathrm{d}u=\alpha\mathrm{d}x-\beta\mathrm{d}y$，$\mathrm{d}v=\beta\mathrm{d}x+\alpha\mathrm{d}y$. 由此可见

$$\alpha=u'_x(x_0,y_0)=v'_y(x_0,y_0),\quad \beta=v'_x(x_0,y_0)=-u'_y(x_0,y_0).$$

2° **充分性** 设 u,v 在 (x_0,y_0) 处可微，且(2.5)成立. 这时，可写

$$\Delta u = u'_x(x_0,y_0)\Delta x + u'_y(x_0,y_0)\Delta y + o(|\Delta z|),$$
$$\Delta v = v'_x(x_0,y_0)\Delta x + v'_y(x_0,y_0)\Delta y + o(|\Delta z|).$$

于是由(2.5)知，

$$\begin{aligned}\Delta f &= \Delta u + \mathrm{i}\,\Delta v \\ &= (u'_x(x_0,y_0) + \mathrm{i}v'_x(x_0,y_0))(\Delta x + \mathrm{i}\,\Delta y) + o(|\Delta z|).\end{aligned}$$

因而

$$\frac{\Delta f}{\Delta z} = u'_x(x_0,y_0) + \mathrm{i}v'_x(x_0,y_0) + o(1),$$

亦即 $f'(z_0)$ 存在. ∎

我们现在来看 $f'(z_0)$ 的几何意义，但设 $f'(z_0) \neq 0$.

将 $w = f(z)$ 看成是 z 到 w 的映射，设 $w_0 = f(z_0)$，$w_0 + \Delta w = f(z_0 + \Delta z)$. 因此，当 $\Delta z \to 0$ 时，$\frac{\Delta w}{\Delta z} \to f'(z_0)$；而当 $|\Delta z|$ 充分小亦即 z 在 z_0 的充分小的邻域中时，

$$\frac{\Delta w}{\Delta z} \approx f'(z_0).$$

在 z 平面和 w 平面分别作出 $z_0, z_0+\Delta z$ 和 $w_0, w_0+\Delta w$ 诸点的图像(图 2-1). 从 $\left|\frac{\Delta w}{\Delta z}\right| \approx |f'(z_0)|$ 来看，这意味着从 z_0 到 $z_0+\Delta z$ 的向量长 $|\Delta z|$ 经映射后得出 w_0 到 $w_0+\Delta w$ 的向量 Δw 的长 $|\Delta w|$ 近似地伸长(或压缩)了 $|f'(z_0)|$ 倍，且这个倍数与 Δz 的方向无关；而当 $\Delta z \to 0$ 时，这个伸长倍数是精确的. 换句话说，以 z_0 为中心的无穷小圆映成了以 w_0 为中心的无穷小圆，但半径伸长了 $|f'(z_0)|$ 倍，这一性质称为映射 $w = f(z)$ 在 z_0 处的**等伸长性**. 另一方面，

$$\arg\frac{\Delta w}{\Delta z} = \arg\Delta w - \arg\Delta z \approx \arg f'(z_0)$$

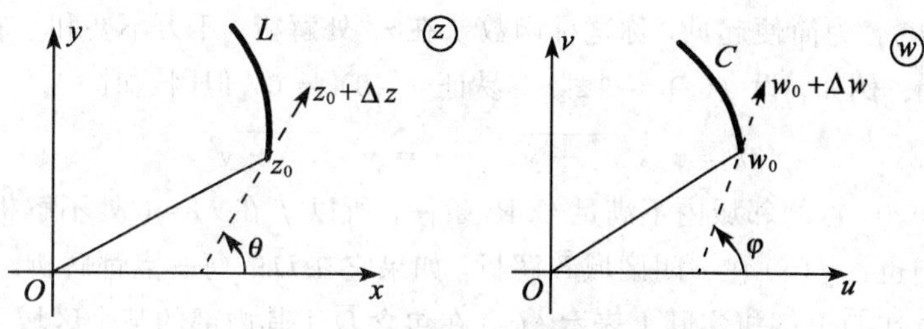

图 2-1

(这里诸辐角已取成定值，例如 $0 \leqslant \theta = \arg \Delta z < 2\pi$，$0 \leqslant \varphi = \arg \Delta w < 2\pi$，并取 $\arg f'(z_0)$ 和 $\varphi - \theta$ 近似). 这说明，向量 Δz 经映射成为向量 Δw 后它对实轴的倾角 θ 要近似地旋转一角 $\arg f'(z_0)$ 而成为 φ，而这个旋转角度当 $\Delta z \to 0$ 时精确地为 $\arg f'(z_0)$. 例如从 z_0 出发的一条曲线 L 如经映射成为 w 平面上从 w_0 出发的一条曲线 C，则 L 在 z_0 处的切线方向经旋转 $\arg f'(z_0)$ 后就是 C 在 w_0 处的切线方向. 由此还可推知，从 z_0 处出发的两条曲线 L_1, L_2 经映射成 w 平面上从 w_0 出发的两条曲线 C_1, C_2 时，它们之间的夹角不变. 此性质称为映射 $w = f(z)$ 在 z_0 处的**保角性**. 综合起来可见：以 z_0 为中心的无穷小圆经映射后成为以 w_0 为中心、半径延伸了 $|f'(z_0)|$ 倍、且旋转了 $\arg f'(z_0)$ 角的无穷小圆. 这样，$f'(z_0)$ 的几何意义就很清楚了. 这常常称为 $f(z)$ 在 z_0 处的**共形性**(或称为**保形性**).

$f'(z_0) = 0$ 的情况较复杂，以后再讨论.

我们同样可定义高阶导数，并有类似的运算法则，例如，关于函数乘积的高阶导数的莱布尼茨(Leibniz) 公式.

2.1.2 解析函数概念

在复分析中，我们更感兴趣的是一个区域中处处可导的函数.

定义 2.2 在复平面 $\mathbf{C}$ 中一个(开) 区域 D 内处处可导的函数 f，称为 D 中的**解析函数**.

于是，由定理 2.1，相应地又有

定理 2.2 *复函数 $f = u + \mathrm{i}v$ 在域 D 中解析的必要充分条件是 u, v 在 D 内可微，且处处满足 C.R. 条件：*

$$\frac{\partial u}{\partial x} = \frac{\partial v}{\partial y}, \quad \frac{\partial u}{\partial y} = -\frac{\partial v}{\partial x}. \tag{2.6}$$

以后我们还常常考虑在复平面 $\mathbf{C}$ 中某点 z_0 的一邻域(包括 z_0 在内) 中的解析函数 f. 为简便起见，称这种函数 **f 在 z_0 处解析**. 千万不要和 f 在 z_0 处可导混淆. 例如，设 $f(z) = |z|z$，易证 $f'(0) = 0$，但因这时

$$u = x\sqrt{x^2 + y^2}, \quad v = y\sqrt{x^2 + y^2},$$

它们在(0,0) 点的邻域内不满足 C.R. 条件，所以 f 在 $z = 0$ 处不解析.

我们也说 $f(z)$ 在一闭区域 $\overline{D}$ 解析，如果它在 $\overline{D}$ 的每一点都解析. 换句话说，$f(z)$ 在 $\overline{D}$ 上解析实际上表示 $f(z)$ 在包含 $\overline{D}$ 于其内部的某个区域上解析. 同样，说 $f(z)$ 在某个线段或弧段上解析，是指它在包含这个线段或弧段于其

内部的某区域上解析.

我们指出一种方便的记号. 一个复函数 $w=f(z)=f(x+\mathrm{i}y)$（不一定要求其解析）实际上也可看成两实变元 x,y 的复值函数 $f:(x,y)\mapsto w$. 因为

$$x=\frac{1}{2}(z+\bar{z}),\quad y=\frac{1}{2\mathrm{i}}(z-\bar{z}),\tag{2.7}$$

所以 f 又可看做 $z,\bar{z}$ 的复值函数，因此我们可作形式的运算定义如下：

$$\begin{aligned}\frac{\partial f}{\partial z}&=\frac{\partial f}{\partial x}\cdot\frac{\partial x}{\partial z}+\frac{\partial f}{\partial y}\cdot\frac{\partial y}{\partial z}=\frac{1}{2}\left(\frac{\partial f}{\partial x}-\mathrm{i}\frac{\partial f}{\partial y}\right),\\ \frac{\partial f}{\partial \bar{z}}&=\frac{\partial f}{\partial x}\cdot\frac{\partial x}{\partial \bar{z}}+\frac{\partial f}{\partial y}\cdot\frac{\partial y}{\partial \bar{z}}=\frac{1}{2}\left(\frac{\partial f}{\partial x}+\mathrm{i}\frac{\partial f}{\partial y}\right).\end{aligned}\tag{2.8}$$

由于 $f=u+\mathrm{i}v$，故有

$$\frac{\partial f}{\partial x}=\frac{\partial u}{\partial x}+\mathrm{i}\frac{\partial v}{\partial x},\quad \frac{\partial f}{\partial y}=\frac{\partial u}{\partial y}+\mathrm{i}\frac{\partial v}{\partial y}.$$

因此

$$\begin{aligned}\frac{\partial f}{\partial z}&=\frac{1}{2}\left(\frac{\partial u}{\partial x}+\frac{\partial v}{\partial y}\right)+\frac{\mathrm{i}}{2}\left(\frac{\partial v}{\partial x}-\frac{\partial u}{\partial y}\right),\\ \frac{\partial f}{\partial \bar{z}}&=\frac{1}{2}\left(\frac{\partial u}{\partial x}-\frac{\partial v}{\partial y}\right)+\frac{\mathrm{i}}{2}\left(\frac{\partial v}{\partial x}+\frac{\partial u}{\partial y}\right).\end{aligned}\tag{2.9}$$

由此可见，如果 $f(z)$（在某区域内）解析，由 C.R. 条件(2.6)，可得 $\dfrac{\partial f}{\partial \bar{z}}=0$. 反之，如果 $\dfrac{\partial f}{\partial \bar{z}}=0$，则 C.R. 条件成立. 这样，函数 $f(z)$ 解析的充要条件为 u,v 可微且 $\dfrac{\partial f}{\partial \bar{z}}=0$. 另一方面，如果 $f(z)$ 解析，由 C.R. 条件可得 $\dfrac{\partial f}{\partial z}=\dfrac{\partial u}{\partial x}+\mathrm{i}\dfrac{\partial v}{\partial x}=f'(z)$. 可见，如果 $f(z)$ 解析，则 $\dfrac{\partial f}{\partial z}=f'(z)$.

以上这种形式运算对检验函数的解析性和求导非常方便. 例如，设 $f(z)=z^2$，则由于表达式中不出现 $\bar{z}$，故 $\dfrac{\partial f}{\partial \bar{z}}=0$，$\dfrac{\partial f}{\partial z}=2z$. 因此得知 z^2 在全平面解析，且 $(z^2)'=2z$，这我们早已知道. 确切说来，应写 $z^2=(x+\mathrm{i}y)^2$ 再以(2.7)代入右端，又得到 z^2 而不含 $\bar{z}$，所以 $\dfrac{\partial f}{\partial \bar{z}}=0$，$\dfrac{\partial f}{\partial z}=2z$. 如 $f(z)=|z|^2$ 就不能说"不含 $\bar{z}$，所以 $\dfrac{\partial f}{\partial \bar{z}}=0$"，实际上可如上算出 $f(z)=z\bar{z}$，故 $\dfrac{\partial f}{\partial \bar{z}}=z\neq 0$，所以 $|z|^2$ 不是解析函数，也不能说它的导数是 $\bar{z}$.

由于历史原因，解析函数也称为**全纯函数**或**正则函数**. 这些是因为最初研究者出发点不同而起的各种名称，它们实际上是等价的. 因此，我们以后将不加区别地使用这些名称.

思考题 2.1 能否有这样的函数 $f(z)=u+\mathrm{i}v$，它在 $\mathbf{C}$ 上处处连续，甚至 u,v 有任意阶的偏导数，然而 $f(z)$ 在 $\mathbf{C}$ 上处处不可导. 试研究函数 $f(z)=\operatorname{Re}z$.

思考题 2.2 若 $f(z)$ 在 z_0 满足 C. R. 条件，那么 $f(z)$ 在 z_0 必定可导吗？研究例子 $f(z)=\sqrt{|xy|}$，并解释造成结果的原因.

习 题 2.1

1. 下列函数在何处可导？何处不可导？何处解析？何处不解析？试用两种方法判断.

(1) $w=\bar{z}z^2$； (2) $w=x^2+\mathrm{i}y^2$；

(3) $w=x^3-3xy^2+\mathrm{i}(3x^2y-y^3)$.

2. 试证：设在某区域中 $f'(z)\equiv 0$，则必 $f(z)\equiv$ 常数；而若 $f^{(n)}(z)\equiv 0$，则 $f(z)$ 必为一不超过 $n-1$ 次的多项式.

3. 已知函数 $f(z)$ 在区域 D 内解析. 试证当满足下列条件之一时 $f(z)\equiv$ 常数.

(1) $\operatorname{Re}f$ 或 $\operatorname{Im}f$ 在 D 内恒为常数；

(2) $|f|$ 在 D 内恒为常数；

(3) $f(z)$ 只取实值或只取纯虚值；

(4) $\bar{f}$ 在 D 内解析.

4. 求证：若 $f(z),g(z)$ 都在同一区域 D 内解析，且 $\operatorname{Re}f(z)=\operatorname{Re}g(z)$，则 $f(z)-g(z)$ 必为一纯虚常数.

5. 设 $f(z)=u(\rho,\theta)+\mathrm{i}v(\rho,\theta)$，$z=\rho(\cos\theta+\mathrm{i}\sin\theta)$ $(\rho>0)$，求证：

(1) 极坐标下的 C. R. 条件为 $\dfrac{\partial u}{\partial\rho}=\dfrac{1}{\rho}\dfrac{\partial v}{\partial\theta}$，$\dfrac{\partial v}{\partial\rho}=-\dfrac{1}{\rho}\dfrac{\partial u}{\partial\theta}$；

(2) $f'(z)=\dfrac{\rho}{z}\left(\dfrac{\partial u}{\partial\rho}+\mathrm{i}\dfrac{\partial v}{\partial\rho}\right)=\dfrac{1}{z}\left(\dfrac{\partial v}{\partial\theta}-\mathrm{i}\dfrac{\partial u}{\partial\theta}\right)$.

6. 试求映射 $w=z^2$ 在 z_0 处的伸长度与旋转角：

(1) $z_0=1$； (2) $z_0=-\dfrac{1}{4}$； (3) $z_0=1+\mathrm{i}$.

7. 若映射由下列函数实现，试问平面上哪一部分收缩？哪一部分伸长？

(1) $w=z^2$； (2) $w=\dfrac{1}{z}$.

2.2 一些初等解析函数

和实分析一样，也有复的初等(解析)函数，它们也是由一些最基本的初等函数经四则运算和复合而成，但复的初等函数中，既有单值的，也有多值的. 对于多值的，运用时要特别小心.

2.2.1 多项式和有理函数

首先，多项式

$$P(z) = a_0 + a_1 z + \cdots + a_n z^n \tag{2.10}$$

显然是全平面 **C** 中的解析函数(其中 $a_0, a_1, \cdots, a_n$ 为常数). 在全平面 **C** 中解析的函数称为**整函数**，多项式是最简单的整函数.

有理函数$\dfrac{P(z)}{Q(z)}$(其中 $P(z), Q(z)$ 都是多项式)在除去 $Q(z) = 0$ 的点以外处处解析，这是一种最简单的**亚纯函数**，意即比“全纯”稍次之意. 亚纯函数的一般定义见后.

多项式和有理函数我们早已很熟悉，包括其求导方法等. 这些就不多说了.

2.2.2 指数函数

在数学分析中我们已熟悉指数函数 e^x，$x \in \mathbf{R}$. 现在我们要把它推广成复变量 z 的指数函数 e^z.

回想 e^x 的泰勒(Taylor)展开式：

$$\mathrm{e}^x = 1 + x + \frac{x^2}{2!} + \cdots + \frac{x^n}{n!} + \cdots, \tag{2.11}$$

它对任何实数 x 成立. 现在就把 x 改为 z 作为 e^z 的定义：

$$\mathrm{e}^z = 1 + z + \frac{z^2}{2!} + \cdots + \frac{z^n}{n!} + \cdots. \tag{2.12}$$

由于

$$1 + |z| + \frac{|z|^2}{2!} + \cdots + \frac{|z|^n}{n!} + \cdots$$

对任何 $|z|$ 收敛(于 $\mathrm{e}^{|z|}$)，可见(2.12)中的级数对任何 z 绝对收敛. 因此 e^z 对任何 z 是有意义的.

还可注意，当 x_1,x_2 为实数时，指数定律

$$e^{x_1}\cdot e^{x_2}=e^{x_1+x_2}$$

成立；而当 z_1,z_2 为复数时，也有指数定律

$$e^{z_1}\cdot e^{z_2}=e^{z_1+z_2}. \tag{2.13}$$

这可将 e^{z_1},e^{z_2} 按(2.12)展开，再用级数乘法证得(因为它们都绝对收敛). 从而也有

$$\frac{e^{z_1}}{e^{z_2}}=e^{z_1-z_2},\quad (e^z)^n=e^{nz}. \tag{2.14}$$

总之，指数三定律对复指数情况也成立.

有了(2.12)，立即可以证明著名的**欧拉**(Euler) **公式**(θ 为实数)：

$$e^{i\theta}=\cos\theta+i\sin\theta,\quad e^{-i\theta}=\cos\theta-i\sin\theta, \tag{2.15}$$

或即

$$\cos\theta=\frac{e^{i\theta}+e^{-i\theta}}{2},\quad \sin\theta=\frac{e^{i\theta}-e^{-i\theta}}{2i}. \tag{2.15$'$}$$

这样一来，z 的三角表示式 $z=\rho(\cos\theta+i\sin\theta)$ 可写成指数形式：

$$z=\rho e^{i\theta}\quad(\rho\geqslant 0,\theta\text{ 为实数}). \tag{2.16}$$

这种用 z 的模 ρ 和辐角 θ 表示 z 的方式称为**指数表示式**. 这种表示法非常有用、方便.

特别值得注意，$e^{\pm\pi i}=-1$, $e^{\pm\frac{\pi}{2}i}=\pm i$, $e^{2\pi i}=1$，且 $e^z=1$ 当且仅当 $z=2n\pi i$, $n\in J$.

此外，如果 $z=x+iy$，则有

$$e^z=e^{x+iy}=e^x\cdot e^{iy}=e^x(\cos y+i\sin y). \tag{2.17}$$

因此，如令 $e^z=u+iv$，则有

$$u=\operatorname{Re}e^z=e^x\cos y,\quad v=\operatorname{Im}e^z=e^x\sin y. \tag{2.18}$$

由(2.18)立即可以检验：对 e^z 来说，C. R. 条件处处成立. 因此，e^z 是全平面 $\mathbf{C}$ 中的解析函数. 由于它不是多项式，我们说它是**超越整函数**.

复指数函数有些性质和实指数函数相似，例如，对任何 $z\in\mathbf{C}$, $e^z\neq 0$. 但也有些性质与实指数函数不同，例如，由(2.18)或直接验证可知，e^z 是周期函数，以 $2\pi i$ 为周期：

$$e^{z+2\pi i}=e^z. \tag{2.19}$$

从(2.12)形式地逐项求导，可得

$$(e^z)'=e^z. \tag{2.20}$$

这的确是对的，因若 $e^z=u+iv$，则有

$$(e^z)' = \frac{\partial u}{\partial x} + i\,\frac{\partial v}{\partial x},$$

从而由(2.18)立即可得(2.20). 用复合函数求导规则，还有$(e^{az})' = ae^{az}$，其中a为任何常数.

2.2.3 三角函数和双曲函数

既然指数函数可以推广到复指数情形，自然想到三角函数也可以推广到复变元情形. 事实上，利用$\cos x$,$\sin x$的泰勒展式，我们定义

$$\left.\begin{aligned} \cos z &= 1 - \frac{z^2}{2!} + \frac{z^4}{4!} - \cdots, \\ \sin z &= z - \frac{z^3}{3!} + \frac{z^5}{5!} - \cdots, \end{aligned}\right\} z \in \mathbf{C}. \tag{2.21}$$

易证这两个级数对任何z是绝对收敛的，所以确有意义. 由此还可把欧拉公式(2.15)′推广为

$$\cos z = \frac{e^{iz} + e^{-iz}}{2}, \quad \sin z = \frac{e^{iz} - e^{-iz}}{2i}. \tag{2.22}$$

由此出发，也可定义$\tan z = \dfrac{\sin z}{\cos z}$, $\cot z = \dfrac{\cos z}{\sin z}$等.

由(2.22)可以看出，$\cos z$和$\sin z$仍是以2π为周期的周期函数，且$\cos z$为偶函数，$\sin z$为奇函数，它们的零点也与相应实函数相同. 许多有关实变元的三角函数公式对复三角函数也成立. 例如和、差、倍、半公式，诱导公式及恒等式

$$\sin^2 z + \cos^2 z = 1,$$

等等，这些都不难由欧拉公式(2.22)证明. 但要特别注意，有些式子，特别是一些不等式现在不再成立. 例如，$|\cos z| \leqslant 1$和$|\sin z| \leqslant 1$就不成立(读者不妨试令$z = ix$, $x \in \mathbf{R}$来观察).

由(2.22)还可知，$\cos z$,$\sin z$都是全平面$\mathbf{C}$中的解析函数(也是超越整函数)，而且

$$(\cos z)' = -\sin z, \quad (\sin z)' = \cos z. \tag{2.23}$$

由此也得知，其他基本三角函数的熟知的求导公式现在仍成立.

在实分析中还有应用中常见的双曲函数：

$$\operatorname{ch} x = \frac{e^x + e^{-x}}{2}, \quad \operatorname{sh} x = \frac{e^x - e^{-x}}{2}.$$

它们也可以推广到复变元$z \in \mathbf{C}$：

$$\operatorname{ch} z = \frac{e^z + e^{-z}}{2}, \quad \operatorname{sh} z = \frac{e^z - e^{-z}}{2}. \tag{2.24}$$

它们当然也可以用 ch x,sh x 的泰勒展式来推广定义. 由此还可以定义 $\operatorname{th} z = \dfrac{\operatorname{sh} z}{\operatorname{ch} z}$, $\operatorname{cth} z = \dfrac{\operatorname{ch} z}{\operatorname{sh} z}$ 等.

ch z,sh z 以 $2\pi i$ 为周期，它们也是超越整函数，且

$$(\operatorname{ch} z)' = \operatorname{sh} z, \quad (\operatorname{sh} z)' = \operatorname{ch} z. \tag{2.25}$$

还有许多有关实变元双曲函数的恒等式可推广到复变元情况，在此不一一列举.

此外，三角函数与双曲函数之间有密切关系. 例如，易证

$$\cos iz = \operatorname{ch} z, \quad \sin iz = i \operatorname{sh} z. \tag{2.26}$$

利用(2.26)，可以把有关三角函数和双曲函数的公式互相转化.

2.2.4 对数函数

在实分析中，对数函数是作为指数函数的反函数而定义的. 我们也可用类似的方法定义复变元的对数函数.

由于指数函数 $z = e^w$ 以 $2\pi i$ 为周期，其反函数，即复变元的对数函数，记为 $w = \operatorname{Log} z$，是个多值函数：如果 w_0 是 $\operatorname{Log} z_0$ 的一个值，即 $z_0 = e^{w_0}$，则显然 $w_0 + 2k\pi i$ $(k = 0, \pm 1, \pm 2, \cdots)$ 都是 $\operatorname{Log} z_0$ 的值. 由此可以看到，$\operatorname{Log} z$ 的多值性与 $\operatorname{Arg} z$ 的多值性极为相像，它们之间似有密切关系. 事实正是如此. 我们只要把 $\operatorname{Log} z$ 的实部与虚部分开，便能一目了然.

设 $w = \operatorname{Log} z$，因此 $z = e^w$. 当然要设 $z \neq 0$，因这时 $e^w = 0$ 无解. 将 z 以指数形式写出：$z = \rho e^{i\theta}$ $(\rho = |z|, \theta = \arg z$ 任意取定一值)，并记 $w = u + iv$. 于是

$$\rho e^{i\theta} = e^{u+iv} = e^u \cdot e^{iv}.$$

此式左、右两端是同一复数，它们的模应相等：$\rho = e^u$ 或即 $u = \ln \rho$ ①；它们的辐角可相差 2π 的一整数倍：$v = \theta + 2k\pi$ $(k = 0, \pm 1, \pm 2, \cdots)$ 亦即 $v = \operatorname{Arg} z$. 这样，我们有重要的公式：

$$\operatorname{Log} z = \ln |z| + i \operatorname{Arg} z. \tag{2.27}$$

此式很清楚地表明 $\operatorname{Log} z$ 的多值性是由 $\operatorname{Arg} z$ 的多值性而来.

(2.27) 本身也可看做 $\operatorname{Log} z$ 的定义.

由于 $\operatorname{Arg}(z_1 \cdot z_2) = \operatorname{Arg} z_1 + \operatorname{Arg} z_2$（两端都在多值意义下），而

---

① 以后我们永远用记号 $\ln x$ $(x > 0)$ 表示正实数 x 的实对数值，而 $\operatorname{Log} x$（尽管 $x > 0$）仍是多值的；而用 $\log x$ 表示 $\operatorname{Log} z$ 的一个单值分枝(见后面) 在 x 处的值，但不一定就是 $\ln x$.

$\ln(\rho_1 \cdot \rho_2) = \ln\rho_1 + \ln\rho_2$，所以对复变元对数而言，在两端多值意义下，仍有

$$\mathrm{Log}(z_1 \cdot z_2) = \mathrm{Log}\, z_1 + \mathrm{Log}\, z_2 \quad (z_1, z_2 \neq 0).$$

同样，也有

$$\mathrm{Log}\,\frac{z_1}{z_2} = \mathrm{Log}\, z_1 - \mathrm{Log}\, z_2 \quad (z_1, z_2 \neq 0).$$

由于 $\mathrm{Log}\, z$ 的多值性源于 $\mathrm{Arg}\, z$ 的多值性，所以和 $\mathrm{Arg}\, z$ 一样，$\mathrm{Log}\, z$ 在定义域 $\mathbf{C}-\{0\}$ 内是不能分解成单值连续函数的. 只有缩小区域，让区域内任一简单封闭曲线 L，都有对数函数改变量 $[\mathrm{Log}\, z]_L = 0$，才能在这个区域内将 $\mathrm{Log}\, z$ 分解成单值连续函数. 由于 $\ln|z|$ 是单值的，所以

$$[\mathrm{Log}\, z]_L = [\ln|z|]_L + \mathrm{i}\,[\mathrm{Arg}\, z]_L = \mathrm{i}\,[\mathrm{Arg}\, z]_L.$$

从而，$[\mathrm{Log}\, z]_L = 0$ 的必要充分条件是 $[\mathrm{Arg}\, z]_L = 0$. 这样，$\mathrm{Log}\, z$ 和 $\mathrm{Arg}\, z$ 的可单值分枝的区域是相同的，枝点也是相同的，即 0 和 ∞ 点是 $\mathrm{Log}\, z$ 的枝点. 把 $\mathbf{C}_\infty$ 平面沿连结 0 与 ∞ 的任一简单曲线剖开所得区域都是 $\mathrm{Log}\, z$ 的可单值分枝区域. 比如，把平面沿正实轴(包括原点)剖开得到区域 D，对剖线上岸的 $x\ (>0)$ 记为 $x_{上}$ 处取 $\arg x_{上} = 0$ (于是下岸的 $x_{下}$ 处 $\arg x_{下} = 2\pi$)，这样也就得到 $\mathrm{Arg}\, z$ 的一个单值连续分枝 $\arg z$. 从而，也就得出 $\mathrm{Log}\, z$ 的一个单值连续分枝，如记为 $\log z$，则有

$$\log z = \ln|z| + \mathrm{i}\arg z \quad (0 \leqslant \arg z \leqslant 2\pi).$$

这时，$\log x_{上} = \ln x$，$\log(-1) = \ln|-1| + \pi\mathrm{i} = \pi\mathrm{i}$，$\log x_{下} = \ln x + 2\pi\mathrm{i}$.

由于在 D 内 $\mathrm{Arg}\, z$ 可分为无穷多个单值连续分枝：

$$\mathrm{Arg}\, z = \arg z + 2k\pi \quad (k \in J,\ 0 \leqslant \arg z \leqslant 2\pi),$$

所以，在 D 内 $\log z$ 也可分为无穷多个单值连续分枝：

$$\log_k z = \log z + 2k\pi\mathrm{i}\ ① \quad (k \in J,\ \log(-1) = \pi\mathrm{i},\ z \in D).$$

任取 D 内 $\mathrm{Log}\, z$ 的一个分枝 $\log_k z$ 及 $z, z_0 \in D$，由 $\log_k z$ 的连续性，当 $z \to z_0$ 时有 $w \to w_0$. 又由 $\mathrm{e}^w = z$ 的单值性知 $z \neq z_0$ 时有 $w \neq w_0$，从而

$$\lim_{z\to z_0} \frac{\log_k z - \log_k z_0}{z - z_0} = \lim_{w\to w_0} \frac{1}{\dfrac{\mathrm{e}^w - \mathrm{e}^{w_0}}{w - w_0}} = \frac{1}{\mathrm{e}^{w_0}} = \frac{1}{z_0} \quad (z_0 \neq 0),$$

即 $\log z$ 的任一单值分枝都在 D 内解析且其导数都相同. 因此，我们把 $\log z + 2k\pi\mathrm{i}\ (k \in J)$ 称为 $\mathrm{Log}\, z$ 的**解析分枝**.

---

① $\log_k z$ 是相应整数 k 的分枝，这里不是指以 k 为底的对数，也可写为 $(\log z)_k$.

注意，正如 $\arg z$ 一样，不论 $\log z$ 是 $\mathrm{Log}\, z$ 的怎样的单值分枝，一般不能有

$$\log(z_1 \cdot z_2) = \log z_1 + \log z_2$$

等式子，这点一定要特别小心.

由于 $\mathrm{Arg}\, z$ 的终值 $\arg z$ 是依赖于初值的，而 $[\mathrm{Arg}\, z]_L$ 却与初值无关. 所以，计算 $[\mathrm{Arg}\, z]_L$ 要比计算 $\arg z$ 简便得多. 因此，我们对解析分枝 $\log z$ 的表达式作如下的变动，将会给计算带来一些方便.

设 D 是 $\mathrm{Log}\, z$ 的一个可单值分枝区域，$z_0 \in D$，$\mathrm{Log}\, z$ 在 z_0 取定的初值为 $\log z_0 = \ln|z_0| + \mathrm{i}\arg z_0$，$z$ 为 D 内的任一点，L 为以 z_0 为起点、z 为终点的简单曲线，且 $L \subset D$，则 $\mathrm{Log}\, z$ 在 D 内的解析分枝为

$$\begin{aligned}\log z &= \ln|z| + \mathrm{i}\arg z \\ &= \ln|z| + \mathrm{i}[\mathrm{Arg}\, z]_L + \mathrm{i}\arg z_0, \quad z \in D.\end{aligned} \tag{2.28}$$

例 2.1 在复平面上取正实轴(包括原点)作剖线. 试在所得的区域 D 内取定 $\mathrm{Log}\, z$ 在正实轴上岸的点 $z=1$ 处取 $\log 1 = 2\pi\mathrm{i}$ 的一个解析分枝，并求这一分枝在 $z=-1$ 处的值及正实轴下岸的点 $z=1$ 处的值(图 2-2).

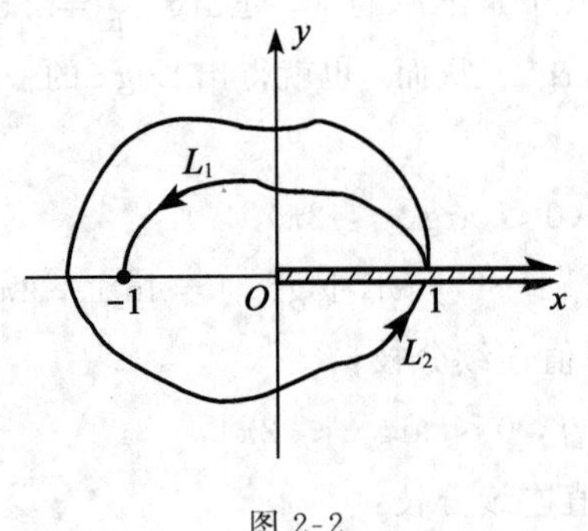

图 2-2

解 因 $\log 1 = 2\pi\mathrm{i}$，从而 $\arg 1 = 2\pi$，故所取定的解析分枝为

$$\log z = \ln|z| + \mathrm{i}[\mathrm{Arg}\, z]_L + 2\pi\mathrm{i}, \quad z \in D.$$

在 D 内作以正实轴上岸的点 $z=1$ 为起点、分别以 $z=-1$ 和正实轴下岸的点 $z=1$ 为终点的简单曲线 L_1 和 L_2，则

$$[\mathrm{Arg}\, z]_{L_1} = \pi, \quad [\mathrm{Arg}\, z]_{L_2} = 2\pi,$$

$$\log(-1) = \ln|-1| + \mathrm{i}[\mathrm{Arg}\, z]_{L_1} + 2\pi\mathrm{i} = 3\pi\mathrm{i},$$

$$\log 1_{下} = \ln|1| + \mathrm{i}[\mathrm{Arg}\, z]_{L_2} + 2\pi\mathrm{i} = 4\pi\mathrm{i}.$$

我们也可像 $\mathrm{Arg}\, z$ 那样，把无穷个剖开的平面粘合起来(如图 1-14)，使得 $\mathrm{Arg}\, z$ 从而 $\mathrm{Log}\, z$ 成为这个无穷层覆叠起来的“曲面”上的单值函数. 这种“曲面”称为 $\mathrm{Log}\, z$ 的黎曼面.

一般，对 $\mathrm{Log}(z-z_0)$ $(z \in \mathbf{C} - \{z_0\})$，有

$$\mathrm{Log}(z-z_0) = \ln|z-z_0| + \mathrm{i}\,\mathrm{Arg}(z-z_0). \tag{2.29}$$

此式易于如上讨论，这里不再复述.

2.2.5 幂函数和根式函数

本小节将讨论幂函数 z^α，其中 α 也是一复数. 当 $\alpha = n$ 是一整数时，其意义很清楚，前已讨论过. 当 $\alpha = \dfrac{1}{n}$ 且 $n > 1$ 时，就是 z 的 n 次方根函数，当 $z \neq 0$ 时，它有 n 个不同的值. 可见 $z^{\frac{1}{n}}$ 已是多值函数；$z^{-\frac{1}{n}}$ 当然也是如此. 这种函数称为**根式函数**，它是幂函数的特殊情况.

现在来定义一般幂函数. 由实分析中 x^α（$x > 0$，α 是实数）的等式 $x^\alpha = e^{\alpha \ln x}$ 的启发，我们定义

$$z^\alpha = e^{\alpha \operatorname{Log} z}, \quad \alpha \in \mathbf{C} \tag{2.30}$$

（一般，应设 $z \neq 0$）. 由于 $\operatorname{Log} z$ 是多值函数，可见 z^α 一般也是多值函数，亦即

$$z^\alpha = e^{\alpha(\ln|z| + \mathrm{i} \operatorname{Arg} z)} = e^{\alpha \ln|z| + \mathrm{i}\alpha \operatorname{Arg} z}. \tag{2.31}$$

对于同一个 z，$\operatorname{Arg} z$ 的值可相差 2π 的整数倍 $2k\pi$，因此，$\mathrm{i}\alpha \operatorname{Arg} z$ 可相差 $2\alpha k\pi \mathrm{i}$. 但指数函数以 $2\pi \mathrm{i}$ 为周期，所以，当且仅当 α 为(实) 整数时，z^α 是单值的(且当 $\alpha = n$ 为正整数时，$z = 0$ 也在 z^n 的定义域中：$0^n = 0$).

以下将设 α 不是整数. 任作一条简单封闭曲线 $L \subset \mathbf{C} - \{0\}$. 如果从 L 上某点 z_0 出发，并取定一个辐角值 $\arg z_0$，令 z 沿着 L 正向连续变动一周回到 z_0 时，便得

$$\begin{aligned}[z^\alpha]_L = [e^{\alpha \operatorname{Log} z}]_L &= e^{\alpha \ln|z_0|} e^{\mathrm{i}\alpha(\arg z_0 + [\operatorname{Arg} z]_L)} - e^{\alpha \ln|z_0|} e^{\mathrm{i}\alpha \arg z_0} \\ &= e^{\alpha \ln|z_0|} e^{\mathrm{i}\alpha \arg z_0} (e^{\mathrm{i}\alpha[\operatorname{Arg} z]_L} - 1).\end{aligned}$$

因此，$[z^\alpha]_L = 0$ 的充分必要条件是$[\operatorname{Arg} z]_L = 0$. 这样，$z^\alpha$ 和 $\operatorname{Arg} z$ 有相同的枝点，有相同的可单值分枝区域. 即 0 点和 ∞ 点是 z^α 的枝点，把 $\mathbf{C}_\infty$ 平面沿连结 0 点和 ∞ 点的任一简单曲线剖开所得开区域都是 z^α 的可单值分枝区域. 比如，在 $\mathbf{C}_\infty$ 平面沿正实轴剖开所得开区域 D 内，可把 z^α 分成单值连续分枝：

$$(z^\alpha)_k = e^{\alpha(\ln|z| + \mathrm{i}\arg z + 2k\pi \mathrm{i})} \quad (0 < \arg z < 2\pi,\ k = 0, \pm 1, \pm 2, \cdots).$$

由复合函数求导法则，得

$$\begin{aligned}(z^\alpha)_k' &= (e^{\alpha(\ln|z| + \mathrm{i}\arg z + 2k\pi \mathrm{i})})' = (e^{\alpha \log z + 2\alpha k\pi \mathrm{i}})' \\ &= e^{\alpha \log z + 2\alpha k\pi \mathrm{i}} \cdot \alpha \cdot \frac{1}{z} = \frac{\alpha}{z} e^{\alpha \log z + 2\alpha k\pi \mathrm{i}} \\ &= \alpha z^{\alpha - 1}.\end{aligned} \tag{2.32}$$

这样，z^α 的每一个单值分枝都在 D 内解析. 因此，称这些分枝为 z^α 的解析分

枝. 当α不是有理数时，z^α 在D 内有无穷多个解析分枝. 当α是有理数时，z^α 在D 内有有限个解析分枝. 特别，根式函数$\sqrt[n]{z}$ 在D 内有 n 个不同的解析分枝：

$$(\sqrt[n]{z})_k = \sqrt[n]{|z|}\ \mathrm{e}^{\mathrm{i}\frac{\arg z+2k\pi}{n}} \quad (0<\arg z<2\pi,\ k=0,1,\cdots,n-1), \tag{2.33}$$

其中 $\sqrt[n]{|z|}$ 是正数$|z|$的算术根.

由 Log z 的解析分枝的表达式可知，当$\alpha\in\mathbf{R}$时，对于 z^α 的任一可单值分枝区域 D，z^α 在$z_0(\in D)$ 取定初值为 $z_0^\alpha=|z_0|^\alpha \mathrm{e}^{\mathrm{i}\theta_0}$ 的单值分枝表达式为

$$z^\alpha = \mathrm{e}^{\alpha\ln|z|+\mathrm{i}\alpha[\mathrm{Arg}\,z]_L+\mathrm{i}\theta_0} = |z|^\alpha \mathrm{e}^{\mathrm{i}\theta_0}\mathrm{e}^{\mathrm{i}\alpha[\mathrm{Arg}\,z]_L}, \quad z\in D. \tag{2.34}$$

其中 $L\subset D$ 为 z_0 到 z 的任何曲线. 特别地，

$$\sqrt[n]{z} = \sqrt[n]{|z|}\ \mathrm{e}^{\mathrm{i}\theta_0}\mathrm{e}^{\frac{\mathrm{i}}{n}[\mathrm{Arg}\,z]_L}, \quad z\in D. \tag{2.35}$$

例 2.2 在复平面上以正实轴(包括原点)作剖线. 试在所得的区域D内取定$z^\alpha(-1<\alpha<0)$在正实轴上岸取正实值的一解析分枝，并求这一分枝在$z=-1$处的值及在正实轴下岸的值(图 2-2).

解 在正实轴上岸取定一点 $x_0>0$，按条件，$x_0^\alpha=|x_0|^\alpha \mathrm{e}^{\mathrm{i}\theta_0}>0$，所以 $\theta_0=0$，因此，z^α 在正实轴上岸取正实数值的解析分枝为

$$z^\alpha = |z|^\alpha \mathrm{e}^{\mathrm{i}\alpha[\mathrm{Arg}\,z]_L}.$$

在D内作以正实轴上岸的点x_0为起点，分别以-1和正实轴下岸的点x_0为终点的 L_1 和 L_2，则

$$[\mathrm{Arg}\,z]_{L_1}=\pi,\quad [\mathrm{Arg}\,z]_{L_2}=2\pi.$$

因此，所求解析分枝在 $z=-1$ 处的值为

$$(-1)^\alpha = |-1|^\alpha \mathrm{e}^{\mathrm{i}\alpha[\mathrm{Arg}\,z]_{L_1}} = \mathrm{e}^{\alpha\pi\mathrm{i}}.$$

在正实轴下岸的点 x_0 的值为

$$(x_0^\alpha)_{下} = |x_0|^\alpha \mathrm{e}^{\mathrm{i}\alpha[\mathrm{Arg}\,z]_{L_2}} = \mathrm{e}^{\alpha(\ln x_0+2\pi\mathrm{i})} = x_0^\alpha \mathrm{e}^{2\pi\alpha\mathrm{i}}.$$

现在我们来讨论 z^α 的黎曼面. 当α不是有理数时，由于 z^α 和 Log z 的枝点相同，且都可分成无穷个单值分枝，故其黎曼面相同. 当α是有理数时，设 $\alpha=\dfrac{m}{n}$ (m,n 互质)，$z^{\frac{m}{n}}$ 也是根式函数. 由于根式函数只有 n 个不同的单值分枝，故其黎曼面有所不同. 下面我们先讨论 $z^{\frac{1}{n}}$ (n为大于1的整数) 的黎曼面.

如果将平面仍沿正实轴剖开，并如前取定 Arg z 的一单值连续分枝，记为 $\arg_0 z$ $(0\leqslant \arg_0 z\leqslant 2\pi)$，则由(2.31) 便得 $z^{\frac{1}{n}}$ 在这个剖开的平面中的一个单值连续分枝，记为$(z^{\frac{1}{n}})_0$，即

$$(z^{\frac{1}{n}})_0 = \sqrt[n]{|z|}\ \mathrm{e}^{\frac{1}{n}\mathrm{i}\arg_0 z}.$$

可见 $0 \leqslant \arg(z^{\frac{1}{n}})_0 \leqslant \frac{2\pi}{n}$. 再作上述剖开平面的一个复本，但 $\mathrm{Arg}\,z$ 另取一个分枝记为 $\arg_1 z$，使 $2\pi \leqslant \arg_1 z \leqslant 4\pi$，从而得到 $z^{\frac{1}{n}}$ 的另一单值分枝 $(z^{\frac{1}{n}})_1$：

$$(z^{\frac{1}{n}})_1 = \sqrt[n]{|z|}\ \mathrm{e}^{\frac{1}{n}\mathrm{i}\arg_1 z}.$$

因此 $\frac{2\pi}{n} \leqslant \arg(z^{\frac{1}{n}})_1 \leqslant \frac{4\pi}{n}$. 如此继续下去，一般，在第 k 个剖开的平面复本上，取分枝 $\arg_k z$，使 $2k\pi \leqslant \arg_k z \leqslant 2(k+1)\pi\ (k=0,1,\cdots,n-1)$，从而 $z^{\frac{1}{n}}$ 的单值分枝

$$(z^{\frac{1}{n}})_k = \sqrt[n]{|z|}\ \mathrm{e}^{\frac{\mathrm{i}}{n}\arg_k z} \quad (k=0,1,\cdots,n-1).$$

最后，仍像讨论 $\mathrm{Arg}\,z$ 那样，将上述各分枝所在的平面复本沿正实轴如下粘连起来：将 $(z^{\frac{1}{n}})_0$ 所在的那个剖开的平面正实轴的下岸和 $(z^{\frac{1}{n}})_1$ 那个平面正实轴的上岸粘起来. 将后者的下岸又和 $(z^{\frac{1}{n}})_2$ 所在平面正实轴的上岸粘起来. 如此继续下去一直到把 $(z^{\frac{1}{n}})_{n-2}$ 所在平面正实轴的下岸与 $(z^{\frac{1}{n}})_{n-1}$ 的正实轴上岸粘起来. 这时，$(z^{\frac{1}{n}})_0$ 所在平面正实轴的上岸和 $(z^{\frac{1}{n}})_{n-1}$ 的正实轴下岸仍保持没有与别的粘连. 但注意到，$\arg(x_{上}^{\frac{1}{n}})_0 = 0$ 而 $(\arg x_{下}^{\frac{1}{n}})_{n-1} = \frac{2n\pi}{n} = 2\pi$，相应 $(x_{上}^{\frac{1}{n}})_0 = (x_{下}^{\frac{1}{n}})_{n-1}$. 所以，我们仍应把这两岸粘起来(虽然不能按通常意义实现)，便可使 $(z^{\frac{1}{n}})_0$ 和 $(z^{\frac{1}{n}})_{n-1}$ 当 z 越过正实轴时保持连续. 这样，我们就得到一个“理想”的曲面，它有 n 个覆叠层，是 $z^{\frac{1}{n}}$ 的“黎曼面”. 这时，$z^{\frac{1}{n}}$ 在这个 n 层的理想面上是单值的了. 对于 $z_0 \neq 0$，$z^{\frac{1}{n}}$ 在每一层有一个值，共有 n 个不同值(正如预料的那样). 但 $z_0 = 0$ 时，$z_0^{\frac{1}{n}}$ 只有一个值 0.

对于 $z^{\frac{m}{n}}$ (m,n 为既约整数)，可以证明 $z^{\frac{m}{n}} = (z^{\frac{1}{n}})^m$ (两端都作多值函数理解)，且 $z^{\frac{1}{n}}$ 的一个单值分枝也是 $z^{\frac{m}{n}}$ 的一个单值分枝，它的“黎曼面”构造也和 $z^{\frac{1}{n}}$ 一样. 不过当 $\frac{m}{n} < 0$ 时，对 $z_0 = 0$，$z_0^{\frac{m}{n}}$ 无意义，而当 $z \to 0$ 时，$z^{-\frac{1}{n}} \to \infty$ (不论哪一单值分枝).

本小节所论，不难推广到 $(z-z_0)^\alpha$ 形的幂函数，叙述不再重复.

2.2.6 初等多值函数分枝问题

前面我们讨论了 $\operatorname{Log} z$ 和 z^{α} 的函数改变量、枝点和单值分枝. 现在来讨论较一般的初等多值函数分枝问题，为此首先从初等多值函数改变量的概念讲起.

定义 2.3 设初等多值函数 $F(z)$ 定义于区域 D 内，L 是 D 内的一条简单曲线，z_0 是 L 的起点，z_1 是 L 的终点，$F(z)$ 在 z_0 处取定一值 $f(z_0)$（称为 $F(z)$ 在 z_0 的初值），当 z 从 z_0 出发沿 L 连续变动到 z_1 时，$F(z)$ 从 $f(z_0)$ 出发能连续变动到唯一确定的 $f(z_1)$（称为 $F(z)$ 的终值）. 则称差 $f(z_1)-f(z_0)$ 为 $F(z)$ **关于初值** $f(z_0)$ **在** L **上的改变量**，记作

$$[F(z)]_L = f(z_1) - f(z_0). \tag{2.36}$$

从 1.2.4 小节知道，$\operatorname{Arg} z$ 的改变量只与起止点和曲线的形状有关，而与初值无关；但对一般初等多值函数而言，改变量除与曲线有关，常常与初值也有关. 例如，z^{α} 就是如此.

容易看出，函数改变量具有如下性质：

1° $[F(z)]_L = -[F(z)]_{L^-}$； (2.37)

2° 设 $L = L_1 + L_2$，其中 L_1 的终点和 L_2 的起点重合，则

$$[F(z)]_L = [F(z)]_{L_1} + [F(z)]_{L_2}; \tag{2.38}$$

3° $[F_1(z) \pm F_2(z)]_L = [F_1(z)]_L \pm [F_2(z)]_L$. (2.39)

定义 2.4 设初等多值函数 $F(z)$ 定义于区域 D 内，取定 $z_0 \in D$ 和 $F(z)$ 在 z_0 的初值 $f(z_0)$. 若以 D 内任意一点 z 为终点，$[F(z)]_L$ 仅依赖于 z_0，z 和 $f(z_0)$，而与连结 z_0，z 的简单曲线 L 的形状无关，则称 $F(z)$ 为在 D 内**可单值分枝**. $f(z) = f(z_0) + [F(z)]_L$ 称为 $F(z)$ 的一个单值连续分枝，D 称为 $F(z)$ 的一个**可单值分枝区域**.

要判定 $F(z)$ 在 D 内可取得单值分枝，我们有如下定理：

定理 2.3 设初等多值函数 $F(z)$ 定义在区域 D 内，则 $F(z)$ 在 D 内可单值分枝的充分必要条件是：对于 D 内任一简单封闭曲线 L，都有 $[F(z)]_L = 0$.

证 充分性 在 D 内任取两点 z_0，$z_1(\neq z_0)$. 以 z_0 为起点、z_1 为终点，任意连结两条简单曲线 $L_1 \subset D$ 和 $L_2 \subset D$. 假定 L_1 和 L_2 除端点外不相交（图 2-3），则 $L_1^- + L_2 = L$ 是一简单封闭曲线. 根据条件 $[F(z)]_L = 0$，即

$$[F(z)]_{L_1^- + L_2} = 0,$$

由改变量性质 1° 和性质 2°，有

$$[F(z)]_{L_2}-[F(z)]_{L_1}=0,$$

即$[F(z)]_{L_1}=[F(z)]_{L_2}$.

若 L_1 和 L_2 除端点外还有交点，我们也可以证明此等式成立[①]. 由 z_1 与 L_1,L_2 的任意性，根据定义 2.4 推得 $F(z)$ 在 D 内可单值分枝.

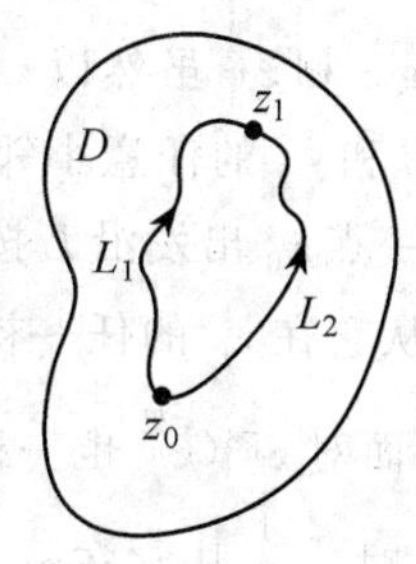

图 2-3

必要性　设 L 为 D 内的任意一简单封闭曲线. 取定 $z_0,z_1\in L$，$z_0\neq z_1$，L_1,L_2 为从 z_0 到 z_1 的两条简单曲线，且 $L_1^-+L_2=L$. 因 $F(z)$ 在 D 内可单值分枝，所以$[F(z)]_{L_1}=[F(z)]_{L_2}$. 从而

$$[F(z)]_L=[F(z)]_{L_2+L_1^-}=[F(z)]_{L_2}-[F(z)]_{L_1}=0.$$ ■

为了得到多值函数的单值性区域和单值分枝，还必须引出枝点这个重要概念. 我们首先规定，如果存在 z_0 的一邻域，使多值函数 $F(z)$ 能在此邻域分枝，这个点称为**寻常点**. 而所谓枝点是指：

定义 2.5　设初等多值函数 $F(z)$ 在 a 点某充分小的空心邻域 $V-\{a\}$ 有定义，且每点均为寻常点，又在其以 a 为心的任意小的空心邻域内都存在有围绕 a 的简单封闭曲线 Γ（不通过 a），使得$[F(z)]_\Gamma\neq0$，则称 a 为 $F(z)$ 的**枝点(分枝点)**.

为叙述方便起见，本节所述曲线均为简单曲线且不通过枝点及怀疑为枝点的点.

定义中所叙 $V-\{a\}$ 中每点均为寻常点，等价于说 $F(z)$ 在每一属于 $V-\{a\}$ 内的单连通域中都是可单值分枝的，或者说 $V-\{a\}$ 内同伦于零的任一封闭曲线 Γ'（即不绕 a 转的曲线）均有$[F(z)]_{\Gamma'}=0$. 我们可得枝点的另一定义：

定义 2.5′　设初等多值函数 $F(z)$ 在 a 点的某充分小的空心邻域 $V-\{a\}$ 有定义，若对 $V-\{a\}$ 中任一简单封闭曲线 $\Gamma'\sim0$ 有$[F(z)]_{\Gamma'}=0$，且在其以 a 为心的任意小的空心邻域内总存在着一条简单封闭曲线 $\Gamma\nsim0$，使$[F(z)]_\Gamma\neq0$，则称 a 为 $F(z)$ 的**枝点**.

注意，这个定义对 $a=\infty$ 也是适用的，不过其邻域要理解为与 ∞ 充分接近的空心邻域，即 $|z|>R$ $(z\neq\infty)$，R 充分大.

利用定义 2.5′ 立即可验证 $\operatorname{Log} z$ 和 z^α（α 不为整数）确实以 0 和 ∞ 为枝点.

---

① 充分性证明详见附录一.

$\mathrm{Log}\,z$ 和 $z^{\frac{1}{n}}$ 虽然以 $z=0$ 和 ∞ 为枝点，但情况有所不同. 对于 $\mathrm{Log}\,z$ 来说，在 0 和 ∞ 的任意小邻域内，存在一条简单封闭曲线 L 围绕 0 和 ∞，当点从 L 上一点 z_0 出发沿 L 按一定方向连续变动无论多少周回到 z_0 时，$\mathrm{Log}\,z$ 总不可能从它在 z_0 的任一初值连续变动到同一值(z^α 当 α 不是有理数时情况也一样)；而对 $z^{\frac{1}{n}}$ ($z^{\frac{m}{n}}$ 也一样)，当点 z 从 z_0 出发沿 L 按一定方向连续变动 n 周回到 z_0 时，$z^{\frac{1}{n}}$ 从它在 z_0 的任一初值连续变动回到同一值.

以上定义中，首先要求在枝点 a 的"充分小"邻域内考察. 否则，如果绕 a 转的简单封闭曲线 Γ 不是充分接近 a，而是在 Γ 所围的内域中除 a 外若还有 $F(z)$ 的另一枝点 b 时，则 $[F(z)]_\Gamma$ 的数值就是由 a 和 b 共同作用的结果，而不能显示枝点 a 的单独特征了. 例如，考虑

$$F(z)=\mathrm{Log}\,\frac{z-a}{z-b}=\mathrm{Log}(z-a)-\mathrm{Log}(z-b)\quad(a\neq b),$$

如果 Γ 充分靠近 a，并绕 Γ 一圈而使 b 在 Γ 的外域中，则

$$\begin{aligned}[F(z)]_\Gamma&=[\mathrm{Log}(z-a)]_\Gamma-[\mathrm{Log}(z-b)]_\Gamma\\&=2\pi\mathrm{i}-0=2\pi\mathrm{i},\end{aligned}$$

所以 $z=a$ 是 $F(z)$ 的枝点. 同样理由，$z=b$ 也是枝点. 但若 Γ 将 a,b 都包在其内域，则易见 $[F(z)]_\Gamma=0$，这不能说明 a 或 b 是否为 $F(z)$ 的枝点.

其次，以上定义中不能规定以 a 为心的任意小的空心邻域(当然此邻域含于 $V-\{a\}$) 中围绕 a 的所有简单封闭曲线 Γ (不通过 a)，使得 $[F(z)]_\Gamma\neq 0$，例如 $F(z)=\sqrt{z}\sin\frac{1}{z}$，其中 $\sqrt{z}$ 以 $z=0,\infty$ 为枝点而 $\sin\frac{1}{z}$ 是单值函数，所以其积 $F(z)$ 显然以 $z=0,\infty$ 为枝点. 但在 $z=0$ 的任意小邻域内，对以 $z=\frac{1}{n\pi}$ (n 充分大) 为起点、终点并绕 $z=0$ 转的简单封闭曲线 C_n 有 $[F(z)]_{C_n}=0$ (当然在此邻域内也大量存在绕 $z=0$ 的简单封闭曲线 Γ，使 $[F(z)]_\Gamma\neq 0$).

再次，以上定义中规定 a 的充分小的空心邻域 $V-\{a\}$ 内都是 $F(z)$ 的寻常点是必要的. 例如 $F(z)=\sqrt{\sin\frac{1}{z}}$，容易按本定义检验 $z=\frac{1}{n\pi}$ 均为枝点 ($n=\pm1,\pm2,\cdots$)，然而对于 $z=0$，虽然以 $z=0$ 为心的任意小的空心邻域内总存在绕 $z=0$ 的简单封闭曲线 Γ，使 $[F(z)]_\Gamma\neq 0$，然而 $z=0$ 不能称为枝点，原因是以 $z=0$ 为心任意小的空心邻域内含有无穷多个枝点. 它不是孤立奇点. 这种点 $z=0$ 称为枝点的极限点.

最后，由定理 2.3 可推出：在 $\mathbf{C}_\infty$ 上任一不含枝点的单连通域内，$F(z)$

一定可分枝.(为什么?)

本小节所论都是指初等函数，但其方法、思想对一般的多值解析函数(其定义以后将要说明)也成立.

以下几小节就几种常用的初等多值函数讨论它们的单值分枝问题.

2.2.7 有理函数的对数

考虑函数

$$F(z) = \operatorname{Log} R(z), \tag{2.40}$$

这里，

$$R(z) = \frac{(z-a_1)^{\alpha_1}(z-a_2)^{\alpha_2}\cdots(z-a_m)^{\alpha_m}}{(z-b_1)^{\beta_1}(z-b_2)^{\beta_2}\cdots(z-b_n)^{\beta_n}}, \tag{2.41}$$

其中 $\alpha_1,\alpha_2,\cdots,\alpha_m;\beta_1,\beta_2,\cdots,\beta_n$ 均为自然数; $a_1,a_2,\cdots,a_m;b_1,b_2,\cdots,b_n$ 为两两不等的复数.

(1) 函数改变量 任作一简单封闭曲线 L (L 不通过所有的 a_p,b_q)，则

$$\begin{aligned}[\operatorname{Log} R(z)]_L &= [\ln|R(z)|]_L + \mathrm{i}[\operatorname{Arg} R(z)]_L = \mathrm{i}[\operatorname{Arg} R(z)]_L \\ &= \mathrm{i}\left\{\sum_{p=1}^{m}\alpha_p[\operatorname{Arg}(z-a_p)]_L - \sum_{q=1}^{n}\beta_q[\operatorname{Arg}(z-b_q)]_L\right\}.\end{aligned}$$

(2) 枝点 作 a_1 的邻域使之不含其余的 a_p 及所有的 b_q，在这邻域内，设不绕 a_1 转的简单封闭曲线及绕 a_1 转的简单封闭曲线分别为 Γ' 及 Γ，则

$$[\operatorname{Log} R(z)]_L = \begin{cases}0, & \text{当 } L=\Gamma', \\ 2\pi\alpha_1\mathrm{i}, & \text{当 } L=\Gamma.\end{cases}$$

从而 a_1 是枝点，同理可证 $a_2,a_3,\cdots,a_m$; $b_1,b_2,\cdots,b_n$ 都是枝点.

作 ∞ 的邻域，使其内不含一切的 a_p 及 b_q，仍设 Γ' 及 Γ 为此邻域内不绕 ∞ 转及绕 ∞ 转的简单封闭曲线，则

$$[\operatorname{Log} R(z)]_L = \begin{cases}0, & \text{当 } L=\Gamma', \\ 2\pi\mathrm{i}\left(\sum_{p=1}^{m}\alpha_p - \sum_{q=1}^{n}\beta_q\right), & \text{当 } L=\Gamma.\end{cases}$$

可见 ∞ 为枝点的充要条件为 $\sum_{p=1}^{m}\alpha_p \neq \sum_{q=1}^{n}\beta_q$，换言之，要求 $R(z)$ 的分子、分母不为同次多项式.

(3) 可单值分枝区域 显然，取连结所有枝点的简单曲线为剖线，将复平面沿剖线剖开所得区域一定是可单值分枝区域. 但是，有时可取剖线更简短一些，使单值分枝区域更大一些. 为此，我们设想，如果 $R(z)$ 可分解为

$R(z)=R_1(z)\cdot R_2(z)$，其中 $R_1(z)$,$R_2(z)$ 为有理式(要求同一枝点 a_p 或 b_q 不要同时分拆到 R_1,R_2 中)，$R_1(z)$ 分子分母次数相同，而 $R_1(z)$ 本身不能作类似的分解，则只要将 $R_1(z)$ 有关的所有枝点(当然没有 ∞ 点)连结起来，就可分出 $\mathrm{Log}\,R_1(z)$ 的单值分枝了. 因 $\mathrm{Log}\,R(z)=\mathrm{Log}\,R_1(z)+\mathrm{Log}\,R_2(z)$，所以只要再考虑 $\mathrm{Log}\,R_2(z)$ 的多值性了. 利用这个原则，再分解 $R_2(z)$，如此继续下去，可得 $\mathrm{Log}\,R(z)$ 的最大的可单值分枝区域.

(4) 单值解析分枝　在可单值分枝区域 D 内，取定一点 z_0 及其初值 $\log R(z_0)=\ln|R(z_0)|+\mathrm{i}\theta_0$，则得单值连续分枝

$$\log R(z)=\ln|R(z)|+\mathrm{i}[\mathrm{Arg}\,R(z)]_L+\mathrm{i}\theta_0,\quad z\in D,\qquad(2.42)$$

这里，L 是 D 内以 z_0 为起点、z 为终点的简单曲线.

由复合函数求导法则，可知这个单值分枝是解析的，故它是 $\mathrm{Log}\,R(z)$ 的单值解析分枝.

例 2.3　$F(z)=\mathrm{Log}\dfrac{z-1}{z+1}$ 的枝点为 ±1，而 ∞ 不是枝点. $\mathbf{C}_\infty$ 上切去线段$[-1,1]$得一单值性区域 D(图 2-4)，取定在$(-1,1)$上岸 $z=0$ 处之值 $f(0_{上})=\pi\mathrm{i}$，现求 $f(0_{下})$ 及 $f(\infty)$.

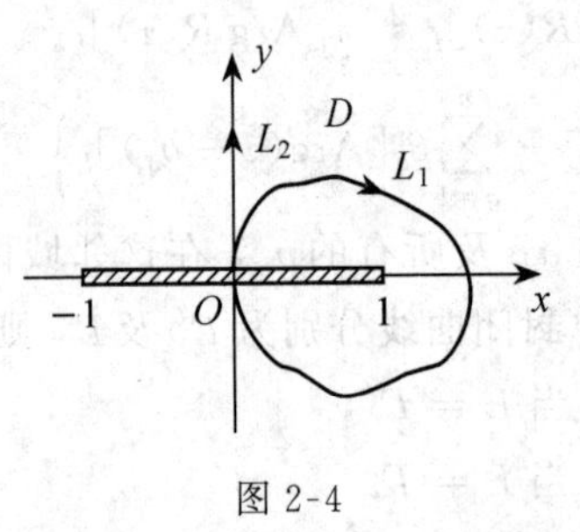

图 2-4

解　此时解析分枝的表达式为

$$f(z)=\ln\left|\frac{z-1}{z+1}\right|+\mathrm{i}\left[\mathrm{Arg}\,\frac{z-1}{z+1}\right]_L+\pi\mathrm{i}.$$

作以 $0_{上}$ 为起点、$0_{下}$ 为终点的简单封闭曲线 $L=L_1\subset D$，

$$[\mathrm{Arg}(z-1)]_{L_1}=-2\pi,\quad[\mathrm{Arg}(z+1)]_{L_1}=0,$$

$$f(0_{下})=\mathrm{i}(-2\pi-0+\pi)=-\pi\mathrm{i}.$$

为求 $f(\infty)$，取上半 y 轴作 $L=L_2$，因$[\mathrm{Arg}(z\mp1)]_{L_2}=\mp\dfrac{\pi}{2}$，故

$$f(\infty)=\ln1+\mathrm{i}\left(-\frac{\pi}{2}-\frac{\pi}{2}\right)+\pi\mathrm{i}=0.$$

例 2.4　研究函数 $F(z)=\mathrm{Log}\dfrac{z^2(z+1)}{(z-1)^3(z+2)}$，求出 $f(-3)=\ln\dfrac{9}{32}+\pi\mathrm{i}$ 的一个解析分枝在 $z=\mathrm{i}$ 处的值.

解　易知 $0,-1,1,-2,\infty$ 是枝点. 取剖线段$[-2,-1]$使 $\mathrm{Log}\dfrac{z+1}{z+2}$ 单值化；再取剖线$[0,+\infty]$，使得 $F(z)$ 可单值分枝区域 D(图 2-5). 作以 -3

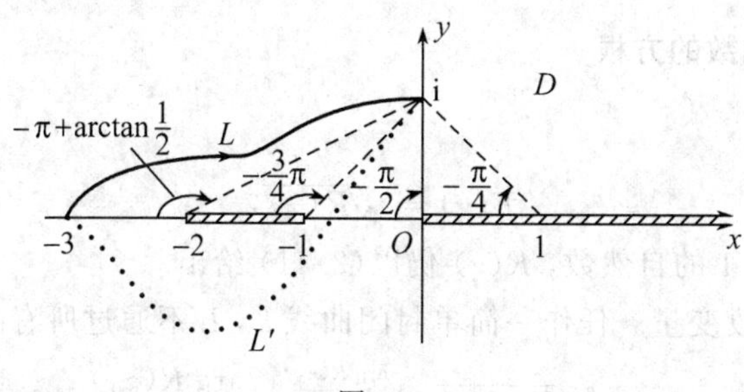

图 2-5

为起点、i 为终点的简单曲线 $L \subset D$，则 D 内相应初值的解析分枝为

$$f(z) = \log \frac{z^2(z+1)}{(z-1)^3(z+2)}$$

$$= \ln\left|\frac{z^2(z+1)}{(z-1)^3(z+2)}\right| + 2\mathrm{i}[\operatorname{Arg} z]_L + \mathrm{i}[\operatorname{Arg}(z+1)]_L$$

$$-3\mathrm{i}[\operatorname{Arg}(z-1)]_L - \mathrm{i}[\operatorname{Arg}(z+2)]_L + \mathrm{i}\pi.$$

而

$$[\operatorname{Arg} z]_L = -\frac{\pi}{2}, \quad [\operatorname{Arg}(z+1)]_L = -\frac{3\pi}{4},$$

$$[\operatorname{Arg}(z-1)]_L = -\frac{\pi}{4}, \quad [\operatorname{Arg}(z+2)]_L = -\pi + \arctan\frac{1}{2},$$

所以

$$f(\mathrm{i}) = \log\frac{z^2(z+1)}{(z-1)^3(z+2)}\bigg|_{z=\mathrm{i}}$$

$$= \ln\left|\frac{\mathrm{i}^2(\mathrm{i}+1)}{(\mathrm{i}-1)^3(\mathrm{i}+2)}\right| - \pi\mathrm{i} - \frac{3\pi}{4}\mathrm{i} + \frac{3\pi}{4}\mathrm{i} + \pi\mathrm{i}$$

$$-\mathrm{i}\arctan\frac{1}{2} + \mathrm{i}\pi$$

$$= -\frac{1}{2}\ln 20 + \mathrm{i}\left(\pi - \arctan\frac{1}{2}\right).$$

思考题 2.3 在例 2.4 中，若作以 −3 为起点、i 为终点的另一简单曲线 L' 替代 L（图 2-5），解析分枝表达式中含辐角改变量的项的值相应改变，试问 $f(\mathrm{i})$ 的结果会改变吗？

思考题 2.4 在例 2.4 中，若剖线是这样的：$\mathbf{C}_\infty$ 割去 $[-2,-1]$，$[0,1]$ 及射线 $\arg z = \frac{3\pi}{4}$，$f(\mathrm{i})$ 的结果又如何？解释这种现象.

2.2.8 有理函数的方根

考虑函数

$$F(z)=\sqrt[n]{R(z)},$$

这里，n 为大于 1 的自然数，$R(z)$ 仍以(2.41) 给出.

(1) 函数改变量　任作一简单封闭曲线 L，L 不通过所有的 a_p，b_q. 取点 $z_0\in L$. 取定 $F(z_0)=\sqrt[n]{|R(z_0)|}\,\mathrm{e}^{\mathrm{i}\frac{\arg R(z_0)}{n}}$，$\frac{\arg R(z_0)}{n}$ 取定值，则

$$\begin{aligned}[\sqrt[n]{R(z)}]_L&=\sqrt[n]{|R(z_0)|}\,\mathrm{e}^{\mathrm{i}\frac{[\operatorname{Arg}R(z)]_L+\arg R(z_0)}{n}}-\sqrt[n]{|R(z_0)|}\,\mathrm{e}^{\mathrm{i}\frac{\arg R(z_0)}{n}}\\&=\sqrt[n]{|R(z_0)|}\,\mathrm{e}^{\mathrm{i}\frac{\arg R(z_0)}{n}}\left(\mathrm{e}^{\mathrm{i}\frac{[\operatorname{Arg}R(z)]_L}{n}}-1\right).\end{aligned}$$

从而 $[\sqrt[n]{R(z)}]_L=0$ 的充要条件是 $[\operatorname{Arg}R(z)]_L=2nk\pi\ (k\in J)$.

(2) 枝点　作 a_1 的邻域 U，使其余的 a_p 及所有的 b_q 不在其内，设 Γ' 和 Γ 分别为 U 内不绕着 a_1 及绕着 a_1 转的简单曲线，则

$$[\operatorname{Arg}R(z)]_L=\begin{cases}0, & L=\Gamma',\\ 2\alpha_1\pi, & L=\Gamma.\end{cases}$$

因此，若 $\alpha_1\not\equiv 0\ (\operatorname{mod} n)$，则 a_1 为枝点；若 $\alpha_1\equiv 0\ (\operatorname{mod} n)$，则 a_1 不是枝点. 一般，若 $\alpha_p\not\equiv 0\ (\operatorname{mod} n)$ 或 $\beta_q\not\equiv 0\ (\operatorname{mod} n)$，则 a_p 或 b_q 为枝点；否则不是枝点. 对 ∞ 作类似的考虑可以得到：当

$$\sum_{p=1}^{m}\alpha_p-\sum_{q=1}^{n}\beta_q\not\equiv 0\quad(\operatorname{mod} n)$$

时，则 ∞ 为枝点，否则不是枝点.

(3) 可单值分枝区域　和 2.2.7 小节一样，作分解

$$R(z)=R_1(z)\cdot R_2(z),$$

但这一次要求 $R_1(z)$ 中分子次数与分母次数之差为 n 的整数倍(相等当然也可以)，其他要求同前. 将 $\sqrt[n]{R_1(z)}$ 的各枝点连结在一起作剖线，再对 $R_2(z)$ 同样分解，如此继续下去，便可得出 $\sqrt[n]{R(z)}$ 的最大的可单值分枝区域.

(4) 单值解析分枝　在可单值分枝区域 D 内，取定一点 z_0 及初值 $f(z_0)=\sqrt[n]{|R(z_0)|}\,\mathrm{e}^{\mathrm{i}\theta_0}$，则得单值连续分枝

$$f(z)=\mathrm{e}^{\frac{1}{n}\log R(z)}=\sqrt[n]{|R(z)|}\,\mathrm{e}^{\mathrm{i}\theta_0}\,\mathrm{e}^{\frac{\mathrm{i}}{n}[\operatorname{Arg}R(z)]_L},\quad z\in D,\tag{2.43}$$

这里 L 是 D 内以 z_0 为起点、z 为终点的简单曲线.

由复合函数求导法知，(2.43) 为 $\sqrt[n]{R(z)}$ 的解析分枝.

例 2.5 研究函数

$$F(z)=\sqrt[3]{\frac{(z+1)(z-1)(z-2)}{z}}.$$

如果规定 $F(3)>0$，求这函数两个不同的相应解析分枝在 $z=\mathrm{i}$ 的值.

解 由于 $z+1,z-1,z-2,z$ 的指数及分子、分母次数之差都不是 3 的倍数，所以 $-1,0,1,2,\infty$ 都是枝点. 由于$\frac{z+1}{z}$的分子次数与分母次数相等，故可先用直线段连结 -1 和 0 作剖线，再用不同的折线连结 1,2 和 ∞ 作剖线，剖开复平面得两个可单值分枝区域 D_1 和 D_2（图 2-6 (a),(b)).

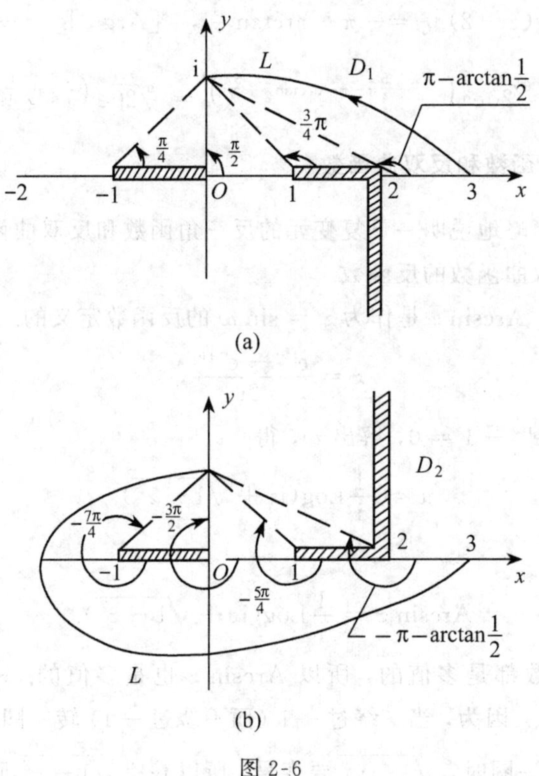

图 2-6

由于 $F(3)>0$，故 $\theta_0=0$. 因此无论在 D_1 或 D_2 内，$F(z)$ 对初值 $F(3)>0$ 的单值解析分枝表达式均为

$$f(z)=\sqrt[3]{\left|\frac{(z+1)(z-1)(z-2)}{z}\right|}\cdot e^{\frac{\mathrm{i}}{3}([\operatorname{Arg}(z+1)]_L+[\operatorname{Arg}(z-1)]_L+[\operatorname{Arg}(z-2)]_L-[\operatorname{Arg} z]_L)}.$$

在 D_1：

$$[\operatorname{Arg}(z+1)]_L=\frac{\pi}{4},\quad [\operatorname{Arg}(z-1)]_L=\frac{3\pi}{4},$$

$$[\operatorname{Arg}(z-2)]_L=\pi-\arctan\frac{1}{2},\quad [\operatorname{Arg} z]_L=\frac{\pi}{2},$$

$$f(\mathrm{i})=\sqrt[6]{20}\ \mathrm{e}^{\frac{\mathrm{i}}{3}\left(\frac{\pi}{4}+\frac{3\pi}{4}+\pi-\arctan\frac{1}{2}-\frac{\pi}{2}\right)}=\mathrm{i}\ \sqrt[6]{20}\mathrm{e}^{-\frac{\mathrm{i}}{3}\arctan\frac{1}{2}}.$$

在 D_2：

$$[\operatorname{Arg}(z+1)]_L=-\frac{7\pi}{4},\quad [\operatorname{Arg}(z-1)]_L=-\frac{5}{4}\pi,$$

$$[\operatorname{Arg}(z-2)]_L=-\pi-\arctan\frac{1}{2},\quad [\operatorname{Arg} z]_L=-\frac{3\pi}{2},$$

$$f(\mathrm{i})=\sqrt[6]{20}\mathrm{e}^{\frac{\mathrm{i}}{3}\left(-\frac{7\pi}{4}-\frac{5}{4}\pi-\pi-\arctan\frac{1}{2}+\frac{3\pi}{2}\right)}=\sqrt[6]{20}\mathrm{e}^{\mathrm{i}\left(-\frac{5}{6}\pi-\frac{1}{3}\arctan\frac{1}{2}\right)}.$$

2.2.9 反三角函数和反双曲函数

本小节将简略地说明一下复变元的反三角函数和反双曲函数. 它们分别是三角函数和双曲函数的反函数.

例如，$w=\operatorname{Arcsin} z$ 是作为 $z=\sin w$ 的反函数定义的. 由欧拉公式

$$z=\frac{\mathrm{e}^{\mathrm{i}w}-\mathrm{e}^{-\mathrm{i}w}}{2\mathrm{i}},$$

或即 $\mathrm{e}^{2\mathrm{i}w}-2\mathrm{i}z\mathrm{e}^{\mathrm{i}w}-1=0$，解出 w，得

$$w=\frac{1}{\mathrm{i}}\operatorname{Log}(\mathrm{i}z+\sqrt{1-z^2}).$$

因此，我们有

$$\operatorname{Arcsin} z=\frac{1}{\mathrm{i}}\operatorname{Log}(\mathrm{i}z+\sqrt{1-z^2}). \tag{2.44}$$

由于根式和对数都是多值的，所以 $\operatorname{Arcsin} z$ 也是多值的. $z=\pm 1$ 明显是 $\operatorname{Arcsin} z$ 的枝点. 因为，当 z 绕过 $+1$（而不绕过 -1）转一圈或绕过 -1（而不绕过 $+1$）转一圈时，$\sqrt{1-z^2}$ 要变号，所以 $\mathrm{i}z+\sqrt{1-z^2}$ 回不到原先取的初始值，因此其对数更不能回到初始值. 注意，可以证明 $z=\infty$ 也是 $\operatorname{Arcsin} z$ 的枝点(参看第七章). 这样，就不难作出 $\operatorname{Arcsin} z$ 的单值性区域. 但其黎曼面构造较复杂，从略.

同样，可定义

$$\operatorname{Arccos} z=\frac{1}{\mathrm{i}}\operatorname{Log}(z+\mathrm{i}\sqrt{1-z^2}), \tag{2.45}$$

它也以 $\pm 1,\infty$ 为枝点. 又可定义

$$\operatorname{Arctan} z=\frac{1}{2\mathrm{i}}\operatorname{Log}\frac{1+\mathrm{i}z}{1-\mathrm{i}z}=\frac{1}{2\mathrm{i}}\operatorname{Log}\frac{\mathrm{i}-z}{\mathrm{i}+z},\tag{2.46}$$

它以 $\pm\mathrm{i}$ 为枝点.(∞ 点不是枝点!)

类似地可定义反双曲函数. 例如 $w=\operatorname{Arcsh} z$ 定义为 $z=\operatorname{sh} w=\frac{\mathrm{e}^{w}-\mathrm{e}^{-w}}{2}$ 的反函数,可求出

$$\operatorname{Arcsh} z=\operatorname{Log}(z+\sqrt{z^2+1}),\tag{2.47}$$

它以 $\pm\mathrm{i},\infty$ 为枝点.

同样,又有

$$\operatorname{Arcch} z=\operatorname{Log}(z+\sqrt{z^2-1}),\tag{2.48}$$

它以 $\pm 1,\infty$ 为枝点. 而

$$\operatorname{Arcth} z=\frac{1}{2}\operatorname{Log}\frac{1+z}{1-z}\tag{2.49}$$

以 ± 1 为枝点.(∞ 不是枝点!)

所有这些函数的求导公式如实分析中的那样,即

$$(\operatorname{Arcsin} z)'=\frac{1}{\sqrt{1-z^2}},\quad (\operatorname{Arccos} z)'=-\frac{1}{\sqrt{1-z^2}};$$

$$(\operatorname{Arctan} z)'=\frac{1}{1+z^2},\quad (\operatorname{Arccot} z)'=-\frac{1}{1+z^2};$$

$$(\operatorname{Arcsh} z)'=\frac{1}{\sqrt{z^2+1}},\quad (\operatorname{Arcch} z)'=-\frac{1}{\sqrt{z^2-1}}.$$

当然,所有这些公式中,右端出现多值函数,其单值分枝要取得和左端中出现的一致. 例如$(\operatorname{Arcsin} z)'$ 公式中的 $\sqrt{1-z^2}$ 要和(2.44)中出现的 $\sqrt{1-z^2}$ 在相同的单值分枝中取值.

习　题　2.2

1. 证明:i^{i} 全部取实值;而 $1^{\sqrt{2}}$ 全部取虚值(除去一个例外).
2. 写出 $\sin z,\cos z$ 的实部和虚部,并验证它们满足 C.R. 条件.
3. 证明恒等式:

$$\sin^2 z+\cos^2 z=1,\quad \operatorname{ch}^2 z-\operatorname{sh}^2 z=1,$$

$$\sin 2z=2\sin z\cos z,\quad \operatorname{sh} 2z=2\operatorname{sh} z\operatorname{ch} z.$$

4. 若 $z = x + \mathrm{i}y$，求证：$|\sin z|^2 = \sin^2 x + \operatorname{sh}^2 y$，$|\cos z|^2 = \cos^2 x + \operatorname{sh}^2 y$，$|\operatorname{sh} y| \leqslant |\sin z| \leqslant |\operatorname{ch} y|$.

5. 在 $\mathbf{C}$ 上取上半虚轴(包括原点)作剖线.

(1) 取定 $\operatorname{Log} z$ 在正实轴上取实值的分枝；

(2) 取定 $\sqrt{z}$ 在正实轴上取正实值的分枝.

分别求它们在上半虚轴的左岸点及右岸点在 $z = \mathrm{i}$ 处的值.

6. 设区域 $D = \mathbf{C} \setminus [0, +\infty)$，求函数 $f(z) = \sqrt[8]{z}$ 在 D 上满足 $f\left(\dfrac{\sqrt{2}}{2}(1+\mathrm{i})\right) = \mathrm{e}^{\frac{9}{32}\pi\mathrm{i}}$ 的单值解析分枝在 $z = -\dfrac{1}{2}(1+\mathrm{i})$ 的值.

7. $F(z) = \operatorname{Log}(1-z^2)$，试求这个函数对应于 $f(0) = 0$ 的两个不同解析分枝在 $z = 2$ 的值(要求剖线不过 $z = 0$ 及 $z = 2$).

8. 试作出函数 $F(z) = \operatorname{Log}\dfrac{1+z}{z}$ 的一个单值性区域，并取 $f(\infty) = 0$ 的单值枝，求 $f(1)$.

9. 设函数 $F(z) = \sqrt{z(1-z)}$，取$[0,1]$为剖线，求

(1) 在剖线上岸取正值的那一枝 $f_1(z)$ 的表达式，并求 $f_1(-1)$；

(2) 在剖线下岸取正值的那一枝 $f_2(z)$ 的表达式，并求 $f_2(-1)$.

10. 设 $F(z) = \sqrt[3]{(1+z)(1-z)^2}$，求作一单值解析分枝，使 $f(2) = \sqrt[3]{3}$，求 $f(-2)$.

第二章习题

1. 如果 $f(z)$ 在上半平面的某个区域 D 中解析，D' 是 D 关于实轴对称的区域，求证：$\overline{f(\overline{z})}$ (也记为 $\overline{f}(z)$) 在 D' 中解析.

2. 如果 $f(z)$ 在单位圆盘 $|z| < 1$ 内解析，求证：$\overline{f\left(\dfrac{1}{\overline{z}}\right)}$ 在单位圆外域 $|z| > 1$ 内解析.

3. 设 $f(z) = u(x,y) + \mathrm{i}v(x,y)$ $(z = x + \mathrm{i}y)$ 解析，且 $f'(z) \neq 0$. 求证：曲线族 $u(x,y) =$ 常数和 $v(x,y) =$ 常数互相正交.

4. 设 $f(z) = u(x,y) + \mathrm{i}v(x,y)$ 在域 D 中解析，求证 u, v 的雅可比行列式满足

$$\left|\frac{J(u,v)}{J(x,y)}\right| = |f'(z)|^2.$$

5. 下列中值公式是否成立：设 $f(z)$ 在 z_0 处解析，则对 $\Delta z \neq 0$ 有

$$f(z_0+\Delta z)-f(z_0)=\Delta z f'(z_0+\theta\Delta z), \quad 0<\theta<1.$$

6. $w=\sin z$ $(z=x+\mathrm{i}y)$ 把 z 平面映到 w 平面，问和 x 轴或 y 轴平行的两直线族将映成什么曲线族？它们是否正交？

7. 映射 $w=R\left(z+\dfrac{m}{z}\right)$ $(R>0,\ 0\leqslant m<1)$ 把单位圆 $|z|=1$ 映成什么曲线？求出该函数的反函数，并指出单值性区域.

8. 在 $F(z)$ 的枝点 a 附近充分近，固定一条绕 a 转的简单封闭曲线 Γ，正向为逆时针方向，当 $z\in\Gamma$ 绕 a 转一圈，问：$[F(z)]_\Gamma$ 必定为常数吗？研究 $w=\sqrt{z}$，取 Γ 为单位圆周.

9. 应怎样选取单值分枝，可以保证 $\operatorname{Re} z^{\frac{1}{2}}\geqslant 0$.

10. 由于 $\operatorname{Log} z$ 为多值函数，指出下列错误：

(1) $\operatorname{Log} z^2=2\operatorname{Log} z$；

(2) $\operatorname{Log} 1=\operatorname{Log}\dfrac{z}{z}=\operatorname{Log} z-\operatorname{Log} z=0$.

11. 说明 $|z^\alpha|=|z|^{|\alpha|}$ $(z\neq 0)$ 一般不成立. 问 α 为何值时等式成立？

12. 试说明要怎样取单值分枝可使 $z^\alpha\cdot z^\beta=z^{\alpha+\beta}$ 成立.

13. 试证明作为集合等式有

$$(z_1\cdot z_2)^\alpha=z_1^\alpha\cdot z_2^\alpha \quad (z_1,z_2\neq 0).$$

14. 试问：在复数域中 $(a^b)^c$ 与 a^{bc} 一定相等吗？

15. 设 $F(z)=\sqrt[4]{z(1-z)^3}$. 以 $[0,1]$ 为剖线，取 $(0,1)$ 上岸为正实值的分枝为 $f(z)$，求在 $(0,1)$ 下岸 $f(x)$ 的表达式及 $f(-1)$.

16. 下列各命题是否成立？

(1) $\overline{P(z)}=P(\bar{z})$（$P(z)$ 为多项式）；　(2) $\overline{e^z}=e^{\bar{z}}$；

(3) $\overline{\sin z}=\sin\bar{z}$；　(4) $\overline{\operatorname{Log} z}=\operatorname{Log}\bar{z}$；

(5) $\overline{z^\alpha}=\bar{z}^{\bar{\alpha}}$；　(6) $\overline{\sqrt{1-z^2}}=\sqrt{1-\bar{z}^2}$；

(7) 若 $\lim\limits_{z\to z_0} f(z)$ 存在，则 $\overline{\lim\limits_{z\to z_0} f(z)}=\lim\limits_{z\to z_0}\overline{f(z)}$.

第三章　复　积　分

复变函数的积分(简称复积分)是研究解析函数的重要工具. 复积分理论奠基人是法国著名数学家柯西(Cauchy, 1789～1857). 本章介绍的柯西积分定理和柯西积分公式,它们是解析函数许多重要性质的源泉. 用积分理论研究解析函数特性,是单复变函数论乃至多复变函数论在研究方法上的重要特点之一.

3.1　复积分概念

3.1.1　复积分的定义及计算

定义 3.1　设复函数

$$f(z)=u(x,y)+\mathrm{i}v(x,y)$$

在光滑或逐段光滑的简单曲线 $L=\overset{\frown}{ab}$ 上有定义. 沿从 a 到 b 的方向在 L 上依次取分点:

$$a=z_0,z_1,z_2,\cdots,z_{n-1},z_n=b,$$

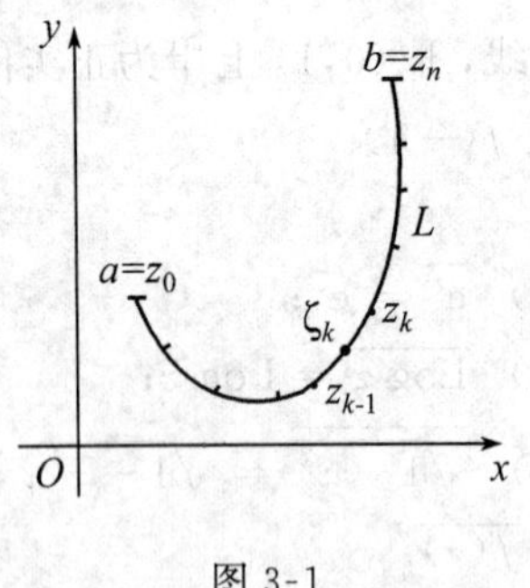

图 3-1

其中 $z_k=x_k+\mathrm{i}y_k$. 在每个弧段 $\overset{\frown}{z_{k-1}z_k}$ $(k=1,2,\cdots,n)$ 上任取一点 $\zeta_k=\xi_k+\mathrm{i}\eta_k$ (图 3-1),作和式

$$\sum_{k=1}^{n}f(\zeta_k)\Delta z_k,\tag{3.1}$$

其中 $\Delta z_k=z_k-z_{k-1}=\Delta x_k+\mathrm{i}\,\Delta y_k$. 设 $\lambda=\max\limits_{1\leqslant k\leqslant n}|\Delta z_k|$. 当 $\lambda\to0$ 时,如果和式的极限存在,且此极限值不依赖于 ζ_k 的选择,也不依赖对 L 的分法,就称 f 沿 L 可积,而称此极限值为 f 沿从 a 到 b 方向上的复积分或简称**复积分**. 记为

$$\int_L f(z)\mathrm{d}z = \lim_{\lambda\to 0}\sum_{k=1}^{n} f(\zeta_k)\Delta z_k, \tag{3.2}$$

或简记为$\int_L f$. 其中 f 称为**被积函数**，z 称为**积分变量**，L 称为**积分路径**. 而沿 L 负方向(即由 b 到 a) 的积分记为$\int_{L^-} f(z)\mathrm{d}z$ 或$\int_{L^-} f$.

当L为封闭曲线时，$\int_L$ 号也写为$\oint_L$. 以上定义易于推广到L由若干条上述弧段组成的情况.

显然，$f(z)$ 在 L 上可积，则必在 L 上有界.

上述复积分的定义与数学分析中定积分定义非常类似. 但要注意，一般，我们不能把复积分写成$\int_a^b f(z)\mathrm{d}z$ 的形式，因为由定义看出，复积分的值不仅和 a,b 有关，而且和积分路径有关.

为计算(3.2)，将(3.1) 的实、虚部分开：

$$\begin{aligned}\sum_{k=1}^{n} f(\zeta_k)\Delta z_k &= \sum_{k=1}^{n}(u(\xi_k,\eta_k)+\mathrm{i}v(\xi_k,\eta_k))(\Delta x_k+\mathrm{i}\Delta y_k)\\ &= \sum_{k=1}^{n}(u(\xi_k,\eta_k)\Delta x_k - v(\xi_k,\eta_k)\Delta y_k)\\ &\quad+\mathrm{i}\sum_{k=1}^{n}(v(\xi_k,\eta_k)\Delta x_k+u(\xi_k,\eta_k)\Delta y_k).\end{aligned}$$

若假定 $f(z)$ 在 L 上连续，从而 u,v 在 L 上连续，当 $\lambda\to 0$ 时，从而 $\max\limits_{1\leqslant k\leqslant n}|\Delta x_k|\to 0$ 及 $\max\limits_{1\leqslant k\leqslant n}|\Delta y_k|\to 0$，于是上式右端极限存在，即 $f(z)$ 在L上是可积的，且

$$\int_L f(z)\mathrm{d}z = \int_L u\mathrm{d}x - v\mathrm{d}y + \mathrm{i}\int_L v\mathrm{d}x + u\mathrm{d}y. \tag{3.3}$$

(3.3) 提供了一种复积分化为曲线积分计算的方法. 为便于记忆，公式(3.3) 可以从形式上看做 $f(z)=u+\mathrm{i}v$ 与 $\mathrm{d}z=\mathrm{d}x+\mathrm{i}\mathrm{d}y$ 相乘后分开实、虚部所得到.

若在(3.3) 中进一步知道曲线L的参数方程为：$z(t)=x(t)+\mathrm{i}y(t)$，$\alpha\leqslant t\leqslant\beta$ ($t=\alpha$,β分别相应于 $z=a$,b)，代入(3.3) 右端有

$$\begin{aligned}\int_L f = \int_\alpha^\beta\Big[&(u(x(t),y(t))x'(t)-v(x(t),y(t))y'(t))\mathrm{d}t\\ &+\mathrm{i}(v(x(t),y(t))x'(t)+u(x(t),y(t))y'(t))\mathrm{d}t\Big]\end{aligned}$$

$$= \int_\alpha^\beta (u(x(t),y(t)) + \mathrm{i}v(x(t),y(t)))(x'(t) + \mathrm{i}y'(t))\mathrm{d}t,$$

即

$$\int_L f(z)\mathrm{d}z = \int_\alpha^\beta f(z(t))z'(t)\mathrm{d}t. \tag{3.4}$$

这个公式很好记，相当于左端被积式中的 z 用曲线 L 的方程 $z(t)$ 代替，而积分限则用相应于 L 的起点 a、终点 b 的参数值 α 和 β 来替代. 这与数学分析中积分换元极为相似.

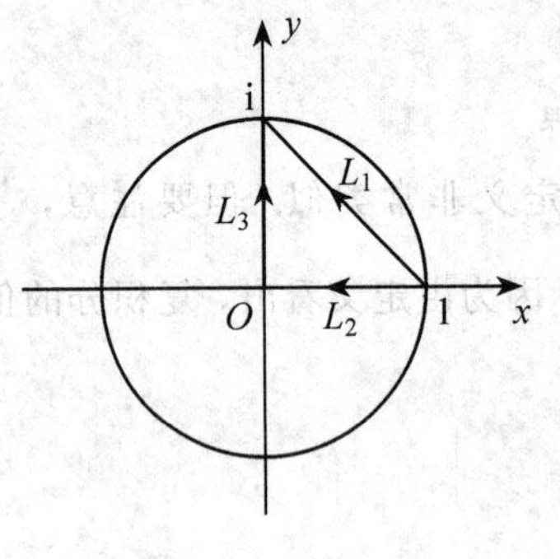

图 3-2

(3.4) 提供了计算复积分的一种方法.

例 3.1 计算 $\int_L \overline{z}\mathrm{d}z$，其中 L（图 3-2）是

(1) 从点 1 到 i 的直线段 L_1；

(2) 从点 1 到 0 的直线段 L_2，再从点 0 到点 i 的直线段 L_3 所连结成的折线段 $L = L_2 + L_3$.

解 (1) $L = L_1$：$z(t) = 1 - t + \mathrm{i}t$ $(0 \leqslant t \leqslant 1)$，

$$\int_L \overline{z}\mathrm{d}z = \int_0^1 (1 - t - \mathrm{i}t)(-1 + \mathrm{i})\mathrm{d}t$$
$$= \int_0^1 (2t - 1)\mathrm{d}t + \mathrm{i}\int_0^1 \mathrm{d}t = \mathrm{i}.$$

(2) L_2：$z(t) = 1 - t$，$0 \leqslant t \leqslant 1$，$L_3$：$z(t) = \mathrm{i}t$，$0 \leqslant t \leqslant 1$，

$$\int_L \overline{z}\mathrm{d}z = \left(\int_{L_2} + \int_{L_3}\right)\overline{z}\mathrm{d}z = -\int_0^1 (1-t)\mathrm{d}t + \int_0^1 (-\mathrm{i}t)\mathrm{i}\,\mathrm{d}t = 0.$$

本例表明，被积函数和积分路径的端点确定时，其积分值一般与路径是有关的. 读者还可验证，沿单位圆周从 1 到 i 分别按逆时针的弧：$z(\theta) = \mathrm{e}^{\mathrm{i}\theta}$，$0 \leqslant \theta \leqslant \frac{\pi}{2}$ 及顺时针弧：$z(\theta) = \mathrm{e}^{-\mathrm{i}\theta}$，$0 \leqslant \theta \leqslant \frac{3\pi}{2}$，来计算本题积分，分别得另外两个不同的值 $\frac{\pi}{2}\mathrm{i}$ 及 $-\frac{3}{2}\pi\mathrm{i}$.

例 3.2 计算：

$$\frac{1}{2\pi\mathrm{i}}\oint_L \frac{\mathrm{d}z}{(z - z_0)^n},$$

其中 n 为任何整数，L 是以 z_0 为心、r (>0) 为半径的圆周，且规定 L 的方向是逆时针方向.

解 L 的参数方程为 $z = z_0 + r\mathrm{e}^{\mathrm{i}\theta}$，$0 \leqslant \theta \leqslant 2\pi$. 故

$$\frac{1}{2\pi\mathrm{i}}\oint_L \frac{\mathrm{d}z}{(z-z_0)^n} = \frac{1}{2\pi\mathrm{i}}\int_0^{2\pi} \frac{\mathrm{i}r\mathrm{e}^{\mathrm{i}\theta}}{r^n\mathrm{e}^{\mathrm{i}n\theta}}\mathrm{d}\theta = \frac{1}{2\pi r^{n-1}}\int_0^{2\pi} \mathrm{e}^{-\mathrm{i}(n-1)\theta}\mathrm{d}\theta$$

$$= \begin{cases} 1, & n=1, \\ 0, & n\neq 1. \end{cases}$$

这个例子很重要，今后经常要用到它.

3.1.2 复积分的基本性质

由(3.3)知道，复积分的实部和虚部都是曲线积分. 因此，曲线积分的一些基本性质对复积分也成立. 例如，若L是简单逐段光滑曲线，f,g在L上连续，则

(1) $\int_L f = -\int_{L^-} f$；

(2) $\int_L \alpha f = \alpha\int_L f$，其中$\alpha$是复常数；

(3) $\int_L (f\pm g) = \int_L f \pm \int_L g$；

(4) $\int_L f = \int_{L_1} f + \int_{L_2} f$，其中$L$是由$L_1$和$L_2$组成的；

(5) $\left|\int_L f\right| \leqslant \int_L |f|\,\mathrm{d}s.$ (3.5)

性质(1)～(4)的证明很容易，下面证性质(5). 事实上，由于

$$\left|\sum_{k=1}^n f(\zeta_k)\Delta z_k\right| \leqslant \sum_{k=1}^n |f(\zeta_k)|\,|\Delta z_k| \leqslant \sum_{k=1}^n |f(\zeta_k)|\,\Delta s_k,$$

其中Δs_k是小弧段$\widehat{z_{k-1}z_k}$的长. 显然$|\Delta z_k| = \sqrt{\Delta x_k^2 + \Delta y_k^2} \leqslant \Delta s_k$. 将不等式两边取极限得(3.5). 注意到$|\mathrm{d}z| = |\mathrm{d}x + \mathrm{i}\,\mathrm{d}y| = \sqrt{\mathrm{d}x^2+\mathrm{d}y^2} = \mathrm{d}s$，(3.5)也可写成

$$\left|\int_L f\right| \leqslant \int_L |f|\,|\mathrm{d}z|.$$

特别地，若在L上有$|f(z)|\leqslant M$，L的长记为$|L|$，则(3.5)成为

(6) $\left|\int_L f\right| \leqslant M|L|.$ (3.6)

(3.5),(3.6)今后常用作积分估计.

注意：数学分析中的中值定理不能推移到复积分上来. 例如

$$\int_0^{2\pi} \mathrm{e}^{\mathrm{i}\theta}\mathrm{d}\theta = \frac{1}{\mathrm{i}}\mathrm{e}^{\mathrm{i}\theta}\Big|_0^{2\pi} = 0,$$

而 $e^{i\theta_0}(2\pi-0)\neq 0\ (0<\theta_0<2\pi)$.

习 题 3.1

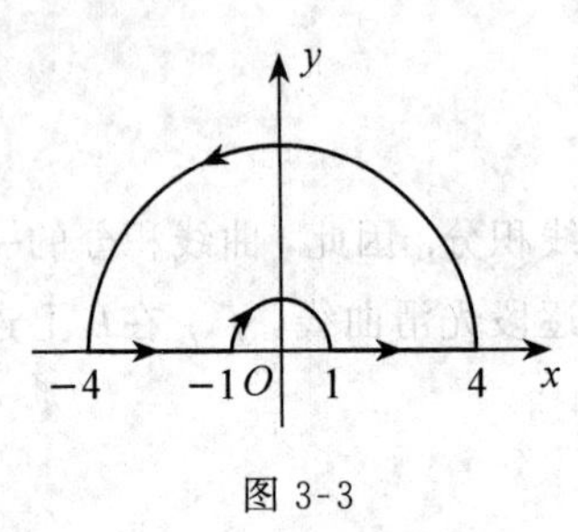

图 3-3

1. 计算 $\int_L \operatorname{Im} z\,\mathrm{d}z$，其中 L 是：

(1) 从 −1 到 1 的直线段；

(2) 从 i 到 −i 的直线段；

(3) 单位圆周上从 −i 顺时针到 i 的弧段.

2. 计算 $\int_L \frac{z}{\bar{z}}\mathrm{d}z$，其中 L 是图 3-3 所示的半圆环区域的边界.

3. 证明：

(1) $\left|\int_L \frac{z+1}{z-1}\mathrm{d}z\right|\leqslant 8\pi$，其中 L 为圆 $|z-1|=2$；

(2) $\left|\int_L \frac{\mathrm{d}z}{z-\mathrm{i}}\right|\leqslant 2$，其中 L 为从点 0 到点 $1+\mathrm{i}$ 的直线段.

以下第 4 ～ 7 题在第五章留数理论中有用.

4. 若 $f(z)$ 在 $D=\{z\,|\,|z|>R_0,\ \theta_1\leqslant\arg z\leqslant\theta_2\}\ (0\leqslant\theta_1<\theta_2\leqslant 2\pi)$ 上连续，而且 $\lim\limits_{z\to\infty} zf(z)=A$（有限），则

$$\lim_{R\to+\infty}\int_{\Gamma_R} f(z)\mathrm{d}z=\mathrm{i}A(\theta_2-\theta_1),$$

其中 Γ_R 为圆周 $|z|=R$ 位于 D 内的部分，方向取逆时针方向.

5. 若 $f(z)$ 在 $D=\{z\,|\,0<|z-z_0|<r_0,\ \theta_1\leqslant\arg(z-z_0)\leqslant\theta_2\}\ (0\leqslant\theta_1<\theta_2\leqslant 2\pi)$ 中连续，而且 $\lim\limits_{z\to z_0}(z-z_0)f(z)=A$（有限），则

$$\lim_{r\to 0}\int_{\Gamma_r} f(z)\mathrm{d}z=\mathrm{i}A(\theta_2-\theta_1),$$

其中 Γ_r 为圆周 $|z-z_0|=r$ 位于 D 内的部分，方向取逆时针方向.

6. 若 $f(z)$ 在 $D=\{(x,y)\,|\,x\geqslant x_0,\ 0\leqslant y\leqslant h\}$ 上连续，而且存在与 y 无关的极限 $\lim\limits_{x\to+\infty} f(x+\mathrm{i}y)=A$，则

$$\lim_{x\to+\infty}\int_{\beta_x} f(z)\mathrm{d}z=\mathrm{i}Ah,$$

其中 β_x 表示 D 内平行于 y 轴的线段.

*7. 若 $f(z)$ 在 $D=\{z\,|\,|z|>R_0,\ \operatorname{Im} z\geqslant a\}$（$a$ 为固定实数）上连续，

而且 $\lim\limits_{z\to\infty} f(z)=0$，则对任一正数 m 恒有

$$\lim_{R\to+\infty}\int_{\Gamma_R} \mathrm{e}^{imz} f(z)\mathrm{d}z=0,$$

其中 $\Gamma_R\ (R>R_0)$ 表示圆周 $|z|=R$ 位于 D 内的部分[**约当(Jordan) 引理**].

3.2 基本定理

由上节我们知道，复积分之值，当被积函数和积分曲线的端点固定时，一般还与积分路径有关. 那么积分值何时与积分路径无关呢？这也是复积分中的重要理论问题. 1825 年，柯西给出了问题的回答，这就是下面将要介绍的柯西定理. 它是研究解析函数理论的基础，故称为复变函数的基本定理.

3.2.1 柯西积分定理

定理 3.1（柯西定理） 设 f 是区域 D 内的解析函数，L_0,L_1 是区域 D 内具有相同起点和终点的简单光滑弧或者是区域 D 内的简单光滑封闭曲线. 若它们在 D 内同伦，即 $L_0\sim L_1(D)$，则

$$\int_{L_0} f=\int_{L_1} f.$$

特别地，当简单光滑封闭曲线 L_0 在 D 内同伦于零，即 $L_0\sim 0\ (D)$ 时，则

$$\oint_{L_0} f=0.$$

定理的经典证明比较复杂，我们这里采用 1979 年 R. Výboný 的简单证法①.

证 本定理分三个步骤进行.

(1) 问题的转化 令

$$I=\left(\int_{L_0}-\int_{L_1}\right)f(z)\mathrm{d}z=\int_{L_0+L_1^-} f(z)\mathrm{d}z. \tag{3.7}$$

由定理的假设，必存在光滑伦移 $\psi(t,\tau): S=[0,1]\times[0,1]\to D$，使 $L_0\sim L_1$（提醒一下，ψ,ψ_t',ψ_τ' 均在 S 上连续）. 我们首先证明，(3.7) 可转化为 (t,τ) 平

① 见 Výboný R. On the use of a differentiable homotopy in the proof of the Cauchy Theorem. Amer. Math. Monthly，1979，86 (5)：380-382.

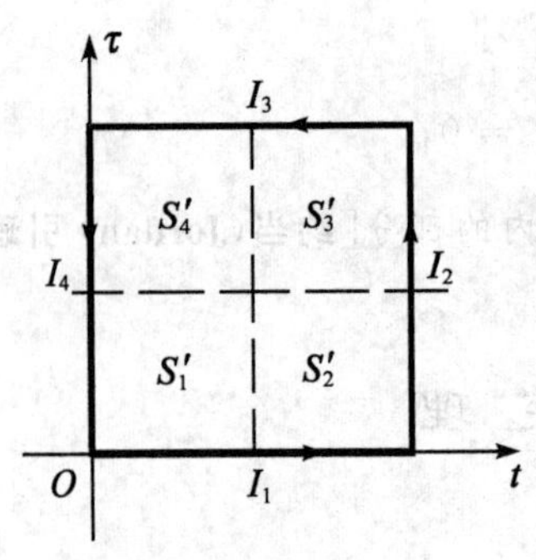

图 3-4

面沿 S 边界 ∂S 的积分：

$$I=\int_{\partial S} f(\psi(t,\tau))\mathrm{d}\psi(t,\tau)$$
$$=\int_{I_1}+\int_{I_2}+\int_{I_3}+\int_{I_4}, \quad (3.8)$$

其中积分沿 ∂S 的逆时针方向进行，I_1，I_2,I_3,I_4 为 S 的 4 个周边(见图 3-4).

I_1,I_3 的参数方程分别为

$$\psi(t,0)=L_0(t),$$
$$\psi(t,1)=L_1(t),$$
$$\int_{I_1}=\int_0^1 f(L_0(t))\mathrm{d}L_0(t)=\int_{L_0} f(z)\mathrm{d}z,$$
$$\int_{I_3}=\int_1^0 f(L_1(t))\mathrm{d}L_1(t)=\int_{L_1^-} f(z)\mathrm{d}z.$$

同理可计算$\int_{I_2},\int_{I_4}$. 当 L_0,L_1 为开口弧时，因 $\psi(1,\tau)$ 及 $\psi(0,\tau)$ 为常数，从而 $\mathrm{d}\psi(1,\tau)=\mathrm{d}\psi(0,\tau)=0$，故$\int_{I_2}=\int_{I_4}=0$；当 L_0,L_1 为封闭曲线时，因 $\psi(1,\tau)=\psi(0,\tau)$，从而，$\int_{I_2}+\int_{I_4}=0$. 这就证明了(3.8).

为了证明 $I=0$，可转化为证明(3.8) 右端为零. 现用反证法，设 $I\neq 0$，寻求矛盾.

(2) 在(t,τ) 平面上，对 S 陆续等分，利用闭矩形套定理.

将 S 四等分为 S_1',S_2',S_3',S_4'，用 $\sigma_1',\sigma_2',\sigma_3',\sigma_4'$ 表示它们的边界，则

$$I=\left(\int_{\sigma_1'}+\int_{\sigma_2'}+\int_{\sigma_3'}+\int_{\sigma_4'}\right) f(\psi(t,\tau))\mathrm{d}\psi(t,\tau).$$

这时至少有一个 σ_k'，记为 σ_1，对应的矩形 S_k' 记为 S_1，使

$$\left|\int_{\sigma_1}\right|=\left|\int_{\sigma_k'}\right|\geqslant\frac{|I|}{4},$$

S_1 的周长 $p_1=\frac{4}{2}$，对角线长 $d_1=\frac{\sqrt{2}}{2}$. 再四等分 S_1，同理可得矩形 S_2，边界为 σ_2，周长为 p_2，对角线长为 d_2，使

$$\left|\int_{\sigma_2}\right|\geqslant\frac{1}{4}\left|\int_{\sigma_1}\right|\geqslant\frac{I}{4^2},\quad p_2=\frac{4}{2^2},\quad d_2=\frac{\sqrt{2}}{2^2}.$$

如此继续下去，可得一闭矩形序列$\{S_n\}_1^{+\infty}$ 及其边界序列$\{\sigma_n\}_1^{+\infty}$，使得

1° $S_1 \supset S_2 \supset \cdots \supset S_n \supset \cdots$；

2° $$\left|\int_{\sigma_n} f(\psi)\mathrm{d}\psi\right| \geqslant \frac{|I|}{4^n},\ n=1,2,\cdots;\tag{3.9}$$

3° S_n 的周长 p_n 和对角线长 d_n 分别为

$$p_n = \frac{4}{2^n},\ d_n = \frac{\sqrt{2}}{2^n},\quad n=1,2,\cdots.\tag{3.10}$$

根据闭矩形套定理，必存在唯一$(t_0,\tau_0) \in S_n$，$n=1,2,\cdots$.

(3) 利用 $f(z)$ 在 $z_0=\psi(t_0,\tau_0)\in D$ 的解析性，从另一方面估计 $\left|\int_{\sigma_n} f(\psi)\mathrm{d}\psi\right|$，得到与(3.9)相矛盾的结果.

假设$|\psi|$，$|\psi_t'|$，$|\psi_\tau'|$在 S 上均小于 M. 选取 ε，使

$$0<\varepsilon<\frac{|I|}{\sqrt{2}\cdot 8M^2}.\tag{3.11}$$

因 $f(z)$ 在 $z_0\in D$ 解析，从而对取定的 $\varepsilon>0$，$\exists\delta>0$，当$|z-z_0|<\delta$时，有

$$f(z)=f(z_0)+f'(z_0)(z-z_0)+\alpha(z,z_0)(z-z_0),\tag{3.12}$$

且使

$$|\alpha(z,z_0)|<\varepsilon,\tag{3.13}$$

这时

$$\int_{\sigma_n} f(\psi)\mathrm{d}\psi = f(z_0)\int_{\sigma_n}\mathrm{d}\psi + f'(z_0)\int_{\sigma_n}(\psi-z_0)\mathrm{d}\psi + \int_{\sigma_n}\alpha(\psi,z_0)(\psi-z_0)\mathrm{d}\psi.$$

容易看出$\int_{\sigma_n}\mathrm{d}\psi=0$，

$$\int_{\sigma_n}(\psi-z_0)\mathrm{d}\psi=\int_{\sigma_n}\psi\mathrm{d}\psi - z_0\int_{\sigma_n}\mathrm{d}\psi=\int_{\sigma_n}\mathrm{d}\frac{\psi^2}{2}=0.$$

于是

$$\int_{\sigma_n} f(\psi)\mathrm{d}\psi=\int_{\sigma_n}\alpha(\psi,z_0)(\psi-z_0)\mathrm{d}\psi,\quad n=1,2,\cdots.\tag{3.14}$$

对充分大的 n 我们来估计上式.

由 $\psi(t,\tau)$ 在(t_0,τ_0) 的连续性可知，对上述的 $\delta>0$ 必 $\exists\eta>0$，使当 $\sqrt{(t-t_0)^2+(\tau-\tau_0)^2}<\eta$ 时，有

$$|\psi(t,\tau)-\psi(t_0,\tau_0)|=|\psi(t,\tau)-z_0|<\delta.\tag{3.15}$$

固定 η，作以(t_0,τ_0) 为心、η 为半径的邻域 $N_\eta(t_0,\tau_0)$. 由于 S_n 收缩到点(t_0,τ_0)，必存在充分大的 N，使

$$S_N \subset N_\eta(t_0,\tau_0)\tag{3.16}$$

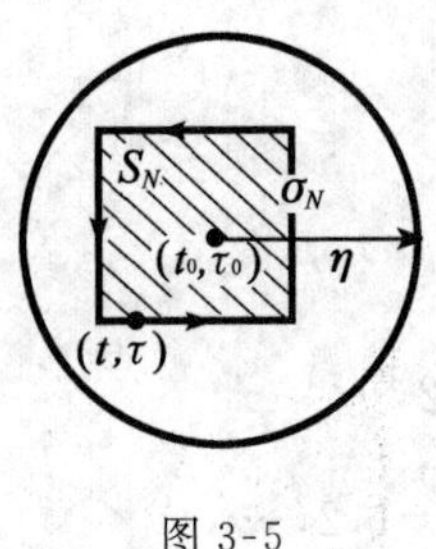

图 3-5

(见图 3-5). 现取$(t,\tau)\in\sigma_N\subset S_N$，并估计(3.14). 因由(3.16)有(3.15)，由(3.15)有(3.13)，于是由(3.14)，

$$\left|\int_{\sigma_N} f(\psi(t,\tau))\mathrm{d}\psi(t,\tau)\right| < \varepsilon\int_{\sigma_N}|\psi(t,\tau)-z_0||\mathrm{d}\psi(t,\tau)|. \tag{3.17}$$

又$(t,\tau)\in\sigma_N$时，不失一般性，可设$\psi(t,\tau)$为实值，

$$\begin{aligned}|\psi(t,\tau)-\psi(t_0,\tau_0)| &\leqslant |\psi(t,\tau)-\psi(t_0,\tau)|+|\psi(t_0,\tau)-\psi(t_0,\tau_0)|\\ &\leqslant M(|t-t_0|+|\tau-\tau_0|)\\ &\leqslant M\sqrt{2}d_N=\frac{M}{2^{N-1}},\end{aligned} \tag{3.18}$$

且

$$|\mathrm{d}\psi(t,\tau)|=|\psi_t'\mathrm{d}t+\psi_\tau'\mathrm{d}\tau|\leqslant M(|\mathrm{d}t|+|\mathrm{d}\tau|)\leqslant\sqrt{2}M\mathrm{d}s. \tag{3.19}$$

将(3.18),(3.19)代入(3.17)，并利用(3.10),(3.11)，得知

$$\left|\int_{\sigma_N}\right|<\varepsilon\cdot\frac{2M}{2^N}\cdot\sqrt{2}\cdot Mp_N<\frac{|I|}{\sqrt{2}\cdot 8M^2}\cdot\frac{2M}{2^N}\cdot\frac{\sqrt{2}\cdot 4M}{2^N}=\frac{|I|}{4^N}.$$

这个结果与(3.9)相违. 因此$I=0$，即$\int_{L_0}=\int_{L_1}$.

当L_0是光滑封闭曲线，L_1是零曲线，即恒为一点时，$L_1(t)$恒为常数，从而$\int_{L_1}f=\int_0^1 f\mathrm{d}L_1(t)=0$，故$\int_{L_0}f=0$. ∎

因为单连通域内任一简单逐段光滑封闭曲线都在域内同伦于零，故有

定理 3.2（单连通域柯西定理） 若f在单连通域D内解析，则对于D内任一简单逐段光滑封闭曲线L，有$\int_L f=0$.

实际上，这个定理的条件还可以减弱，而得到如下推广的柯西定理.

定理 3.3 若L是一简单逐段光滑封闭曲线，D是以L为边界的有界单连通域，f在$\overline{D}=D+L$上连续，且在D内解析，则有$\int_L f=0$.

这个定理的严格证明较繁，我们就不叙述了，在这里只给出证明的思路：在D内取

一串封闭曲线 L_n，当 $n \to +\infty$ 时 $L_n \to L$，$L_n \subset D$，因此由柯西定理得到

$$\int_{L_n} f = 0.$$

然后取极限，利用 f 在 $\overline{D}$ 上的连续性及 $L_n \to L$，就可以证明 $\oint_L f = \lim\limits_{L_n \to L} \oint_{L_n} f = 0.$

柯西定理的另一种推广形式是 D 为多连通区域的情况.

设 D 为二连通区域，它的边界 L 由两条简单光滑封闭曲线 L_0, L_1 组成，L_1 包含在 L_0 内部，取 L 的正向使区域 D 的附近部分总在沿正向前进时的左侧. 若 L_0, L_1 都以逆时针方向为正向，则 $L = L_0 + L_1^-$. 若 f 在 $\overline{D}$ 上连续，且在 D 内解析，则有 $\int_L f = 0$，或即 $\int_{L_0} f = \int_{L_1} f$.

证 在 D 内作简单光滑弧 $\overset{\frown}{ab}$ 和 $\overset{\frown}{cd}$ 连结 L_0 和 L_1（如图 3-6）. 将 D 分成两个单连通区域 D_1 和 D_2. D_1 以 $abqcdha$ 为边界 ∂D_1，D_2 以 $aedcpba$ 为边界 ∂D_2. 根据定理条件，f 在 $\overline{D_1}$ 和 $\overline{D_2}$ 上连续，且在 D_1 和 D_2 内解析，于是由定理 3.3 可知

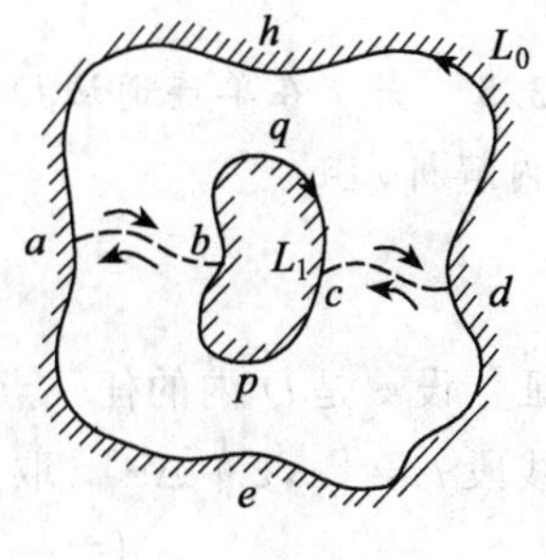

图 3-6

$$\oint_{\partial D_1} f = 0, \quad \oint_{\partial D_2} f = 0.$$

注意到

$$\int_{\overset{\frown}{ab}} f + \int_{\overset{\frown}{ba}} f = 0, \quad \int_{\overset{\frown}{cd}} f + \int_{\overset{\frown}{dc}} f = 0,$$

就有 $\int_L f = \oint_{\partial D_1} f + \oint_{\partial D_2} f = 0$. 证毕. ∎

显然，上述结果很容易推广到以下情形.

定理 3.4（多连通域柯西定理） 设 D 是以 $L = L_0^+ + L_1^- + \cdots + L_n^-$ 为边界的有界的多连通区域，其中 $L_1, L_2, \cdots, L_n$ 是简单封闭光滑曲线 L_0 内部互相外离的 n 条简单封闭光滑曲线（以后简称这样的曲线组 L 为**复合闭路**）①. 若 f 在 $\overline{D}$ 上连续，在 D 内解析，则有

$$\int_L f = 0, \tag{3.20}$$

其中 L 取关于区域 D 的正向，或写为

① 这种区域叫做 $n+1$ 连通区域，其一般定义从略.

$$\oint_{L_0} f = \oint_{L_1} f + \oint_{L_2} f + \cdots + \oint_{L_n} f. \tag{3.21}$$

3.2.2 原函数

设 D 是单连通区域. 由于单连通域内任意两条相同端点的简单逐段光滑曲线都是同伦的, 因此, 若 f 在 D 内解析, 则由柯西定理知道, 对于 D 内任一逐段光滑曲线 L, 积分值 $\int_L f$ 不依赖于 L 的形状, 而只依赖于曲线 L 的起点 z_0 及终点 z. 这样, 当 z_0 固定, 让 z 在 D 内变动, 这个积分就在 D 内确定一个单值函数, 记作

$$F(z) = \int_{z_0}^{z} f(\zeta)\mathrm{d}\zeta. \tag{3.22}$$

定理 3.5 *若 f 在单连通域 D 内解析, 则变上限积分确定的函数(3.22)在 D 内解析, 且*

$$F'(z) = f(z). \tag{3.23}$$

证 设 z 是 D 内的任一点. 取 $z+\Delta z \in D$, $\Delta z \neq 0$; 作连结 z 与 $z+\Delta z$ 的直线段 $l = [z, z+\Delta z]$, 取 $|\Delta z|$ 充分小, 总可使 $l \subset D$. 于是

$$F(z+\Delta z) = \int_{z_0}^{z+\Delta z} f(\zeta)\mathrm{d}\zeta = \int_{z_0}^{z} f(\zeta)\mathrm{d}\zeta + \int_{z}^{z+\Delta z} f(\zeta)\mathrm{d}\zeta.$$

考虑

$$\frac{F(z+\Delta z)-F(z)}{\Delta z} - f(z) = \frac{1}{\Delta z}\int_{z}^{z+\Delta z} (f(\zeta)-f(z))\mathrm{d}\zeta. \tag{3.24}$$

因函数 $f(Z)$ 在 z 处连续, 即 $\forall \varepsilon > 0$, $\exists \delta > 0$, 使当 $|Z-z| < \delta$ 时, 有

$$|f(Z)-f(z)| < \varepsilon.$$

取 $0 < |\Delta z| < \delta$, 当 $Z = \zeta \in l$ 时, $|\zeta - z| \leqslant |\Delta z| < \delta$, 上式更加成立, 于是对(3.24)有估计

$$\left|\frac{F(z+\Delta z)-F(z)}{\Delta z} - f(z)\right| \leqslant \frac{1}{|\Delta z|}\int_{z}^{z+\Delta z} |f(\zeta)-f(z)|\,|\mathrm{d}\zeta| < \varepsilon.$$

这就证明了(3.23). ∎

注 定理证明的过程表明, 若假定(3.22)已为单值函数(或者假定对任意简单光滑封闭曲线 $L \subset D$ 有 $\oint_L f = 0$), 只需设 $f(z)$ 在 D 内连续, 就有 $F'(z) = f(z)$. 这个附注后面将会用到.

本定理与数学分析中的结果类似. 从而, 有下述定义:

定义 3.2 若在区域 D 内存在函数 Φ，使 $\Phi' = f$，则称 Φ 为 f 的一个原函数.

定理 3.5 表明，对于单连通域上的解析函数 f，变上限积分所确定的函数就是 f 的一个原函数. 这样，我们就可得到与数学分析中的微积分基本定理(牛顿 - 莱布尼茨公式)完全类似的定理：

定理 3.6 *若 f 在单连通域 D 内解析，Φ 是 f 的一个原函数，则*

$$\int_{z_0}^{z} f = \Phi(z) - \Phi(z_0) \quad (z_0, z \in D). \tag{3.25}$$

证 由定理 3.5，$F(z) = \int_{z_0}^{z} f$ 在 D 内解析，且 $F' = f$. 又 $\Phi' = f$. 因此 $(\Phi' - F') = 0$，从而 $\Phi - F = C$，(为什么?) 其中 C 是常数. 令 $z = z_0$，由 $F(z_0) = 0$，就有 $C = \Phi(z_0)$. 因此(3.25)成立. ∎

在一定的条件下，还可推广分部积分和换元积分公式(见本节及下节习题).

例 3.3 求 $\int_a^b z^3 \mathrm{d}z$.

解 函数 z^3 在全平面解析，$\frac{1}{4}z^4$ 是 z^3 的一个原函数，由定理 3.6，有

$$\int_a^b z^3 \mathrm{d}z = \left.\frac{z^4}{4}\right|_a^b = \frac{1}{4}(b^4 - a^4).$$

例 3.4 考虑多值函数 $1/\sqrt{z}$ 沿单位圆周逆时针方向的积分.

笼统地看这个积分没有什么意义. 剖开正实轴(包括原点)，$\sqrt{z}$ 在剖开平面后的区域内可分成单值解析枝，取在正实轴上岸 $\sqrt{1_{上}} = 1$ 的分枝，则 $\sqrt{1_{下}} = -1$. $1/\sqrt{z}$ 的原函数为 $2\sqrt{z}$. 为利用(3.25)，在 $|z| = 1$ 上取 $\tau_1 = e^{i\theta_1}$，$0 < \theta_1 < \varepsilon_1$ $\left(0 < \varepsilon_1 < \frac{\pi}{2}\right)$ 及 $\tau_2 = e^{i\theta_2}$，$-\varepsilon_2 < \theta_2 < 0$ $\left(0 < \varepsilon_2 < \frac{\pi}{2}\right)$，沿 $|z| = 1$ 从 τ_1 逆时针到 τ_2 的弧 $\widehat{\tau_1\tau_2}$ 积分

$$\int_{\widehat{\tau_1\tau_2}} \frac{1}{\sqrt{\zeta}} \mathrm{d}\zeta = 2\sqrt{\zeta}\Big|_{\tau_1}^{\tau_2}$$

让 τ_1, τ_2 沿 $|z| = 1$ 分别趋于 $1_{上}$ 及 $1_{下}$，则有

$$\int_{|z|=1} \frac{1}{\sqrt{\zeta}} \mathrm{d}\zeta = 2(\sqrt{1_{下}} - \sqrt{1_{上}}) = -4. \quad \text{(注意：不为零!)}$$

设 D 是多连通区域，f 在 D 内解析. 一般说来，变上限积分(3.22)所确

定的是多值解析函数.

例 3.5 设 $D=\mathbf{C}-\{0\}$，$\frac{1}{z}$ 在 D 内解析，试求 $F(z)=\int_1^z \frac{1}{\zeta}\mathrm{d}\zeta$，$z\in D$.

解 设 z 是 D 内任一点，$|z|=\rho$，$\arg z=\theta$.

(1) L_0 是由 1 到 ρ 的直线段及以 O 为圆心、ρ 为半径且 ρ 和 z 为端点的圆弧所组成(图 3-7 (a)).

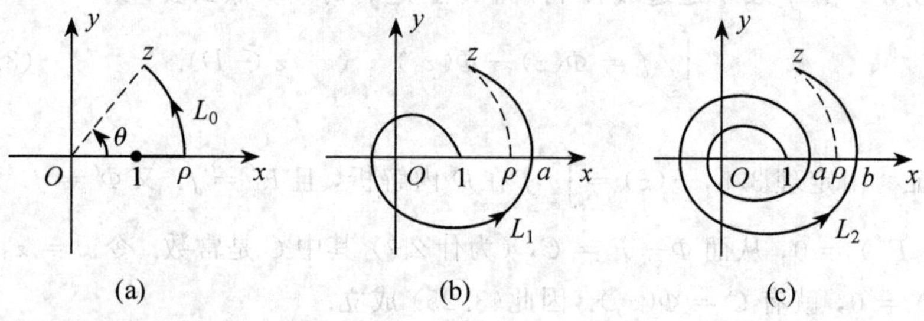

图 3-7

$$\int_{L_0}\frac{1}{\zeta}\mathrm{d}\zeta=\int_1^\rho\frac{\mathrm{d}x}{x}+\int_0^\theta\frac{\mathrm{i}\rho\,\mathrm{e}^{\mathrm{i}\theta}}{\rho\,\mathrm{e}^{\mathrm{i}\theta}}\mathrm{d}\theta=\ln\rho+\mathrm{i}\theta.$$

(2) L_1 是从 1 起绕原点反时针转一圈经实轴点 a (>1) 再反时针转到上述点 z 的曲线(图 3-7 (b)). 因 $L_1+L_0^-$ 恰为绕原点逆时针一圈的封闭曲线，从而

$$\int_{L_1}\frac{1}{\zeta}\mathrm{d}\zeta=\int_{L_0}\frac{1}{\zeta}\mathrm{d}\zeta+\oint_{L_1+L_0^-}\frac{1}{\zeta}\mathrm{d}\zeta=\ln\rho+\mathrm{i}\theta+2\pi\mathrm{i}.$$

(3) L_2 是从 1 出发绕原点反时针转一圈到达实轴上点 a，再反时针绕原点转一圈到达实轴上点 b，继续反时针转到上述点 z 的曲线(图 3-7 (c)). 因为 $L_2+L_0^-$ 可分解为绕原点逆时针两圈的封闭曲线，从而

$$\int_{L_2}\frac{1}{\zeta}\mathrm{d}\zeta=\int_{L_0}\frac{1}{\zeta}\mathrm{d}\zeta+\int_{L_2+L_0^-}\frac{1}{\zeta}\mathrm{d}\zeta=\ln\rho+\mathrm{i}\theta+4\pi\mathrm{i}.$$

一般，L_n 是从 1 出发按逆时针方向绕 O 点 n 圈后再逆时针到达 z 的曲线，则

$$\int_{L_n}\frac{1}{\zeta}\mathrm{d}\zeta=\ln\rho+\mathrm{i}\theta+2n\pi\mathrm{i}.$$

右端正好是 $\mathrm{Log}\,z$ 的某个值.

同理，若 L_{-n} 是从 1 出发按顺时针绕 O 点转 n 圈后再到 z 的曲线，则

$$\int_{L_{-n}}\frac{1}{\zeta}\mathrm{d}\zeta=\ln\rho+\mathrm{i}\theta-2n\pi\mathrm{i}.$$

右端也是 $\mathrm{Log}\,z$ 的某个值.

综上所述，可知 $F(z)=\int_1^z \frac{\mathrm{d}\zeta}{\zeta}=\mathrm{Log}\, z$ 是一个多值函数.

思考题3.1 设 $f(t)$ 在简单光滑曲线 L 上有定义且连续，那么 $f(t)$ 在 L 上是否存在原函数，且为 $\int_{\widehat{z_0 z}} f(t)\mathrm{d}t$ （$\widehat{z_0 z}$ 是 L 上的一段，z_0 为 L 上的固定点，z 为 L 上的动点）？有无 L 上的牛顿-莱布尼茨公式？

习 题 3.2

1. 若 $f(z)$ 和 $g(z)$ 都在单连通域 D 内解析且 f',g' 在 D 内连续①，α,β 是 D 内的两点，证明下述分部积分公式成立：

$$\int_\alpha^\beta f(z)g'(z)\mathrm{d}z=\left(f(z)g(z)\right)\Big|_\alpha^\beta-\int_\alpha^\beta g(z)f'(z)\mathrm{d}z.$$

2. 计算积分(均沿反时针方向)：

(1) $\int_{|z|=\frac{1}{6}}\frac{\mathrm{d}z}{z(3z+1)}$； (2) $\int_{|z|=1}\frac{\mathrm{d}z}{z(3z+1)}$；

(3) $\int_{|z|=2}\frac{|\mathrm{d}z|}{|z-1|^2}$ （提示：$z\bar{z}=|z|^2$）；

(4) $\int_{|z|=1} z^n\log z\,\mathrm{d}z$，$n$ 为整数，取 $\log 1_{上}=0$；

(5) $\int_{|z|=1} z^\alpha\mathrm{d}z$，$\alpha$ 为任一复数，取 $(1_{上})^\alpha=1$.

3. 设函数 $f(z)$ 在带形域 $0<y<h$ 内解析，连续到边界，而且 $x\to\pm\infty$ 时，$f(x+\mathrm{i}y)$ 关于 y $(0\leqslant y\leqslant h)$ 一致地趋于零，若积分 $\int_{-\infty}^{+\infty}f(x)\mathrm{d}x$ 存在，则 $\int_{-\infty}^{+\infty}f(x+\mathrm{i}h)\mathrm{d}x$ 也存在，且

$$\int_{-\infty}^{+\infty}f(x+\mathrm{i}h)\mathrm{d}x=\int_{-\infty}^{+\infty}f(x)\mathrm{d}x.$$

4. 设函数 $f(z)$ 在 $R_0<|z|<+\infty$ 内解析，且 $\lim\limits_{z\to\infty} zf(z)=A$，又设 L 是任一圆周 $|z|=R$ $(R>R_0)$，L 取顺时针方向(即关于 $R_0<|z|<+\infty$ 的正向)，求证：

---

① 由下节推论 3.1 知，f',g' 在 D 内连续是 f,g 在 D 内解析的推论.

$$\int_L f(z)\mathrm{d}z = -2\pi A\mathrm{i}$$

(**含无穷远点邻域的柯西定理**).

5. 证明:

$$\int_L \frac{\mathrm{d}z}{1+z^2} = k\pi + \frac{\pi}{4},\quad k=0,\pm1,\cdots,$$

其中 L 是从 0 到 1 但不经过 $\pm\mathrm{i}$ 的光滑弧段.

3.3 基本公式

3.3.1 柯西积分公式

由柯西定理推得的最直接最重要的结果是柯西公式,故把这个公式称为复变函数论的基本公式.

定理 3.7 设区域 D 是由复合闭路 $L=L_0^+ + L_1^- + \cdots + L_n^-$ 所围成的有界多连通域. 若 f 在 $\overline{D}$ 上连续,而在 D 内解析,则对 D 内任意一点 z,都有

$$f(z) = \frac{1}{2\pi\mathrm{i}}\int_L \frac{f(\zeta)}{\zeta - z}\mathrm{d}\zeta. \tag{3.26}$$

公式(3.26)称为**柯西积分公式**,其中的积分称为**柯西积分**.

证 $F(\zeta)=\dfrac{f(\zeta)}{\zeta - z}$ 作为 ζ 的函数在 D 内除点 z 外均解析. 现以点 z 为中心、充分小的 $\rho>0$ 为半径作圆 L_ρ:$|\zeta - z|=\rho$,使 L_ρ 及其内部均含于 D 内(图 3-8). 在由 L 和 L_ρ^- 所围成的区域上应用定理 3.4,得

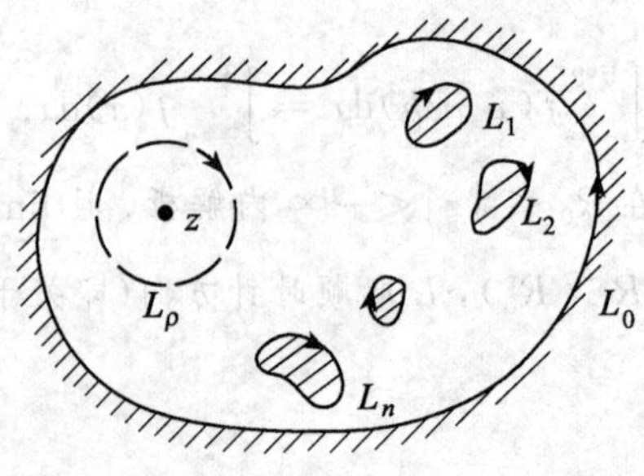

图 3-8

$$\int_L \frac{f(\zeta)}{\zeta - z}d\zeta = \int_{L_\rho} \frac{f(\zeta)}{\zeta - z}d\zeta.$$

因上式右端的积分与 L_ρ 的半径无关，故只需证明

$$\lim_{\rho\to 0}\int_{L_\rho} \frac{f(\zeta)}{\zeta - z}d\zeta = 2\pi i f(z). \tag{3.27}$$

事实上，注意到 $2\pi i = \int_{L_\rho} \frac{d\zeta}{\zeta - z}$ 以及 $f(\zeta)$ 在 $\zeta = z$ 解析，从而更在 $\zeta = z$ 连续. 即 $\forall \varepsilon > 0$，$\exists \delta > 0$，使当 $|\zeta - z| = \rho < \delta$，就有

$$|f(\zeta) - f(z)| < \varepsilon.$$

我们可以得到

$$\left|\int_{L_\rho} \frac{f(\zeta)}{\zeta - z}d\zeta - 2\pi i f(z)\right| = \left|\int_{L_\rho} \frac{f(\zeta) - f(z)}{\zeta - z}d\zeta\right|$$
$$\leqslant \int_{L_\rho} \frac{|f(\zeta) - f(z)|}{|\zeta - z|}|d\zeta| < \frac{\varepsilon}{\rho}2\pi\rho = 2\pi\varepsilon.$$

于是证明了(3.27). ∎

柯西积分公式是解析函数的积分表示式. 它使我们再一次看到解析性对复变函数 f 性质的限制多么严：解析函数 f 在区域边界上的值完全决定了 f 在域内任一点处的值. 同时，它提供了一种计算积分的方法.

例 3.6 计算 $I = \int_L \frac{z\,dz}{(2z+1)(z-2)}$，其中 L 是：

(1) $|z| = 1$； (2) $|z-2| = 1$；

(3) $|z-1| = \frac{1}{2}$； (4) $|z| = 3$，均取逆时针方向.

解 (1) $$I = \int_{|z|=1} \frac{\frac{z}{2z-4}}{z+\frac{1}{2}}dz = 2\pi i \cdot \left.\frac{z}{2z-4}\right|_{z=-\frac{1}{2}} = \frac{\pi i}{5}.$$

(2) $$I = \int_{|z-2|=1} \frac{\frac{z}{2z+1}}{z-2}dz = 2\pi i \cdot \left.\frac{z}{2z+1}\right|_{z=2} = \frac{4\pi i}{5}.$$

(3) $$I = \int_{|z-1|=\frac{1}{2}} \frac{z\,dz}{(2z+1)(z-2)} = 0.$$

(4) $$I = \int_{|z|=3} \frac{z\,dz}{(2z+1)(z-2)}$$
$$= \int_{|z|=1} \frac{z\,dz}{(2z+1)(z-2)} + \int_{|z-2|=\frac{1}{2}} \frac{z\,dz}{(2z+1)(z-2)}$$
$$= \frac{1}{5}\pi i + \frac{4}{5}\pi i = \pi i.$$

更重要的是通过柯西积分公式，把对任意解析函数的研究化为对柯西积分的研究. 从后者我们可以得到解析函数的一些很重要的性质，例如，解析函数的无穷次可微性(我们将在下一小节中介绍).

3.3.2 柯西导数公式

定义 3.3 设 L 是 $\mathbf{C}$ 内有限条互不相交的简单逐段光滑曲线(开口或否)所组成，f 沿 L 有界可积，则称

$$F(z)=\frac{1}{2\pi\mathrm{i}}\int_L\frac{f(\zeta)}{\zeta-z}\mathrm{d}\zeta,\quad z\,\overline{\in}\,L \tag{3.28}$$

是以 f 为核密度的**柯西型积分**. ①

例如，$\dfrac{1}{2\pi\mathrm{i}}\displaystyle\int_{|\zeta|=1}\frac{\operatorname{Re}\zeta}{\zeta-z}\mathrm{d}\zeta$ ($|z|\neq1$) 是柯西型积分. 柯西积分是柯西型积分的特殊情形.

因为 $z\,\overline{\in}\,L$，显然被积分函数可积，从而 $F(z)$ 有意义. 其次，我们证明 $F(z)$ 连续. 为此，更一般地，我们证明：对任何自然数 n，

$$F_n(z)=\frac{1}{2\pi\mathrm{i}}\int_L\frac{f(\zeta)}{(\zeta-z)^n}\mathrm{d}\zeta,\quad z\,\overline{\in}\,L \tag{3.29}$$

是连续的(显然 $F_n(z)$ 是有意义的).

证 任取 $z_0\,\overline{\in}\,L$. 设 z_0 到(有界闭集) L 的距离为 $d=d(z_0,L)>0$，以 z_0 为心、$\dfrac{d}{2}$ 为半径作邻域 $B\left(z_0,\dfrac{d}{2}\right)$，取 $z\in B\left(z_0,\dfrac{d}{2}\right)$. 注意到

$$\begin{aligned}\frac{1}{(\zeta-z)^n}-\frac{1}{(\zeta-z_0)^n}&=\left(\frac{1}{\zeta-z}\right)^n-\left(\frac{1}{\zeta-z_0}\right)^n\\&=\left(\frac{1}{\zeta-z}-\frac{1}{\zeta-z_0}\right)\sum_{k=1}^n\frac{1}{(\zeta-z)^{n-k}(\zeta-z_0)^{k-1}}\\&=(z-z_0)\sum_{k=1}^n\frac{1}{(\zeta-z)^{n-k+1}(\zeta-z_0)^k},\end{aligned}$$

从而

$$\begin{aligned}F_n(z)-F_n(z_0)&=\frac{1}{2\pi\mathrm{i}}\int_L f(\zeta)\left[\frac{1}{(\zeta-z)^n}-\frac{1}{(\zeta-z_0)^n}\right]\mathrm{d}\zeta\\&=(z-z_0)\sum_{k=1}^n\frac{1}{2\pi\mathrm{i}}\int_L\frac{f(\zeta)\mathrm{d}\zeta}{(\zeta-z)^{n-k+1}(\zeta-z_0)^k}.\end{aligned} \tag{3.30}$$

---

① $1/(\zeta-z)$ 称柯西核.

因 $f(\zeta)$ 在 L 上可积，故可设 $\zeta\in L$ 时，$|f(\zeta)|\leqslant M$，又注意到 $\zeta\in L$ 时，$|\zeta-z_0|\geqslant d>\frac{d}{2}$，$|\zeta-z|>\frac{d}{2}$，于是有估计式：

$$|F_n(z)-F_n(z_0)|\leqslant\frac{|z-z_0|}{2\pi}\sum_{k=1}^{n}\int_L\frac{|f(\zeta)||\mathrm{d}\zeta|}{|\zeta-z|^{n-k+1}|\zeta-z_0|^k}$$

$$\leqslant\frac{2^nMn}{\pi d^{n+1}}|L||z-z_0|\to 0\quad(\text{当 } z\to z_0 \text{ 时}),$$

其中 $|L|$ 为 L 的弧长. 这就证明了(3.29)的连续性. 因此 $F(z)=F_1(z)$ 更不待言. ∎

进一步，我们证明：$F_n(z)$ 当 $z\overline{\in}L$ 时解析，且有

$$F_n'(z)=nF_{n+1}(z),\quad z\overline{\in}L. \tag{3.31}$$

证 z_0,z 仍如上所述，由(3.30)得

$$\frac{F_n(z)-F_n(z_0)}{z-z_0}=\sum_{k=1}^{n}\frac{1}{2\pi\mathrm{i}}\int_L\frac{f(\zeta)(\zeta-z_0)^{-k}}{(\zeta-z)^{n-k+1}}\mathrm{d}\zeta. \tag{3.32}$$

对于任何的 k，$1\leqslant k\leqslant n$，$f(\zeta)(\zeta-z_0)^{-k}$ 在 L 上可积，与(3.29)对照，

$$\frac{1}{2\pi\mathrm{i}}\int_L\frac{f(\zeta)(\zeta-z_0)^{-k}}{(\zeta-z)^{n-k+1}}\mathrm{d}\zeta$$

必为 $z\overline{\in}L$ 的连续函数. 不过(3.29)中 $f(\zeta)$ 及 $1/(\zeta-z)^n$ 分别换成现在的 $f(\zeta)(\zeta-z_0)^{-k}$ 及 $1/(\zeta-z)^{n-k+1}$ 而已.

在(3.32)两边令 $z\to z_0$，立即得(3.31). ∎

于是我们有如下关于柯西型积分求导公式.

定理 3.8 柯西型积分(3.28)当 $z\overline{\in}L$ 时解析，且

$$F^{(n)}(z)=\frac{n!}{2\pi\mathrm{i}}\int_L\frac{f(\zeta)\mathrm{d}\zeta}{(\zeta-z)^{n+1}},\quad z\overline{\in}L,\ n=1,2,\cdots. \tag{3.33}$$

证 由(3.31)，利用数学归纳法就可证得. ∎

定理 3.9 在定理 3.7 条件下，有**柯西导数公式**：

$$f^{(n)}(z)=\frac{n!}{2\pi\mathrm{i}}\int_L\frac{f(\zeta)}{(\zeta-z)^{n+1}}\mathrm{d}\zeta,\quad z\in D,\ n=1,2,\cdots. \tag{3.34}$$

证 对(3.26)利用定理 3.8 即得. ∎

推论 3.1 设 $f(z)$ 在域 D 内解析，则 $f^{(n)}(z)$ 也在域 D 内解析，$n=1,2,\cdots$.

证 只需证 D 内任一点 z_0 处，$f(z)$ 有任意阶导数即可. 作 z_0 的充分小的邻域于 D 内，其边界为 L，则有(3.34) 成立. ∎

推论 3.2 若 $f(z)$ 在 z_0 处解析，则 $f^{(n)}(z)$ 在 z_0 处也解析，$n=1,2,\cdots$.

柯西导数公式揭示了解析函数又一深刻的性质：解析函数 f 有任意阶导数 $f^{(n)}$，且 $f^{(n)}$ 也解析. 它给出了解析函数的各阶导数的积分表示式，同时也提供了一种计算复积分的方法.

例 3.7 计算$\int_{|z|=2}\dfrac{\sin z}{(z+1)^4}\mathrm{d}z$.

解
$$\int_{|z|=2}\frac{\sin z}{(z+1)^4}\mathrm{d}z=\frac{2\pi\mathrm{i}}{3!}(\sin z)^{(3)}\Big|_{z=-1}=-\frac{\pi\mathrm{i}}{3}\cos(-1)$$
$$=-\frac{\pi\mathrm{i}}{3}\cos 1.$$

3.3.3 柯西不等式

定理 3.10 若 f 在以 L：$|z-z_0|=\rho_0\ (0<\rho_0<+\infty)$ 为边界的闭圆盘上解析，则有
$$|f^{(n)}(z_0)|\leqslant\frac{n!M(\rho)}{\rho^n},\quad n=0,1,2,\cdots,\tag{3.35}$$
其中 $M(\rho)=\max\limits_{|z-z_0|=\rho}|f(z)|\ (0<\rho\leqslant\rho_0)$.

(3.35) 称为**柯西不等式**.

证 令 L_ρ：$|z-z_0|=\rho\ (0<\rho\leqslant\rho_0)$，则由导数公式(3.34)，有
$$f^{(n)}(z_0)=\frac{n!}{2\pi\mathrm{i}}\int_{L_\rho}\frac{f(\zeta)}{(\zeta-z_0)^{n+1}}\mathrm{d}\zeta,\quad n=0,1,2,\cdots.$$
由不等式(3.6)，得
$$|f^{(n)}(z_0)|\leqslant\frac{n!}{2\pi}M(\rho)\frac{1}{\rho^{n+1}}2\pi\rho=\frac{n!M(\rho)}{\rho^n},\quad n=0,1,2,\cdots.$$ ∎

柯西不等式表明，在定理 3.10 的条件下，f 及其各阶导数在 z_0 点之值的模，可以用 $|f|$ 在 L_ρ 上的最大值来估计($0<\rho\leqslant\rho_0$).

3.3.4 莫瑞勒(Morera) 定理

定理 3.11（莫瑞勒） 若函数 f 在区域 D 内连续，并且对于 D 内任一简单封闭曲线 L，有

$$\oint_L f = 0, \tag{3.36}$$

则 f 在 D 内解析.

证 由(3.36)可推知，f 沿 D 内任一路径的积分都与路径无关，仅依赖于起点和终点. 因此若 z_0 是 D 内一固定点，z 是 D 内任意一点，则变上限积分所确定的函数

$$F(z) = \int_{z_0}^{z} f$$

是单值函数. 由定理 3.5 的注得知，$F' = f$. 再由推论 3.1，立即推出 f 在 D 内解析. ∎

> **思考题 3.2** 由莫瑞勒定理出发，试给出解析函数的一个等价定义.

习 题 3.3

1. 若 $f(z)$ 是域 D 内的解析函数，C 是 D 内的一条简单逐段光滑曲线，设 $w = f(z)$ 把 C 映为简单逐段光滑曲线 Γ，试证明对在 Γ 上连续的函数 $\Phi(w)$，下述换元公式成立：

$$\int_\Gamma \Phi(w)\,\mathrm{d}w = \int_C \Phi(f(z))f'(z)\,\mathrm{d}z.$$

2. 计算积分：

(1) $I = \dfrac{1}{2\pi\mathrm{i}}\displaystyle\int_L \frac{\mathrm{e}^z}{z(1-z)^3}\mathrm{d}z$，其中 L 为一不通过 0,1 的简单封闭光滑曲线，以反时针方向为正向.

(2) $I = \displaystyle\int_{|z|=R} \frac{\mathrm{d}z}{(z-a)^n(z-b)}$，$a \neq b$，$a,b$ 不在圆周 $|z| = R$ 上，n 为正整数.

3. 设 $f(z)$ 在 $|z| < 1$ 内解析，在 $|z| \leqslant 1$ 上连续，且 $f(0) = 1$，求积分

$$\frac{1}{2\pi\mathrm{i}}\int_{|z|=1}\left[2 \pm \left(z + \frac{1}{z}\right)\right]\frac{f(z)}{z}\mathrm{d}z$$

之值，并由此证明：

$$\frac{2}{\pi}\int_0^{2\pi} f(\mathrm{e}^{\mathrm{i}\theta})\cos^2\frac{\theta}{2}\,\mathrm{d}\theta = 2 + f'(0),$$

$$\frac{2}{\pi}\int_0^{2\pi} f(\mathrm{e}^{\mathrm{i}\theta})\sin^2\frac{\theta}{2}\,\mathrm{d}\theta = 2 - f'(0).$$

4. 设 $f(z)$ 在 $0<|z-z_0|<R$ 内解析，$\lim\limits_{z\to z_0}(z-z_0)f(z)=0$. 求证：当 $0<|z-z_0|<r<R$ 时，

$$f(z)=\frac{1}{2\pi\mathrm{i}}\int_{|\zeta-z_0|=r}\frac{f(\zeta)}{\zeta-z}\mathrm{d}\zeta.$$

5. 若函数 $f(z)$ 在简单光滑封闭曲线 L 的无界外区域 D 内解析，在 $D+L$ 上连续，且 $\lim\limits_{z\to\infty}f(z)=\alpha$，则

$$\frac{1}{2\pi\mathrm{i}}\int_L\frac{f(\zeta)}{\zeta-z}\mathrm{d}\zeta=\begin{cases}f(z)-\alpha, & \text{当 } z\in D \text{ 时},\\ -\alpha, & \text{当 } z\in L \text{ 所围的内区域时},\end{cases}$$

其中 L 是按关于 D 的正方向取的(**含无穷远点区域的柯西公式**).

6. 设 L 为单位圆周，取逆时针方向. $D=\{z\mid |z|<1\}$, $G=\{z\mid |z|>1\}$，证明：

(1) 若 $f(z)$ 在 $D+L$ 上连续，D 内解析，则

$$\frac{1}{2\pi\mathrm{i}}\int_L\frac{\overline{f(\zeta)}}{\zeta-z}\mathrm{d}\zeta=\begin{cases}\overline{f(0)}, & z\in D,\\ -\overline{f\left(\dfrac{1}{\bar z}\right)}+\overline{f(0)}, & z\in G;\end{cases}$$

(2) 若 $f(z)$ 在 $G+L$ 上连续，G 内解析，且 $\lim\limits_{z\to\infty}f(z)=\alpha$，则

$$\frac{1}{2\pi\mathrm{i}}\int_L\frac{\overline{f(\zeta)}}{\zeta-z}\mathrm{d}\zeta=\begin{cases}\overline{f\left(\dfrac{1}{\bar z}\right)}, & z\in D,\\ 0, & z\in G.\end{cases}$$

3.4 反常复积分

3.4.1 反常复积分的定义

上面讨论的复积分，要求被积函数 f 和积分路径 L 都有界，这种积分称为正常积分. 和数学分析一样，复积分可向被积函数 f 无界和积分路径 L 无界的两种情况进行推广，推广后的两种复积分统称为反常复积分，或简称反常积分.

定义 3.4 设 L 是 $\mathbf{C}$ 内的简单逐段光滑曲线，$\tau_0\in L$，函数 $f(\tau)$ 在 $L-\{\tau_0\}$ 上连续，在 τ_0 邻近无界，在 L 上 τ_0 的两边各任取一点 τ_1,τ_2(若 τ_0 为

L 的端点，则将 τ_1 或 τ_2 换为 τ_0）. 若 $\lim\limits_{\tau_1,\tau_2\to\tau_0}\int_{L-\widehat{\tau_1\tau_2}} f(\tau)\mathrm{d}\tau$ 存在，则称此极限值是 f 沿 L 的(**普通**) **反常复积分**，记为

$$\int_L f = \lim_{\tau_1,\tau_2\to\tau_0}\int_{L-\widehat{\tau_1\tau_2}} f(\tau)\mathrm{d}\tau, \tag{3.37}$$

并称 f 沿 L 可积，或称积分 $\int_L f$ 收敛. 如果上述极限不存在，就称积分 $\int_L f$ 发散.

若 $f(\tau)$ 在 L 上有界可积，且 $0<\alpha<1$，则复反常积分

$$\int_L \frac{f(\tau)}{(\tau-\tau_0)^\alpha}\mathrm{d}\tau,\quad \tau_0\in L$$

必收敛，其中 $(\tau-\tau_0)^\alpha$ 为 L 上的一固定连续分枝. 为要证明这点，我们需要光滑曲线弦长与弧长之间的一个关系式，即设 $\forall\tau,\tau_0\in L$，τ,τ_0 对应弧长坐标为 s,s_0，则必存在常数 c $(0<c<1)$，使

$$c|s-s_0|\leqslant|\tau-\tau_0|\leqslant|s-s_0|. \tag{3.38}$$

当 L 为封闭曲线时，$|s-s_0|$ 恒指 τ 与 τ_0 之间的劣弧长.

证 (3.38) 右边不等式显然，现证左边不等式. 设 L 的弧长参数表达式为

$$\tau=\tau(s)=x(s)+\mathrm{i}y(s),\quad 0\leqslant s\leqslant|L|,$$

则 $|\tau'(s)|=\sqrt{(x'(s))^2+(y'(s))^2}=1$. 因 $x'(t),y'(t)$ 在 $[0,|L|]$ 上一致连续，$\forall\varepsilon>0$，$\exists\delta>0$，当 $\forall s,s_0\in[0,|L|]$，且 $|s-s_0|<\delta$ 时(δ 与 s_0,s 的位置无关)，有

$$|(x'(s))^2-(x'(s_0))^2|<\frac{\varepsilon}{2},\quad |(y'(s))^2-(y'(s_0))^2|<\frac{\varepsilon}{2}.$$

于是由中值定理必存在 s_1,s_2 在 s_0 与 s 之间，使

$$\begin{aligned}0\leqslant 1-\left|\frac{\tau-\tau_0}{s-s_0}\right|^2&=1-\frac{(x(s)-x(s_0))^2+(y(s)-y(s_0))^2}{|s-s_0|^2}\\&=1-(x'(s_1))^2-(y'(s_2))^2\\&=(x'(s))^2-(x'(s_1))^2+(y'(s))^2-(y'(s_2))^2\\&\leqslant|(x'(s))^2-(x'(s_1))^2|+|(y'(s))^2-(y'(s_2))^2|\\&<\frac{\varepsilon}{2}+\frac{\varepsilon}{2}=\varepsilon.\end{aligned}$$

从而 $\lim\limits_{s\to s_0}\left|\frac{\tau-\tau_0}{s-s_0}\right|=1$ 一致地关于 s_0. 特别取 $\varepsilon=\frac{1}{2}$，当 $|s-s_0|<\delta$ 时，有

$$\left|\frac{\tau-\tau_0}{s-s_0}\right|>\frac{1}{2}.$$

首先设 L 是开口弧. 由于 L 简单，故 $\tau=\tau(s)$ 的反函数 $s=s(\tau)$ 存在. 又由 $|s-s_0|<2|\tau-\tau_0|$ 看出，$s=s(\tau)$ 是连续函数，且 L 为有界闭集，故 $s=s(\tau)$ 在 L 上一致连续.

故 $\exists\delta_1>0$，当 $\forall\tau,\tau_0\in L$，且 $|\tau-\tau_0|<\delta_1$（δ_1 与 τ,τ_0 在 L 上位置无关）时，有 $|s-s_0|<\delta$，进而

$$\left|\frac{\tau-\tau_0}{s-s_0}\right|>\frac{1}{2}.$$

而当 $|\tau-\tau_0|\geqslant\delta_1$ 时，由于 $|s-s_0|\leqslant|L|$，从而 $\left|\dfrac{\tau-\tau_0}{s-s_0}\right|\geqslant\dfrac{\delta_1}{|L|}$. 取 $c=\min\left\{\dfrac{1}{2},\dfrac{\delta_1}{|L|}\right\}$，则(3.38) 左边不等式得证.

其次设 L 是封闭曲线. 根据开口弧时所证，L 上任意点 τ 充分小的邻域 $B(\tau,\delta_\tau)$ 与 L 之交都成立(3.38). 在 L 上每点作邻域组 $\left\{B\left(\tau,\dfrac{\delta_\tau}{2}\right)\right\}$ 覆盖 L，从中必存在有限个邻域 $B\left(\tau_k,\dfrac{\delta_k}{2}\right)$（$\tau_k\in L$，$k=1,2,\cdots,n$）覆盖 L. 于是 $B(\tau_k,\delta_k)$，$k=1,2,\cdots,n$ 更覆盖 L，在 $B(\tau_k,\delta_k)\cap L$，$k=1,2,\cdots,n$ 上成立(3.38)，其对应不等式常数为 c_k，$k=1,2,\cdots,n$. 令 $c^*=\min\limits_{1\leqslant k\leqslant n}c_k$. 取 $\delta=\dfrac{1}{2}\min\limits_{1\leqslant k\leqslant n}\delta_k$，对任何 $\tau_0,\tau\in L$，且 $|\tau-\tau_0|<\delta$ 时，由于 τ_0 必落于某个 $B\left(\tau_k,\dfrac{\delta_k}{2}\right)$，于是

$$|\tau-\tau_k|\leqslant|\tau-\tau_0|+|\tau_0-\tau_k|<\delta+\frac{\delta_k}{2}\leqslant\delta_k,$$

即 $\tau\in B(\tau_k,\delta_k)$，故 $\dfrac{|\tau-\tau_0|}{|s-s_0|}\geqslant c_k\geqslant c^*$. 而当 $|\tau-\tau_0|\geqslant\delta$ 时，因 $|s-s_0|\leqslant\dfrac{|L|}{2}$，从而 $\dfrac{|\tau-\tau_0|}{|s-s_0|}\geqslant\dfrac{2\delta}{|L|}$. 取 $c=\min\left\{c^*,\dfrac{2\delta}{|L|}\right\}$，则(3.38) 得证. ∎

注 对 L 有有限个角点（而非尖点）的逐段光滑曲线，(3.38) 仍成立，证明稍复杂. 由于本书不涉及，故从略.

设 $|f(\tau)|<M$ 于 L 上. 若 L 为光滑曲线，则由不等式(3.38)，有

$$\left|\frac{f(\tau)}{(\tau-\tau_0)^\alpha}\right|\leqslant\frac{M}{c^\alpha}\cdot\frac{1}{|s-s_0|^\alpha},$$

立即得证所述反常积分收敛. 若 L 为分段光滑曲线，则将 L 分成光滑段讨论仍能获证.

本章 3.1.2 小节中复积分的性质(1) ～ (6)，对复反常积分都成立. 我们还可把定理 3.3 进一步推广成下面的定理：

定理 3.3′ 设 D,L 和定理 3.3 相同，f 在 D 内解析，在 $\overline{D}-\{a\}$ 上连续($a\in L$)，而在 a 附近，

$$|f(z)|\leqslant\frac{A}{|z-a|^\alpha},\quad 0\leqslant\alpha<1,\ z\in\overline{D}-\{a\},\ A\text{ 为常数}，\tag{3.39}$$

则 $\oint_L f=0$.

证 以a为中心、充分小$\eta>0$为半径作圆，在L上截下一段弧L_η，并在D内得一圆弧C_η，并取正向如图 3-9 所示，由定理 3.3，

$$\left(\int_{L-L_\eta}+\int_{C_\eta^-}\right)f=0. \tag{3.40}$$

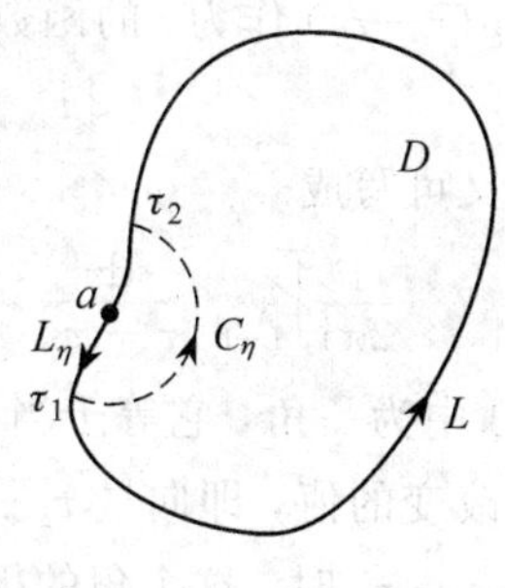

图 3-9

令$z-a=\eta e^{i\theta}$，$\theta_1\leqslant\theta\leqslant\theta_2$为$C_\eta$的参数方程，则由(3.39)，

$$\left|\int_{C_\eta}f\right|\leqslant\int_{\theta_1}^{\theta_2}\frac{\eta A\,d\theta}{\eta^\alpha}=A\eta^{1-\alpha}(\theta_2-\theta_1)$$
$$\leqslant 2\pi A\eta^{1-\alpha}\to 0\quad(\eta\to 0).$$

由(3.39)及定义 3.4，推得f沿L可积，且

$$\int_L f=\lim_{\eta\to 0}\int_{L-L_\eta}f=\lim_{\eta\to 0}\int_{C_\eta}f=0.$$ ■

3.4.2 柯西主值积分

前述柯西型积分中的z不属于积分路径L. 如果$z\in L$呢？这就需要考虑积分

$$\frac{1}{2\pi i}\int_L\frac{f(\tau)}{\tau-\tau_0}d\tau,\quad \tau_0\in L\text{，但}\ \tau_0\ \text{不为}\ L\ \text{的端点}.$$

很明显，这个积分一般说来是发散的，也就是说，若在L上τ_0两边各任取一点τ_1,τ_2，则

$$\lim_{\tau_1,\tau_2\to\tau_0}\frac{1}{2\pi i}\int_{L-\widehat{\tau_1\tau_2}}\frac{f(\tau)}{\tau-\tau_0}d\tau \tag{3.41}$$

一般不存在. 然而，与通常数学分析中广义积分主值相似，如果以τ_0为中心、充分小的正数η为半径作一圆周，使它与L的交点恰为两个，按L的方向，一个是τ_1在τ_0的后边，另一个是τ_2在τ_0的前边，以L_η记$\widehat{\tau_1\tau_2}$，这时

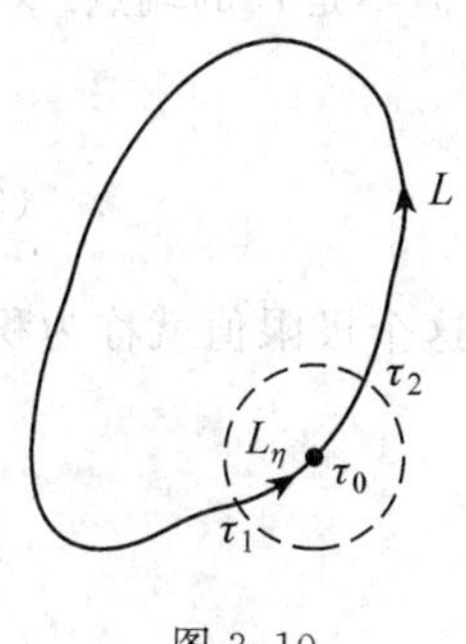

图 3-10

$$\lim_{\eta\to 0}\frac{1}{2\pi i}\int_{L-L_\eta}\frac{f(\tau)}{\tau-\tau_0}d\tau \tag{3.42}$$

是可能存在的(图 3-10).

例如，如果L是一条光滑封闭曲线，$f\equiv 1$，取定L的逆时针方向为正向，于是

$$\frac{1}{2\pi i}\int_{L-L_\eta}\frac{d\tau}{\tau-\tau_0}=\frac{1}{2\pi i}\Big(\log(\tau_1-\tau_0)-\log(\tau_2-\tau_0)\Big),$$

其中 $\log(\tau-\tau_0)$ 作为 τ 的函数已在 $L-L_\eta$ 上取定一(任意)连续分枝. 但由于

$$|\tau_1-\tau_0|=|\tau_2-\tau_0|=\eta,$$

故上式又可写成

$$\frac{1}{2\pi i}\int_{L-L_\eta}\frac{d\tau}{\tau-\tau_0}=\frac{1}{2\pi}[\arg(\tau_1-\tau_0)-\arg(\tau_2-\tau_0)].$$

右边〔 〕中为一角，它等于当 τ 自 τ_2 沿 $L-L_\eta$ 变动到 τ_1 时的复数 $\tau-\tau_0$ 的辐角连续改变的值，即向量 $\tau_2-\tau_0$ 到向量 $\tau_1-\tau_0$ 间的夹角. 显然，当 $\eta\to 0$ 从而 $\tau_1,\tau_2\to\tau_0$ 时，这个角的极限值为 π. 因此

$$\lim_{\eta\to 0}\frac{1}{2\pi i}\int_{L-L_\eta}\frac{d\tau}{\tau-\tau_0}=\frac{1}{2}. \tag{3.43}$$

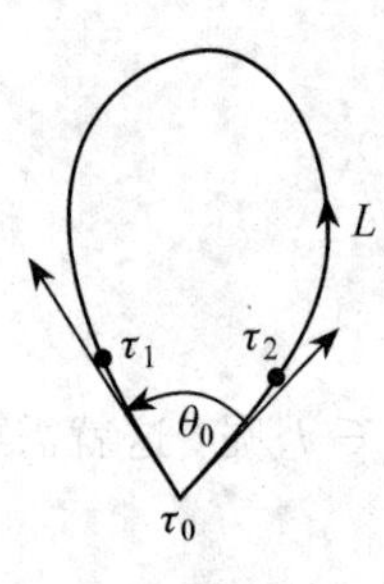

图 3-11

如果 L 是一条逐段光滑封闭曲线，τ_0 是 L 上的角点，在 τ_0 处两条单侧切线向着 L 的内域的夹角为 θ_0（图 3-11），因为这时 $\tau_1,\tau_2\to\tau_0$ 时，$\angle\tau_2\tau_0\tau_1\to\theta_0(0\leqslant\theta_0\leqslant 2\pi)$，所以应有

$$\lim_{\eta\to 0}\frac{1}{2\pi i}\int_{L-L_\eta}\frac{d\tau}{\tau-\tau_0}=\frac{\theta_0}{2\pi}. \tag{3.44}$$

但若 τ_1,τ_2 是 L 上 τ_0 两边的任意两点，由于 $\tau_1,\tau_2\to\tau_0$ 时，一般 $\left|\frac{\tau_1-\tau_0}{\tau_2-\tau_0}\right|$ 的极限不存在，所以 $\log\frac{\tau_1-\tau_0}{\tau_2-\tau_0}$ 的极限也不存在，因此，当 $f\equiv 1$ 时，(3.41) 是不存在的.

一般地，我们给出下面的定义.

定义 3.5 设 L,f 和定义 3.4 中相同. $\tau_0\in L$ 但不是 L 的端点. 若极限 (3.42) 存在，则将此极限仍记为

$$\frac{1}{2\pi i}\int_L\frac{f(\tau)}{\tau-\tau_0}d\tau, \tag{3.45}$$

称为 f 沿 L 的**柯西主值积分**. f 称为它的**核密度**，这个极限值就称为**积分主值**，$\frac{1}{\tau-\tau_0}$ 则称为**柯西核**.

因此，(3.43),(3.44) 可分别改写为

$$\frac{1}{2\pi i}\int_L\frac{d\tau}{\tau-\tau_0}=\frac{1}{2},\quad \text{对光滑点 } \tau_0\in L, \tag{3.43$'$}$$

$$\frac{1}{2\pi i}\int_L\frac{d\tau}{\tau-\tau_0}=\frac{\theta_0}{2\pi},\quad \text{对角点或尖点 } \tau_0\in L. \tag{3.44$'$}$$

今后我们称 $\alpha_0=\dfrac{\theta_0}{2\pi}$ 为以 L 为边界的闭区域 $\overline{D}$ 在 τ_0 处的**张度**(它表示 $\overline{D}$ 在 τ_0 的内角 θ_0 占有整个周角 2π 的几分之几这一份额). 对光滑点而言, $\theta_0=\dfrac{1}{2}$.

注意, 如果极限(3.41)存在, 即上面这一积分在(普通)反常积分意义下收敛, 则其值当然与积分主值是一致的. 因此, 收敛的(普通)反常积分(3.41)也可看做柯西主值积分.

何时柯西主值积分存在呢? 这就必须要求其核密度满足某种条件. 这里将介绍一种在应用中常见的条件.

定义 3.6 设 f 定义于(开口或封闭的)光滑曲线 L 上. 若对 L 上任意两点 τ_1,τ_2, 恒有

$$|f(\tau_1)-f(\tau_2)|\leqslant A|\tau_1-\tau_2|^{\alpha}\quad(0<\alpha\leqslant 1),\tag{3.46}$$

其中 A,α 都是确定的实常数, 则称 f 在 L 上满足 α 阶的**霍尔德**(Hölder)**条件**或 H^{α} 条件, 记为 $f\in H^{\alpha}(L)$ 或简记为 $f\in H^{\alpha}$, 而 α 称为**霍尔德指数**; 如不强调指出指数 α, 也可简记为 $f\in H(L)$ 或 $f\in H$.

当 $\alpha=1$ 时, 条件 H^1 也称为**李普希茨**(Lipschitz)**条件**. 容易证明, 若 f' 在 L 上有界, 则 $f\in H^1$ 于 L 上.

L 换成开(闭)区域, 也可类似定义 H 条件.

特别, 若 $f(z)$ 在 z_0 解析, 则必存在 z_0 的一邻域 V, 使 $f(z)\in H^1(V)$. 事实上, f' 在 z_0 的一邻域 V 中有界, $|f'(z)|\leqslant M$, 当任何 $z_1,z_2\in V$ 时, 有

$$|f(z_2)-f(z_1)|<\int_{z_1}^{z_2}|f'(\zeta)||\mathrm{d}\zeta|\leqslant M|z_2-z_1|.$$

由此看出, 对任意固定非负整数 n, 若 f 在 z_0 解析, 必存在 z_0 的一闭邻域 $\overline{B}_n$, 使 $f^{(k)}(z)\in H^1(\overline{B}_n)$, $k=0,1,\cdots,n$. 这个结果将在第五章用到.

定理 3.12 设 L 是光滑封闭曲线, 已取定正向. 若 $f\in H$ 于 L 上, 则柯西主值积分(3.45)存在, 且

$$\frac{1}{2\pi\mathrm{i}}\int_L\frac{f(\tau)}{\tau-\tau_0}\mathrm{d}\tau=\frac{1}{2\pi\mathrm{i}}\int_L\frac{f(\tau)-f(\tau_0)}{\tau-\tau_0}\mathrm{d}\tau+\frac{1}{2}f(\tau_0),\quad\tau_0\in L.\tag{3.47}$$

证 取 L_η 同(3.42), 则

$$\frac{1}{2\pi\mathrm{i}}\int_{L-L_\eta}\frac{f(\tau)}{\tau-\tau_0}\mathrm{d}\tau=\frac{1}{2\pi\mathrm{i}}\int_{L-L_\eta}\frac{f(\tau)-f(\tau_0)}{\tau-\tau_0}\mathrm{d}\tau+\frac{f(\tau_0)}{2\pi\mathrm{i}}\int_{L-L_\eta}\frac{\mathrm{d}\tau}{\tau-\tau_0}$$

$$\to \frac{1}{2\pi \mathrm{i}}\int_L \frac{f(\tau)-f(\tau_0)}{\tau-\tau_0}\mathrm{d}\tau + \frac{1}{2}f(\tau_0) \quad (\eta \to 0).$$

因 $f \in H^{\alpha}$ $(0 < \alpha \leqslant 1)$，由(3.46)，

$$\left|\frac{f(\tau)-f(\tau_0)}{\tau-\tau_0}\right| \leqslant \frac{A}{|\tau-\tau_0|^{1-\alpha}},$$

$0 \leqslant 1-\alpha < 1$，故反常积分 $\frac{1}{2\pi \mathrm{i}}\int_L \frac{f(\tau)-f(\tau_0)}{\tau-\tau_0}\mathrm{d}\tau$ 收敛，从而，柯西主值积分也存在. ∎

3.4.3 高阶奇异积分

设 L 为一逐段光滑曲线(开口或封闭). $f \in H$ 于 L 上. 我们来考虑积分

$$\int_L \frac{f(\tau)}{(\tau-\tau_0)^n}\mathrm{d}\tau, \quad n > 1,\ \tau_0 \in L,\ \text{但 } \tau_0 \text{ 不是 } L \text{ 的端点}. \tag{3.48}$$

这个积分由于在 $\tau=\tau_0$ 处出现了高于一阶的奇异性，一般说来它是发散的，即使在柯西主值意义下也是如此. 当然可以去研究对于怎样的 L 以及 n，积分(3.48)在主值意义下收敛，也确有一些数学工作者对此进行了讨论并获得一些结果. 但从实际应用观点来看，更有用处的是下面从另一观点来讨论(3.48). 这个观点是 Hadamard 对实轴上类似积分首先提出来的，即所谓积分的"有限部分". 将此概念推广到(3.48)的情形(n 为正整数)则是 C. Fox 提出的，后来王传荣也对此作了一些讨论，路见可对此作了进一步的发展，他将 n 推广到一般正实数的情况. 下面我们就来加以论述.

为了弄清楚高阶奇异积分的背景，我们先来看一个简单例子. 设 L 是一简单光滑封闭曲线(图 3-10)，f 在 L 上有导数，且 $f' \in H$. 又设 $\tau_0 \in L$，并如图 3-10 所示，作 L_η，我们设想能否定义

$$\int_L \frac{f(\tau)}{(\tau-\tau_0)^2}\mathrm{d}\tau = \lim_{\eta \to 0}\int_{L-L_\eta} \frac{f(\tau)}{(\tau-\tau_0)^2}\mathrm{d}\tau. \tag{3.49}$$

右边这一极限一般不存在. 因为，用分部积分法知

$$\begin{aligned}\int_{L-L_\eta} \frac{f(\tau)}{(\tau-\tau_0)^2}\mathrm{d}\tau &= -\frac{f(\tau)}{\tau-\tau_0}\bigg|_{L-L_\eta} + \int_{L-L_\eta}\frac{f'(\tau)}{\tau-\tau_0}\mathrm{d}\tau \\ &= \int_{L-L_\eta}\frac{f'(\tau)}{\tau-\tau_0}\mathrm{d}\tau + \left(\frac{f(\tau_2)}{\tau_2-\tau_0} - \frac{f(\tau_1)}{\tau_1-\tau_0}\right) \\ &\triangleq I_1 + I_2,\end{aligned}$$

当 $\eta \to 0$ 时，由 $f' \in H$，故 $I_1 \to \int_L \frac{f'(\tau)}{\tau-\tau_0}\mathrm{d}\tau$；而

$$\lim_{\eta\to 0} I_2 = \lim_{\eta\to 0}\left[\frac{f(\tau_2)-f(\tau_0)}{\tau_2-\tau_0}-\frac{f(\tau_1)-f(\tau_0)}{\tau_1-\tau_0}\right.$$
$$\left.+f(\tau_0)\left(\frac{1}{\tau_2-\tau_0}-\frac{1}{\tau_1-\tau_0}\right)\right]$$
$$=f(\tau_0)\lim_{\eta\to 0}\left(\frac{1}{\tau_2-\tau_0}-\frac{1}{\tau_1-\tau_0}\right)$$
$$=f(\tau_0)\lim_{\eta\to 0}\frac{e^{-i\theta_2}-e^{-i\theta_1}}{\eta}$$

一般不存在(除非 $f(\tau_0)=0$)，其中已令 $\tau_2=\tau_0+\eta e^{i\theta_2}$，$\tau_1=\tau_0+\eta e^{i\theta_1}$.

因此，用(3.49)式来定义是不行的. 然而，它却启发人们想到，如果把引起积分发散的部分 I_2 去掉，可以定义

$$\int_L \frac{f(\tau)}{(\tau-\tau_0)^2}d\tau=\int_L \frac{f'(\tau)}{\tau-\tau_0}d\tau.$$

实践证明这种定义是有意义的. 这个想法很容易推广到高阶奇异积分 $\int_L \frac{f(\tau)}{(\tau-\tau_0)^n}d\tau$ 上(对任何自然数 $n\geqslant 2$)，只要多重复几次分部积分法，而把凡引起积分发散的那些项一概删去即可(详见附录二). 这样，我们可给出如下定义.

定义 3.7 设 L 为一简单逐段光滑封闭曲线，n 为一正整数，$f^{(n)}(x)\in H$ 于 L 上，则定义**高(整数)阶奇异积分**如下：

$$\int_L \frac{f(\tau)}{(\tau-\tau_0)^{n+1}}d\tau=\frac{1}{n!}\int_L \frac{f^{(n)}(\tau)}{\tau-\tau_0}d\tau,\quad \tau_0\in L. \tag{3.50}$$

我们以后将会看到，高阶奇异积分在实际问题中的应用.

习 题 3.4

1. 计算：

(1) $\int_L \frac{d\tau}{\sqrt{\tau}}$，设 L 是 $|\tau-1|=1$ 从 $1-i$ 按顺时针向到 $1+i$ 的弧段，$\sqrt{\tau}$ 取 $\sqrt{1}=1$ 的分枝；

(2) $\frac{1}{\pi i}\int_{|\tau|=1}\frac{\tau}{\tau^2-1}d\tau$，其中 $|\tau|=1$ 取逆时针向；

(3) $\int_{|\tau-1|=1}\frac{e^\tau}{\tau^n}d\tau$，其中 $|\tau-1|=1$ 取逆时针向(提示：利用下面第 2

题结果).

2. 设域 D 由简单封闭光滑曲线 L 所围成，$f(z)$ 在 D 内解析，在 $\overline{D}$ 上连续，且在 L 上满足 Hölder 条件，则 $z_0 \in L$ 时有

$$\frac{1}{2\pi \mathrm{i}}\int_L \frac{f(z)}{z-z_0}\mathrm{d}z = \frac{1}{2}f(z_0) \quad (z_0 \text{ 在边界时的柯西公式}).$$

3. 设 $\overset{\frown}{ab}$ 为简单光滑开口弧段，$\tau_0 \in \overset{\frown}{ab}$ $(\tau_0 \neq a, b)$. 设 $f'(\tau) \in H$ 于 L 上. 按照封闭曲线上定义高阶奇异积分的想法，如何定义 $\int_a^b \frac{f(\tau)}{(\tau-\tau_0)^2}\mathrm{d}\tau$?

第三章习题

1. 设区域 D 的边界 ∂D 是简单光滑封闭曲线，方向取反时针向，设 $|D|$ 是 D 的面积，求证：

$$\int_{\partial D} x\,\mathrm{d}z = -\mathrm{i}\int_{\partial D} y\,\mathrm{d}z = \frac{1}{2}\int_{\partial D} \overline{z}\,\mathrm{d}z = \mathrm{i}|D|.$$

2. 设函数 $f(z)$ 在点 z_0 的邻域内连续，求证：

(1) $\displaystyle\lim_{r\to 0}\frac{1}{2\pi}\int_0^{2\pi} f(z_0 + r\mathrm{e}^{\mathrm{i}\theta})\mathrm{d}\theta = f(z_0)$；

(2) $\displaystyle\lim_{r\to 0}\frac{1}{2\pi \mathrm{i}}\int_{|z-z_0|=r} \frac{f(z)}{z-z_0}\mathrm{d}z = f(z_0)$.

3. 试由 $\int_0^{+\infty} \mathrm{e}^{-x^2}\,\mathrm{d}x = \frac{\sqrt{\pi}}{2}$ 及柯西定理，证明：

(1) $\displaystyle\int_0^{+\infty} \cos x^2\,\mathrm{d}x = \int_0^{+\infty} \sin x^2\,\mathrm{d}x = \frac{\sqrt{\pi}}{2\sqrt{2}}$；

(2) $\displaystyle\int_0^{+\infty} \mathrm{e}^{-x^2}\cos 2hx\,\mathrm{d}x = \frac{\sqrt{\pi}}{2}\mathrm{e}^{-h^2} \quad (h>0)$.

4. 若 $f(z)$ 在 $|z-a|<R$ 内解析，试证明：对任何 r $(0<r<R)$ 有

(1) $\displaystyle f'(a) = \frac{1}{\pi r}\int_0^{2\pi} \mathrm{Re}(f(a+r\mathrm{e}^{\mathrm{i}\theta}))\mathrm{e}^{-\mathrm{i}\theta}\mathrm{d}\theta$；

(2) 若 $\displaystyle\max_{|z-a|=r} |\mathrm{Re}\, f(z)| = M$，则 $|f'(a)| \leqslant \frac{2M}{r}$.

5. 若 n 为自然数，证明：

$$\int_0^{2\pi} \mathrm{e}^{r\cos\psi}\cos(r\sin\psi - n\psi)\,\mathrm{d}\psi = \frac{2\pi}{n!}r^n,$$

$$\int_0^{2\pi} e^{r\cos\psi}\sin(r\sin\psi - n\psi)\,d\psi = 0.$$

6. 通过计算单位圆周上的积分(取逆时针向)

$$\int_{|z|=1}\left(z+\frac{1}{z}\right)^{2n}\frac{dz}{z},\quad n=1,2,\cdots,$$

证明：

$$\int_0^{2\pi}\cos^{2n}\theta\,d\theta = 2\pi\cdot\frac{(2n-1)!!}{(2n)!!}.$$

7. 若 $f(z)$ 在域 D 内连续，且在 D 内除某一线段外解析，则 $f(z)$ 必在线段上解析.

8. 设 S^+ 为上半平面，S^- 为下半平面，L 为实轴. 求证：若 $f(z)$ 在 S^+ 内解析，在 $S^+ + L$ 上连续(包括无穷远点在内)，则

(1) $$\frac{1}{2\pi i}\int_{-\infty}^{+\infty}\frac{f(x)}{x-z}dx = \begin{cases} f(z)-\dfrac{1}{2}f(\infty), & 当\ z\in S^+, \\ -\dfrac{1}{2}f(\infty), & 当\ z\in S^-; \end{cases}$$

(2) $$\frac{1}{2\pi i}\int_{-\infty}^{+\infty}\frac{\overline{f(x)}}{x-z}dx = \begin{cases} \dfrac{1}{2}\overline{f(\infty)}, & 当\ z\in S^+, \\ -\overline{f(\bar{z})}+\dfrac{1}{2}\overline{f(\infty)}, & 当\ z\in S^-, \end{cases}$$

其中 $f(\infty)$ 是 $f(z)$ 在无穷远点之值(有限)，积分理解为 ∞ 处的主值积分：

$$\lim_{A\to+\infty}\int_{-A}^{A}\frac{f(x)}{x-z}dx = \int_{-\infty}^{+\infty}\frac{f(x)}{x-z}dx.$$

第四章 解析函数的级数理论

函数项级数是研究解析函数的又一重要工具. 本章给出解析函数的级数表示 —— 泰勒(Taylor) 级数和罗朗(Laurent) 级数. 然后, 用它们研究解析函数在零点及奇点附近的性质.

4.1 一般理论

4.1.1 复函数项级数的逐项积分和逐项求导

与数学分析一样, 这也是复级数理论中的重要问题. 从 1.3.2 小节复函数项级数一致收敛的概念出发, 我们有逐项积分定理:

定理 4.1 设 $f_n(n=1,2,\cdots)$ 在简单逐段光滑曲线 L 上连续, 且 $\sum\limits_{n=1}^{+\infty} f_n$ 在 L 上一致收敛于 f, 则

$$\int_L f = \sum_{n=1}^{+\infty}\int_L f_n. \tag{4.1}$$

本定理的证明与数学分析中相应定理完全一样, 在此不再重复.

至于逐项求导定理, 数学分析中的相应定理要求的条件比较复杂, 而对于解析函数项级数, 我们从 1.3.2 小节内闭一致收敛的概念出发, 可知条件简单而结果却深刻得多, 这就是著名的魏斯特拉斯(Weierstrass) 定理.

定理 4.2 (魏斯特拉斯定理) 设 $f_n(n=1,2,\cdots)$ 在区域 D 内解析, 并且级数 $\sum\limits_{n=1}^{+\infty} f_n$ 在 D 内闭一致收敛于函数 f, 则 f 在 D 内解析, 并且在 D 内 $\sum\limits_{n=1}^{+\infty} f_n^{(k)}$ 内闭一致收敛于 $f^{(k)}$:

$$f^{(k)} = \sum_{n=1}^{+\infty} f_n^{(k)}, \quad k=1,2,\cdots. \tag{4.2}$$

证 为证 f 在 D 内解析，我们在 D 内任取一点 z_0，取充分小的 $r>0$，作 z_0 的一个邻域 $B(z_0,r)$，使 $\overline{B(z_0,r)}\subset D$. 由 1.3.2 小节 1° 知，$f$ 在 $B(z_0,r)$ 内连续. 任取简单光滑封闭曲线 $L\subset B(z_0,r)$，由定理 4.1，有

$$\int_L f=\sum_{n=1}^{+\infty}\int_L f_n=0. \tag{4.3}$$

由莫瑞勒定理，知 f 在 $B(z_0,r)$ 内解析，从而 f 在 z_0 解析. 由 z_0 的任意性，f 在 D 内解析.

为证(4.2) 在 D 内闭一致地成立，我们任取一有界区域 G，使 $\overline{G}\subset D$. 一定存在一有界区域 S，使 S 的边界为光滑曲线，且 $\overline{G}\subset S$，$\overline{S}\subset D$. 从而有

$$d=\min_{z\in\overline{G},\ \zeta\in\partial S}\{|z-\zeta|\}>0. \tag{4.4}$$

令

$$r_n(z)=f(z)-\sum_{j=1}^{n}f_j(z),$$

则 $r_n(z)$ 在 D 内解析，且

$$r_n^{(k)}(z)=\frac{k!}{2\pi\mathrm{i}}\int_{\partial S}\frac{r_n(\zeta)}{(\zeta-z)^{k+1}}\mathrm{d}\zeta,\quad z\in\overline{G},\ k=1,2,\cdots. \tag{4.5}$$

由 $\sum f_n$ 在 ∂S 上一致收敛于 f，任给 $\varepsilon>0$，存在一个自然数 N，当 $n>N$ 时，对所有的 $\zeta\in\partial S$，有 $|r_n(\zeta)|<\varepsilon$ 成立. 从而，对所有的 $z\in\overline{G}$，有

$$|r_n^{(k)}(z)|\leqslant\frac{k!}{2\pi}\int_{\partial S}\frac{|r_n(\zeta)|}{|\zeta-z|^{k+1}}|\mathrm{d}\zeta|\leqslant\frac{k!\,|\partial S|}{2\pi d^{k+1}}\varepsilon,\quad k=1,2,\cdots$$

成立，这里 $|\partial S|$ 表示 ∂S 的长. 因此，$\sum f_n^{(k)}$ 在 $\overline{G}$ 上一致收敛于 $f^{(k)}$. 由 $\overline{G}$ 的任意性，(4.2) 式在 D 内闭一致地成立. ∎

4.1.2 幂级数及其和函数

在复函数项级数中最简单而重要的是幂级数

$$\sum_{n=0}^{+\infty}\alpha_n(z-z_0)^n. \tag{4.6}$$

与数学分析一样，首先应弄清楚(4.6) 收敛域的构造.

阿贝尔(Abel)引理 设(4.6) 在 $z=z_1\ (\neq z_0)$ 处收敛，则当 $|z-z_0|<|z_1-z_0|$ 时，(4.6) 为绝对收敛；若(4.6) 在 $z=z_2$ 发散，则当 $|z-z_0|>|z_2-z_0|$ 时，(4.6) 也发散.

证明方法与数学分析中的相同(从略).

用 S 表示使(4.6)收敛的点集. 显然 $S \neq \varnothing$ (因在 $z = z_0$ 收敛), 令

$$R = \sup_{z \in S}\{|z - z_0|\}, \tag{4.7}$$

则 $0 \leqslant R \leqslant +\infty$. 关于(4.6)收敛域的构造, 与数学分析中实幂级数的叙述和证明一样, 即

定理 4.3 幂级数 $\sum_{n=0}^{+\infty} \alpha_n (z - z_0)^n$

1° 或者处处绝对收敛, 即 $R = +\infty$;

2° 或者除 $z = z_0$ 外处处发散, 即 $R = 0$;

3° 或者存在 $0 < R < +\infty$, 当 $|z - z_0| < R$ 时绝对收敛, 而当 $|z - z_0| > R$ 时发散, 当 $|z - z_0| = R$ 时可能收敛(绝对收敛或条件收敛), 也可能发散.

我们称(4.7)所确定的 R 为幂级数(4.6)的**收敛半径**, 称 $|z - z_0| < R$ 为(4.6)的**收敛圆(盘)**. 与实幂级数一样, 收敛半径可由下列公式给出.

定理 4.4 若下列条件之一成立:

$$l = \lim_{n \to +\infty} \left| \frac{\alpha_{n+1}}{\alpha_n} \right|, \quad \alpha_n \text{ 全不为零}, \tag{4.8}$$

$$l = \lim_{n \to +\infty} \sqrt[n]{|\alpha_n|}, \tag{4.9}$$

或者, 一般地, 令

$$l = \overline{\lim_{n \to +\infty}} \sqrt[n]{|\alpha_n|}, \tag{4.10}$$

则当 $0 < l < +\infty$ 时, 幂级数(4.6)的收敛半径 $R = \frac{1}{l}$; 当 $l = 0$ 时, $R = +\infty$; 当 $l = +\infty$ 时, $R = 0$.

例 4.1 幂级数

$$1 + z + z^2 + \cdots + z^n + \cdots \tag{4.11}$$

的收敛半径 $R = 1$; 当 $|z| < 1$ 时绝对收敛, 其和函数为 $\frac{1}{1-z}$; 当 $|z| > 1$ 时发散; 当 $|z| = 1$ 时, 因其一般项不趋于零故级数仍为发散.

以下考虑级数(4.6)的和函数的性质, 我们有如下定理:

定理 4.5 幂级数(4.6)不仅在 $|z - z_0| < R$ (R 为收敛半径, $0 < R \leqslant +\infty$)

内绝对收敛，而且内闭一致收敛，其和函数

$$f(z)=\sum_{n=0}^{+\infty}\alpha_n(z-z_0)^n \tag{4.12}$$

在$|z-z_0|<R$内解析，因而(4.12)在收敛圆内可以逐项积分或逐项微分，其收敛半径不变．特别地，

$$f^{(n)}(z)=n!\alpha_n+\frac{(n+1)!}{1!}\alpha_{n+1}(z-z_0)+\cdots. \tag{4.13}$$

证 对$|z-z_0|<R$内任一有界闭域E，必存在域D：$|z-z_0|<r$，$r<R$，使$E\subset D$，当$z\in E$时，

$$|\alpha_n(z-z_0)^n|\leqslant|\alpha_n|r^n.$$

由定理4.3，$\sum_{n=1}^{+\infty}|\alpha_n|r^n$收敛，从而(4.6)在$E$上绝对一致收敛，亦即在$|z-z_0|<R$内闭一致收敛．又由定理4.2，$f(z)$在$|z-z_0|<R$内解析，且(4.13)成立．其余结论的证明是显然的． ∎

思考题4.1 幂级数在收敛圆边界上某点处发散，其和函数在此点是否必不解析？研究例子

$$\frac{1}{1-z}=1+z+z^2+\cdots+z^n+\cdots\quad(|z|<1)$$

在$z=-1$的情形．

思考题4.2 幂级数在收敛圆边界上某点处收敛，其和函数在此点是否必定解析？研究例子

$$(1-z)\log(1-z)+z=\sum_{n=1}^{+\infty}\frac{z^{n+1}}{n(n+1)}\quad(|z|<1)$$

在$z=1$的情形，已取$\log 1=0$．

习 题 4.1

1. 试确定下列幂级数的收敛半径：

(1) $\sum_{n=1}^{+\infty}nz^{n-1}$； (2) $\sum_{n=1}^{+\infty}z^{n^2}$； (3) $\sum_{n=1}^{+\infty}\left(1+\frac{1}{n}\right)^{n^2}z^n$；

(4) $\sum_{n=1}^{+\infty}\binom{n+3}{n}z^n$； (5) $\sum_{n=1}^{+\infty}\frac{(-1)^n}{n!}z^n$； (6) $\sum_{n=1}^{+\infty}\frac{1+(-1)^n}{3}z^n$．

2. 求下列幂级数的收敛范围及其和函数：

(1) $\sum_{n=1}^{+\infty}\frac{z^n}{n}$； (2) $\sum_{n=1}^{+\infty}nz^{n-1}$； (3) $\sum_{n=1}^{+\infty}\frac{z^{n+1}}{n(n+1)}$.

3. 若 $\sum_{n=1}^{+\infty}f_n(z)$ 在简单逐段光滑曲线 L 上一致收敛于 $f(z)$，$f_n(z)$ 在 L 上连续，$n=1,2,\cdots$，又设 $\varphi(z)$ 在 L 上有界可积，则 $\sum_{n=1}^{+\infty}\varphi(z)f_n(z)$ 在 L 上一致收敛于 $\varphi(z)f(z)$，且在 L 上可逐项积分.

4. 若 $\sum_{n=1}^{+\infty}|f_n(z)|$ 在区域 D 内闭一致收敛，且 $f_n(z)$ 在 D 内解析，$n=1,2,\cdots$，则 $\sum_{n=1}^{+\infty}|f_n'(z)|$ 在 D 内闭一致收敛.

4.2 泰勒展式及唯一性定理

4.2.1 解析函数的泰勒展式

由上节定理4.5知道，幂级数在其收敛圆内的和函数是解析函数. 反之，在圆内解析的函数是否可展开为幂级数呢？我们回忆一下，在数学分析中，某区间内具有任意阶导数的实函数却不一定能在此区间内展开成幂级数. 然而，对于圆内的解析函数却有下述深刻的结果：

定理4.6（泰勒） 若函数 f 在开圆盘 $B(z_0,r)$ 内解析($0<r\leqslant+\infty$)，则当 $z\in B(z_0,r)$ 时，有

$$f(z)=\sum_{n=0}^{+\infty}\frac{f^{(n)}(z_0)}{n!}(z-z_0)^n. \tag{4.14}$$

上式称为 f 在 $z=z_0$ 点的**泰勒展式**，上式右端的级数称为 f 在 $z=z_0$ 点的**泰勒级数**.

证 设 z 是 $B(z_0,r)$ 内任一点. 在此圆盘内必存在闭圆盘 $\overline{B}(z_0,\rho)$ ($\rho<r$)，使 $z\in B(z_0,\rho)$，$\overline{B}(z_0,\rho)\subset B(z_0,r)$ (图4-1). 设 L 为圆周 $|\zeta-z_0|=\rho$，在 $\overline{B}(z_0,\rho)$ 上应用柯西公式，

$$f(z)=\frac{1}{2\pi\mathrm{i}}\int_L \frac{f(\zeta)}{\zeta-z}\mathrm{d}\zeta,$$

$$z\in B(z_0,\rho). \quad (4.15)$$

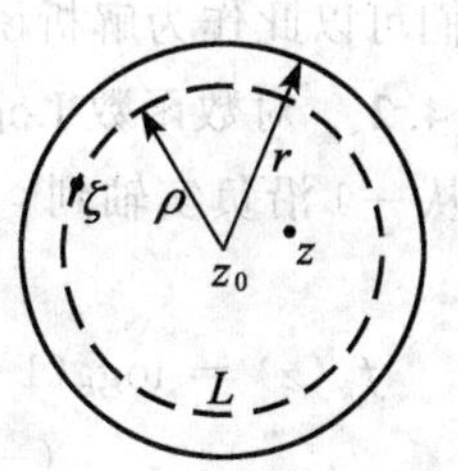

图 4-1

因为 $\zeta\in L$ 时，

$$\left|\frac{z-z_0}{\zeta-z_0}\right|=\frac{|z-z_0|}{\rho}<1,$$

由(4.11) 有

$$\begin{aligned}\frac{1}{\zeta-z}&=\frac{1}{(\zeta-z_0)-(z-z_0)}\\&=\frac{1}{\zeta-z_0}\cdot\frac{1}{1-\dfrac{z-z_0}{\zeta-z_0}}=\sum_{n=0}^{+\infty}\frac{(z-z_0)^n}{(\zeta-z_0)^{n+1}}.\end{aligned} \quad (4.16)$$

而

$$\left|\frac{(z-z_0)^n}{(\zeta-z_0)^{n+1}}\right|=\frac{1}{\rho}\left(\frac{|z-z_0|}{\rho}\right)^n,\quad \zeta\in L,$$

这说明级数(4.16) 在 L 上一致收敛，又 $f(\zeta)$ 在 L 上有界，由上节习题第 3 题，(4.16) 可代入(4.15) 逐项积分：

$$\begin{aligned}f(z)&=\frac{1}{2\pi\mathrm{i}}\int_L f(\zeta)\sum_{n=0}^{+\infty}\frac{(z-z_0)^n}{(\zeta-z_0)^{n+1}}\mathrm{d}\zeta\\&=\sum_{n=0}^{+\infty}\left[\frac{1}{2\pi\mathrm{i}}\int_L\frac{f(\zeta)}{(\zeta-z_0)^{n+1}}\mathrm{d}\zeta\right](z-z_0)^n\\&=\sum_{n=0}^{+\infty}\frac{1}{n!}f^{(n)}(z_0)(z-z_0)^n\quad(\text{由}(3.34)).\end{aligned} \quad (4.17)$$

由 z 的任意性，(4.14) 在 $B(z_0,r)$ 成立. ∎

注 1 (4.14) 中的泰勒系数可用 z_0 处的导数表示出，也可像(4.17) 那样用积分表示出，而且由多连通域柯西定理，积分值与 L 的半径 ρ 无关.

注 2 泰勒级数的收敛半径 R 显然大于或等于 r.

从本定理的证明过程中，我们看到，通过柯西积分公式，把任一解析函数的幂级数展开问题化为核 $1/(\zeta-z)$ 的幂级数展开，而不必考虑余项，就得到了解析函数这一特征性质.

结合定理 4.5 和定理 4.6，可以得出如下推论：

推论 4.1 函数 f 在一点 z_0 解析的充分必要条件是：它在 z_0 的某一邻域内可展开成幂级数.

我们可以此作为解析函数的一个等价定义.

例 4.2 对数函数 $\mathrm{Log}(1+z)$ 是多值函数，它的枝点是 -1 和 ∞. 在复平面上从 -1 沿负实轴到 ∞ 剖开所得区域内，$\mathrm{Log}(1+z)$ 可分解成单值解析分枝：

$$f_k(z)=\log_k(1+z)=\ln|1+z|+\mathrm{i}\arg(1+z)+2k\pi\mathrm{i}$$
$$(-\pi<\arg(1+z)<\pi,\ k=0,\pm1,\pm2,\cdots).$$

因 $f_k(0)=2k\pi\mathrm{i}$,

$$f_k^{(n)}(0)=(-1)^{n-1}\left.\frac{(n-1)!}{(1+z)^n}\right|_{z=0}=(-1)^{n-1}(n-1)!,$$

又因

$$\lim_{n\to+\infty}\left|\frac{\alpha_{n+1}}{\alpha_n}\right|=\lim_{n\to+\infty}\frac{n}{n+1}=1,$$

故收敛半径 $R=1$. 从而 $\mathrm{Log}(1+z)$ 的各单值解析分枝在 $z=0$ 处的泰勒展式为

$$\log_k(1+z)=2k\pi\mathrm{i}+z-\frac{z^2}{2}+\frac{z^3}{3}-\cdots+(-1)^{n-1}\frac{z^n}{n}+\cdots$$
$$(|z|<1,\ k=0,\pm1,\pm2,\cdots). \tag{4.18}$$

例 4.3 幂函数 $(1+z)^\alpha$ (α 不是整数) 是多值函数. 它的枝点是 -1 和 ∞. 在复平面从 -1 沿负实轴到 ∞ 剖开所得区域内，$(1+z)^\alpha$ 可分解成单值解析分枝：

$$f_k(z)=(1+z)_k^\alpha=\mathrm{e}^{\alpha\log(1+z)}\mathrm{e}^{2\alpha k\pi\mathrm{i}}$$
$$(\text{取}\log 1=0,\ k=0,\pm1,\pm2,\cdots).$$

首先，$f_k(0)=\mathrm{e}^{2k\alpha\pi\mathrm{i}}$，且

$$\begin{aligned}f_k^{(n)}(0)&=\alpha(\alpha-1)\cdots(\alpha-n+1)\mathrm{e}^{(\alpha-n)\log(1+z)}\mathrm{e}^{2\alpha k\pi\mathrm{i}}\big|_{z=0}\\&=\alpha(\alpha-1)\cdots(\alpha-n+1)\mathrm{e}^{2\alpha k\pi\mathrm{i}},\quad n=1,2,\cdots;\end{aligned}$$

其次

$$\lim_{n\to+\infty}\left|\frac{\alpha_{n+1}}{\alpha_n}\right|=\lim_{n\to+\infty}\left|\frac{\alpha-n}{n+1}\right|=1,$$

故收敛半径 $R=1$. 如果记

$$\binom{\alpha}{n}=\frac{\alpha(\alpha-1)\cdots(\alpha-n+1)}{n!},$$

则 $(1+z)^\alpha$ 的各单值解析分枝在 $z=0$ 处的泰勒展式为

$$(1+z)_k^\alpha=\mathrm{e}^{2\alpha k\pi\mathrm{i}}\left(1+\alpha z+\binom{\alpha}{2}z^2+\cdots+\binom{\alpha}{n}z^n+\cdots\right)$$
$$(|z|<1,\ k=0,\pm1,\pm2,\cdots). \tag{4.19}$$

注意，以上展式虽然是对 α 不为整数时作出的，而 α 为整数时(4.19) 仍有效(当然，当 α 为正整数时，其右端只有有限项).

对于比较复杂的函数，要写出任意阶导数是困难的. 为避免直接计算 $\frac{1}{n!}f^{(n)}(z_0)$，可能的话，最好用其他一些简便的方法间接地写出解析函数的泰勒展式，从而将 $f^{(n)}(z_0)$ 求出，这就需要讨论解析函数幂级数展开式的唯一性.

定理 4.7 若函数 f 在某圆盘内解析，则 f 在此圆盘内的幂级数展式是唯一的，因此一定是泰勒级数.

证 设 f 在圆盘 $B(z_0,r)$ 内有展式

$$f(z)=\alpha_0+\alpha_1(z-z_0)+\cdots+\alpha_n(z-z_0)^n+\cdots,$$

则由定理 4.5 中的(4.13)，令 $z=z_0$ 得

$$\alpha_n=\frac{1}{n!}f^{(n)}(z_0),\quad n=0,1,2,\cdots.$$

故 f 在 $z=z_0$ 的幂级数展式只能是 f 的泰勒展式，从而是唯一的. ∎

根据幂级数展式的唯一性，可得第二章中的几个初等函数的展式：

$$e^z=1+z+\frac{z^2}{2!}+\cdots+\frac{z^n}{n!}+\cdots,\ |z|<+\infty;\tag{4.20}$$

$$\sin z=z-\frac{z^3}{3!}+\frac{z^5}{5!}-\cdots+(-1)^n\frac{z^{2n+1}}{(2n+1)!}+\cdots,\quad |z|<+\infty;\tag{4.21}$$

$$\cos z=1-\frac{z^2}{2!}+\frac{z^4}{4!}-\cdots+(-1)^n\frac{z^{2n}}{(2n)!}+\cdots,\quad |z|<+\infty.\tag{4.22}$$

它们分别是 $e^z,\sin z,\cos z$ 在 $z=0$ 的泰勒展式. 并且它们可用来间接地求一些函数的泰勒展式.

但是，即使如此，有时泰勒级数的系数的一般项仍不容易写出来，从而，就无法用公式(4.8) ~ (4.10) 之一来求收敛半径了. 为此，我们还必须考察收敛半径与和函数的联系.

定理 4.8 设 $f(z)$ 在 z_0 处解析. 若幂级数 $\sum_{n=0}^{+\infty}\alpha_n(z-z_0)^n$ 的收敛半径为 R $(0<R<+\infty)$，且

$$f(z)=\sum_{n=0}^{+\infty}\alpha_n(z-z_0)^n,\quad z\in B(z_0,R),\tag{4.23}$$

则 f 在收敛圆周 L：$|z-z_0|=R$ 上至少有一奇点.①

---

① 此处奇点的含义是 $f(z)$ 不解析的点.

证 反设 f 在 L 上每点都解析，则 f 在闭圆盘 $\overline{B}(z_0, R)$ 上解析，根据函数在闭区域上解析的定义，一定存在一个 $p>0$，使 f 在圆盘 D：$|z-z_0|<R+p$ 内解析. 根据泰勒定理，f 在 D 内可展成幂级数，由定理 4.7，这一幂级数的系数必为 α_n，从而(4.23)在 $|z-z_0|<R+p$ 内成立. 这就与 R 是收敛半径矛盾. ∎

推论 4.2 若 f 在点 z_0 解析，点 b 是 f 的奇点中距 z_0 最近的一个奇点，则使

$$f(z)=\sum_{n=0}^{+\infty}\alpha_n(z-z_0)^n \tag{4.24}$$

成立的收敛圆盘的半径 $R=|b-z_0|$.

证 由定理 4.6 及其注 2 可知 $R\geqslant|b-z_0|$. 现设 $R>|b-z_0|$，即(4.24)在 $|z-z_0|<R$ 成立，由定理 4.5，$f(z)$ 应在 $|z-z_0|<R$ 内解析，特别在 $z=b$ 解析，这与假设 $f(z)$ 在 $z=b$ 是奇点冲突. ∎

本推论提供了一种解析函数展为泰勒展式时收敛半径的简单求法. 例如求 $\dfrac{1}{1+z^2}$ 在 $z=0$ 点的泰勒展式. 因 $z=\pm\mathrm{i}$ 是 $\dfrac{1}{1+z^2}$ 的奇点中距 $z=0$ 最近的奇点，故收敛半径 $R=|-\mathrm{i}-0|=|\mathrm{i}-0|=1$. 利用等比级数展式(4.11)，有

$$\frac{1}{1+z^2}=1-z^2+z^4-\cdots+(-1)^n z^{2n}+\cdots \quad (|z|<1).$$

回想在数学分析中，我们总不理解：$\dfrac{1}{1+x^2}$ 在整个实轴上都可微分任意多次，为什么仅当 $|x|<1$ 时才有展式

$$\frac{1}{1+x^2}=1-x^2+x^4-\cdots+(-1)^n x^{2n}+\cdots.$$

现在我们就清楚了，这是因为 $z=\pm\mathrm{i}$ 是 $\dfrac{1}{1+z^2}$ 的奇点的缘故. 可见学了复变函数，能够更好地理解一些实初等函数的性质.

现在我们来介绍几种间接求函数泰勒展式的方法.

1° 换元法

利用基本展式(4.18)～(4.22)在收敛范围内进行换元. 刚才 $\dfrac{1}{1+z^2}$ 在 $z=0$ 的展式，即是在 $\dfrac{1}{1-z}$ 的展式中将 z 换为 $-z^2$. 下面再举一例.

例 4.4 求 $e^{\frac{1}{1-z}}$ 在 $z=0$ 的泰勒展式.

解 显然 $z=1$ 为其唯一奇点，依以上推论知 $R=1$. 将展式(4.20)中的 z 换为 $(1-z)^{-1}$，有

$$e^{\frac{1}{1-z}}=\sum_{n=0}^{+\infty}\frac{1}{n!}(1-z)^{-n}=\sum_{n=0}^{+\infty}\frac{1}{n!}\left[1+\sum_{k=1}^{+\infty}\binom{-n}{k}(-z)^k\right]$$

(展式(4.19)中 $\alpha=-n$，z 换为 $-z$)

$$=\sum_{n=0}^{+\infty}\frac{1}{n!}+\sum_{k=1}^{+\infty}\left[\sum_{n=0}^{+\infty}\frac{(-1)^k}{n!}\frac{(-n)(-n-1)\cdots(-n-k+1)}{k!}\right]z^k$$

$$=e+\sum_{k=1}^{+\infty}\frac{1}{k!}\left[\sum_{n=1}^{+\infty}\frac{n(n+1)(n+2)\cdots(n+k-1)}{n!}\right]z^k,\quad |z|<1.$$

2° 利用幂级数的四则运算

与数学分析实幂级数一样，因为幂级数在收敛圆内绝对收敛，所以两个幂级数在两收敛圆的公共部分可以像多项式那样进行四则运算(做除法时，分母需不为零).

例 4.5 求 $e^z\cos z$ 在 $z=0$ 点的泰勒展式.

解 因 $e^z\cos z$ 在整个复平面上解析，故收敛半径为 $R=+\infty$. 又因

$$e^z\cos z=\frac{1}{2}e^z(e^{iz}+e^{-iz})=\frac{1}{2}\left[e^{(1+i)z}+e^{(1-i)z}\right],$$

根据展式(4.20)，有

$$e^z\cos z=\frac{1}{2}\left[\sum_{n=0}^{+\infty}\frac{(1+i)^n}{n!}z^n+\sum_{n=0}^{+\infty}\frac{(1-i)^n}{n!}z^n\right]$$

$$=\frac{1}{2}\sum_{n=0}^{+\infty}\frac{1}{n!}[(1+i)^n+(1-i)^n]z^n$$

$$=\frac{1}{2}\sum_{n=0}^{+\infty}\frac{(\sqrt{2})^n}{n!}\left(e^{\frac{n\pi}{4}i}+e^{-\frac{n\pi}{4}i}\right)z^n$$

$$=\sum_{n=0}^{+\infty}\frac{2^{\frac{n}{2}}}{n!}\cos\frac{n\pi}{4}z^n\quad(|z|<+\infty).$$

例 4.6 求 $\tan z$ 在 $z=0$ 的泰勒展式.

解 因 $z=\pm\frac{\pi}{2}$ 是 $\tan z$ 距 $z=0$ 最近的奇点，故 $R=\frac{\pi}{2}$. 设

$$\tan z=\alpha_0+\alpha_1z+\alpha_2z^2+\cdots+\alpha_nz^n+\cdots,\quad |z|<\frac{\pi}{2},$$

则因 $\sin z=\tan z\cos z$，有

$$\sum_{n=0}^{+\infty}(-1)^n\frac{z^{2n+1}}{(2n+1)!}=\sum_{n=0}^{+\infty}\alpha_n z^n\cdot\sum_{n=0}^{+\infty}(-1)^n\frac{z^{2n}}{(2n)!}.$$

利用级数乘法，再比较等式两边同次幂系数，得

$$0=\alpha_0,\quad 1=\alpha_1,\quad 0=\alpha_2-\frac{1}{2}\alpha_0,\quad -\frac{1}{3!}=\alpha_3-\frac{1}{2}\alpha_1,$$

$$0=\alpha_4-\frac{1}{2}\alpha_2+\frac{1}{4!}\alpha_0,\quad \frac{1}{5!}=\alpha_5-\frac{1}{2}\alpha_3+\frac{1}{4!}\alpha_1,\quad \cdots,$$

故

$$\tan z=z+\frac{1}{3}z^3+\frac{2}{15}z^5+\cdots\quad\left(|z|<\frac{\pi}{2}\right).$$

3° 利用定理 4.5

幂级数在收敛圆内可逐项积分或逐项微分，例如 $\cos z$ 的展式，可由 $\sin z$ 展式经逐项微分得到，$\log(1+z)$ 的展示（取 $\log 1=0$）可以认为是 $\frac{1}{1+z}$ 的几何级数展开当 $|z|<1$ 时逐项积分得到的，等等.

4.2.2 解析函数的唯一性

所谓解析函数的唯一性是指区域内定义的解析函数可以由比较少的条件所唯一确定. 为了获得解析函数的这种性质，首先从解析函数零点的性质谈起.

定义 4.1 若函数 $f(z)$ 在 z_0 解析，且 $f(z_0)=0$，则称 z_0 为解析函数 $f(z)$ 的**零点**.

依泰勒定理，在 z_0 的邻域 $B(z_0,R)$ 有展式

$$f(z)=f'(z_0)(z-z_0)+\frac{f''(z_0)}{2!}(z-z_0)^2+\cdots.$$

这时，只有下列两种情形：

(1) 若 $f^{(n)}(z_0)=0$, $n=1,2,\cdots$，则 $f(z)$ 在 $B(z_0,R)$ 内恒等于零.

(2) 若 $f'(z_0)=f''(z_0)=\cdots=f^{(m-1)}(z_0)=0$，$f^{(m)}(z_0)\neq 0$，则称 z_0 为 $f(z)$ 的 m **阶零点**（按照 $m=1$ 或 $m>1$，我们也分别称 z_0 是 $f(z)$ 的**单零点**或 m **重零点**）. 此时 $f(z)$ 在 $B(z_0,R)$ 内不恒为零. 在这种情形下，

$$\begin{aligned}f(z)&=\frac{f^{(m)}(z_0)}{m!}(z-z_0)^m+\frac{f^{(m+1)}(z_0)}{(m+1)!}(z-z_0)^{m+1}+\cdots\\&=(z-z_0)^m\left[\frac{f^{(m)}(z_0)}{m!}+\frac{f^{(m+1)}(z_0)}{(m+1)!}(z-z_0)+\cdots\right]\\&\equiv(z-z_0)^m\varphi(z),\end{aligned}$$

其中 $\varphi(z_0)\neq 0$，$\varphi(z)$ 在 z_0 解析．反之容易证明，若 $f(z)=(z-z_0)^m\varphi(z)$，其中 $\varphi(z_0)\neq 0$，$\varphi(z)$ 在 z_0 解析，则 $f(z)$ 在 $z=z_0$ 有 m 阶零点．所以，$z=z_0$ 为解析函数 $f(z)$ 的 m 阶零点的充要条件是

$$f(z)=(z-z_0)^m\varphi(z),\quad \text{其中 } \varphi(z_0)\neq 0,\ \varphi(z) \text{ 在 } z_0 \text{ 解析}. \tag{4.25}$$

因为 $\varphi(z_0)\neq 0$，$\varphi(z)$ 在 z_0 解析，当然更在 z_0 连续，于是存在 $\rho>0$，使得当 $z\in B(z_0,\rho)\subset B(z_0,R)$ 时，$\varphi(z)\neq 0$．也就是说，存在 z_0 的邻域 $B(z_0,\rho)$，除 $z=z_0$ 时 $f(z)=0$ 以外，对其余的 z，$f(z)\neq 0$，这一性质称为**解析函数零点的孤立性**．

综合以上讨论(1)，(2)，我们得到如下定理：

定理 4.9（零点的抉择性）　若 z_0 为解析函数 $f(z)$ 的零点，则存在 z_0 的邻域，或者 $f(z)$ 在此邻域内恒为零，或者在此邻域内零点 z_0 孤立．

由这一性质出发，我们可得到解析函数的唯一性定理．

定理 4.10（解析函数的唯一性）　设函数 f 和 g 在区域 D 内解析，$z_k\,(k=1,2,\cdots)$ 是 D 内彼此不同的点，且点列 $\{z_k\}$ 在 D 内有聚点．若 $f(z_k)=g(z_k)\,(k=1,2,\cdots)$，则在 D 内，$f\equiv g$．

证　令 $F(z)=f(z)-g(z)$，则 $F(z_k)=0\,(k=1,2,\cdots)$．我们只需证明 $F(z)$ 在 D 内恒为零即可．设 z_0 是点列 $\{z_k\}$ 在 D 内的聚点，即有 $\{z_k\}$ 的子列 $z_{k'}\to z_0$．由 $F(z)$ 在 z_0 的连续性知，

$$0=\lim_{k'\to+\infty}F(z_{k'})=F(\lim_{k'\to+\infty}z_{k'})=F(z_0).$$

可见 z_0 是 $F(z)$ 的非孤立零点．由定理 4.9，在 D 内必存在 z_0 的某邻域 B_0，使 $F(z)$ 在 B_0 内恒为零，现欲证 $F(z)$ 在 D 内任一点 $z'\in D-B_0$，有 $F(z')=0$．为此取落入 D 内的折线 L 连结 z_0 和 z'（由区域的连通性这是可以做到的）．现用反证法，假设 $F(z')\neq 0$，取 L 上自 z_0 起能使 $F(z)=0$ 的最“远”点 z_1，$F(z_1)=0$，则必 $z_1\neq z_0$（因 $F(B_0\cap L)=0$），同时 $z_1\neq z'$（因设 $F(z')\neq 0$，若 $z_1=z'$，则定理成立），即在弧段 $\widehat{z_0z_1}$ 上 $F(z)\equiv 0$，而在 $\widehat{z_1z'}$ 上 z_1 附近处 $F(z)\neq 0$．若以 z_1 为心、以任意小正数 ε 为半径作空心邻域，则 $F(z)$ 在其内既不能 $F(z)\equiv 0$，又不能 $F(z)\neq 0$，这与定理 4.9 矛盾．∎

推论4.3 设 $f(z)$ 在域 D 内解析，且在域 D 内有聚点的集合 $\{z_k\}$ 上为零 $(k=1,2,\cdots)$，则 $f(z)$ 在 D 内恒为零.

显然，若两个解析函数在域 D 内某一段曲线弧或一个非空子域内相等，则这两个函数在整个域内恒等.

柯西积分公式表明，解析函数在有界闭区域边界上的函数值完全确定它在域内的一切值. 唯一性定理表明，解析域内有聚点的点列上的函数值完全确定了它在整个域内的值. 它们揭示了解析函数在各点的函数值彼此之间有着十分强烈的内在联系.

从上面我们看到，解析函数的唯一性和零点的孤立性都是从解析函数可以展成幂级数这一事实推出来的. 在数学分析中，一个区间上处处可微的函数不一定可以展成幂级数，从而，零点孤立性和唯一性都不成立. 例如：

$$f(x)=\begin{cases} e^{-\frac{1}{x^2}\sin^2\frac{1}{x}}, & 当 x\neq 0,\ x\neq\dfrac{1}{k\pi}\ (k=\pm1,\pm2,\cdots), \\ 0, & 当 x=0,\ x=\dfrac{1}{k\pi}\ (k=\pm1,\pm2,\cdots) \end{cases}$$

在点 $x=0$ 的各阶导数都为零，它在点 $x=0$ 的泰勒级数恒为零，不收敛于 f. f 的零点是 $x=0,\dfrac{1}{k\pi}\ (k=\pm1,\pm2,\cdots)$，$x=0$ 的任意邻域内都含有 f 的零点，但 f 在 $x=0$ 的邻域内不恒为零.

> **思考题4.3** $f(z)=\sin\dfrac{1}{z}$ 在 $z_k=\dfrac{1}{k\pi}$ 处为零，且 $\{z_k\}$ 以 $z=0$ 为聚点，而 $f(z)\not\equiv 0$. 试问，这与解析函数的唯一性矛盾吗？

4.2.3 最大模原理

由解析函数的唯一性定理并结合柯西公式，我们还能揭示解析函数另一重要性质——最大模原理，表述如下：

定理4.11（最大模原理） 在区域 D 内不恒为常数的解析函数 $f(z)$ 其模 $|f(z)|$ 不能在区域内点达到最大值.

证 用反证法，假设 $|f(z)|$ 在 $z_0(\in D)$ 处达到最大值，即

$$|f(z_0)|\geqslant|f(z)|,\quad z\in D. \tag{4.26}$$

作 z_0 的邻域 $B(z_0,R)\subset D$，设 L 为 $B(z_0,R)$ 内以 z_0 为心、以 $\rho<R$ 为半径

的任意圆周，则(4.26) 在 L 上更成立. 现证明此时在 L 上必有

$$|f(\zeta)| \equiv |f(z_0)|, \quad \zeta \in L. \tag{4.27}$$

若能证明这一点，由 L 的任意性，必有 $|f(z)| \equiv |f(z_0)|$ 于 $z \in B(z_0, R)$，由习题 2.1 第 3 (2) 题，$f(z)$ 在 $B(z_0, R)$ 内恒为常数. 又由解析函数唯一性定理，$f(z)$ 在 D 内恒为常数，结果与假设矛盾，从而导致定理得证.

现证明(4.27) 必成立. 若不然，必存在 $z_1 = z_0 + \rho e^{i\theta_1} \in L$，使 $|f(z_0)| > |f(z_1)|$. 由 $f(z)$ 在 L 上连续可知，若设 $\zeta = z_0 + \rho e^{i\theta}$，则必有 $\theta \in [\theta_1 - \delta, \theta_1 + \delta]$, $\delta > 0$，使

$$|f(\zeta)| = |f(z_0 + \rho e^{i\theta})| < |f(z_0)|.$$

在 $\overline{B}(z_0, \rho)$ 上应用柯西公式，并进行估计：

$$\begin{aligned}
|f(z_0)| &= \left|\frac{1}{2\pi i}\int_L \frac{f(\zeta)}{\zeta - z_0} d\zeta\right| = \left|\frac{1}{2\pi}\int_0^{2\pi} f(z_0 + \rho e^{i\theta}) d\theta\right| \\
&= \left|\frac{1}{2\pi}\left(\int_{\theta_1-\delta}^{\theta_1+\delta} + \int_{[0,2\pi]-[\theta_1-\delta,\theta_1+\delta]}\right) f(z_0 + \rho e^{i\theta}) d\theta\right| \\
&\leqslant \frac{1}{2\pi}\left(\int_{\theta_1-\delta}^{\theta_1+\delta} + \int_{[0,2\pi]-[\theta_1-\delta,\theta_1+\delta]}\right) |f(z_0 + \rho e^{i\theta})| d\theta \\
&< \frac{1}{2\pi}\Big[|f(z_0)| \cdot 2\delta + |f(z_0)|(2\pi - 2\delta)\Big] \\
&= |f(z_0)|.
\end{aligned}$$

以上不等式不能成立. 从而(4.27) 成立. ∎

推论 4.4 在域 D 内解析的函数，若其模在 D 的内点达到最大值，则此函数必恒为常数.

推论 4.5 若 $f(z)$ 在有界域 D 内解析，在 $\overline{D}$ 上连续，则 $|f(z)|$ 必在 D 的边界上达到最大模.

证 若 $f(z)$ 在 D 内为常数，推论显然正确. 若 $f(z)$ 在 D 内不恒为常数，由连续函数性质及定理 4.11 立即得证. ∎

习 题 4.2

1. 求下列各函数在 $z = 0$ 处的泰勒展式：

(1) $e^z \sin z$； (2) $\sin^2 z$；

(3) $\arctan z \quad (\arctan 0 = 0)$； (4) $\dfrac{1}{1+z+z^2+z^3}$.

2. 求下列各函数在 $z=1$ 处的泰勒展式：

(1) $\dfrac{1}{z^2-2z+5}$； (2) $\dfrac{1}{z^2}$；

(3) $\sin z$； (4) $\sqrt[3]{z}\ \left(\sqrt[3]{1}=\dfrac{-1+\sqrt{3}\mathrm{i}}{2}\right)$.

3. 求下列各函数在 $z=0$ 处的泰勒展式(写出前5项)：

(1) $\sec z$； (2) $\mathrm{e}^{z\sin z}$.

4. 找出下列各函数的所有零点，并指明其阶数：

(1) $\dfrac{z^2+9}{z^4}$； (2) $z\sin z$； (3) $(1-\mathrm{e}^z)(z^2-4)^3$；

(4) $\dfrac{1-\cot z}{z}$； (5) $\sin^3 z$； (6) $\sin z^3$.

5. 设 z_0 为解析函数 $f(z)$ 的至少 n 阶零点，又为解析函数 $\varphi(z)$ 的 n 阶零点，试证：

$$\lim_{z\to z_0}\frac{f(z)}{\varphi(z)}=\frac{f^{(n)}(z_0)}{\varphi^{(n)}(z_0)}.$$

6. 问是否存在对 $n=1,2,\cdots$ 满足下列条件并且在原点解析的函数 $f(z)$？

(1) $f\left(\dfrac{1}{2n-1}\right)=0,\quad f\left(\dfrac{1}{2n}\right)=1$；

(2) $f\left(\dfrac{1}{n}\right)=\dfrac{1}{1+n^2}$；

(3) $f\left(\dfrac{1}{2n-1}\right)=f\left(\dfrac{1}{2n}\right)=\dfrac{1}{2n-1}$.

7. 若 $f(z)$ 是区域 G 内的非常数解析函数，且 $f(z)$ 在 G 内无零点，则 $f(z)$ 不能在 G 内取到它的最小模.

8. 设 $f(z)$ 在 $|z|\leqslant a$ 上解析，在 $|z|=a$ 上有 $|f(z)|>m$，并且 $|f(0)|<m$，其中 a 及 m 是有限正数. 证明：$f(z)$ 在 $|z|<a$ 内至少有一零点.

9. 设 $f(z)$ 和 $g(z)$ 在有界区域 D 内解析，在 $\overline{D}$ 上连续，若在 ∂D 上有 $f(z)=g(z)$，则在 D 内有 $f(z)=g(z)$.

10. 若 $f_n(z)\ (n=1,2,\cdots)$ 在有界域 D 内解析，在 $\overline{D}$ 上连续，且级数 $\sum\limits_{n=1}^{+\infty}f_n(z)$ 在 ∂D 上一致收敛，则 $\sum\limits_{n=1}^{+\infty}f_n(z)$ 在 D 内一致收敛.

4.3 罗朗展式及孤立奇点

幂级数的一个自然推广，是下面的“双向”幂级数：

$$\sum_{n=-\infty}^{+\infty} \alpha_n (z-z_0)^n, \tag{4.28}$$

当所有负幂项系数为零时就是幂级数.

现分别考虑(4.28)的非负幂项部分及负幂项部分的收敛范围及其和函数. 设

$$\sum_{n=0}^{+\infty} \alpha_n (z-z_0)^n \tag{4.29}$$

的收敛半径为 R_2 $(0<R_2\leqslant+\infty)$，则(4.29)在 $|z-z_0|<R_2$ 内绝对收敛、内闭一致收敛，其和函数解析. 令 $\zeta=\dfrac{1}{z-z_0}$，则

$$\sum_{n=-1}^{-\infty} \alpha_n (z-z_0)^n = \sum_{n=1}^{+\infty} \alpha_{-n}\zeta^n. \tag{4.30}$$

设有 R $(0<R\leqslant+\infty)$，使当 $|\zeta|<R$ 或换句话说 $|z-z_0|>\dfrac{1}{R}=R_1$ 时(4.30)绝对收敛、内闭一致收敛，其和函数解析.

如果 $R_1<R_2$，(4.29)，(4.30)就有公共的收敛范围，为一圆环 D：$R_1<|z-z_0|<R_2$，于是我们得到：

定理 4.12 若级数 $\sum\limits_{n=-\infty}^{+\infty} \alpha_n (z-z_0)^n$ 存在公共收敛圆环 D：$R_1<|z-z_0|<R_2$ $(0\leqslant R_1<R_2\leqslant+\infty)$，则它在 D 内绝对收敛、内闭一致收敛，其和函数在 D 内解析.

以上 D 中 $R_1=0$ 或 $R_2=+\infty$ 时的情形可看做广义的圆环.

显然，由本定理可知，双向幂级数在公共收敛圆环内可逐项积分或逐项微分.

与幂级数一样，也可考虑本定理的逆命题，即在圆环内的解析函数是否可展开为双向幂级数？为此，我们来介绍：

4.3.1 解析函数的罗朗展式

定理 4.13（罗朗） 若 $f(z)$ 在圆环 D：$R_1<|z-z_0|<R_2$ $(0\leqslant R_1<R_2\leqslant$

$+\infty$) 内解析，则当 $z \in D$ 时，

$$f(z) = \sum_{n=-\infty}^{+\infty} \alpha_n (z-z_0)^n, \tag{4.31}$$

其中，

$$\alpha_n = \frac{1}{2\pi \mathrm{i}} \int_L \frac{f(\zeta)}{(\zeta-z_0)^{n+1}} \mathrm{d}\zeta, \quad n = 0, \pm 1, \pm 2, \cdots, \tag{4.32}$$

L 是任意圆周 $|\zeta - z_0| = \rho \ (R_1 < \rho < R_2)$.

本定理中(4.31)称为 $f(z)$ 在 z_0 处的**罗朗展式**，而右端的级数称为 $f(z)$ 的**罗朗级数**，由(4.32)决定的 α_n 称为 $f(z)$ 的**罗朗系数**.

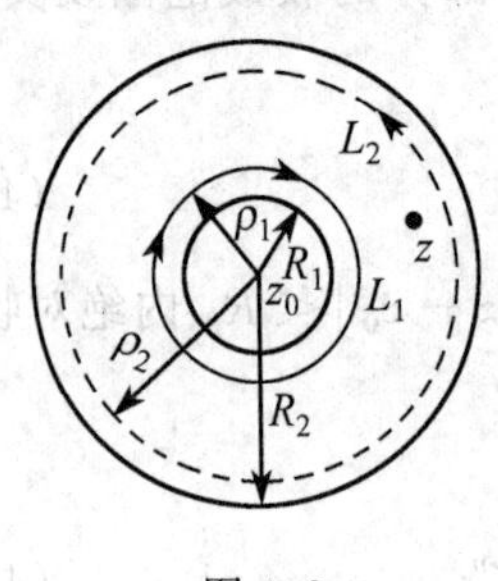

图 4-2

证 设 z 是圆环 D 内任一定点，选取 ρ_1, ρ_2，使得 $R_1 < \rho_1 < \rho_2 < R_2$ 且 $\rho_1 < |z - z_0| < \rho_2$. 令 L_1 和 L_2 分别表示圆 $|\zeta - z_0| = \rho_1$ 和圆 $|\zeta - z_0| = \rho_2$ (图 4-2). 则 f 在以 $L_1^- + L_2$ 为边界的闭圆环上解析. 根据柯西积分公式，有

$$f(z) = \frac{1}{2\pi \mathrm{i}} \int_{L_2} \frac{f(\zeta)}{\zeta - z} \mathrm{d}\zeta - \frac{1}{2\pi \mathrm{i}} \int_{L_1} \frac{f(\zeta)}{\zeta - z} \mathrm{d}\zeta \triangleq I_1 + I_2. \tag{4.33}$$

当 $\zeta \in L_2$ 时，$|z - z_0| < |\zeta - z_0|$，即 $\left|\frac{z - z_0}{\zeta - z_0}\right| < 1$，故级数

$$\frac{1}{\zeta - z} = \frac{1}{\zeta - z_0} \cdot \frac{1}{1 - \frac{z - z_0}{\zeta - z_0}} = \sum_{n=0}^{+\infty} \frac{(z - z_0)^n}{(\zeta - z_0)^{n+1}}$$

对 $\zeta \in L_2$ 为一致收敛. 又因 $f(\zeta)$ 在 L_2 上有界，故可将上式代入(4.33)右端第一个积分中，逐项积分得

$$I_1 = \sum_{n=0}^{+\infty} \left(\frac{1}{2\pi \mathrm{i}} \int_{L_2} \frac{f(\zeta)}{(\zeta - z_0)^{n+1}} \mathrm{d}\zeta \right) (z - z_0)^n.$$

这就得到本定理(4.31)中非负幂部分的级数，若对上式中函数 $\frac{f(\zeta)}{(\zeta - z_0)^{n+1}}$ 应用多连通域柯西定理，立即可将沿 L_2 的积分换为沿 L 的积分.

当 $\zeta \in L_1$ 时，$|z - z_0| > |\zeta - z_0|$，即 $\left|\frac{\zeta - z_0}{z - z_0}\right| < 1$，从而级数

$$-\frac{1}{\zeta - z} = \frac{1}{z - z_0} \cdot \frac{1}{1 - \frac{\zeta - z_0}{z - z_0}} = \sum_{n=0}^{+\infty} \frac{(\zeta - z_0)^n}{(z - z_0)^{n+1}}$$

对 $\zeta \in L_1$ 为一致收敛. 又因 $f(\zeta)$ 在 L_1 上有界，故可将上式代入(4.33) 右端第二个积分中逐项积分，得

$$I_2 = \sum_{n=0}^{+\infty}\left[\frac{1}{2\pi \mathrm{i}}\int_{L_1} f(\zeta)(\zeta - z_0)^n \mathrm{d}\zeta\right](z - z_0)^{-(n+1)}$$

$$= \sum_{m=-1}^{-\infty}\left[\frac{1}{2\pi \mathrm{i}}\int_{L_1} \frac{f(\zeta)}{(\zeta - z_0)^{m+1}}\mathrm{d}\zeta\right](z - z_0)^m \quad (\text{令 } m = -(n+1))$$

$$= \sum_{n=-1}^{-\infty}\left[\frac{1}{2\pi \mathrm{i}}\int_{L} \frac{f(\zeta)}{(\zeta - z_0)^{n+1}}\mathrm{d}\zeta\right](z - z_0)^n.$$

最后一式是由前式将 m 换成 n，并应用多连通域柯西定理得到的. 这就是(4.31) 中负幂项的级数. 结合 I_1, I_2，即得定理的证明. ■

前面已经知道，罗朗级数为双向幂级数. 反之，双向幂级数是否为其收敛圆环中和函数的罗朗展式呢? 以下定理作了回答.

定理 4.14 *若函数 f 在圆环 D 内解析，则 f 在 D 内的展式(4.31) 是唯一的.*

证 假设 f 在 D 内除了具有系数(4.32) 的罗朗展式外，还有

$$f(z) = \sum_{n=-\infty}^{+\infty} \beta_n (z - z_0)^n. \tag{4.34}$$

我们在 D 内任取一圆 L：$|z - z_0| = \rho \ (R_1 < \rho < R_2)$. 用 L 上有界因子 $\frac{1}{2\pi \mathrm{i}}(z - z_0)^{-m-1}$ 乘(4.34) 的两边，由于(4.34) 中的级数在 L 上一致收敛，故可沿 L 逐项积分. 再注意到第三章例 3.2 的结果，有

$$\frac{1}{2\pi \mathrm{i}}\int_L \frac{f(z)\mathrm{d}z}{(z - z_0)^{m+1}} = \sum_{n=-\infty}^{+\infty} \beta_n \frac{1}{2\pi \mathrm{i}}\int_L (z - z_0)^{n-m-1}\mathrm{d}z = \beta_m,$$

$$m = 0, \pm 1, \pm 2, \cdots.$$

这说明双向幂级数就是和函数的罗朗展式，故 f 在 D 内的展式唯一. ■

这一性质称为**解析函数罗朗展式的唯一性**.

可见，圆盘内的解析函数的特征是它在圆盘内有泰勒展式，而圆环内解析函数的特征是它在圆环内有罗朗展式.

罗朗展式中的系数公式，在形式上和泰勒展式中的系数公式(积分形式)是一致的，不同的是泰勒展式中的 n 只能取非负整数，而罗朗展式中的 n 可取全部整数；即使 $n \geqslant 1$，罗朗展式中的系数也不能像泰勒展式中那样用函数在圆心 z_0 处的导数 $f^{(n)}(z_0)$ 来计算(为什么). 若 f 在 z_0 处解析，即在圆盘 $|z - z_0| < R$ 内解析，则 f 在圆环 $0 < |z - z_0| < R$ 内的罗朗展式就成为 f 在

z_0 的泰勒展式(为什么). 因此, 泰勒展式是罗朗展式的特殊情形.

和泰勒展式一样, 若 $R_1 < |z-z_0| < R_2$ 是罗朗展式

$$f(z) = \sum_{n=-\infty}^{+\infty} \alpha_n (z-z_0)^n$$

的最大公共收敛圆环, 则在圆环域的内外边界 $|z-z_0| = R_1$ 和 $|z-z_0| = R_2$ 上都有 f 的奇点.

4.3.2 求罗朗展式的方法

(1) 直接法

直接利用罗朗系数公式(4.32)计算 α_n, 然后代入(4.31).

例 4.7 求 $\operatorname{ch}\left(z+\dfrac{1}{z}\right)$在 $z=0$ 处的罗朗展式.

解 因 $\operatorname{ch}\left(z+\dfrac{1}{z}\right)$在空心邻域 $0<|z|<+\infty$ 内解析. 由罗朗定理得

$$\operatorname{ch}\left(z+\frac{1}{z}\right) = \sum_{n=-\infty}^{+\infty} \alpha_n z^n \quad (0<|z|<+\infty),$$

这里,

$$\alpha_n = \frac{1}{2\pi \mathrm{i}}\int_L \frac{\operatorname{ch}(z+z^{-1})}{z^{n+1}}\mathrm{d}z, \quad n=0,\pm 1,\pm 2,\cdots,$$

L 表示任意圆周 $|z| = \rho > 0$. 因以上积分与 ρ 值大小无关, 故可取 $\rho = 1$, 则沿圆周 L: $z = \mathrm{e}^{\mathrm{i}\theta}$, $-\pi \leqslant \theta \leqslant \pi$, 有

$$\begin{aligned}
\alpha_n &= \frac{1}{2\pi}\int_{-\pi}^{\pi} \operatorname{ch}(\mathrm{e}^{\mathrm{i}\theta}+\mathrm{e}^{-\mathrm{i}\theta})\,\mathrm{e}^{-\mathrm{i}n\theta}\,\mathrm{d}\theta \\
&= \frac{1}{2\pi}\int_{-\pi}^{\pi} \operatorname{ch}(2\cos\theta)\cos n\theta\,\mathrm{d}\theta - \frac{\mathrm{i}}{2\pi}\int_{-\pi}^{\pi} \operatorname{ch}(2\cos\theta)\sin n\theta\,\mathrm{d}\theta \\
&= \frac{1}{\pi}\int_0^{\pi} \operatorname{ch}(2\cos\theta)\cos n\theta\,\mathrm{d}\theta \quad (n=0,\pm 1,\pm 2,\cdots).
\end{aligned}$$

显然, $\alpha_n = \alpha_{-n}$ $(n=1,2,\cdots)$, 故

$$\operatorname{ch}(z+z^{-1}) = \alpha_0 + \sum_{n=1}^{+\infty} \alpha_n (z^n + z^{-n}) \quad (0<|z|<+\infty).$$

(2) 间接法

用直接法计算罗朗系数要求积分, 一般较困难. 通常利用罗朗展式的唯一性来间接地求罗朗展式. 例如, 用换元法、幂级数的四则运算、逐项微分(或积分)等. 下面举一些例子, 希望读者从中体会.

例 4.8 求函数$\dfrac{\sin z}{z}$, $\dfrac{\sin z}{z^2}$, $\sin\dfrac{1}{z}$ 在 $z=0$ 处的罗朗展式.

解 以上函数除 $z=0$ 外在 **C** 中解析，又利用 $\sin z$ 的幂级数展式，立即可得

$$\frac{\sin z}{z}=1-\frac{z^2}{3!}+\cdots+(-1)^{n-1}\frac{z^{2n-2}}{(2n-1)!}+\cdots \quad (0<|z|<+\infty), \tag{4.35}$$

$$\frac{\sin z}{z^2}=\frac{1}{z}-\frac{z}{3!}+\cdots+(-1)^{n-1}\frac{z^{2n-3}}{(2n-1)!}+\cdots \quad (0<|z|<+\infty), \tag{4.36}$$

$$\sin\frac{1}{z}=\frac{1}{z}-\frac{1}{3!z^3}+\cdots+(-1)^{n-1}\frac{1}{(2n-1)!z^{2n-1}}+\cdots \quad (0<|z|<+\infty). \tag{4.37}$$

例 4.9 将函数 $\mathrm{Log}\,\dfrac{z-a}{z-b}$ 的各分枝在无穷远点的邻域内展开成罗朗级数($a\neq b$).

解 由于 $\mathrm{Log}\,\dfrac{z-a}{z-b}$ 的枝点是 a 和 b，∞ 不是枝点，故在无穷远点的邻域 $|z|>\max\{|a|,|b|\}$ 内 $\mathrm{Log}\,\dfrac{z-a}{z-b}$ 可分解成单值解析分枝

$$\left(\log\frac{z-a}{z-b}\right)_k=\log\left(1-\frac{a}{z}\right)-\log\left(1-\frac{b}{z}\right)+2k\pi\mathrm{i},$$

其中 $\log\left(1-\dfrac{a}{z}\right)$，$\log\left(1-\dfrac{b}{z}\right)$取 $z=\infty$ 时其值为零的分枝. 由(4.18)，

$$\begin{aligned}\left(\log\frac{z-a}{z-b}\right)_k&=2k\pi\mathrm{i}-\sum_{n=1}^{+\infty}\frac{1}{n}\left(\frac{a}{z}\right)^n+\sum_{n=1}^{+\infty}\frac{1}{n}\left(\frac{b}{z}\right)^n\\&=2k\pi\mathrm{i}+\sum_{n=1}^{+\infty}\frac{b^n-a^n}{n}z^{-n}\end{aligned}$$

$$(|z|>\max\{|a|,|b|\},\ k=0,\pm1,\pm2,\cdots).$$

例 4.10 设 $f(z)=\dfrac{z+1}{2z^2-z-6}$，试求以 $z=0$ 为中心的种种圆环域中，函数 f 的罗朗展式.

解 因为 f 在 **C** 上只有两个奇点 $z_1=-\dfrac{3}{2}$ 和 $z_2=2$. 所以，f 可分别在圆环域：

$$0<|z|<\frac{3}{2},\quad \frac{3}{2}<|z|<2,\quad 2<|z|<+\infty$$

中展为罗朗级数. 将 f 分解为部分分式：

$$\frac{z+1}{2z^2-z-6}=\frac{1}{7}\left(\frac{1}{2z+3}+\frac{3}{z-2}\right).$$

当 $0<|z|<\frac{3}{2}$ 时，

$$\frac{z+1}{2z^2-z-6}=\frac{1}{7}\left(\frac{1}{3}\frac{1}{1+\frac{2}{3}z}-\frac{3}{2}\frac{1}{1-\frac{1}{2}z}\right)$$

$$=\frac{1}{7}\left[\frac{1}{3}\sum_{n=0}^{+\infty}(-1)^n\left(\frac{2}{3}z\right)^n-\frac{3}{2}\sum_{n=0}^{+\infty}\left(\frac{1}{2}z\right)^n\right]$$

$$=\frac{1}{7}\sum_{n=0}^{+\infty}\left[(-1)^n\frac{2^n}{3^{n+1}}-\frac{3}{2^{n+1}}\right]z^n.$$

当 $\frac{3}{2}<|z|<2$ 时，

$$\frac{z+1}{2z^2-z-6}=\frac{1}{7}\left(\frac{1}{2z}\frac{1}{1+\frac{3}{2z}}-\frac{3}{2}\frac{1}{1-\frac{z}{2}}\right)$$

$$=\frac{1}{7}\left[\sum_{n=0}^{+\infty}\frac{(-1)^n3^n}{2^{n+1}}\cdot\frac{1}{z^{n+1}}-\sum_{n=0}^{+\infty}\frac{3}{2^{n+1}}z^n\right].$$

类似地，在 $2<|z|<+\infty$ 内，有

$$\frac{z+1}{2z^2-z-6}=\frac{1}{7}\left(\frac{1}{2z}\cdot\frac{1}{1+\frac{3}{2z}}+\frac{3}{z}\frac{1}{1-\frac{2}{z}}\right)$$

$$=\frac{1}{7}\sum_{n=0}^{+\infty}\left[(-1)^n\frac{3^n}{2^{n+1}}+3\cdot2^n\right]\frac{1}{z^{n+1}}.$$

例 4.11 将 $\frac{1}{(z^5-1)(z-3)}$ 在圆环 $1<|z|<3$ 内展开成罗朗级数.

解 将分式化为部分分式，利用待定系数法可得

$$\frac{1}{(z^5-1)(z-3)}=-\frac{z^4+3z^3+9z^2+27z+81}{242(z^5-1)}+\frac{1}{242(z-3)}.$$

因为当 $1<|z|<3$ 时，

$$\frac{1}{z-3}=-\frac{1}{3}\cdot\frac{1}{1-\frac{z}{3}}=-\sum_{n=0}^{+\infty}3^{-n-1}z^n,$$

$$\frac{1}{z^5-1}=z^{-5}\frac{1}{1-z^{-5}}=\sum_{m=0}^{+\infty}z^{-5(m+1)},$$

所以

$$\frac{1}{(z^5-1)(z-3)}=-\frac{1}{242}\sum_{m=0}^{+\infty}(z^4+3z^3+9z^2+27z+81)z^{-5m-5}$$
$$-\frac{1}{242}\sum_{n=0}^{+\infty}3^{-n-1}z^n$$
$$=-\frac{1}{242}\sum_{n=1}^{+\infty}(3^{n-1-5[\frac{n-1}{5}]})z^{-n}-\frac{1}{242}\sum_{n=0}^{+\infty}3^{-n-1}z^n.$$

4.3.3 解析函数的孤立奇点

孤立奇点是解析函数的奇点中最简单最重要的一种. 现在我们用罗朗级数来研究解析函数在孤立奇点附近的性质.

定义 4.2 若函数 f 在点 z_0 不解析，但在点 z_0 的某个空心邻域 $0<|z-z_0|<R$ $(0<R\leqslant+\infty)$ 内解析，则称点 z_0 为 f 的**孤立奇点**.

例如，$z=0$ 点是$\frac{\sin z}{z}$,$\frac{\sin z}{z^2}$ 和 $\sin\frac{1}{z}$ 等函数的孤立奇点，但它虽是函数 $\frac{1}{\sin(1/z)}$ 的奇点，却不是孤立奇点，因为 $z=\frac{1}{k\pi}$ 为它的奇点，且以 $z=0$ 为极限点.

由本定义及定理 4.3，$f(z)$ 在 $0<|z-z_0|<R$ 内有罗朗展式：

$$f(z)=\sum_{n=-\infty}^{+\infty}\alpha_n(z-z_0)^n, \tag{4.38}$$

其中负幂项部分称为**主要部分**，其余部分(即常数项与正幂项部分) 称**解析**(或**正则**) **部分**. 决定孤立奇点 $z_0\,(\neq\infty)$ 性质的将是展式中的主要部分，现根据(4.38) 中负幂项的系数，对孤立奇点 z_0 进行分类.

定义 4.3 设 $z_0(\neq\infty)$ 点是解析函数 f 的孤立奇点.

(1) 若(4.38) 中不含有 $z-z_0$ 的负幂项，则称 z_0 为 f 的**可去奇点**.

(2) 若(4.38) 中只含有 $z-z_0$ 的有限个负幂项(即存在 $m>0$，使 $\alpha_{-m}\neq 0$，而当 $n>m$ 时，$\alpha_{-n}=0$)，则称 z_0 为 f 的**极点**，称 m 为极点 z_0 的**阶**，按照 $m=1$ 或 $m>1$，称 z_0 是 f 的**单极点**或 m **阶极点**.

(3) 若(4.38) 中含有 $z-z_0$ 的无穷多个负幂项，则称 z_0 为 f 的**本性奇点**.

例如，由(4.35) ~ (4.37)，函数$\frac{\sin z}{z}$,$\frac{\sin z}{z^2}$,$\sin\frac{1}{z}$ 分别在 $z=0$ 有可去奇点、极点(一阶) 及本性奇点.

以下介绍上述各类孤立奇点的判别方法. 首先对可去奇点有

定理 4.15 若 z_0 为 f 的孤立奇点，则下列三个条件等价：

(1) z_0 是 f 的可去奇点；

(2) $\lim\limits_{z\to z_0} f(z) = \alpha_0$ (有限)；

(3) f 在 z_0 的某空心邻域有界.

证 用循环法证明.

由(1)⇒(2). 由(1)知，在 $0<|z-z_0|<R$ 内，有

$$f(z) = \alpha_0 + \alpha_1(z-z_0) + \cdots + \alpha_n(z-z_0)^n + \cdots. \tag{4.39}$$

因为右端的幂级数其和函数 $g(z)$ 在 $|z-z_0|<R$ 内解析，特别在 $z=z_0$ 处连续，且当 $z\neq z_0$ 时 $f(z)=g(z)$，从而

$$\lim_{z\to z_0} f(z) = \lim_{z\to z_0} g(z) = \alpha_0.$$

由(2)⇒(3). 因 $z\to z_0$ 时 $f(z)\to\alpha_0$，从而在 z_0 附近 $f(z)$ 必有界，即存在 ρ_0 $(0<\rho_0<R)$，使当 $0<|z-z_0|<\rho_0$ 时，有 $|f(z)|<M$.

由(3)⇒(1). 由于 f 在 $0<|z-z_0|<\rho_0$ 内解析，且 $|f|<M$，设 L 为圆周 $|\zeta-z_0|=\rho$ $(0<\rho<\rho_0)$，则由(4.32)，有

$$\begin{aligned} 0 \leqslant |\alpha_{-n}| &= \left|\frac{1}{2\pi\mathrm{i}}\int_L \frac{f(\zeta)}{(\zeta-z_0)^{-n+1}}\mathrm{d}\zeta\right| \\ &\leqslant \frac{1}{2\pi}\int_L \frac{|f(\zeta)|}{|\zeta-z_0|^{-n+1}}|\mathrm{d}\zeta| \\ &\leqslant \frac{1}{2\pi}M\frac{2\pi\rho}{\rho^{-n+1}} = M\rho^n \quad (n=1,2,\cdots). \end{aligned}$$

令 $\rho\to 0$，得 $0\leqslant|\alpha_{-n}|\leqslant 0$，故必有 $\alpha_{-n}=0$ $(n=1,2,\cdots)$. 就是说，f 在 $0<|z-z_0|<\rho$ 内的罗朗展式中，不含有 $z-z_0$ 的负幂项，从而 z_0 为 f 的可去奇点. ■

由本定理证明中看到，当 z_0 为 f 的可去奇点时，若补充定义

$$f(z_0) = \lim_{z\to z_0} f(z) = \alpha_0$$

以后，(4.39) 左端与右端在 $|z-z_0|<R$ 内相等，而右端在 z_0 解析，从而 $f(z)$ 在 z_0 也解析. 这就是可去奇点名称的由来. 今后，在谈到可去奇点时，我们恒把它当做解析点看待.

其次，对极点的判定，有下面的定理.

定理 4.16 若 z_0 是 f 的孤立奇点，则下列 4 个条件等价：

(1) z_0 是 f 的 m 阶极点；

(2) f 在 z_0 点的某空心邻域 $0<|z-z_0|<R$ 内能表成

$$f(z)=\frac{\varphi(z)}{(z-z_0)^m},$$

其中 $\varphi(z)$ 在 z_0 解析且 $\varphi(z_0)\neq 0$；

(3) $\lim\limits_{z\to z_0}(z-z_0)^m f(z)=\alpha_{-m}\neq 0$；

(4) $g=\dfrac{1}{f}$ 以 z_0 为 m 阶零点(可去奇点当做解析点看待).

证 由(1)⇒(2). 由(1)知 f 在 $0<|z-z_0|<R$ 内可表为

$$\begin{aligned}f(z)&=\frac{\alpha_{-m}}{(z-z_0)^m}+\cdots+\frac{\alpha_{-1}}{z-z_0}+\sum_{n=0}^{+\infty}\alpha_n(z-z_0)^n\\&=\frac{\varphi(z)}{(z-z_0)^m}\quad(\alpha_{-m}\neq 0),\end{aligned}$$

其中

$$\begin{aligned}\varphi(z)=\alpha_{-m}&+\alpha_{-m+1}(z-z_0)+\cdots+\alpha_{-1}(z-z_0)^{m-1}\\&+\sum_{n=0}^{+\infty}\alpha_n(z-z_0)^{n+m}\end{aligned}$$

是 z_0 附近的幂级数，收敛半径仍为 R，故必在 z_0 解析且 $\varphi(z_0)=\alpha_{-m}\neq 0$.

由(2)⇒(3). 自明.

由(3)⇒(1). 函数 $(z-z_0)^m f(z)$ 在 $0<|z-z_0|<R$ 中以 z_0 为孤立奇点，由(3)知，它以 z_0 为可去奇点，定义

$$\varphi(z)=\begin{cases}(z-z_0)^m f(z), & \text{当 } 0<|z-z_0|<R,\\ \alpha_{-m}, & \text{当 } z=z_0,\end{cases}$$

则 $\varphi(z)$ 在 z_0 解析，且有泰勒展式

$$\varphi(z)=\alpha_{-m}+\alpha_{-m+1}(z-z_0)+\cdots,\quad |z-z_0|<R.$$

于是，当 $0<|z-z_0|<R$ 时，有

$$f(z)=\frac{1}{(z-z_0)^m}\varphi(z)=\frac{\alpha_{-m}}{(z-z_0)^m}+\frac{\alpha_{-m+1}}{(z-z_0)^{m-1}}+\cdots,$$

这就得到(1). 以上论证表明(1)⇔(2)⇔(3). 另外，明显地有(2)⇔(4). ∎

下述定理也能说明极点的特征，其缺点是不能指明极点的阶.

定理 4.17 设 z_0 为函数 f 的孤立奇点，则 z_0 为 f 的极点的充分必要条件是

$$\lim_{z\to z_0}f(z)=\infty. \tag{4.40}$$

证明留给读者.

最后，关于本性奇点的判别条件，我们有

定理 4.18 设 z_0 为函数 f 的孤立奇点，则下列三个条件等价：

(1) z_0 为 f 的本性奇点；

(2) （魏斯特拉斯条件）对于任意复数 Γ（Γ 有限或无穷），必能在 z_0 的某个空心邻域 $0<|z-z_0|<R$ 内找到一串互异的 $z_n \to z_0$，使得 $\lim\limits_{n\to+\infty} f(z_n)=\Gamma$；

(3) 不存在有穷或无穷极限 $\lim\limits_{z\to z_0} f(z)$.

证 (2)⇒(3). 任取 $\Gamma_1 \neq \Gamma_2$，必有 $0<|z_n^{(1)}-z_0|<R$，$0<|z_n^{(2)}-z_0|<R$，$z_n^{(1)}\to z_0$，$z_n^{(2)}\to z_0$，使

$$\lim_{n\to+\infty} f(z_n^{(1)})=\Gamma_1, \quad \lim_{n\to+\infty} f(z_n^{(2)})=\Gamma_2,$$

于是立即得到(3).

由(3)⇒(1). 反设(1)不成立，则 z_0 为 f 的可去奇点或极点，由定理 4.15 及定理 4.17，$\lim\limits_{z\to z_0} f(z)$ 为有限或 ∞，与(3)矛盾. 从而(3)⇒(1)成立.

由(1)⇒(2). 现分下列几种情形讨论.

情形 1°. 设 $\Gamma=\infty$，由于 z_0 不是可去奇点，$f(z)$ 必在 z_0 附近无界，故在 $0<|z-z_0|<R$ 内可找到一串互异的 $z_n\to z_0$，使 $f(z_n)\to\Gamma=\infty$.

情形 2°. 设 Γ 为有限复数. 若在 z_0 的任意小空心邻域内，都有 $f-\Gamma$ 的零点，则命题显然成立. 否则，$f-\Gamma$ 在 z_0 的某个空心邻域内不为零. 于是 $g=\dfrac{1}{f-\Gamma}$ 在此空心邻域内解析且不为零. 假若 g 在 z_0 的某个空心邻域内有界，则 z_0 是 g 的可去奇点. 从而 z_0 是 f 的可去奇点或极点. 这与已知条件矛盾. 所以，g 在 z_0 的任意小空心邻域内都无界. 从而，在 z_0 的某个空心邻域内，可找到一收敛于 z_0 的点列 $\{z_n\}$，使得 $\lim\limits_{n\to+\infty} g(z_n)=\infty$. 于是 $\lim\limits_{n\to+\infty} f(z_n)=\Gamma$. ∎

毕卡(Picard)则更深刻地揭示了本性奇点附近的特征，即

定理 4.19（毕卡） z_0 为 $f(z)$ 的本性奇点的充分必要条件是：对任何复数 $\Gamma\neq\infty$，至多有一个例外，在 z_0 的某个空心邻域内，必存在一串互异的 $z_n\to z_0$，使得 $f(z_n)=\Gamma\ (n=1,2,\cdots)$.

本定理充分性的证明十分显然，然而必要性的证明难度却大得多，限于篇幅，证明从略.

以上讨论了有穷孤立奇点邻域内函数的性质，现在我们来讨论函数在无穷远点邻域内的性质.

定义 4.4 若 $f(z)$ 在域 $R < |z| < +\infty$ $(R \geqslant 0)$ 内解析，则称 $z = \infty$ 为 f 的**孤立奇点**.

例如，$z = \infty$ 是函数 $\sin z$ 的孤立奇点而它却不是函数 $1/\sin z$ 的孤立奇点，这是因为 $z_k = k\pi$ $(k = 0, \pm 1, \pm 2, \cdots)$ 为其极点，$z = \infty$ 是 $\{z_k\}$ 的极限点.

设 $z = \infty$ 是 f 的一个孤立奇点. 为了研究 f 在 $z = \infty$ 邻域的性态，我们作变换 $\zeta = \dfrac{1}{z}$，将扩充 z 平面上 $z = \infty$ 的空心邻域变为 ζ 平面中 $\zeta = 0$ 的空心邻域. 并且，函数

$$g(\zeta) = f(z) = f\left(\frac{1}{\zeta}\right)$$

在 $0 < |\zeta| < \dfrac{1}{R}$ 内解析，$\zeta = 0$ 是它的一个孤立奇点. 这样一来，我们就可以把研究 f 在 $z = \infty$ 的空心邻域的性质等价地转化为研究 g 在 $\zeta = 0$ 的空心邻域的性质.

因此，如果 $\zeta = 0$ 是 $g(\zeta) = f\left(\dfrac{1}{\zeta}\right)$ 的可去奇点、极点(m 阶)、本性奇点，我们就相应地分别称 $z = \infty$ 为 $f(z)$ 的可去奇点、极点(m 阶)、本性奇点；如果 $z = \infty$ 是 f 的可去奇点，我们也称 f 在 $z = \infty$ 是解析的.

同时，前面讨论的定义 4.3、定理 4.15 ~ 定理 4.19 都可相应地搬到 $z = \infty$ 的情形. 这个工作请读者自己完成. 但要注意：$g(\zeta)$ 在 $\zeta = 0$ 的空心邻域内罗朗展式为

$$g(\zeta) = \sum_{n=-\infty}^{+\infty} \alpha_{-n}\zeta^n \quad \left(0 < |\zeta| < \frac{1}{R}\right).$$

其主要部分是

$$\frac{\alpha_1}{\zeta} + \frac{\alpha_2}{\zeta^2} + \cdots + \frac{\alpha_n}{\zeta^n} + \cdots,$$

解析部分是

$$\alpha_0 + \alpha_{-1}\zeta + \alpha_{-2}\zeta^2 + \cdots + \alpha_{-n}\zeta^n + \cdots,$$

相应 $f(z)$ 在 $z = \infty$ 的空心邻域内的罗朗展式为

$$f(z)=\sum_{n=-\infty}^{+\infty}\frac{\alpha_{-n}}{z^n}\quad (R<|z|<+\infty).$$

其主要部分是

$$\alpha_1 z+\alpha_2 z^2+\cdots+\alpha_n z^n+\cdots,$$

解析部分是

$$\alpha_0+\frac{\alpha_{-1}}{z}+\frac{\alpha_{-2}}{z^2}+\cdots+\frac{\alpha_{-n}}{z^n}+\cdots.$$

例 4.12 求出下列函数的奇点，并确定它们的类别(极点要指明阶数)：

(1) $\dfrac{z-1}{z(z^2+4)^2}$； (2) $\dfrac{1}{\sin z-\sin a}$ (a 是一常数)；

(3) $e^{\tan\frac{1}{z}}$.

解 (1) 显然函数以 $z=0,\pm 2i$ 为有限奇点，因

$$\frac{z-1}{z(z^2+4)^2}=\frac{1}{z}\left[\frac{z-1}{(z^2+4)^2}\right],$$

方括号内函数在 $z=0$ 解析，且 $z=0$ 时不为零，故 $z=0$ 为一阶极点. 又因

$$\frac{z-1}{z(z^2+4)^2}=\frac{1}{(z-2i)^2}\left[\frac{z-1}{z(z+2i)^2}\right],$$

方括号内函数在 $z=2i$ 解析，且在 $z=2i$ 时不为零，故 $z=2i$ 为二阶极点. 同理可知 $z=-2i$ 为二阶极点. 在 $z=\infty$ 处，$f(z)\to 0$，从而 $z=\infty$ 为可去奇点，且易证是四阶零点.

(2) 因分子不为零，只需求分母零点的阶数. 由

$$Q(z)=\sin z-\sin a=2\cos\frac{z+a}{2}\sin\frac{z-a}{2}=0,$$

得 $z_1=2k\pi+\pi-a$，$z_2=2k\pi+a$ (k 为整数). 又 $Q'(z_i)=\mp\cos a$ ($i=1,2$)，从而

$$Q'(z_i)=\begin{cases}=0, & 当 a=n\pi+\dfrac{\pi}{2},\\ \neq 0, & 当 a\neq n\pi+\dfrac{\pi}{2}\end{cases}\quad (n 为整数).$$

故 $a\neq n\pi+\dfrac{\pi}{2}$ 时，z_i 为一阶极点，$a=n\pi+\dfrac{\pi}{2}$ 时，因 $Q''(z_i)=\pm 1\neq 0$，从而 z_i 为二阶极点. $z=\infty$ 是以上极点的极限点，故为非孤立奇点.

(3) 因 e^w 在 $w=\infty$ 为本性奇点，而

$$z=\frac{1}{k\pi+\dfrac{\pi}{2}}\quad (k 为整数)$$

时，$w=\tan\dfrac{1}{z}=\infty$，从而这些点都是 $e^{\tan\frac{1}{z}}$ 的本性奇点. $z=0$ 是这些本性奇点的极限点(非孤立奇点). 又显然 $z\to\infty$ 时，$e^{\tan\frac{1}{z}}\to 1$，所以 $z=\infty$ 为可去奇点.

4.3.4 整函数和亚纯函数

定义 4.5 若函数 f 在整个复平面 $\mathbf{C}$ 上解析，则称 f 为**整函数**.

显然多项式为整函数，e^z，$\sin z$，$\cos z$ 是非多项式的整函数，此类函数称为**超越整函数**.

由泰勒定理，整函数 f 在 $|z|<+\infty$ 内有泰勒展式：

$$f(z)=\sum_{n=0}^{+\infty}\alpha_n z^n. \tag{4.41}$$

显然，∞ 是整函数 f 的孤立奇点，并且，f 在 ∞ 点的空心邻域内的罗朗展式就是它的泰勒展式(4.41). 因此我们有

定理 4.20 设 $f(z)$ 为整函数，则

(1) $f(z)\equiv$ 常数的充要条件是 ∞ 为 $f(z)$ 的可去奇点；

(2) $f(z)$ 为非零次多项式(即 $f(z)=a_nz^n+\cdots+a_1z+a_0$，$a_n\neq 0$，$n\geqslant 1$) 的充要条件是 ∞ 为 $f(z)$ 的极点；

(3) $f(z)$ 为超越整函数(即 $f(z)=\sum\limits_{n=0}^{+\infty}a_nz^n$，其中有无穷个 $a_n\neq 0$) 的充要条件是 ∞ 为 $f(z)$ 的本性奇点.

证 必要性. 由(1),(2),(3) 假设可知，$f(z)$ 的罗朗展式(4.41) 中正幂项系数 α_n 分别为全部为零、有限个不为零(至多 n 个)、无限个不为零，从而 ∞ 分别为 $f(z)$ 的可去奇点、极点(n 阶)、本性奇点.

充分性是明显的(用反证法). ■

推论 4.6 设 $f(z)$ 为整函数，则 $f(z)$ 为多项式的充要条件是 ∞ 为 $f(z)$ 的可去奇点或极点.

推论 4.7 [柳维尔(Liouville)] 有界整函数必为常数.

证 整函数有界，表明 ∞ 是可去奇点，从而必为常数. ■

我们还可将有理函数的概念加以推广，得到亚纯函数定义.

定义 4.6 若函数 f 在复平面 **C** 上除去有极点外处处解析，则称 f 为**亚纯函数**.

例如，有理函数

$$\frac{a_0+a_1z+\cdots+a_nz^n}{b_0+b_1z+\cdots+b_mz^m}\quad(a_n\neq 0,\ b_m\neq 0)$$

是亚纯函数，它在复平面 **C** 上至多有有限个极点，当 $n>m$ 时，∞ 点是它的极点；当 $n\leqslant m$ 时，∞ 点是它的可去奇点. 然而亚纯函数未必是有理函数，因为亚纯函数可能有无穷多个极点，例如 $\dfrac{1}{\sin z}$ 是一个亚纯函数，它有极点 $z=k\pi\,(k=0,\pm1,\pm2,\cdots)$. 那么何时亚纯函数成为有理函数呢？我们有下面的结果：

定理 4.21 *若 ∞ 点是亚纯函数 f 的可去奇点或极点，则 f 必为有理函数.*

证 首先证明 f 在 **C** 上只有有限个极点.

假设 f 在 **C** 上有无穷多个极点，则这些极点在扩充复平面 $\mathbf{C}_\infty$ 上的聚点就是 f 的非孤立奇点. 由定义，它不能是有限远点. 由定理的条件，它也不能是 ∞ 点，故 f 在 **C** 上只有有限个极点.

其次证明 f 是一个有理函数.

设 f 在 **C** 上的极点为 $z_1,z_2,\cdots,z_n$，其阶分别为 $\alpha_1,\alpha_2,\cdots,\alpha_n$. 则函数

$$g(z)=(z-z_1)^{\alpha_1}(z-z_2)^{\alpha_2}\cdots(z-z_n)^{\alpha_n}f(z)$$

以 $z_1,z_2,\cdots,z_n$ 为可去奇点. 令

$$g(z_k)=\lim_{z\to z_k}g(z)\quad(k=1,2,\cdots,n),$$

则 g 在 **C** 上解析. 由于 ∞ 点是 f 的可去奇点或极点，又是

$$(z-z_1)^{\alpha_1}(z-z_2)^{\alpha_2}\cdots(z-z_n)^{\alpha_n}$$

的极点，所以，∞ 点是 g 的可去奇点或极点. 根据定理 4.20，g 是一个多项式，从而 f 是一个有理函数. ∎

习 题 4.3

1. 下列各函数有哪些奇点？各属哪一种类型(极点要指明阶数)？

(1) $\dfrac{\sin\frac{1}{z}}{z(z^2+1)^2}$；　　(2) $\dfrac{(1-\cos z)(e^{z^2}-1)}{z^6}$；

(3) $\dfrac{1}{\cos z-\cos\alpha}$ (α 是一常数); (4) $\dfrac{1}{e^z-1}-\dfrac{1}{z}$;

(5) $\sin\left(\dfrac{1}{\sin\dfrac{1}{z}}\right)$; (6) $\cot z-\dfrac{2}{z}$;

(7) $\dfrac{1}{1+\sqrt{z}}$ 在 $z=1$; (8) $\dfrac{\operatorname{Log} z}{z-1}$ 在 $z=1$.

2. 下列单值或多值函数在指定点附近的空心邻域内是否可展成罗朗级数?

(1) $\cos\dfrac{1}{z}$, $z=\infty$; (2) $\sec\dfrac{1}{z-1}$, $z=1$;

(3) $\sqrt{z}$, $z=0$; (4) $\sqrt{z(z-2)}$, $z=1$;

(5) $\sqrt{\dfrac{z}{(z-1)(z-2)}}$, $z=\infty$; (6) $\operatorname{Log}\dfrac{(z-1)(z-3)}{(z-2)(z-4)}$, $z=\infty$.

3. 求下列各函数在指定区域内的罗朗展式:

(1) $e^{z+\frac{1}{z}}$, $0<|z|<+\infty$;

(2) $\dfrac{e^z}{z(z^2+1)}$, $0<|z|<1$;

(3) $\sin\dfrac{z}{z-1}$, $0<|z-1|<+\infty$;

(4) $\dfrac{1}{z^2(z-i)}$, $1<|z-i|<+\infty$;

(5) $\dfrac{1}{(z+2)(z^2+1)}$, $1<|z|<2$;

(6) $\dfrac{\log(2-z)}{z(z-1)}$, $\log 1=0$, $0<|z-1|<1$;

(7) $\dfrac{1}{z^\alpha(1+z)}$ $(0<\alpha<1,\ 1^\alpha=1)$, $0<|z+1|<1$.

4. 设 z_0 是 $f(z)$ 的可去奇点或极点, z_0 是 $g(z)$ 的本性奇点, 那么 $f(z)+g(z)$, $f(z)\cdot g(z)$ 在 z_0 具有什么性质?

5. 求证: 若 z_0 是 $f(z)$ 的 n 阶极点, 则

$$\lim_{z\to z_0}(z-z_0)^k f(z)=\infty,\quad k=0,1,\cdots,n-1.$$

6. 设 $z=\infty$ 为 $f(z)$ 的孤立奇点. 依 $f(z)$ 在 ∞ 邻域环的罗朗展式中正幂项系数全为零、有限个不为零、无限个不为零, 则 $z=\infty$ 分别为 $f(z)$ 的可

去奇点、极点、本性奇点. 试说明之.

7. $z=\infty$ 为 $f(z)$ 可去奇点等价于下列每一条件:

(1) $\lim\limits_{z\to\infty} f(z)=c$ (有限);

(2) $f(z)$ 在 ∞ 附近有界.

8. $z=\infty$ 为 $f(z)$ 的极点等价于下列每一条件:

(1) $\lim\limits_{z\to\infty} f(z)=\infty$;

(2) 存在正整数 m, 使 $f(z)=z^m\varphi(z)$, $\varphi(z)$ 在 ∞ 解析且 $\varphi(\infty)\neq 0$;

(3) 存在正整数 m, 使 $\lim\limits_{z\to\infty}\dfrac{1}{z^m}f(z)=c\neq 0$.

9. $z=\infty$ 为 $f(z)$ 的 m 阶零点的充要条件是 $f(z)=\dfrac{1}{z^m}\varphi(z)$, $\varphi(z)$ 在 ∞ 解析且 $\varphi(\infty)\neq 0$.

10. 若 $f(z)$ 为整函数且 $\lim\limits_{z\to\infty} f(z)=0$, 则 $f(z)\equiv 0$.

11. 证明在 $\mathbf{C}_\infty$ 上只有一个单极点的解析函数 $f(z)$ 必有下面的形式:

$$f(z)=\frac{az+b}{cz+d},\quad ad-bc\neq 0.$$

12. $f(z)$ 在 $\mathbf{C}$ 中除去 m 个单极点 $z_1,z_2,\cdots,z_m$ 外解析, 在 $z=\infty$ 的邻域内,

$$f(z)=\frac{\alpha_n}{z^n}+\frac{\alpha_{n+1}}{z^{n+1}}+\cdots,\quad n\geqslant 1.$$

求 $f(z)$ 的一般形式.

第四章习题

1. 若 a_n 是单调减少趋于零的正实数序列, 试证明级数 $\sum\limits_{n=1}^{+\infty}a_nz^n$ 的收敛半径R不小于1; 并且如果 $R=1$, 则它在单位圆周上可能除 $z=1$ 外均收敛.

2. 若 $f_1,f_2,\cdots,f_n$ 在域 D 内解析, $f_1f_2\cdots f_n\equiv 0$, 则必至少有一个 f_j $(1\leqslant j\leqslant n)$, 满足 $f_j\equiv 0$.

3. 设 z 是任一复数, 证明:

$$|\mathrm{e}^z-1|\leqslant \mathrm{e}^{|z|}-1\leqslant |z|\mathrm{e}^{|z|}.$$

4. 若 $f(z)$ 在 $|z|<1$ 内解析且 $f(0)=0$, 试证明: 级数

$$f(z)+f(z^2)+\cdots+f(z^n)+\cdots$$

在$|z|<1$内收敛，它的和函数在$|z|<1$内解析.

5. 设域D以简单封闭曲线L为边界，$f(z)$在D内解析，在$\overline{D}$上连续，试证：

(1) 若$f(z)$在D中无零点，在L上$|f(z)|\equiv$常数，则在D内$f(z)\equiv$常数；

(2) 若在L上$\mathrm{Re}\,f\equiv$常数，则在D内$f(z)\equiv$常数.

6. 设f是一整函数，并且假定存在一个正整数n，及两个正数R和M，使当$|z|\geqslant R$时，$|f(z)|\leqslant M|z|^n$. 求证：f是一个至多n次的多项式.

7. 试证不是常数的有理函数不是周期函数.

8. 设f和g是复平面$\mathbf{C}$中的亚纯函数，$|f|<|g|$，求证：$f\equiv cg$，其中c为常数，$|c|<1$.

9. 设f于环域D：$0<|z|<R$内解析，但不恒为常数，且对任一$z\in D$，有$f(z)=zf\left(\dfrac{z}{2}\right)$，求证：$z=0$点是$f$的本性奇点.

10. 若f是$0<|z-a|<R$内不恒为常数的解析函数，而$z=a$是它的零点的聚点，试证：$z=a$是f的本性奇点.

11. 设

$$f(z)=\sum_{n=0}^{+\infty}a_nz^n,\quad |z|<r,$$

$$g(z)=\sum_{n=0}^{+\infty}b_nz^n,\quad |z|<\rho,$$

其中$0<r,\rho<+\infty$，且$f(z)$在$|z|\leqslant r$上连续，那么在$|z|<\rho r$内，有

$$\sum_{n=0}^{+\infty}a_nb_nz^n=\frac{1}{2\pi\mathrm{i}}\int_{|\zeta|=r}f(\zeta)g\left(\frac{z}{\zeta}\right)\frac{\mathrm{d}\zeta}{\zeta}.$$

第五章　留数理论

在数学分析以及实际问题中，往往要计算一些定积分或反常积分．而这些积分中被积函数的原函数，有时不能用初等函数表示出来；或者即使可以求出原函数，计算也常常比较复杂．因此需要寻求新的计算方法．例如，可以考虑把实积分转化为复积分，以便利用复积分的理论．而留数理论正是这方面的重要工具．

留数理论是复积分和复级数理论相结合的产物，除供计算积分的新方法外，本身也是复变函数论的重要理论．本章先叙述留数的一般理论，然后给出在积分计算中的应用．最后介绍辐角原理和儒歇(Rouché)定理．

5.1　留数及其计算

为引出留数的概念，我们来计算实积分：

$$I=\int_0^{+\infty}\frac{\mathrm{d}x}{(1+x^2)^2}.$$

由被积函数的偶性，有

$$I=\frac{1}{2}\lim_{R\to+\infty}\int_{-R}^{R}\frac{\mathrm{d}x}{(1+x^2)^2}.$$

考虑复函数

$$f(z)=\frac{1}{(1+z^2)^2}.$$

它(在实轴上就是被积函数)在 $z=\pm\mathrm{i}$ 有二阶极点．以原点为心、以 $R>1$ 为半径作上半平面的半圆周 Γ_R，以 i 为心、以充分小半径 ρ 作圆周 C_ρ，使 C_ρ 完全落入上半圆盘(图 5-1)，则 $f(z)$ 在上半闭圆盘除去小圆盘 $|z-\mathrm{i}|<\rho$ 后的两连通闭区域上满足柯西定理：

$$\int_{-R}^{R}\frac{\mathrm{d}x}{(1+x^2)^2}+\int_{\Gamma_R^+}f(z)\mathrm{d}z=\oint_{C_\rho^+}f(z)\mathrm{d}z. \tag{5.1}$$

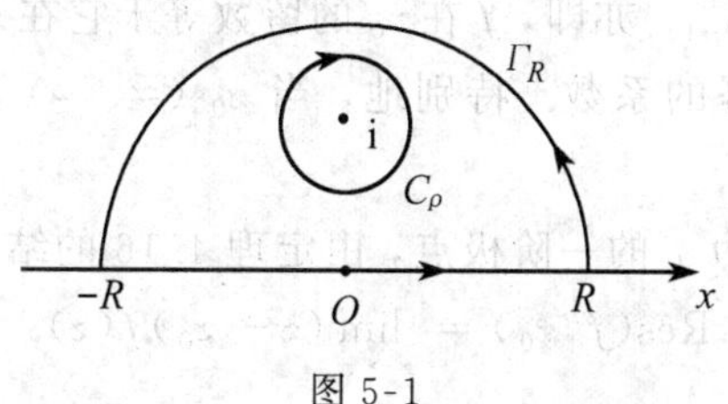

图 5-1

因为 $\lim\limits_{z\to\infty} zf(z)=0$，当 $R\to+\infty$ 时，由习题 3.1 第 4 题 $A=0$ 的情形知，(5.1) 左端第二个积分趋于零. 第一个积分趋于 $2I$，而右端是与 R 无关的常数，也就是说计算 I 之值最后剩下来算环绕孤立奇点 $z=\mathrm{i}$ 的一个积分之值，经过理论提纯，把右端积分乘 $\frac{1}{2\pi\mathrm{i}}$ 称为在 $z=\mathrm{i}$ 处的留数或残数(即残留之意).

以上是一个具有普遍意义的事实，即计算实或复积分往往化成计算环绕某些孤立奇点的积分，即计算留数. 这就是留数名词的来源.

5.1.1 留数概念

定义 5.1 设 f 在域 $0<|z-z_0|<R$ 内解析，称环绕着孤立奇点 z_0 $(\neq\infty)$ 的积分

$$\frac{1}{2\pi\mathrm{i}}\int_L f(z)\mathrm{d}z$$

(其中 L：$|z-z_0|=\rho$，$0<\rho<R$) 为 f 在 z_0 的**留数**，记为

$$\mathrm{Res}(f,z_0)=\frac{1}{2\pi\mathrm{i}}\int_L f. \tag{5.2}$$

由第三章中多连通域柯西积分定理知，当 $0<\rho<R$ 时，留数的值与 ρ 无关(甚至将 L 改为域中环绕 z_0 的任何分段光滑封闭曲线也可以).

由于用留数定义来计算留数通常是困难的，因此我们介绍下面的一些简便有力的方法.

方法 1 将函数 f 在 $0<|z-z_0|<R$ 内展开成罗朗级数：

$$f(z)=\sum_{n=-\infty}^{+\infty}\alpha_n(z-z_0)^n. \tag{5.3}$$

级数(5.3) 在 L 上一致收敛，逐项积分，注意到例 3.2 的结果，我们有

$$\int_L f=\sum_{n=-\infty}^{+\infty}\alpha_n\int_L(z-z_0)^n\mathrm{d}z=2\pi\mathrm{i}\alpha_{-1}.$$

因此，$\mathrm{Res}(f,z_0)=\alpha_{-1}$. 亦即，$f$ 在 z_0 的留数等于它在 z_0 点的空心邻域内的罗朗展式中负一次幂的系数. 特别地，当 $z_0\ (\neq\infty)$ 是 f 的可去奇点时，$\mathrm{Res}(f,z_0)=0$.

方法 2 设 z_0 为 f 的一阶极点，由定理 4.16 的结论(3)，

$$\mathrm{Res}(f,z_0)=\lim_{z\to z_0}(z-z_0)f(z). \tag{5.4}$$

方法 3 若 $f=\dfrac{\varphi}{\psi}$，其中 φ,ψ 在 z_0 点解析，且 $\varphi(z_0)\neq 0$，$\psi(z_0)=0$，$\psi'(z_0)\neq 0$，有

$$\begin{aligned}\mathrm{Res}(f,z_0)&=\lim_{z\to z_0}(z-z_0)f(z)=\lim_{z\to z_0}\left(\varphi(z)\middle/\frac{\psi(z)-\psi(z_0)}{z-z_0}\right)\\&=\frac{\varphi(z_0)}{\psi'(z_0)}.\end{aligned} \tag{5.5}$$

方法 4 若 $f=\dfrac{\varphi}{\psi}$，其中 φ,ψ 在点 z_0 解析，且 z_0 分别为 φ 及 ψ 的 n 阶及 $n+1$ 阶零点. 若 φ,ψ 易写出在 z_0 的泰勒展式，则可化为方法 2 或 3 求留数. 否则，在一般情况下，由方法 2 且注意到习题 4.2 第 5 题，有

$$\begin{aligned}\mathrm{Res}(f,z_0)&=\lim_{z\to z_0}\frac{(z-z_0)\varphi(z)}{\psi(z)}=\frac{\left[(z-z_0)\varphi(z)\right]^{(n+1)}\Big|_{z=z_0}}{\psi^{(n+1)}(z_0)}\\&=\frac{(n+1)\varphi^{(n)}(z_0)}{\psi^{(n+1)}(z_0)}.\end{aligned} \tag{5.6}$$

方法 5 若 z_0 为函数 f 的 $m\ (m>1)$ 阶极点，则在 z_0 附近有

$$f(z)=\frac{1}{(z-z_0)^m}\varphi(z),$$

$\varphi(z)$ 在 z_0 解析，$\varphi(z_0)\neq 0$. 于是 $f(z)$ 在 z_0 附近的罗朗展式负一次幂系数与 $\varphi(z)$ 在 z_0 附近幂级数 $m-1$ 次幂的系数相等，即

$$\begin{aligned}\mathrm{Res}(f,z_0)&=\alpha_{-1}=\frac{\varphi^{(m-1)}(z_0)}{(m-1)!}=\frac{1}{(m-1)!}\lim_{z\to z_0}\varphi^{(m-1)}(z)\\&=\frac{1}{(m-1)!}\lim_{z\to z_0}\frac{\mathrm{d}^{m-1}}{\mathrm{d}z^{m-1}}\left[(z-z_0)^m f(z)\right].\end{aligned} \tag{5.7}$$

由上面的讨论可以看到，方法 1 对任意类型的孤立奇点都可使用，但必须先求出罗朗展式，这样常常费事. 方法 2～4 的计算简单，但仅适用于单极点. 方法 5 仅适用于 m 阶极点. 当 m 不大时，计算还算简单；否则，计算也较复杂. 因此，计算留数时，对本性奇点只有用方法 1；对于一阶极点应先考虑方法 2～4；对于 $m>1$ 阶的极点应根据具体情况来确定用方法 5 还是方法 1.

例 5.1 设 $f(z)=\sin\frac{1}{z}$，求 $\mathrm{Res}(f,0)$.

解 因

$$\sin\frac{1}{z}=\frac{1}{z}-\frac{1}{3!z^3}+\cdots+(-1)^n\frac{1}{(2n+1)!z^{2n+1}}+\cdots$$

$$(0<|z|<+\infty),$$

故 $\mathrm{Res}\left(\sin\frac{1}{z},0\right)=1$.

例 5.2 设 $f(z)=\frac{\mathrm{e}^z}{z(z^4+3)\cos z}$，求 $\mathrm{Res}(f,0)$.

解 由(5.4)，

$$\mathrm{Res}(f,0)=\lim_{z\to 0}z\cdot\frac{\mathrm{e}^z}{z(z^4+3)\cos z}=\frac{1}{3}.$$

例 5.3 $f(z)=\frac{\sin z}{z^4-1}$，求 $\mathrm{Res}(f,1)$.

解 由(5.5)，

$$\mathrm{Res}(f,1)=\left.\frac{\sin z}{(z^4-1)'}\right|_{z=1}=\left.\frac{\sin z}{4z^3}\right|_{z=1}=\frac{1}{4}\sin 1.$$

例 5.4 $f(z)=\frac{\tan z}{1-\cos z}$，求 $\mathrm{Res}(f,0)$.

解 $z=0$ 分别为 $\tan z$ 及 $1-\cos z$ 的一阶及二阶零点. 由(5.6)，

$$\mathrm{Res}(f,0)=\frac{2\cdot(\tan z)'|_{z=0}}{(1-\cos z)''|_{z=0}}=2.$$

例 5.5 $f(z)=\frac{1}{(1+z^2)^2}$，求 $\mathrm{Res}(f,\mathrm{i})$.

解 $z=\mathrm{i}$ 为 $f(z)$ 的二阶极点，由(5.7)，

$$\begin{aligned}\mathrm{Res}(f,\mathrm{i})&=\frac{1}{1!}\lim_{z\to\mathrm{i}}\left((z-\mathrm{i})^2\frac{1}{(1+z^2)^2}\right)'\\&=\left.\left(\frac{1}{(z+\mathrm{i})^2}\right)'\right|_{z=\mathrm{i}}=\frac{1}{4\mathrm{i}}.\end{aligned}$$

由此例，我们可以算出本节开头所要求的积分. 由(5.1)，

$$2I=2\pi\mathrm{i}\left(\frac{1}{2\pi\mathrm{i}}\oint_{C_\rho}f(z)\mathrm{d}z\right)=2\pi\mathrm{i}\,\mathrm{Res}(f,\mathrm{i})=2\pi\mathrm{i}\cdot\frac{1}{4\mathrm{i}}=\frac{\pi}{2}.$$

从而得出 $I=\frac{\pi}{4}$.

例 5.6 设 $f(z)=\frac{\cos z^2}{z^9}$，求 $\mathrm{Res}(f,0)$.

解 因

$$f(z)=\frac{1}{z^9}\left(1-\frac{1}{2!}z^4+\frac{1}{4!}z^8-\cdots\right)$$
$$=\frac{1}{z^9}-\frac{1}{2!}\frac{1}{z^5}+\frac{1}{4!}\frac{1}{z}-\frac{1}{6!}z^3+\cdots,$$

故 $\text{Res}(f,0)=\frac{1}{4!}$.

这个例子如用方法 5 来计算，就繁杂得多.

5.1.2 无穷远点处的留数

定义 5.2 设 f 在 $R<|z|<+\infty$ 内解析，则称环绕孤立奇点 ∞ 的积分 $\frac{1}{2\pi i}\int_{L^-}f$ 为 f 在 ∞ **点的留数**，记为

$$\text{Res}(f,\infty)=\frac{1}{2\pi i}\int_{L^-}f, \tag{5.8}$$

这里，L: $|z|=\rho$, $R<\rho<+\infty$. (5.8) 中积分曲线 L 取顺时针方向.

设 f 在 $R<|z|<+\infty$ 内的罗朗展式为

$$f(z)=\sum_{n=-\infty}^{+\infty}\alpha_n z^n.$$

上式两端乘 $\frac{1}{2\pi i}$，沿 L^- 逐项积分并根据定义 5.2，有

$$\text{Res}(f,\infty)=\frac{1}{2\pi i}\int_{L^-}f=-\frac{1}{2\pi i}\int_L f=-\sum_{n=-\infty}^{+\infty}\alpha_n\frac{1}{2\pi i}\int_L z^n\mathrm{d}z=-\alpha_{-1}, \tag{5.9}$$

即 f 在 ∞ 点的留数等于它在 ∞ 邻域的罗朗展式中负一次幂的系数的相反数.

例 5.7 设 $f(z)=\frac{z^{15}}{(z^2+1)^2(z^4+1)^3}$，求 $\text{Res}(f,\infty)$.

解 由

$$f(z)=\frac{z^{15}}{z^4\left(1+\frac{1}{z^2}\right)^2 z^{12}\left(1+\frac{1}{z^4}\right)^3}=\frac{1}{z}\left(1+\frac{1}{z^2}\right)^{-2}\left(1+\frac{1}{z^4}\right)^{-3},$$

可见 f 在 ∞ 附近罗朗展式的负一次幂项 $\frac{1}{z}$ 的系数 $\alpha_{-1}=1$，因此 $\text{Res}(f,\infty)=-1$.

值得特别指出的是，本例 ∞ 是 f 的可去奇点，可是 $\text{Res}(f,\infty)=-1\neq 0$. 这在有限可去奇点的情形，是不可能出现这样结果的. 因此特别要注意，f 尽管在 ∞ 点处解析(或为可去奇点)，它在 ∞ 的留数一般不为零.

关于 ∞ 点处留数的计算，我们有以下明显结果：

设在 ∞ 的邻域内 $f(z)$ 可写成

$$f(z)=z^n\varphi(z),\quad n=0,\pm1,\pm2,\cdots.$$

$\varphi(z)$ 在 ∞ 点解析，$\varphi(\infty)\neq0$，显然若 $n\leqslant-2$（即 $f(z)$ 在 ∞ 至少有二阶零点）时，$\mathrm{Res}(f,\infty)=0$，而 $n\geqslant-1$ 时，在 ∞ 的邻域有罗朗展式：

$$\begin{aligned}f(z)&=z^n\left(\alpha_0+\frac{\alpha_{-1}}{z}+\cdots+\frac{\alpha_{-n}}{z^n}+\frac{\alpha_{-(n+1)}}{z^{n+1}}+\cdots\right)\\&=\alpha_0z^n+\alpha_{-1}z^{n-1}+\cdots+\alpha_{-n}+\frac{\alpha_{-(n+1)}}{z}+\frac{\alpha_{-(n+2)}}{z^2}+\cdots,\end{aligned}$$

$\mathrm{Res}(f,\infty)=-\alpha_{-(n+1)}$. 为求 $\alpha_{-(n+1)}$，上式两边求 $n+1$ 阶导数得

$$f^{(n+1)}(z)=\frac{(-1)^{n+1}(n+1)!\alpha_{-(n+1)}}{z^{n+2}}+\frac{(-1)^{n+2}(n+2)!\alpha_{-(n+2)}}{1!z^{n+3}}+\cdots.$$

于是上式两边乘 z^{n+2}，令 $z\to\infty$ 就得 $\alpha_{-(n+1)}$，从而

$$\mathrm{Res}(f,\infty)=\frac{(-1)^n}{(n+1)!}\lim_{z\to\infty}(z^{n+2}f^{(n+1)}(z)),\quad n=-1,0,1,\cdots\ (令\ 0!=1).\tag{5.10}$$

特别地，$n=-1$（即 $f(z)$ 在 ∞ 有一阶零点时）是经常碰到的情形. 此时，

$$\mathrm{Res}(f,\infty)=-\lim_{z\to\infty}zf(z).\tag{5.11}$$

当 $n\geqslant0$（即 $f(z)$ 在 ∞ 有可去奇点或极点）时，求 ∞ 处留数用罗朗展式求 $-\alpha_{-1}$ 或用公式(5.10)应视具体情况而定.

5.1.3 边界点的情形

当孤立奇点在解析区域的边界上时，我们需要将留数定义进一步推广. 我们只考虑 n 阶极点的情形.

定义 5.3 设 D 为开区域，∂D 为逐段光滑曲线，$t_0\in\partial D$，以 t_0 为心、以充分小 $R>0$ 为半径作邻域 $B(t_0,R)$，令

$\Delta=\Delta_R(t_0)=B(t_0,R)\cap D$ ①（图 5-2）

（这时可认为 Δ 是 t_0 关于 D 的相对邻域）. 若 $f(z)$ 在 Δ 内可写成

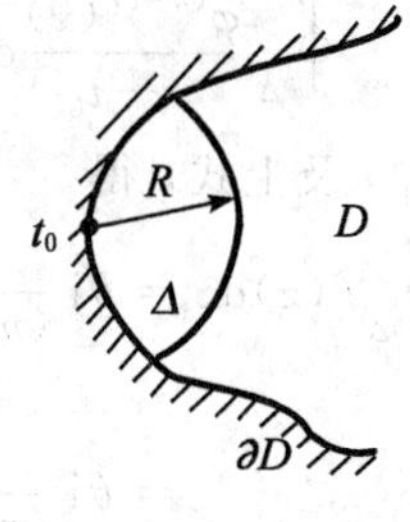

图 5-2

$$f(z)=\frac{1}{(z-t_0)^n}\varphi(z),\quad n\ 为正整数,$$

其中 $\varphi(t_0)\neq0$，$\varphi(z)$ 在 Δ 内解析，在 $\overline{\Delta}$ 上 $\varphi^{(n-1)}(z)\in H$，则称 $f(z)$ 在 $t_0\in$

---

① 对 $t_0\in\partial D$，∂D 为分段光滑曲线时，我们必能找到足够小的 $R>0$，使 $\Delta=\Delta_R(t_0)$ 是连通的.

∂D 关于 D 有 n **阶极点**.

为引出 $f(z)$ 在 $t_0 \in \partial D$ 有 n 阶极点时的留数，设 t_0 关于 D 的张角(即 t_0 处左右切线面向 D 所形成的角）为 θ, $0 \leqslant \theta \leqslant 2\pi$①. 我们来计算积分

$$\oint_{\partial\Delta} f(z)\mathrm{d}z, \tag{5.12}$$

其中 $\partial\Delta$ 是关于 Δ 的正向. 由于 $\varphi^{(n-1)}(z)$ 在 $\overline{\Delta}$ 上 $\in H$，特别在 $\partial\Delta$ 上 $\in H$，于是(5.12) 在高阶奇异积分意义下有

$$\oint_{\partial\Delta} f(z)\mathrm{d}z = \oint_{\partial\Delta} \frac{\varphi(z)}{(z-t_0)^n}\mathrm{d}z = \frac{1}{(n-1)!}\oint_{\partial\Delta} \frac{\varphi^{(n-1)}(z)}{z-t_0}\mathrm{d}z. \tag{5.13}$$

又因函数

$$\frac{\varphi^{(n-1)}(z)-\varphi^{(n-1)}(t_0)}{z-t_0}$$

在 Δ 内解析，在 $\overline{\Delta}-\{t_0\}$ 上连续，而且

$$|\varphi^{(n-1)}(z)-\varphi^{(n-1)}(t_0)| \leqslant M|z-t_0|^{\alpha}, \quad 0<\alpha\leqslant 1,$$

于是

$$\left|\frac{\varphi^{(n+1)}(z)-\varphi^{(n-1)}(t_0)}{z-t_0}\right| \leqslant \frac{M}{|z-t_0|^{1-\alpha}}, \quad 0 \leqslant 1-\alpha < 1.$$

由柯西定理形式为定理 3.3′ 时，有

$$\oint_{\partial\Delta} \frac{\varphi^{(n-1)}(z)-\varphi^{(n-1)}(t_0)}{z-t_0}\mathrm{d}z = 0.$$

由(3.44)′ 有

$$\oint_{\partial\Delta} \frac{\varphi^{(n-1)}(z)}{z-t_0}\mathrm{d}z = \varphi^{(n-1)}(t_0)\int_{\partial\Delta} \frac{\mathrm{d}z}{z-t_0} = \theta \mathrm{i}\varphi^{(n-1)}(t_0).$$

由(5.13) 及上式，得

$$\oint_{\partial\Delta} f(z)\mathrm{d}z = \theta\mathrm{i}\frac{1}{(n-1)!}\varphi^{(n-1)}(t_0) = \frac{\theta\mathrm{i}}{(n-1)!}\lim_{\substack{z\to t_0\\ z\in\Delta-\{t_0\}}}\varphi^{(n-1)}(z)$$

$$= \theta\mathrm{i}\frac{1}{(n-1)!}\lim_{\substack{z\to t_0\\ z\in\Delta-\{t_0\}}}\frac{\mathrm{d}^{n-1}}{\mathrm{d}z^{n-1}}[(z-t_0)^n f(z)].$$

与(5.7) 比较，自然把 f 在 $t_0 \in \partial D$ 的留数定义为

$$\mathrm{Res}(f,t_0) = \frac{1}{(n-1)!}\lim_{\substack{z\to t_0\\ z\in\Delta-\{t_0\}}}\frac{\mathrm{d}^{n-1}}{\mathrm{d}z^{n-1}}[(z-t_0)^n f(z)]. \tag{5.14}$$

---

① $\theta=0$ 和 $\theta=2\pi$ 是可能的.

特别地，当 $t_0 \in \partial D$，而函数 $f(z)$ 在 t_0 有寻常的 n 阶极点，即

$$f(z)=\frac{1}{(z-t_0)^n}\varphi(z),$$

其中 $\varphi(t_0)\neq 0$，$\varphi(z)$ 在 t_0 解析，由 3.4.2 小节知，$f(z)$ 必为定义 5.3 意义下的 t_0 关于 D 的 n 阶极点. 这时(5.14) 将与寻常 n 阶极点的留数公式(5.7) 完全一致，因而在留数求法上不需建立新的公式.

习 题 5.1

1. 求下列函数在孤立奇点处的留数(包括无穷远点)：

(1) $\dfrac{1}{1-e^z}$；　　(2) $\dfrac{z-\sin z}{z^4}$；

(3) $\dfrac{z^{2n}}{(1+z)^n}$ (n 是正整数)；　　(4) $\dfrac{\sin 2z}{(z+1)^3}$；

(5) $\dfrac{1-e^{z^2}}{z^8}$；　　(6) $z^5\sin\dfrac{1}{z}$；

(7) $\sin z-\cos z$；　　(8) $\dfrac{z^7}{(z-2)(z^2+1)}$.

2. 证明：$f(z)=e^{c\left(z-\frac{1}{z}\right)}$ 在 $z=0$ 处留数为 $\displaystyle\sum_{n=0}^{\infty}\frac{(-1)^{n+1}}{n!(n+1)!}c^{2n+1}$.

3. 求出下列多值函数每一个单值分枝关于给定点的留数：

(1) $\dfrac{\sqrt{z}}{1-z}$，$z=1$；　　(2) $\sqrt{(z-a)(z-b)}$，$z=\infty$；

(3) $\dfrac{\mathrm{Log}\, z}{z^2-1}$，$z=\pm 1$；　　(4) $\dfrac{z^\alpha}{1-\sqrt{z}}$ $(0<\alpha<1)$，$z=1$.

5.2 留数定理及其推广

5.2.1 留数定理

定理 5.1 (留数基本定理) 设 D 为由复合闭路 $L=L_0+L_1^-+\cdots+L_m^-$ 所围成的有界多连通区域. 若函数 f 在 D 内除有限个孤立奇点 $z_1,z_2,\cdots,z_n$ 外解析，在 $\overline{D}-\{z_1,z_2,\cdots,z_n\}$ 上连续，则

$$\int_L f = 2\pi \mathrm{i} \sum_{k=1}^{n} \mathrm{Res}(f, z_k), \tag{5.15}$$

其中 L 取关于 D 的正向.

证 以 z_k 为心作圆周 l_k：$|z-z_k| = \rho_k\ (k=1,2,\cdots,n)$，取 ρ_k 足够小，使 l_k 全部都包含在 D 内，而且两两外离，从 D 中除去这些 l_k 为边界的闭圆盘得一区域 G，其边界为 $\Gamma = L + \sum_{k=1}^{n} l_k^-$（图 5-3）. 因此 f 在 $\overline{G}$ 上连续，G 内解析，根据推广的柯西定理 $\int_\Gamma f = 0$，即

$$\int_L f = \sum_{k=1}^{n} \oint_{l_k} f = 2\pi \mathrm{i} \sum_{k=1}^{n} \mathrm{Res}(f, z_k).$$

得证. ∎

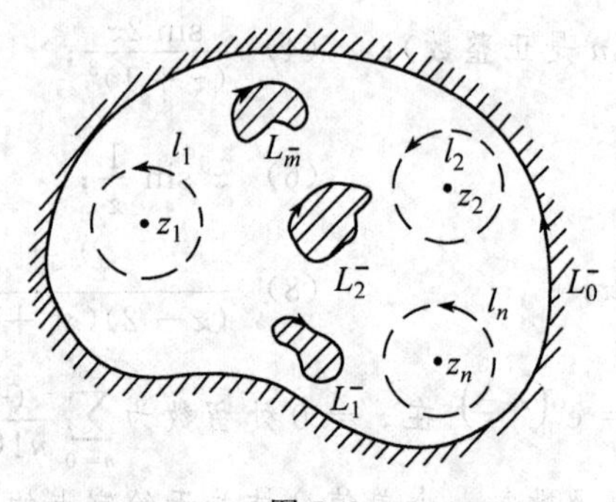

图 5-3

这个定理把沿封闭曲线 L 的积分归结为求在 L 内各孤立奇点处的留数和. 由于我们能用一些简便方法把留数求出来，因此它便于解决一些积分的计算问题.

定理 5.2 若函数 f 在 $\mathbf{C}$ 上，除去有限个孤立奇点 $z_1, z_2, \cdots, z_n$ 外，处处解析，则下式成立：

$$\sum_{k=1}^{n} \mathrm{Res}(f, z_k) + \mathrm{Res}(f, \infty) = 0. \tag{5.16}$$

证 以原点为心，作一圆周 L：$|z| = R$，使 f 的所有有限奇点 $z_1, z_2, \cdots, z_n$ 都包含在开圆盘 $|z| < R$ 的内部. 由上定理，有

$$\frac{1}{2\pi \mathrm{i}} \int_L f = \sum_{k=1}^{n} \mathrm{Res}(f, z_k).$$

考虑到无穷远点留数的定义，有

$$\frac{1}{2\pi i}\int_{L^-} f = \mathrm{Res}(f,\infty).$$

把上面两式相加，即得(5.16). ∎

如果已知所有有限奇点的留数和，则由(5.16)就可求出无穷远点的留数；反之，如果知道了无穷远点的留数，则所有有限奇点的留数和便可求出. 当有限奇点较多、其留数和计算又比较繁杂，并且还能用简单方法求出 $\mathrm{Res}(f,\infty)$ 时，用 $\mathrm{Res}(f,\infty)$ 来求 $\sum_{k=1}^{n}\mathrm{Res}(f,z_k)$ 是非常方便的.

例 5.8 设 $f(z)=\dfrac{e^z}{z^2-1}$，求 $\mathrm{Res}(f,\infty)$.

解 因 f 在 $\mathbf{C}_\infty$ 上有三个孤立奇点：$1,-1,\infty$，且

$$\mathrm{Res}(f,1)=\left.\frac{e^z}{(z^2-1)'}\right|_{z=1}=\frac{e}{2},$$

$$\mathrm{Res}(f,-1)=\left.\frac{e^z}{2z}\right|_{z=-1}=-\frac{e^{-1}}{2}.$$

所以

$$\mathrm{Res}(f,\infty)=-\mathrm{Res}(f,1)-\mathrm{Res}(f,-1)=-\frac{1}{2}(e-e^{-1})=-\mathrm{sh}\,1.$$

例 5.9 计算积分：$\displaystyle\int_{|z|=4}\frac{z^{15}}{(z^2+1)^2(z^4+2)^3}dz.$

解 设 $f(z)=\dfrac{z^{15}}{(z^2+1)^2(z^4+2)^3}$. f 一共有 7 个孤立奇点：

$$z_k=\sqrt[4]{2}e^{\frac{\pi+2k\pi}{4}i}\ (k=0,1,2,3),\quad z_4=i,\quad z_5=-i,\quad z_6=\infty.$$

前 6 个奇点均在圆 $|z|=4$ 的内部，由留数定理，有

$$\int_{|z|=4} f = 2\pi i\sum_{k=0}^{5}\mathrm{Res}(f,z_k).$$

要计算 $\sum_{k=0}^{5}\mathrm{Res}(f,z_k)$ 是十分麻烦的，从例 5.7 我们看到，易得 $\mathrm{Res}(f,\infty)=-1$. 故根据(5.16)，有

$$\int_{|z|=4} f = -2\pi i\,\mathrm{Res}(f,\infty)=2\pi i.$$

我们还可以先求出比较容易计算的部分孤立奇点的留数，然后利用(5.16)来求出较难计算的另一部分孤立奇点的留数之和.

例 5.10 计算积分：$\int_{|z|=2}\frac{dz}{(z^5-1)^3(z-3)}$.

解 设 $f(z)=\frac{1}{(z^5-1)^3(z-3)}$. f 一共有 7 个孤立奇点：

$$z_k=e^{\frac{2k\pi}{5}i}(k=1,2,3,4,5),\ z_6=3,\ z_7=\infty.$$

在 $|z|=2$ 内部的有 z_1,z_2,z_3,z_4,z_5. 由留数定理，有

$$\int_{|z|=2}f=2\pi i\sum_{k=1}^{5}\mathrm{Res}(f,z_k).$$

因

$$\mathrm{Res}(f,3)=\lim_{z\to 3}(z-3)\frac{1}{(z^5-1)^3(z-3)}=\frac{1}{242^3},$$

又

$$f(z)=\frac{1}{z^{16}\left(1-\frac{1}{z^5}\right)^3\left(1-\frac{3}{z}\right)}=\frac{1}{z^{16}}\left(1-\frac{1}{z^5}\right)^{-3}\left(1-\frac{3}{z}\right)^{-1}$$

$$=\frac{1}{z^{16}}\left(1+\frac{3}{z^5}+\cdots\right)\left(1+\frac{3}{z}+\cdots\right),\quad 3<|z|<+\infty,$$

$$\mathrm{Res}(f,\infty)=-\alpha_{-1}=0,$$

故由(5.16)，有

$$\int_{|z|=2}f=-2\pi i(\mathrm{Res}(f,3)+\mathrm{Res}(f,\infty))=-\frac{2\pi i}{242^3}.$$

5.2.2 推广的留数定理

基本定理中孤立奇点均在区域的内部，若边界上有孤立奇点时需要将留数定理进一步推广.

首先看以下较简单的情形.

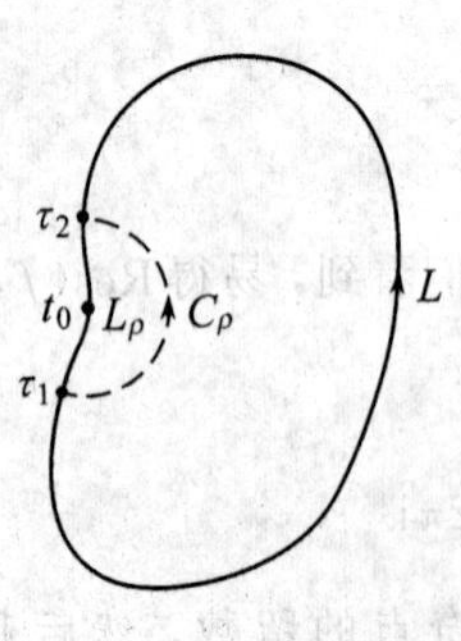

图 5-4

设域 D 由逐段光滑曲线 L 围成，$t_0\in L$，$f(z)$ 在 D 内解析，在 $\overline{D}-\{t_0\}$ 连续，在 t_0 有关于 D 的 n 阶极点，则

$$\int_L f=\theta i\,\mathrm{Res}(f,t_0),\tag{5.17}$$

其中取 L 关于 D 的正向，θ 是 t_0 处关于域 D 的张角.

证 以 t_0 为中心、以充分小的 ρ 为半径作弧交 L 于 τ_1,τ_2 两点(图 5-4)，在 L 上截下一段 L_ρ，

在域D内截得一段C_ρ，取τ_1到τ_2的方向为正向. 由于t_0是$f(z)$的n阶极点，得

$$\oint_{C_\rho+L_\rho} f = \theta \mathrm{i}\,\mathrm{Res}(f,t_0).$$

又由柯西定理，

$$\oint_{L-L_\rho+C_\rho^-} f = 0.$$

以上两式相加就得到(5.17). ∎

较一般地，设D是由复合闭路$L = L_0 + L_1^- + \cdots + L_m^-$所围成的有界多连通域，$t_1, t_2, \cdots, t_N \in L$，$f(z)$在$D$内解析，在$\overline{D} - \{t_j\}_1^N$上连续，在$t_j$处有关于$D$的$n_j$阶极点$(j = 1,2,\cdots,N)$，则

$$\int_L f = \sum_{j=1}^{N} \theta_j \mathrm{i}\,\mathrm{Res}(f,t_j), \tag{5.18}$$

其中L取关于D的正向，θ_j是t_j处关于域D的张角，$j = 1,2,\cdots,N$.

与证明有一个极点的情况没有本质差别. 如果令$\beta_j = \dfrac{\theta_j}{2\pi}$，即为$D$在$t_j$处的张度，则(5.18)可写成

$$\frac{1}{2\pi \mathrm{i}}\int_L f = \sum_{j=1}^{N} \beta_j \mathrm{Res}(f,t_j). \tag{5.19}$$

更一般地，我们有如下推广的留数定理.

定理5.3（路见可） 设D是由复合闭路$L = L_0 + L_1^- + \cdots + L_n^-$所围成的有界多连通域，$z_1, z_2, \cdots, z_m \in D$，$t_1, t_2, \cdots, t_N \in L$. 设函数$f(z)$在$D - \{z_1, z_2, \cdots, z_m\}$解析，在$\overline{D} - \{z_1, z_2, \cdots, z_m; t_1, t_2, \cdots, t_N\}$连续，$f(z)$在$t_1, t_2, \cdots, t_N$分别有关于$D$的$n_1, n_2, \cdots, n_N$阶的极点，则

$$\frac{1}{2\pi \mathrm{i}}\int_L f = \sum_{k=1}^{m} \mathrm{Res}(f,z_k) + \sum_{j=1}^{N} \beta_j \mathrm{Res}(f,t_j), \tag{5.20}$$

其中β_j为在t_j处关于D的张度，L取关于D的正向，积分在每个t_j处在高阶奇异积分（重极点时）或柯西主值（单极点时）意义下理解.

证明与前面类似.

我们可以这样来理解(5.20)，f对于D内的奇点z_k，由于其附近的整个邻域都在D中，故可认为张度$\beta_k = 1$，而D外的奇点对D的张度为零. 因此，如果把f在$\mathbf{C}_\infty$上的所有孤立奇点统一记为ζ_j，则(5.20)可写成

$$\frac{1}{2\pi \mathrm{i}}\int_L f = \sum_j \beta_j \operatorname{Res}(f, \zeta_j). \tag{5.20$'$}$$

这个推广的留数定理是路见可于 1978 年给出的①. 后来，他本人又将结果推广到边界上有高分数阶极点的情形②.

以下我们指出应用中一个特殊重要情形，即定理中其他假设不变，而 $f(z)$ 在 $t_1, t_2, \cdots, t_N$ 均有一阶极点，(5.20) 当然成立，不过积分在边界极点处按柯西主值意义下理解. 特别，在光滑点 t_j 处，$\beta_j = \frac{1}{2}$.

张度的概念可进一步推广. 如令

$$n(L, a) = \frac{1}{2\pi \mathrm{i}}\oint_L \frac{\mathrm{d}z}{z - a},$$

其中 L 是逐段光滑封闭曲线，设 $a \in L$，L 所围区域为 D. 若 a 关于 D 的张角为 $0 \leqslant \theta \leqslant 2\pi$，则显然有

$$n(L, a) = \frac{\theta}{2\pi} = \beta.$$

若取消 $a \in L$ 的限制，广义地理解张角 θ，以上等式仍然成立. 例如，当 L 不绕 a 转，理解 $\theta = 0$，则 $n(L, a) = 0 = \frac{0}{2\pi}$；当 L 绕 a 逆时针或顺时针转一圈，理解 $\theta = 2\pi$ 或 -2π，则 $n(L, a) = \pm 1 = \frac{\pm 2\pi}{2\pi}$；当 L 绕 a 逆时针或顺时针转两圈，理解 $\theta = \pm 4\pi$，则 $n(L, a) = \pm 2 = \frac{\pm 4\pi}{2\pi}$…… 甚至于 L 绕 a 逆时针转一圈 L_1 后，又穿过 a 转一圈 L_2，且 a 关于 L_2 为光滑点，理解 $\theta = 2\pi + \pi$，则

$$n(L, a) = \frac{1}{2\pi \mathrm{i}}\int_{L_1} \frac{\mathrm{d}z}{z - a} + \frac{1}{2\pi \mathrm{i}}\int_{L_2} \frac{\mathrm{d}z}{z - a} = 1 + \frac{1}{2} = \frac{3\pi}{2\pi}.$$

由上可知，当 θ 理解为 $-\infty < \theta < +\infty$，则 $-\infty < n(L, a) < +\infty$，且

$$n(L, a) = \frac{\theta}{2\pi} = \frac{[\operatorname{Arg}(z - a)]_L}{2\pi}.$$

因此我们称 $n(L, a)$ 为曲线 L 对 a 的**绕数**. 如果 a 为 f 的孤立奇点，我们把 $n(L, a)\operatorname{Res}(f, a)$ 称为 a 点关于 L 的**绕留数**(或**张留数**)，则(5.15)，(5.20)，(5.20)$'$ 可进一步写成

---

① 路见可. 推广的留数定理及其应用. 武汉大学学报(自然科学版)，1978，(3)：1-8.

② Lu Jianke. On singular integrals with singularities of high fractional order and their applications. Acta. Math. Sci.，1982，2(2)：211-228.

$$\frac{1}{2\pi \mathrm{i}}\int_L f = \sum_j n(L,\zeta_j)\mathrm{Res}(f,\zeta_j), \tag{5.20''}$$

即 f 沿 L 的积分等于它在 $\mathbf{C}$ 上所有孤立奇点(包括 f 所围区域外的)关于 L 的绕留数总和的 $2\pi\mathrm{i}$ 倍(当 L 经过 ζ_j 时，ζ_j 是 f 的极点).

例如，为计算

$$I = \int_{|z|=1}\frac{4z\mathrm{d}z}{\mathrm{i}(z^4+6z^2+1)},$$

令 $z^2=u$，则当 z 逆时针绕 $|z|=1$ 一圈时，u 在其上逆时针绕两圈，而 $f(u) = \dfrac{1}{u^2+6u+1}$ 在 L: $|u|=1$ 的内部有一个一阶极点

$$u=-3+\sqrt{8},\quad \mathrm{Res}(f,-3+\sqrt{8}) = \frac{1}{4\sqrt{2}},$$

而 $n(L,-3+\sqrt{8})=2$，从而

$$\begin{aligned} I &= \frac{2}{\mathrm{i}}\int_L \frac{\mathrm{d}u}{u^2+6u+1} \\ &= \frac{2}{\mathrm{i}}2\pi\mathrm{i}\cdot n(L,-3+\sqrt{8})\mathrm{Res}(f,-3+\sqrt{8}) \\ &= \frac{2}{\mathrm{i}}\cdot 2\pi\mathrm{i}\left(2\cdot\frac{1}{4\sqrt{2}}\right) = \sqrt{2}\pi. \end{aligned}$$

注：作为本节课外读物，可参阅钟寿国著《推广的留数定理及其应用》，武汉大学出版社，1993.

习 题 5.2

1. 计算下列积分(积分方向均取逆时针方向)：

(1) $\displaystyle\oint_{|z|=\frac{1}{2}}\frac{\mathrm{d}z}{z^4-z^3}$；　　(2) $\displaystyle\oint_{|z|=n}\tan \pi z\,\mathrm{d}z$，$n=1,2,\cdots$；

(3) $\displaystyle\oint_{|z|=1} z^3\sin^5\frac{1}{z}\,\mathrm{d}z$；　　(4) $\displaystyle\oint_{|z|=1}\frac{z\sin z}{(1-\mathrm{e}^z)^3}\mathrm{d}z$.

2. 证明：多值函数 $F(z)=\mathrm{ch}\, z\,\mathrm{Arctan}\, z$ 在 ∞ 的邻域内可单值分枝，并求：

(1) $\displaystyle\oint_{|z|=\frac{3}{2}}F(z)\mathrm{d}z$，积分按逆时针方向；

(2) $\mathrm{Res}(F,\infty)$.

3. 利用推广的留数定理证明：

$$\oint_{|z|=1} \frac{z^{n-1}}{z^n - 1} dz = \pi i,$$

这里$|z|=1$取逆时针方向，n为一自然数，积分在柯西主值意义下理解.

4. 设$D=\{z|\theta_1 \leqslant \arg z \leqslant \theta_2, |z|<R\}$ $(R>0, 0\leqslant\theta_1<\theta_2\leqslant 2\pi)$的边界为$\partial D$，利用推广的留数定理证明：

$$\oint_{\partial D} \frac{e^z}{z^n} dz = \frac{(\theta_2-\theta_1)i}{(n-1)!},$$

∂D取关于D的正向，积分在高阶奇异积分意义下理解.

5.3 应用于积分计算

5.3.1 单值解析函数的应用

从5.1节开头的引例，我们可总结出：

型1 $\int_{-\infty}^{+\infty} R(x)dx$，其中$R(x)$为$x$的有理函数，分母的次数至少比分子的高二次. 这时可设辅助函数为$R(z)$，它在$\mathbf{C}$上有有限个极点z_j. 以$z=0$为心，在上半平面作半径R充分大的半圆盘使其包含所有$\operatorname{Im} z_j \geqslant 0$的极点$z_j$，如图5-5（若$R(z)$在下半平面$\operatorname{Im} z \leqslant 0$的极点个数少于上半平面，则以下半闭圆盘作围道更宜）. 于是由推广的留数定理，

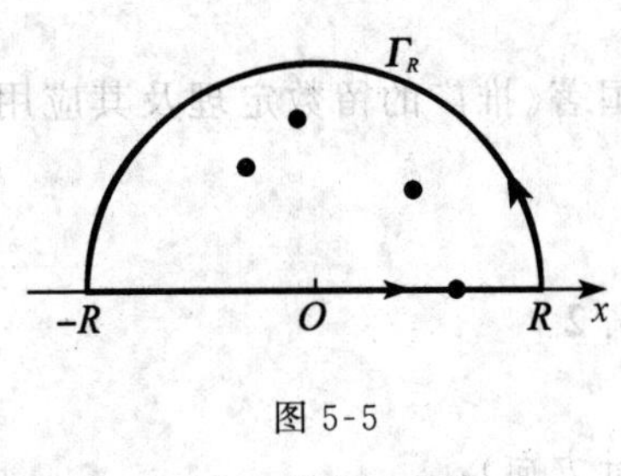

图5-5

$$\int_{-R}^{R} R(x)dx + \int_{\Gamma_R} R(z)dz = 2\pi i \sum_{\operatorname{Im} z_j \geqslant 0} \beta_j \operatorname{Res}(R(z), z_j),$$

其中Γ_R为上半圆周$|z|=R$ $(\operatorname{Im} z \geqslant 0)$，$\beta_j$在上半闭圆盘内点$z_j$处取1而实轴上取1/2. 因$\lim\limits_{z\to\infty} zR(z)=0$，由习题3.1第4题，

$$\lim_{R\to+\infty} \int_{\Gamma_R} R(z)dz = 0.$$

从而

$$\int_{-\infty}^{+\infty} R(x)dx = 2\pi i \sum_{\operatorname{Im} z_j \geqslant 0} \beta_j \operatorname{Res}(R(z), z_j). \tag{5.21}$$

例 5.11 求下列积分之值：

$$I=\int_0^{+\infty}\frac{1}{x^4+1}\mathrm{d}x,\quad J=\int_0^{+\infty}\frac{1}{x^4-1}\mathrm{d}x,$$

积分 J 在 $x=1$ 处理解为主值意义的.

解 利用被积函数的偶性，可得

$$I=\frac{1}{2}\int_{-\infty}^{+\infty}\frac{1}{x^4+1}\mathrm{d}x,\quad J=\frac{1}{2}\int_{-\infty}^{+\infty}\frac{1}{x^4-1}\mathrm{d}x.$$

设 $R(z)=\dfrac{1}{z^4\pm 1}$，利用(5.21)，但更简单的做法是利用 z^4 是辐角周期 $\pi/2$ 的函数，而半周期时，z^4 变为 $-z^4$，故设

$$f(z)=\frac{1}{z^4-1}.$$

它在 $z=\pm 1,\pm\mathrm{i}$ 有一阶极点，取

$$\overline{D}=\left\{z\,\middle|\,|z|\leqslant R,\ 0\leqslant\arg z\leqslant\frac{\pi}{4},\ R>1\right\},$$

Γ_R 是 $|z|=R$ 在 D 内的部分. $f(z)$ 在 $\overline{D}$ 除 $z=1$ 有一阶极点外解析，$z=1$ 处张度为 1/2. 由推广的留数定理，沿 D 的边界(图 5-6) 积分

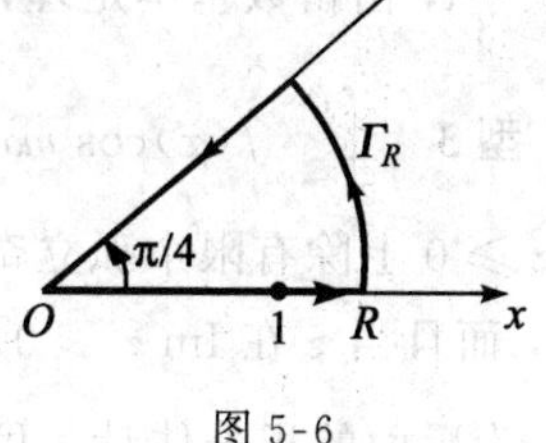

图 5-6

$$\int_0^R\frac{\mathrm{d}x}{x^4-1}+\int_{\Gamma_R}\frac{\mathrm{d}z}{z^4-1}+\int_0^R\frac{\mathrm{e}^{\mathrm{i}\frac{\pi}{4}}\mathrm{d}x}{x^4+1}$$

$$=\pi\mathrm{i}\,\mathrm{Res}(f,1)=\frac{\pi\mathrm{i}}{4}.$$

令 $R\to+\infty$，由习题 3.1 第 4 题，上式左端第二个积分趋于零，于是

$$J+\left(\cos\frac{\pi}{4}\right)I+\mathrm{i}\left(\sin\frac{\pi}{4}\right)I=\frac{\pi\mathrm{i}}{4}.$$

分开实部与虚部，得 $I=\dfrac{\sqrt{2}}{4}\pi$，$J=-\dfrac{\pi}{4}$.

型 2 $\displaystyle\int_0^{2\pi}R(\cos\theta,\sin\theta)\mathrm{d}\theta$，其中 $R(x,y)$ 是 x,y 的有理函数. 在数学分析中，我们曾利用万能替换 $\theta=2\arctan x$，将型 2 化为型 1，于是可以按型 1 来计算. 另外也可用欧拉公式

$$\cos\theta=\frac{\mathrm{e}^{\mathrm{i}\theta}+\mathrm{e}^{-\mathrm{i}\theta}}{2},\quad \sin\theta=\frac{\mathrm{e}^{\mathrm{i}\theta}-\mathrm{e}^{-\mathrm{i}\theta}}{2\mathrm{i}}.$$

令 $z=\mathrm{e}^{\mathrm{i}\theta}$，于是可化为沿单位圆周的复积分，从而在单位圆盘上利用留数定理，

$$\int_0^{2\pi} R(\cos\theta, \sin\theta)\,\mathrm{d}\theta = \int_{|z|=1} R\left(\frac{z+z^{-1}}{2}, \frac{z-z^{-1}}{2\mathrm{i}}\right)\frac{\mathrm{d}z}{\mathrm{i}z}. \tag{5.22}$$

例 5.12 求下列积分之值：

$$I = \int_0^{2\pi} \frac{\mathrm{d}x}{\frac{5}{4} + \sin x}.$$

解 令 $z = \mathrm{e}^{\mathrm{i}x}$，按(5.22)，

$$I = \int_{|z|=1} \frac{\mathrm{d}z}{\left(\frac{5}{4} + \frac{z-z^{-1}}{2\mathrm{i}}\right)\mathrm{i}z} = 4\int_{|z|=1} \frac{\mathrm{d}z}{2z^2 + 5\mathrm{i}z - 2}.$$

因为

$$\frac{4}{2z^2 + 5\mathrm{i}z - 2} = \frac{2}{(z+2\mathrm{i})\left(z+\frac{\mathrm{i}}{2}\right)}$$

有一阶极点 $z = -2\mathrm{i}$（圆外）及 $z = -\frac{\mathrm{i}}{2}$（圆内），在 $z = -\frac{\mathrm{i}}{2}$ 处被积函数留数为 $-\frac{4}{3}\mathrm{i}$，由留数基本定理，有 $I = \frac{8}{3}\pi$.

型 3 $\int_{-\infty}^{+\infty} f(x)\cos mx\,\mathrm{d}x$ 或 $\int_{-\infty}^{+\infty} f(x)\sin mx\,\mathrm{d}x$ $(m > 0)$，其中 $f(z)$ 在 $\mathrm{Im}\,z \geqslant 0$ 上除有限个孤立奇点外处处解析（且在实轴上的孤立奇点只能是极点），而且当 z 在 $\mathrm{Im}\,z \geqslant 0$ 时，$\lim\limits_{z\to\infty} f(z) = 0$.

为后面的积分估计，我们先来介绍约当(Jordan)引理的一个简单情形（见习题 3.1 第 7 题）：

约当引理 设 $f(z)$ 在闭区域 $\theta_1 \leqslant \arg z \leqslant \theta_2$，$R_0 \leqslant |z| < +\infty$ $(R_0 \geqslant 0,\ 0 \leqslant \theta_1 < \theta_2 \leqslant \pi)$ 上连续，并设 Γ_R 是这闭区域上的一段以原点为心、R 为半径的圆弧$(R > R_0)$. 若当 z 在这闭区域上时 $\lim\limits_{z\to\infty} f(z) = 0$，则对任何 $m > 0$，有

$$\lim_{R\to+\infty} \int_{\Gamma_R} f(z)\mathrm{e}^{\mathrm{i}mz}\,\mathrm{d}z = 0.$$

证 设 $M(R)$ 是 $|f|$ 在 Γ_R 上的最大值，令 $z = R\mathrm{e}^{\mathrm{i}\theta}$，$\theta_1 \leqslant \theta \leqslant \theta_2$，我们有

$$\left|\int_{\Gamma_R} f(z)\mathrm{e}^{\mathrm{i}mz}\,\mathrm{d}z\right| \leqslant M(R)\int_{\theta_1}^{\theta_2} \mathrm{e}^{-Rm\sin\theta} R\,\mathrm{d}\theta \leqslant M(R)\int_0^{\pi} \mathrm{e}^{-Rm\sin\theta} R\,\mathrm{d}\theta$$

$$= 2M(R)R\int_0^{\frac{\pi}{2}} \mathrm{e}^{-Rm\sin\theta}\,\mathrm{d}\theta.$$

因为当 $0\leqslant\theta\leqslant\dfrac{\pi}{2}$ 时，由微分学的知识易于证明

$$\frac{2}{\pi}\theta\leqslant\sin\theta,$$

或从图 5-7 看出，在 $y_2=\sin\theta$ 上作连结 $(0,0)$ 与 $\left(\dfrac{\pi}{2},1\right)$ 的直线 $y_1=\dfrac{2}{\pi}\theta$，显然

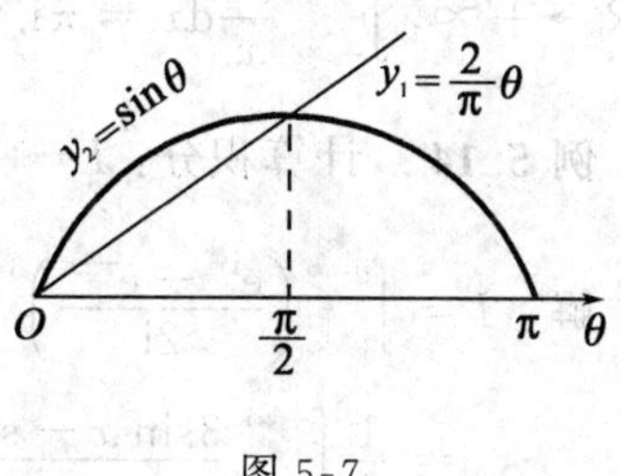

图 5-7

在 $0\leqslant\theta\leqslant\dfrac{\pi}{2}$ 时，$y_2=\sin\theta\geqslant y_1=\dfrac{2}{\pi}\theta$. 所以，

$$\int_0^{\frac{\pi}{2}}\mathrm{e}^{-Rm\sin\theta}R\,\mathrm{d}\theta\leqslant\int_0^{\frac{\pi}{2}}\mathrm{e}^{-\frac{2}{\pi}mR\theta}R\,\mathrm{d}\theta<\int_0^{+\infty}\mathrm{e}^{-\frac{2}{\pi}mR\theta}R\,\mathrm{d}\theta=\frac{\pi}{2m}.$$

由于 $\lim\limits_{z\to\infty}f(z)=0$，从而 $\lim\limits_{R\to+\infty}M(R)=0$，于是

$$\left|\int_{\Gamma_R}f(z)\mathrm{e}^{\mathrm{i}mz}\mathrm{d}z\right|<\frac{\pi}{m}M(R)\to 0\quad(R\to+\infty).$$ ■

有了本引理，我们设辅助函数为 $\mathrm{e}^{\mathrm{i}mz}f(z)$. 作与型 1 相同的围道，见图 5-5，使这个上半闭圆盘内含 $f(z)$ 的所有 $\mathrm{Im}\,z_j\geqslant 0$ 的孤立奇点 z_j（实轴上的只是极点）. 由推广的留数定理，有

$$\int_{-R}^{R}\mathrm{e}^{\mathrm{i}mx}f(x)\mathrm{d}x+\int_{\Gamma_R}\mathrm{e}^{\mathrm{i}mz}f(z)\mathrm{d}z=2\pi\mathrm{i}\sum_{\mathrm{Im}\,z_j\geqslant 0}\beta_j\,\mathrm{Res}(\mathrm{e}^{\mathrm{i}mz}f(z),z_j).\tag{5.23}$$

当 $R\to+\infty$，由引理 $\int_{\Gamma_R}\to 0$，比较上式左、右两边实部与虚部，就得所求之积分.

例 5.13 求积分：$I=\displaystyle\int_0^{+\infty}\frac{\sin x}{x}\mathrm{d}x.$

解 由被积函数的偶性有

$$I=\frac{1}{2}\lim_{R\to+\infty}\int_{-R}^{R}\frac{\sin x}{x}\mathrm{d}x=\frac{1}{2\mathrm{i}}\lim_{R\to+\infty}\int_{-R}^{R}\frac{\mathrm{e}^{\mathrm{i}x}}{x}\mathrm{d}x.$$

令

$$g(z)=\frac{\mathrm{e}^{\mathrm{i}z}}{z}\equiv\mathrm{e}^{\mathrm{i}z}f(z),$$

它在 $z=0$ 有一阶极点. $\lim\limits_{z\to\infty}f(z)=\lim\limits_{z\to\infty}\dfrac{1}{z}=0$. 由(5.23)，

$$\int_{-R}^{R}\frac{\mathrm{e}^{\mathrm{i}x}}{x}\mathrm{d}x+\int_{\Gamma_R}g(z)\mathrm{d}z=\pi\mathrm{i}\,\mathrm{Res}(g,0)=\pi\mathrm{i}.$$

令 $R\to+\infty$，$\int_{-\infty}^{+\infty}\frac{e^{ix}}{x}dx=\pi i$. 从而 $I=\frac{\pi}{2}$.

例 5.14 计算积分：$I=\int_{-\infty}^{+\infty}\frac{\sin^3 x}{x^3}dx$.

解 $$I=\int_{-\infty}^{+\infty}\left(\frac{e^{ix}-e^{-ix}}{2i}\right)^3\frac{1}{x^3}dx=\int_{-\infty}^{+\infty}\frac{e^{3ix}-3e^{ix}+3e^{-ix}-e^{-3xi}}{-8ix^3}dx$$
$$=\frac{1}{4}\int_{-\infty}^{+\infty}\frac{3\sin x-\sin 3x}{x^3}dx.$$

设
$$f(z)=\frac{3e^{iz}-e^{3zi}}{4z^3}\quad(z=0\text{ 为三阶极点}).$$

围道取上半圆盘 $|z|\leqslant R$，$\operatorname{Im}z\geqslant 0$ 的边界，其半圆周为 Γ_R，则由推广的留数定理，有
$$\int_{-R}^{R}\frac{3e^{ix}-e^{3xi}}{4x^3}dx+\int_{\Gamma_R}f(z)dz=\pi i\operatorname{Res}(f,0).$$

上式左端第一个积分理解为在 $x=0$ 处是高阶奇异的. 又由约当引理，$R\to+\infty$ 时，$\int_{\Gamma_R}f\to 0$. 而
$$\operatorname{Res}(f,0)=\frac{1}{8}(3e^{iz}-e^{3iz})''\Big|_{z=0}=\frac{3}{4},$$

从而 $R\to+\infty$ 时，有
$$\int_{-\infty}^{+\infty}\frac{3e^{ix}-e^{3ix}}{4x^3}dx=\frac{3}{4}\pi i.$$

上式左端积分在 $x=0$ 及 $x=\infty$ 处分别理解为高阶奇异及主值意义下的. 比较虚部，立得 $I=\frac{3}{4}\pi$.

5.3.2 多值解析函数的应用

上小节中的辅助函数为单值解析函数. 但有些实积分的计算，其辅助函数必须设成多值解析函数. 试看下例.

例 5.15 计算欧拉(Euler)积分：$I=\int_0^{+\infty}\frac{dx}{(1+x)x^{\alpha}}$，其中 $0<\alpha<1$.

解 考虑多值函数
$$F(z)=\frac{1}{(1+z)z^{\alpha}},$$

因为 z^{α} 以 0 及 ∞ 为枝点，所以取正实轴(包括原点)作剖线，取在正实轴上岸

z^{α} 为正实值的解析分枝为$(z^{\alpha})_0$，其相应的 $F(z)$ 记为

$$f(z)=\frac{1}{(1+z)(z^{\alpha})_0}.$$

显然它在 $z=-1$ 有单极点.

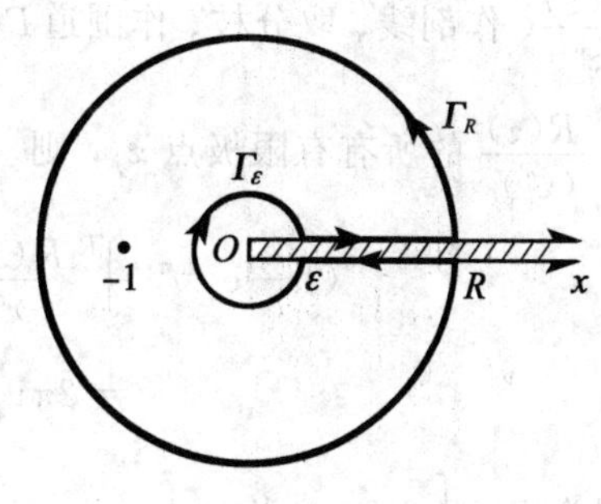

图 5-8

把 $f(z)$ 沿着如下的一条封闭曲线 $\Gamma(R,\varepsilon)$ 积分：首先沿正实轴上岸从 ε 到 R $(0<\varepsilon<1<R<+\infty)$；其次按逆时针方向，沿以 O 为心、R 为半径的圆 Γ_R 前进一圈；然后沿正实轴下岸从 R 到 ε；最后按顺时针方向绕过以 O 为心、ε 为半径的圆 Γ_ε 回到正实轴上岸 ε(图 5-8).

$f(z)$ 在 $\Gamma(R,\varepsilon)$ 的内域有唯一单极点 $z=-1$. 又由于在正实轴上岸，$(x^{\alpha})_0=x^{\alpha}>0$，故在正实轴下岸$(x^{\alpha})_0=\mathrm{e}^{2\alpha\pi\mathrm{i}}x^{\alpha}$. 由留数定理，有

$$(1-\mathrm{e}^{-2\alpha\pi\mathrm{i}})\int_{\varepsilon}^{R}\frac{\mathrm{d}x}{(1+x)x^{\alpha}}+\int_{\Gamma_R}\frac{\mathrm{d}z}{(1+z)(z^{\alpha})_0}+\int_{\Gamma_\varepsilon^-}\frac{\mathrm{d}z}{(1+z)(z^{\alpha})_0}$$
$$=2\pi\mathrm{i}\,\mathrm{Res}(f,-1)=2\pi\mathrm{i}\mathrm{e}^{-\alpha\pi\mathrm{i}}. \tag{5.24}$$

现在我们估计(5.24) 中第三个积分. 我们有

$$\left|\int_{\Gamma_\varepsilon}\frac{\mathrm{d}z}{(1+z)(z^{\alpha})_0}\right|\leqslant\frac{2\pi\varepsilon}{(1-\varepsilon)\varepsilon^{\alpha}}=\frac{2\pi\varepsilon^{1-\alpha}}{1-\varepsilon}\to 0\quad(\varepsilon\to+0).$$

因此

$$\lim_{\varepsilon\to+0}\int_{\Gamma_\varepsilon^-}\frac{\mathrm{d}z}{(1+z)(z^{\alpha})_0}=0.$$

类似地可证明

$$\lim_{R\to+\infty}\int_{\Gamma_R}\frac{\mathrm{d}z}{(1+z)(z^{\alpha})_0}=0.$$

若在(5.24) 中令 $R\to+\infty$，$\varepsilon\to+0$，我们就可看出积分 I 收敛，并且 $(1-\mathrm{e}^{-2\pi\alpha\mathrm{i}})I=2\pi\mathrm{i}\mathrm{e}^{-\alpha\pi\mathrm{i}}$，因此

$$I=\frac{\pi}{\sin\alpha\pi}.$$

一般地，我们考虑：

型 4 $I=\int_0^{+\infty}\frac{R(x)}{x^{\alpha}}\mathrm{d}x$，$-1<\alpha<1$，其中

$$R(x)=\frac{a_0x^n+a_1x^{n-1}+\cdots+a_n}{b_0x^m+b_1x^{m-1}+\cdots+b_m},\quad a_0,b_0,a_n,b_m\neq 0. \tag{5.25}$$

当 $0<\alpha<1$ 时，我们要求 $m>n$. 遵循上例相同的步骤：设辅助函数 $F(z)=\dfrac{R(z)}{z^\alpha}$、作剖线、取分枝、作围道 $\Gamma(R,\varepsilon)$，要使得它的内域及实轴上包含 $f(z)=\dfrac{R(z)}{(z^\alpha)_0}$ 的所有有限极点 z_j，则

$$(1-\mathrm{e}^{-2\alpha\pi\mathrm{i}})\int_\varepsilon^R \frac{R(x)}{x^\alpha}\mathrm{d}x+\left(\int_{\Gamma_R}+\int_{\Gamma_\varepsilon^-}\right)f(z)\mathrm{d}z$$
$$=2\pi\mathrm{i}\sum_j\beta_j\operatorname{Res}(f,z_j).$$

因为 $\lim\limits_{\varepsilon\to+0}\int_{\Gamma_\varepsilon^-}f=\lim\limits_{R\to+\infty}\int_{\Gamma_R}f=0$，这样

$$I=\frac{2\pi\mathrm{i}\sum\limits_j\beta_j\operatorname{Res}(f,z_j)}{1-\mathrm{e}^{-2\alpha\pi\mathrm{i}}}. \tag{5.26}$$

当 $-1<\alpha<0$ 时，则要求 $R(x)$ 的分母比分子至少高二次，也可做同样的讨论. 而如 $\alpha=0$，则化为型 1.

例 5.16 计算积分：$I=\int_0^{+\infty}\dfrac{\ln x}{(1+x^2)^2}\mathrm{d}x$.

解 设 $F(z)=\dfrac{\mathrm{Log}^2 z}{(1+z^2)^2}$，取正实轴(包括原点)作剖线，在剖开区域内，取 $\mathrm{Log}\,z$ 在正实轴上岸为实值的分枝，其相应的 $F(z)$ 记为

$$f(z)=\frac{\log^2 z}{(1+z^2)^2},$$

它以 $z=\pm\mathrm{i}$ 为二阶极点，取与上例相同的围道 $\Gamma(R,\varepsilon)$ 使得 $\pm\mathrm{i}$ 在围道的内域. 我们注意到，$\log z$ 在正实轴上岸值为 $\ln x$，而到正实轴下岸变成 $\ln x+2\pi\mathrm{i}$，应用留数定理，有

$$\int_\varepsilon^R\frac{\ln^2 x}{(1+x^2)^2}\mathrm{d}x+\int_R^\varepsilon\frac{(\ln x+2\pi\mathrm{i})^2}{(1+x^2)^2}\mathrm{d}x+\left(\int_{\Gamma_R}+\int_{\Gamma_\varepsilon^-}\right)f(z)\mathrm{d}z$$
$$=2\pi\mathrm{i}(\operatorname{Res}(f,\mathrm{i})+\operatorname{Res}(f,-\mathrm{i})),$$

其中左端一、二项中 $\int_\varepsilon^R\dfrac{\ln^2 x}{(1+x^2)^2}\mathrm{d}x$ 消去，这正是我们设辅助函数 $F(z)$ 时 $\mathrm{Log}\,z$ 带平方的缘故；又因 $R\to+\infty$，$\varepsilon\to+0$ 时

$$\left|\int_{\Gamma_R}\frac{(\log z)^2}{(1+z^2)^2}\mathrm{d}z\right|\leqslant\int_{\Gamma_R}\frac{|\ln|z|+\mathrm{i}\arg z|^2}{(|z|^2-1)^2}|\mathrm{d}z|$$
$$\leqslant\frac{(\ln R+2\pi)^2}{(R^2-1)^2}\cdot 2\pi R\to 0,$$

$$\left|\int_{\Gamma_\varepsilon^-}\frac{(\log z)^2}{(1+z^2)^2}\mathrm{d}z\right|\leqslant\int_{\Gamma_\varepsilon}\frac{(|\ln|z||+2\pi)^2}{(1-|z|^2)^2}|\mathrm{d}z|$$

$$\leqslant\frac{2\pi\varepsilon(|\ln\varepsilon|+2\pi)^2}{(1-\varepsilon^2)^2}\to 0.$$

从而

$$\lim_{R\to+\infty}\int_{\Gamma_R}f=\lim_{\varepsilon\to+0}\int_{\Gamma_\varepsilon^-}f=0.$$

又

$$\mathrm{Res}(f,\mathrm{i})=\left(\frac{(\log z)^2}{(z+\mathrm{i})^2}\right)'\bigg|_{z=\mathrm{i}}=\frac{2\log z\left(\dfrac{z+\mathrm{i}}{z}-\log z\right)}{(z+\mathrm{i})^3}\Bigg|_{z=\mathrm{i}}$$

$$=-\frac{\pi}{4}+\frac{\pi^2}{16}\mathrm{i},$$

同理 $\mathrm{Res}(f,-\mathrm{i})=\dfrac{3\pi}{4}-\dfrac{9\pi^2}{16}\mathrm{i}$. 故

$$-4\pi\mathrm{i}\int_0^{+\infty}\frac{\ln x}{(1+x^2)^2}\mathrm{d}x+4\pi^2\int_0^{+\infty}\frac{\mathrm{d}x}{(1+x^2)^2}=\pi^3+\pi^2\mathrm{i},$$

$$\int_0^{+\infty}\frac{\ln x}{(1+x^2)^2}\mathrm{d}x=-\frac{\pi}{4},\quad\int_0^{+\infty}\frac{\mathrm{d}x}{(1+x^2)^2}=\frac{\pi}{4}.$$

注 1 选取

$$g(z)=\frac{\log z}{(1+z^2)^2},$$

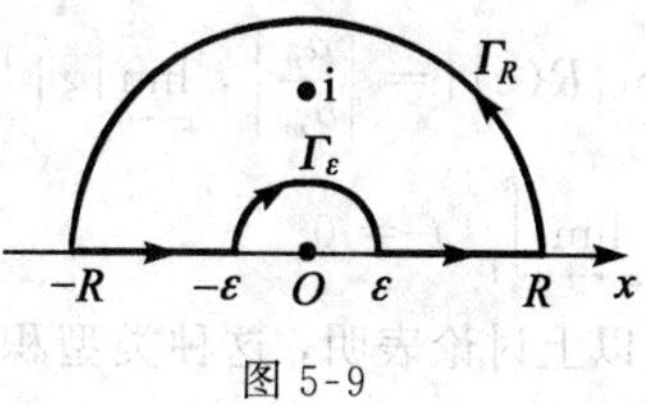

图 5-9

分枝取法同前；若围道选择如图 5-9 所示，因 $\log x$ 在负实轴上为 $\ln(-x)+\mathrm{i}\pi$，则

$$\int_{-R}^{-\varepsilon}\frac{\ln(-x)+\mathrm{i}\pi}{(1+x^2)^2}\mathrm{d}x+\int_{\varepsilon}^{R}\frac{\ln x}{(1+x^2)^2}\mathrm{d}x+\left(\int_{\Gamma_R+\Gamma_\varepsilon^-}\right)g(z)\mathrm{d}z$$

$$=2\pi\mathrm{i}\,\mathrm{Res}(g,\mathrm{i})=-\frac{\pi}{2}+\frac{\pi^2}{4}\mathrm{i}.$$

将上式左边第一项作 $-x$ 换为 t 的代换，令 $\varepsilon\to+0$，$R\to+\infty$，则

$$2\int_0^{+\infty}\frac{\ln x}{(1+x^2)^2}\mathrm{d}x+\mathrm{i}\pi\int_0^{+\infty}\frac{\mathrm{d}x}{(1+x^2)^2}=-\frac{\pi}{2}+\frac{\pi^2}{4}\mathrm{i}.$$

从而得到与上述方法相同的结果，并且简单得多. 但对一般的 $\int_0^{+\infty}\ln xR(x)\mathrm{d}x$ 型积分，则未必总能取这样的路径而达到目的.

注 2 按照第一种方法，若求积分

$$\int_0^{+\infty}\frac{\ln^2 x}{(1+x^2)^2}\mathrm{d}x,$$

则辅助函数应为$\dfrac{\mathrm{Log}^3 z}{(1+z^2)^2}$，等等. 这样我们可归结为：

型 5 $\int_0^{+\infty}\ln^m x\,R(x)\mathrm{d}x$（$m$ 为自然数），$R(x)$ 如(5.25) 所示，但要求分母比分子至少高二次. 这时我们应设辅助函数 $f(z)=\log^{m+1}z\,R(z)$，$\log z$ 取定的分枝及积分围道与例 5.16 相同. 而当 $\varepsilon\to+0$，$R\to+\infty$ 时，可以证明

$$\lim_{\varepsilon\to+0}\int_{\Gamma_\varepsilon^-}=\lim_{R\to+\infty}\int_{\Gamma_R}=0.$$

事实上，当 $|z|$ 充分大时，

$$\begin{aligned}|zf(z)|&\leqslant|z|(\ln|z|+2\pi)^{m+1}|R(z)|\\&=(|z|^{1+\alpha}|R(z)|)\cdot\frac{(\ln|z|+2\pi)^{m+1}}{|z|^\alpha}\quad(0<\alpha<1).\end{aligned}$$

因 $\lim\limits_{z\to\infty}|z|^{1+\alpha}|R(z)|=0$，$\lim\limits_{z\to\infty}\dfrac{\ln^k|z|}{|z|^\alpha}=0\ (k>0)$，从而 $\lim\limits_{z\to\infty}zf(z)=0$，于是 $\lim\limits_{R\to+\infty}\int_{\Gamma_R}f=0$. 又当 $|z|$ 充分小时，

$$|zf(z)|\leqslant|z|(|\ln|z||+2\pi)^{m+1}|R(z)|.$$

因 $\lim\limits_{z\to0}|R(z)|=\left|\dfrac{a_n}{b_m}\right|$，$\lim\limits_{z\to0}|z|\,|\ln|z||^k=0\ (k>0)$，从而 $\lim\limits_{z\to0}zf(z)=0$，于是 $\lim\limits_{\varepsilon\to+0}\int_{\Gamma_\varepsilon^-}f=0$.

以上讨论表明，这种类型积分恒可用上例方法 1 进行. 但我们要注意，若碰到型 4 和型 5 的混合类型，例如

$$\int_0^{+\infty}\frac{\ln x}{\sqrt{x}(x+1)^2}\mathrm{d}x,$$

这时的辅助函数必须设为 $F(z)=\dfrac{\mathrm{Log}\,z}{\sqrt{z}(z+1)^2}$，而不能在对数项上加平方，(为什么?) 这说明具体问题必须具体分析，而不能生搬硬套.

一般可考虑：

型 6 $\int_0^{+\infty}\dfrac{\ln x}{x^\alpha}R(x)\mathrm{d}x$，$|\alpha|<1$，其中 $R(x)$ 如(5.25). 若 $\alpha=0$ 则为型 5；若 $0<\alpha<1$，要求 $R(x)$ 分母的次数至少比分子的次数高；若 $-1<\alpha<0$，要求 $R(x)$ 分母的次数比分子的次数至少高二次. 当 $\alpha\neq0$ 时，辅助函数设

为$\dfrac{\operatorname{Log} z}{z^{\alpha}}R(z)$，围道选择如图 5-9 所示，讨论与型 5 和型 6 类似. 在 $\ln x$ 上加 m 次方，也可讨论(从略).

对于型如

$$\int_a^b \frac{R(x)}{(x-a)^{1-\alpha}(b-x)^{\alpha}}\mathrm{d}x,\quad \int_a^b \ln\frac{b-x}{x-a}R(x)\mathrm{d}x,$$

以及

$$\int_a^b \frac{\ln\dfrac{b-x}{x-a}}{(x-a)^{1-\alpha}(b-x)^{\alpha}}R(x)\mathrm{d}x,$$

其中 $0<\alpha<1$，$R(x)$ 是 x 的有理函数，在$[a,b]$上不为零，令 $t=\dfrac{b-x}{x-a}$，立即分别化为型 4、型 5、型 6，因而不算什么新的类型. 然而，直接讨论也是对多值函数的很好练习.

例 5.17 同时计算积分：

$$I=\int_0^1 \frac{\ln\dfrac{1-x}{x}}{(x+1)\sqrt[4]{x(1-x)^3}}\mathrm{d}x,\quad J=\int_0^1 \frac{\mathrm{d}x}{(x+1)\sqrt[4]{x(1-x)^3}}.$$

解 设

$$F(z)=\frac{\operatorname{Log}\dfrac{1-z}{z}}{(z+1)\sqrt[4]{z(1-z)^3}},$$

枝点为 0,1，而 ∞ 不是枝点. 以$[0,1]$为剖线，取 $\log\dfrac{1-z}{z}$ 及 $\sqrt[4]{z(1-z)^3}$ 在 $0<x<1$ 上岸分别取实值及正实值的分枝. 对应的 $F(z)$ 记为 $f(z)$.

作圆周 Γ_R：$|z|=R\ (R>1)$，Γ_{ε_1}：$|z|=\varepsilon_1$，Γ_{ε_2}：$|z-1|=\varepsilon_2$，$\varepsilon_1,\varepsilon_2$ 充分小，使 Γ_{ε_1}，Γ_{ε_2} 落在 Γ_R 的内域. 积分围道取 Γ_R 的逆时针方向，以及从实轴(0,1)上岸 ε_1 到 $1-\varepsilon_2$，顺时针绕过 Γ_{ε_2} 到(0,1)下岸，然后从 $1-\varepsilon_2$ 沿实轴到 ε_1，最后顺时针绕过 Γ_{ε_1} 回到(0,1)上岸 ε_1 处(见图 5-10). 在以上两条封闭曲线所围区域内，$f(z)$ 仅在 $z=-1$ 有一阶极点. 注意到 $\log\dfrac{1-z}{z}$ 在(0,1) 上岸绕过 Γ_{ε_2} 达下岸

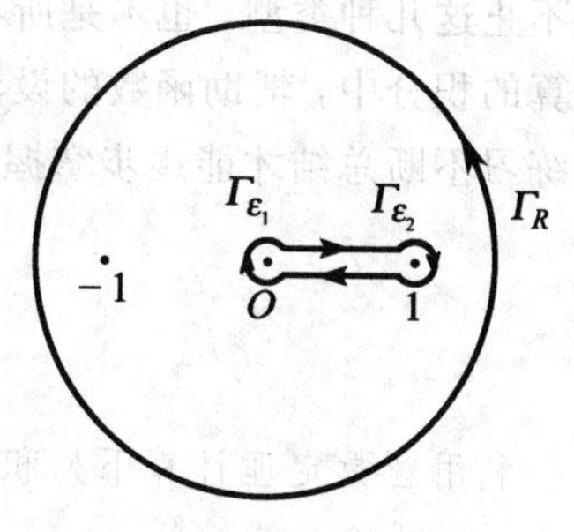

图 5-10

时，由 $\ln\frac{1-x}{x}$ 变为 $\ln\frac{1-x}{x}-2\pi\mathrm{i}$，同样 $\sqrt[4]{x(1-x)^3}$ 变为 $\mathrm{i}\sqrt[4]{x(1-x)^3}$. 由留数定理，有

$$\int_{\varepsilon_1}^{1-\varepsilon_2}\frac{\ln\frac{1-x}{x}}{(x+1)\sqrt[4]{x(1-x)^3}}\mathrm{d}x+\mathrm{i}\int_{\varepsilon_1}^{1-\varepsilon_2}\frac{\ln\frac{1-x}{x}-2\pi\mathrm{i}}{(x+1)\sqrt[4]{x(1-x)^3}}\mathrm{d}x$$
$$+\left(\int_{\Gamma_{\varepsilon_1}^-}+\int_{\Gamma_{\varepsilon_2}^-}+\int_{\Gamma_R}\right)f(z)\mathrm{d}z=2\pi\mathrm{i}\,\mathrm{Res}(f,-1). \tag{5.27}$$

可以证明

$$\lim_{z\to 0}zf(z)=0,\quad \lim_{z\to 1}(z-1)f(z)=0,\quad \lim_{z\to\infty}zf(z)=0$$

(请证明)，从而 $\int_{\Gamma_{\varepsilon_1}^-}f,\int_{\Gamma_{\varepsilon_2}^-}f,\int_{\Gamma_R}f$ 分别当 $\varepsilon_1\to+0$，$\varepsilon_2\to+0$，$R\to+\infty$ 时趋于零. 由第二章关于多值函数的计算得

$$\mathrm{Res}(f,-1)=\left.\frac{\log\frac{1-z}{z}}{\sqrt[4]{z(1-z)^3}}\right|_{z=-1}=\frac{\ln 2-\mathrm{i}\pi}{\sqrt[4]{8}\mathrm{e}^{\frac{\pi}{4}\mathrm{i}}}$$
$$=\frac{(\ln 2-\pi)}{2\sqrt[4]{2}}-\mathrm{i}\frac{\ln 2+\pi}{2\sqrt[4]{2}}.$$

在(5.27)中令 $\varepsilon_1\to+0$，$\varepsilon_2\to+0$，$R\to+\infty$，有

$$(1+\mathrm{i})I+2\pi J=2\pi\mathrm{i}\left(\frac{\ln 2-\pi}{2\sqrt[4]{2}}-\mathrm{i}\frac{\ln 2+\pi}{2\sqrt[4]{2}}\right).$$

比较两边实、虚部，有

$$I+2\pi J=\frac{\pi(\ln 2+\pi)}{\sqrt[4]{2}},\quad I=\frac{\pi(\ln 2-\pi)}{\sqrt[4]{2}}.$$

从而 $J=\frac{\pi}{\sqrt[4]{2}}$.

以上列举了 6 种利用留数计算实积分的类型. 我们强调，在实际计算中绝不止这几种类型，也不是所有实积分都能用留数定理计算. 在能够用留数计算的积分中，辅助函数的设法和围道的选择有较多的技巧，只能通过大量的练习不断总结才能逐步掌握.

习 题 5.3

利用留数定理计算下列积分：

(1) $\int_0^{+\infty}\frac{x^2}{x^4+x^2+1}\mathrm{d}x$；

(2) $\int_{-\infty}^{+\infty} \frac{\mathrm{d}x}{(x^2+a^2)(x^2+b^2)}$ $(a>0,\ b>0)$；

(3) $\int_0^{+\infty} \frac{\mathrm{d}x}{1+x^{12}}$；

(4) $\int_0^{2\pi} \frac{\mathrm{d}\theta}{1-2p\cos\theta+p^2}$ $(0\leqslant p<1)$；

(5) $\int_0^{\frac{\pi}{2}} \frac{\mathrm{d}t}{a+\sin^2 t}$ $(a>0)$；

(6) $\int_0^{\pi} \frac{\cos mx}{5-4\cos x}\mathrm{d}x$；

(7) $\int_0^{+\infty} \frac{\cos x}{x^2+1}\mathrm{d}x$；

(8) $\int_0^{+\infty} \frac{\sin mx}{x(x^2+1)}\mathrm{d}x$ $(m>0)$；

(9) $\int_0^{+\infty} \frac{x\sin x}{1+x^2}\mathrm{d}x$；

(10) $\int_{-\infty}^{+\infty} \frac{\cos x}{1-x^2}\mathrm{d}x$ ($x\pm 1$ 处理解为主值)；

(11) $\int_0^{+\infty} \frac{x^p}{(1+x^2)^2}\mathrm{d}x$ $(-1<p<3)$；

(12) $\int_0^{+\infty} \frac{x^p}{x^2+3x+2}\mathrm{d}x$ $(-1<p<1)$；

(13) $\int_0^{+\infty} \frac{\ln x}{(x+1)^3}\mathrm{d}x$；

(14) $\int_0^{+\infty} \frac{\ln^2 x}{1+x^2}\mathrm{d}x$；

(15) $\int_0^{+\infty} \frac{\ln x}{\sqrt{x}(x+1)^2}\mathrm{d}x$；

(16) $\int_0^{1} \frac{\mathrm{d}x}{\sqrt[3]{x(1-x)^2}}$；

(17) $\int_{-1}^{1} \frac{\mathrm{d}x}{\sqrt[3]{(1-x)(1+x)^2}}$；

(18) $\int_0^{1} \ln\frac{1-x}{x}\cdot\frac{\mathrm{d}x}{x+1}$；

(19) $\int_0^{1} \frac{\ln\frac{1-x}{x}}{(x+1)\sqrt{x(1-x)}}\mathrm{d}x$；

(20) $\frac{1}{\pi}\int_0^{\pi}\frac{\sin y\sin ny}{\cos x-\cos y}\mathrm{d}y$ （$y=x$ 处理解为主值）.

5.4 辐角原理和儒歇(Rouché) 定理

辐角原理和儒歇定理是用来估计解析函数在某区域零点（或极点）个数的工具. 为后面叙述方便，称 $f(z)$ 在域 D 内除去若干个极点外解析的函数为 **f 在域 D 内亚纯**（其中 D 是 $\mathbf{C}$ 上的域）.

这时，$f(z)$ 在 D 内可能有有限个或无限个极点，若为后者，其聚点 $z_0\overline{\in}D$，否则 z_0 为非孤立奇点与亚纯定义矛盾，因此必然 $z_0\in\partial D$ 或为 ∞. 若在 D 内作有界域 G 且边界也在 D 内，则 G 内至多只能有有限个极点. 在下述限制下，f 在 G 内至多只能有有限个零点.

5.4.1 辐角原理

引理5.1 设 f 在有界域 G 内亚纯，且在边界 L 上解析，在 L 上无零点，则 f 在 G 内至多只有有限个极点和零点.

证 只需证后者. 在 G 内除去极点（如果有的话）得域 G_1，设 f 在 G_1 内有无限个零点，则必有零点序列 $z_n\in G$，$z_n\to z^*$，$z^*\in\overline{G}_1$，且

$$\lim_{n\to+\infty}f(z_n)=0,$$

故 z^* 不是极点，从而 f 在 z^* 解析，且 $f(z^*)=0$. 由于 f 在 L 上不为零，故 $z^*\in G_1$. 由解析函数的唯一性，$z\in G_1$ 时 $f\equiv0$. 又 f 在 L 上解析，从而在 $z\in L$ 时，$f(z)\equiv0$，这与假设矛盾. ∎

定理5.4（辐角原理） 设 G 是复合闭路 $L=L_0+L_1^-+\cdots+L_s^-$ 所围成的有界多连通域，f 在 G 内亚纯，在 L 上解析且在 L 上无零点，则

$$\frac{1}{2\pi\mathrm{i}}\int_L\frac{f'}{f}=\frac{1}{2\pi}[\operatorname{Arg}f(z)]_L=N-P,\tag{5.28}$$

其中 L 取关于 G 的正向，N 及 P 分别表示 f 在 G 内零点及极点的总数，而且每个 k 阶零（极）点分别算作 k 个零（极）点.

证 首先证明第一个等式，因 $f(z)$ 在 L 上解析且在 L 上 $f(z)\neq0$，从而把每个简单逐段光滑封闭曲线 $L_j:L_j(t)$ 映为 w 平面上逐段光滑封闭曲线

Γ_j：[①] $F_j(t)=f(L_j(t))$，$\alpha_j\leqslant t\leqslant\beta_j$，$j=0,1,\cdots,s$. 因 $w=f(z)\neq 0$ 于 L，从而 $\Gamma=\bigcup_{j=0}^{s}\Gamma_j$ 不过原点，于是 Γ 对原点的绕数 $n(\Gamma,0)$ 为一整数，即

$$\frac{1}{2\pi\mathrm{i}}\int_L\frac{f'(z)}{f(z)}\mathrm{d}z=\frac{1}{2\pi\mathrm{i}}\int_\Gamma\frac{\mathrm{d}w}{w}=n(\Gamma,0)=\frac{1}{2\pi}[\mathrm{Arg}\,w]_\Gamma$$
$$=\frac{1}{2\pi}[\mathrm{Arg}\,f(z)]_L.$$

为证(5.28)第二个等式，由引理5.1可设 f 在 G 内零点 a_p 和极点 b_q 分别为 k_p 和 l_q 阶，$p=1,2,\cdots,m$；$q=1,2,\cdots,n$，则

$$\varphi(z)=f(z)\frac{\prod_{q=1}^{n}(z-b_q)^{l_q}}{\prod_{p=1}^{m}(z-a_p)^{k_p}}.\tag{5.29}$$

它在 $\overline{G}$ 上既无零点又无极点(或即在 $\overline{G}$ 上解析)，从而 $\frac{\varphi'}{\varphi}$ 在 $\overline{G}$ 上解析，设 L 经过变换 $\varphi(z)\neq 0$ 成为 γ. 由柯西定理并再度利用绕数定义，有

$$0=\frac{1}{2\pi\mathrm{i}}\int_L\frac{\varphi'(z)}{\varphi(z)}\mathrm{d}z=\frac{1}{2\pi\mathrm{i}}\int_\gamma\frac{\mathrm{d}\varphi}{\varphi}=n(\gamma,0)$$
$$=\frac{1}{2\pi}[\mathrm{Arg}\,\varphi]_\gamma=\frac{1}{2\pi}[\mathrm{Arg}\,\varphi(z)]_L$$
$$=\frac{1}{2\pi}[\mathrm{Arg}\,f(z)]_L+\frac{1}{2\pi}\Big(\sum_{q=1}^{n}2\pi l_q-\sum_{p=1}^{n}2\pi k_p\Big)$$
$$=\frac{1}{2\pi}[\mathrm{Arg}\,f(z)]_L+P-N.$$

这就是(5.28)的第二个等式. ■

注 当本定理其他假设不变，只改设 f 在 G 内无极点，即 f 在 G 内处处解析时，(5.29)有以下形式：

$$\frac{1}{2\pi\mathrm{i}}\int_L\frac{f'}{f}=\frac{1}{2\pi}[\mathrm{Arg}\,f(z)]_L=N.\tag{5.30}$$

容易把本定理推广到边界有零点和极点的情形.

定理 5.4′(推广的辐角原理) 设域 G 及边界的假设同上定理. 亚纯函数 f 在 G 内有有限个零点 $a_1,a_2,\cdots,a_m$ 和极点 $b_1,b_2,\cdots,b_n$，其阶分别为 $\alpha_1,\alpha_2,\cdots,\alpha_m$ 及 $\beta_1,\beta_2,\cdots,\beta_n$；$f$

---

① Γ_j 可能自身相交，但不影响最后的结论.

在 L 上有有限个零点 $c_1,c_2,\cdots,c_p$ 和极点 $d_1,d_2,\cdots,d_q$，其阶分别为 $\lambda_1,\lambda_2,\cdots,\lambda_p$ 及 $\mu_1,\mu_2,\cdots,\mu_q$；并且它们关于 G 的张度分别为 $\xi_1,\xi_2,\cdots,\xi_p$ 及 $\eta_1,\eta_2,\cdots,\eta_q$，则

$$\frac{1}{2\pi i}\int_L \frac{f'}{f} = \frac{1}{2\pi}[\operatorname{Arg} f(z)]_L = N+M-P-Q, \tag{5.31}$$

其中 $N=\sum_{k=1}^{m}\alpha_k$，$M=\sum_{k=1}^{p}\xi_k\lambda_k$，$P=\sum_{k=1}^{n}\beta_k$，$Q=\sum_{k=1}^{q}\eta_k\mu_k$，$L$ 取关于 D 的正向，积分在边界的零点和极点处是柯西主值意义下的.

我们注意到，若 z_0 为 f 的零点或极点，则 z_0 必为 f'/f 的一阶极点. 这是因为在 z_0 附近可写为

$$f(z) = (z-z_0)^k\varphi(z), \quad k \text{ 为整数}, k \neq 0,$$

其中 $\varphi(z_0) \neq 0$ 且 $\varphi(z)$ 在 z_0 解析，又

$$f'(z) = k(z-z_0)^{k-1}\varphi(z) + (z-z_0)^k\varphi'(z),$$

从而在 z_0 空心邻域内，有

$$\frac{f'(z)}{f(z)} = \frac{k}{z-z_0} + \frac{\varphi'(z)}{\varphi(z)}. \tag{5.32}$$

而 φ'/φ 在 z_0 解析. 以上说明 f'/f 在 L 上除在 f 的零点和极点有一阶极性外，在 L 其余地方均解析. 从而 f 在 L 的零点(极点)处，(5.31)应在柯西主值意义下理解. 其余证明则逐字逐句重复前定理，只不过 $n(\Gamma,0)$ 不为整数而已.

5.4.2 儒歇定理

定理 5.5（儒歇） 设 G 和 L 与定理 5.4 相同. 若函数 f 及 g 在 $\overline{G}$ 上解析，在 L 上 $|g|<|f|$，则在 G 内 f 及 $f+g$ 的零点个数相同.

证 由于在 L 上，$|g|<|f|$，可见 f 及 $f+g$ 在 L 上都没有零点. 如果 N 及 N' 分别是 f 及 $f+g$ 在 G 内零点的个数，由辐角原理得

$$2\pi N = [\operatorname{Arg} f(z)]_L,$$

$$\begin{aligned} 2\pi N' &= [\operatorname{Arg}(g(z)+f(z))]_L \\ &= [\operatorname{Arg} f(z)]_L + \left[\operatorname{Arg}\left(1+\frac{g(z)}{f(z)}\right)\right]_L. \end{aligned}$$

这样，为了证明 $N=N'$，只需证明

$$\left[\operatorname{Arg}\left(1+\frac{g(z)}{f(z)}\right)\right]_L = 0. \tag{5.33}$$

当 $z\in L$ 时，$|g|<|f|$，从而 $\left|\frac{g}{f}\right|<1$，因此点 $w=1+\frac{g(z)}{f(z)}$ 总在 w 平面上的圆盘 $|w-1|<1$ 内. 当 z 在组成 L 的任一封闭曲线 L_j 上连续变动

一周时，点 w 在圆周 $|w-1|=1$ 内部画一封闭曲线 Γ_j，它不围绕 $w=0$ 点，故 $[\operatorname{Arg} w]_{\Gamma_j}=0$，即

$$\left[\operatorname{Arg}\left(1+\frac{g(z)}{f(z)}\right)\right]_{L_j}=0,\quad j=0,1,\cdots,s.$$

于是(5.33)得证. ∎

例 5.18（代数基本定理） 证明：n 次代数方程

$$P(z)=a_0z^n+a_1z^{n-1}+\cdots+a_{n-1}z+a_n=0\quad(a_0\neq 0,\ n\geqslant 1)$$

有且仅有 n 个根.

证 设 $f(z)=a_0z^n$，$g(z)=a_1z^{n-1}+\cdots+a_{n-1}z+a_n$. 因为

$$\lim_{z\to\infty}\frac{g(z)}{f(z)}=0,$$

从而存在 $R>0$，当 $|z|\geqslant R$（当然更在 $|z|=R$ 上）有

$$|g(z)|<|f(z)|.$$

而 g,f 均在 $|z|\leqslant R$ 上解析. 显然 f 在 $z=0$ 处有 n 个根(重根)，由儒歇定理，$f(z)+g(z)=P(z)$ 在 $|z|<R$ 内也有 n 个根. 而 $|z|\geqslant R$ 时 $|P(z)|\geqslant|f(z)|-|g(z)|>0$，即 $P(z)$ 无根. 故 $P(z)=0$ 有且仅有 n 个根. 证毕.

例 5.19 方程 $z^4-5z+1=0$ 在圆盘 $|z|<1$ 内有几个根？在圆环 $1<|z|<2$ 内呢？

解 (1) 令 $f(z)=-5z$，$g(z)=z^4+1$. 因为在 $|z|=1$ 上，

$$|f|=5|z|=5>2\geqslant|z^4+1|=|g|.$$

函数 f 在 $|z|<1$ 内仅以 $z=0$ 为一阶零点，所以由儒歇定理知，函数 $f+g=z^4-5z+1=0$ 在 $|z|<1$ 内也有一个零点.

(2) 令 $f(z)=z^4$，$g(z)=-5z+1$. 因为在 $|z|=2$ 上，

$$|f|=|z|^4=16>11\geqslant|-5z+1|=|g|.$$

函数 f 在 $|z|<2$ 内仅以 $z=0$ 为 4 阶零点，所以由儒歇定理，函数 $f+g=z^4-5z+1=0$ 在 $|z|<2$ 内也有 4 个零点.

因为在 $|z|=1$ 上，$z^4-5z+1\neq 0$，故方程 $z^4-5z+1=0$ 在 $1<|z|<2$ 内有 3 个根.

习 题 5.4

1. 利用留数定理证明辐角原理(定理 5.5).

2. 试证：在定理 5.5 的条件下，如果 $\varphi(z)$ 在闭区域 $\overline{D}$ 上解析，并且 α_p 和

β_q 分别为 f 在 D 内的零点和极点，其阶数分别为 k_p 和 l_q，$p=1,2,\cdots,m$；$q=1,2,\cdots,n$，则

$$\frac{1}{2\pi i}\int_L \varphi \frac{f'}{f} = \sum_{p=1}^{m} k_p \varphi(\alpha_p) - \sum_{q=1}^{n} l_q \varphi(\beta_q).$$

3. 求方程 $z^7-5z^4+z^2-2=0$ 在 $|z|<1$ 内根的个数.

4. 方程 $z^4-8z+10=0$ 在(1) $|z|<1$ 内有几个根？(2) 在 $1<|z|<3$ 内有几个根？

5. 证明：方程 $ze^{\lambda-z}=1\ (\lambda>1)$ 在单位圆 $|z|<1$ 内只有一解，而且这个解是正实数.

6. 试证：方程 $z^5-z+3=0$ 的所有根都在圆环 $1<|z|<2$ 内.

7. 若函数 φ 在 $|z|\leqslant 1$ 内解析且满足不等式 $|\varphi|<1$，则方程 $z=\varphi(z)$ 在 $|z|<1$ 内只有一个根.

8. 证明：若不等式

$$|a_k z^k| > |a_0 + a_1 z + \cdots + a_{k-1} z^{k-1} + a_{k+1} z^{k+1} + \cdots + a_n z^n|$$

在简单光滑封闭曲线 L 上的所有点成立，则当点 $z=0$ 在 L 内部时，多项式 $a_0+a_1z+\cdots+a_nz^n$ 在 L 内部有 k 个零点；而当 $z=0$ 在 L 外部时，则无零点.

第五章习题

1. 求积分 $\int_L \frac{e^z}{(z-a)(z-b)}dz$，$L$ 是绕 a,b 的闭路，取 L 关于内域的正向.

2. 设 φ,ψ 在 z_0 解析，z_0 是 ψ 的二阶零点，但不是 φ 的零点，则

$$\mathrm{Res}\left(\frac{\varphi}{\psi}, z_0\right) = 2\frac{\varphi'(z_0)}{\psi''(z_0)} - \frac{2\varphi(z_0)\psi'''(z_0)}{3(\psi''(z_0))^2}.$$

3. 设在 ∞ 的邻域内，$f(z)$ 可写成

$$f(z) = z^n \varphi(z), \quad n=-1,0,1,\cdots,$$

其中 $\varphi(z)$ 在 ∞ 解析且 $\varphi(\infty)\neq 0$. 证明：$n\geqslant -1$ 时，

$$\mathrm{Res}(f,\infty) = -\frac{1}{(n+1)!}\lim_{z\to 0}\frac{d^{n+1}}{dz^{n+1}}\left(z^n f\left(\frac{1}{z}\right)\right).$$

4. 设 $f(z)$ 在 $\mathrm{Im}\, z\geqslant 0$ 除 $z_k\ (k=1,2,\cdots,n)$ 及 $t_j\ (j=1,2,\cdots,N)$ 外解

析，其中 $\operatorname{Im} z_k > 0$，$\operatorname{Im} t_j = 0$，$f(z)$ 在每个 t_j 有一阶极点，且

$$\lim_{\substack{z\to\infty \\ \operatorname{Im} z \geqslant 0}} zf(z) = A,$$

则

$$\int_{-\infty}^{+\infty} f(x)\mathrm{d}x = 2\pi\mathrm{i}\sum_{k=1}^{n}\operatorname{Res}(f,z_k) + \pi\mathrm{i}\sum_{j=1}^{N}\operatorname{Res}(f,t_j) - \pi\mathrm{i}A,$$

其中积分在 $t_1, t_2, \cdots, t_N$ 及 ∞ 均在柯西主值意义下理解(上半平面的留数定理).

5. 用留数定理计算下列积分：

(1) $\displaystyle\int_{-\infty}^{+\infty}\frac{x^{2m}}{1+x^{2n}}\mathrm{d}x$ (m, n 为正整数，$m < n$)；

(2) $\displaystyle\int_0^{2\pi}\frac{\mathrm{d}\theta}{1+\cos^2\theta}$；

(3) $\displaystyle\int_0^1\frac{x^{1-p}(1-x)^p}{1+x^2}\mathrm{d}x$ ($-1 < p < 2$)；

(4) $\displaystyle\int_0^{+\infty}\frac{\ln x}{x^2-1}\mathrm{d}x$；

(5) $\displaystyle\int_0^{+\infty}\frac{\mathrm{d}x}{(x-a)(\ln^2 x+\pi^2)}$ ($a > 0$)；

(6) $\displaystyle\int_0^{+\infty}\frac{\cos ax - \cos bx}{x^2}\mathrm{d}x$ ($a > 0$, $b > 0$)；

(7) $\displaystyle\int_0^{+\infty}\frac{\mathrm{e}^{ax}-\mathrm{e}^{-ax}}{\mathrm{e}^{\pi x}-\mathrm{e}^{-\pi x}}\mathrm{d}x$，其中 $-\pi < a < \pi$；

(8) $\displaystyle\int_{-\infty}^{+\infty}\frac{\sin^4 x}{x^4}\mathrm{d}x$.

6. 利用概率积分 $\displaystyle\int_0^{+\infty}\mathrm{e}^{-x^2}\mathrm{d}x = \frac{\sqrt{\pi}}{2}$，证明：

$$\int_0^{+\infty}\frac{\sin x}{\sqrt{x}} = \int_0^{+\infty}\frac{\cos x}{\sqrt{x}} = \sqrt{\frac{\pi}{2}}.$$

7. $a \neq \infty$，L 是逐段光滑封闭曲线(过 a 或不过 a). 设 $f(z)$ 在 L 所围区域内解析，Hölder 地连续到边界 L，则有

$$\frac{1}{2\pi\mathrm{i}}\int_L\frac{f(\zeta)}{\zeta-a}\mathrm{d}\zeta = n(L,a)f(a),$$

其中 $n(L,a)$ 为曲线 L 关于 a 的绕数.

8. 函数 f 在由复合闭路 L 所围的有界多连通域 G 内亚纯，在边界 L 上解

析且不为零. 证明下列论断:

(1) 若在 L 上 $|f|<1$, 则方程 $f(z)=1$ 在区域 G 内根的个数等于 f 在该区域内极点的个数;

(2) 若在 L 上 $|f|>1$, 则方程 $f(z)=1$ 在区域 G 内根的个数等于函数 f 在该区域内零点的个数.

(3) 若将方程 $f(z)=1$ 改为方程 $f(z)=\alpha$, 且在情形(1) 中若 $|\alpha|\geqslant 1$, 在情形(2) 中若 $|\alpha|\leqslant 1$, 则论断(1),(2) 仍然成立.

第六章　解 析 开 拓

本章所要讨论的解析开拓问题是：在一个区域内的解析函数，能否把它延拓到更大的范围内，并仍保持解析. 通过这一问题的探讨，将对多值解析函数有更深入的认识.

6.1　解析开拓的概念和方法

6.1.1　基本概念

定义 6.1　设 $f(z)$ 定义在域(或某一曲线)D 上，G 是一个包含 D 的区域，若存在 G 内的解析函数 $F(z)$，使得当 $z \in D$ 时，$F(z) = f(z)$，则称函数 f 可以解析开拓到 G 内，并称 F 是 f 从 D 到 G 的**(直接)解析开拓**.

由定义立即可得解析开拓的唯一性. 设 $F_1(z)$ 也在 G 解析，且对 $z \in D$ 有 $F_1(z) = f(z)$，则对 $z \in D$ 有 $F_1(z) = F(z) = f(z)$，由解析函数唯一性，得 $F(z) = F_1(z)$ 于 $z \in G$.

例 6.1　将 e^x 解析开拓到复平面.

解　因 $f(z) = \mathrm{e}^z$ 在 $\mathbf{C}$ 上解析，且在实轴上的 $f(x) = \mathrm{e}^x$，从而 e^z 是 e^x 的解析开拓.

类似地可知 $\sin z, \cos z$ 分别是 $\sin x, \cos x$ 的解析开拓.

注意：定义并未涉及 f 从 D 到 G 解析开拓是否永远可行(存在性). 例如 $f(x) = |x|$ 就不能开拓为 $z = 0$ 附近的解析函数. 事实上，若存在 f 在 $z = 0$ 解析，必存在

$$\lim_{z \to 0} \frac{f(z) - f(0)}{z} = \lim_{x \to 0} \frac{f(x) - f(0)}{x} = \lim_{x \to 0} \frac{|x|}{x}.$$

这与 $f(x)$ 在 $x = 0$ 无导数矛盾. 本例中 f 在 $x = 0$ 连续但不可导，即使一个实函数在实轴上 $x = 0$ 附近有任意阶导数也不一定能解析开拓为 $z = 0$ 附近

的解析函数(见本节习题第 2 题)，然而，我们有

例 6.2 设实幂级数 $f(x)=\sum_{n=0}^{+\infty}\alpha_n(x-x_0)^n$ 的收敛半径为 $R>0$，则 $f(z)=\sum_{n=0}^{+\infty}\alpha_n(z-x_0)^n$ 是 $f(x)$ 从 $|x-x_0|<R$ 到 $|z-x_0|<R$ 的解析开拓.

事实上，实、复幂级数的收敛半径均为

$$R=\frac{1}{\overline{\lim\limits_{n\to+\infty}}\sqrt[n]{|\alpha_n|}},$$

显然，$f(z)$ 在 $|z-x_0|<R$ 内解析，且 $f(x)=\sum_{n=0}^{+\infty}\alpha_n(x-x_0)^n$，此例得证.

因为 $e^x,\sin x,\cos x$ 在实轴上 $x=0$ 处均可展为收敛半径为 $+\infty$ 的实幂级数，这就是为什么我们在第二章中用相应复幂级数来定义 $e^z,\sin z,\cos z$ 的理由. 事实上，它们就是这些实函数到复平面的解析开拓.

例 6.3 $f(z)=\sum_{n=0}^{+\infty}z^n$ 在 $|z|<1$ 内解析，但它的和函数为 $\frac{1}{1-z}$ 在 $\mathbf{C}_\infty-\{1\}$ 内解析，而在 $|z|<1$ 内可展为幂级数 $\sum_{n=0}^{+\infty}z^n$，这表明 $\frac{1}{1-z}$ 是 $f(z)$ 从 $|z|<1$ 到 $\mathbf{C}_\infty-\{1\}$ 的解析开拓.

以下讨论的中心问题是怎样进行解析开拓，其方式有：(1) 透弧开拓；(2) 用幂级数开拓. 分别在下面两小节中讨论.

6.1.2 透弧开拓

定义 6.2 设区域 D_1,D_2 以逐段光滑曲线 L（不包括端点）为邻接边界(图 6-1)，f_1,f_2 分别在 D_1,D_2 内解析. 若存在 $D_1\cup L\cup D_2$ 中的解析函数 F，使得

$$F(z)=\begin{cases}f_1(z), & z\in D_1,\\ f_2(z), & z\in D_2,\end{cases}$$

则称 f_1 与 f_2 **互为(直接)透弧** L **的解析开拓**. 这时显然 f_1,f_2 在 L 上有相同的边界极限值.

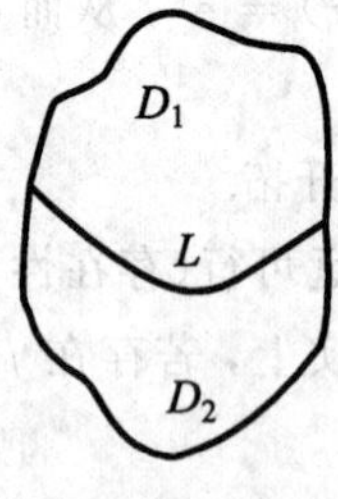

图 6-1

我们通常把"f 在某域 D 内解析"记为 (f,D)，称为一个**解析函数元素**. 那么上述定义中也可称 (f_1,D_1) 与 (f_2,D_2) 互为透弧 L 的解析开拓或简称为解析开拓.

透弧开拓是解析开拓的特殊形式. 由上小节知，如存在这样的 F，则必

然唯一. 一般，存在性不能保证. 例如定义中取 $f_1(z)=0$, $f_2(z)=1$，则 F 不可能存在.（为什么?）关于存在的条件，有下述的班拉卫(Painlevé) 原理.

定理 6.1（班拉卫连续开拓原理） 设区域 D_1, D_2 以逐段光滑曲线 L（不包括端点）为邻接边界. f_j 在 D_j 解析，在 $D_j \cup L$ 上连续($j=1,2$)，并且当 $z \in L$ 时，$f_1(z)=f_2(z)$，则函数

$$F(z)=\begin{cases} f_1(z), & z \in D_1, \\ f_1(z)=f_2(z), & z \in L, \\ f_2(z), & z \in D_2 \end{cases} \tag{6.1}$$

在 $D=D_1 \cup L \cup D_2$ 内解析.

证 显然，F 在 D 内连续，任意作一简单封闭曲线 γ，γ 及其内部全含于 D 内. 若 γ 及其内部全含于 D_1 或 D_2 内，则由 F 在 D_1 或 D_2 内解析，根据柯西积分定理，有 $\int_\gamma F=0$.

若 γ 及其内部分别属于 D_1 和 D_2（图 6-2），γ 落在 D_1 和 D_2 内的部分记为 γ_1 与 γ_2，L 落在 γ 内部的一段记为 l，根据柯西积分定理，有

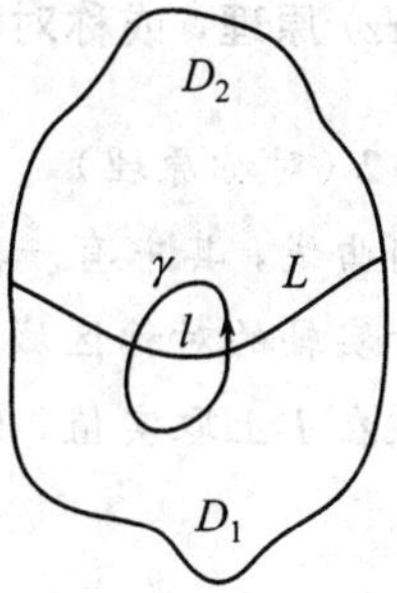

$$\int_{\gamma_1+l} F=0, \quad \int_{\gamma_2+l^-} F=0.$$

从而 $\int_\gamma F=\int_{\gamma_1+l} F+\int_{\gamma_2+l^-} F=0.$

图 6-2

根据莫瑞勒定理，我们得出 F 在 D 内解析. [①] ∎

例 6.4 Log z 是它黎曼面上的单值解析函数.

Log z 的各分枝 $f_k(z)=\log_k z=\ln|z|+\mathrm{i}\arg_k z$ 在

$$D_k: 2k\pi<\arg_k z<(2k+2)\pi \quad (k=0,\pm 1,\pm 2,\cdots)$$

内解析，从而(f_k, D_k)为解析函数元素. 又 f_k 连续到 D_k 的边界正实轴的上、下岸(不包括原点及 ∞). 当把 D_k 的边界正实轴下岸 $\arg_k z=(2k+2)\pi$ 与 D_{k+1} 的边界正实轴上岸 $\arg_{k+1} z=(2k+2)\pi$ 粘接在一起，由班拉卫原理，(f_k, D_k) 越过正实轴解析开拓到(f_{k+1}, D_{k+1})，$k=0,\pm 1,\pm 2,\cdots$. 第二章中

---

① L 与 γ 的交点可能是有限个或无限多个. 若是有限个交点，证明与上述类似；若有无限个交点时，结论也成立，其证明稍复杂.

我们谈粘接时只能说 $\operatorname{Log} z$ 是黎曼面上的单值连续函数，现在我们可以说 $\operatorname{Log} z$ 是黎曼面上的单值解析函数.

例 6.5 $\sqrt[n]{z}$ 是它黎曼面上的单值解析函数.

$\sqrt[n]{z}$ 的各个分枝 $g_k(z)=\sqrt[n]{|z|}\,\mathrm{e}^{\mathrm{i}\frac{\arg_k z}{n}}$ 在

$$D_k:\ 2k\pi<\arg_k z<(2k+2)\pi \quad (k=0,1,\cdots,n-1)$$

解析，因此，(g_k,D_k) 为解析函数元素. 同上例一样，由于我们在第二章中作出$\sqrt[n]{z}$ 的黎曼面时在接缝处 $g_k=g_{k+1}$（已记 $g_n=g_0$），从而(g_k,D_k) 到(g_{k+1},D_{k+1}) $(k=0,1,\cdots,n-1)$ 为解析开拓，于是$\sqrt[n]{z}$ 为其黎曼面上的单值解析函数.

在例 6.1 中，我们可以明显看到，自变量值关于实轴对称时，即对于 $z,\bar{z}$（不妨设 $\operatorname{Im} z>0$），有 e^z 和 $\mathrm{e}^{\bar{z}}$ 关于实轴对称，即$\overline{\mathrm{e}^z}=\mathrm{e}^{\bar{z}}$. 这个事实对 $\sin z$，$\cos z$ 及例 6.3 都是对的. 由这些事实启发可得**黎曼 - 许瓦兹**(Riemann-Schwarz) **原理**，或称**对称原理**.

定理 6.2（对称原理） 设 D 是在实轴某一侧的区域，其边界是一逐段光滑封闭曲线，其中有一段是实轴上的一个区间 I（不包含两端点），并记 D 关于实轴的对称区域为 D^*. 若函数 f 在 D 内解析，在 $D\cup I$ 上连续，并且在 I 上取实值，则

$$F(z)=\begin{cases} f(z), & z\in D\cup I,\\ \overline{f(\bar{z})}, & z\in D^* \end{cases} \tag{6.2}$$

在 $D\cup I\cup D^*$ 内解析.

证 首先证明 F 在 D^* 内解析. 任取 $z\in D^*$，则 $\zeta=\bar{z}\in D$，于是由

$$\frac{\partial F}{\partial \bar{z}}=\frac{\partial}{\partial \bar{z}}\overline{f(\bar{z})}=\overline{\frac{\partial}{\partial z}f(\bar{z})}=\overline{\frac{\partial}{\partial \zeta}f(\zeta)}=0,$$

得 F 在 D^* 内解析.

其次证明 F 在 $D^*\cup I$ 上连续. 显然，F 在 D^* 连续，故只需证 F 在 I 上关于 D^* 一侧连续. 仍设 $z\in D^*$，并取 $a\in I$，由于 f 在 $D\cup I$ 上连续且在 I 上取实值，所以

$$\lim_{\substack{z\to a\\ z\in D^*}} F(z)=\lim_{\substack{\bar{z}\to a\\ \bar{z}\in D}}\overline{f(\bar{z})}=\overline{f(a)}=f(a)=F(a).$$

从而，F 在 $D^*\cup I$ 上连续. 由班拉卫原理，F 在 $D\cup I\cup D^*$ 内解析. ∎

本定理的结果将对比较复杂但对称的区域的共形映照起着重要作用（见

第七章例7.8).

利用下一章7.1.5小节可将这个定理推广到I和$f(I)$是任一直线上的开区间或某一圆弧的情况(见第七章习题第10题).

6.1.3 幂级数开拓

我们首先介绍更一般的概念:

定义 6.3 设(f_1,D_1),(f_2,D_2)为解析函数元素,$D_1 \cap D_2 \neq \varnothing$,在$D_1 \cap D_2$的一个非空开域$K$上(图6-3)[①]有$f_1(z)=f_2(z)$,则称$(f_1,D_1)$与$(f_2,D_2)$**互为(直接)解析开拓**.

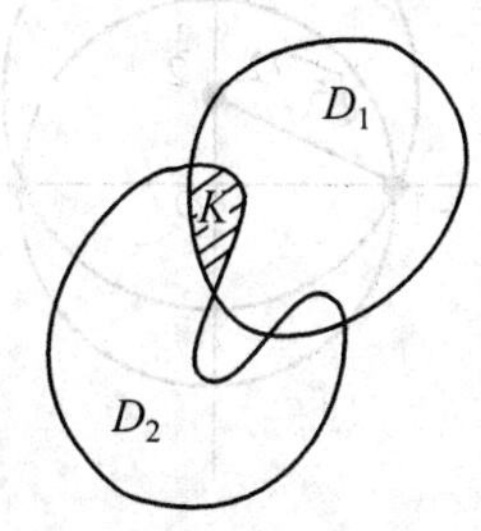

图 6-3

定义是合理的,因为令

$$F(z)=\begin{cases} f_1(z), & z\in D_1-K, \\ f_1(z)=f_2(z), & z\in K, \\ f_2(z), & z\in D_2-K, \end{cases}$$

它是$(D_1-K)\cup K\cup(D_2-K)$上的解析函数(可能在$(D_1-K)\cap(D_2-K)$上多值).

以这个定义的观点,也可重新审查例6.4和例6.5. 为叙述不至于过分复杂,只以多值函数$\sqrt{z}$为例说明. 而对$\operatorname{Log} z$和$\sqrt[n]{z}$ $(n>2)$可按类似的办法证明.

例 6.5′ 用定义6.3的观点说明$\sqrt{z}$是二叶黎曼面上的单值解析函数.

$f_0(z)=\sqrt{|z|}\,\mathrm{e}^{\mathrm{i}\frac{\arg_0 z}{2}}$在$D_0$:$0<\arg_0 z<\pi$内解析,$f_1(z)=\sqrt{|z|}\,\mathrm{e}^{\mathrm{i}\frac{\arg_1 z}{2}}$在$D_1$:$\frac{\pi}{2}<\arg_1 z<\frac{3\pi}{2}$内解析,在$D_0\cap D_1$有$f_0=f_1$,从而$(f_0,D_0)$与$(f_1,D_1)$互为解析开拓;$f_2(z)=\sqrt{|z|}\,\mathrm{e}^{\mathrm{i}\frac{\arg_2 z}{2}}$在$D_2$:$\pi<\arg_2 z<2\pi$内解析,在$D_1\cap D_2$内有$f_1=f_2$,从而$(f_1,D_1)$与$(f_2,D_2)$互为解析开拓……一般归纳定义$D_n$,设$D_n$:$\frac{n\pi}{2}<\arg_n z<\pi+\frac{n}{2}\pi$,$f_n(z)=\sqrt{|z|}\,\mathrm{e}^{\mathrm{i}\frac{\arg_n z}{2}}$ $(n=0,1,2,\cdots,7)$,则(f_n,D_n)与(f_{n+1},D_{n+1})互为解析开拓$(n=0,1,\cdots,6)$. 最后,因$D_0\cap D_7$上$f_0=f_7$,从而(f_0,D_0)与(f_7,D_7)互为解析开拓,我们将函数值相同的部分粘连起来,就得到一个二叶黎曼面,$\sqrt{z}$是这个二叶黎曼面上的单值解析函数.

---

① D_1与D_2的交集可能由若干个互不连通的开集所组成,若D_1,D_2均为凸集,易证$D_1\cap D_2$必为域.

定义 6.3 的一种特殊开拓是用幂级数为工具的解析开拓. 这种开拓的可能性可由例 6.3 来说明. 设 $D_1:|z|<1$, 而 $f_1(z)=\sum\limits_{n=0}^{+\infty}z^n$, 则 (f_1,D_1) 为解析函数元素. 因在 D_1 内, $f_1(z)=\dfrac{1}{1-z}$, 我们来求 $\dfrac{1}{1-z}$ 在 $z=\dfrac{\mathrm{i}}{2}\in D_1$ 的幂级数展式, 得

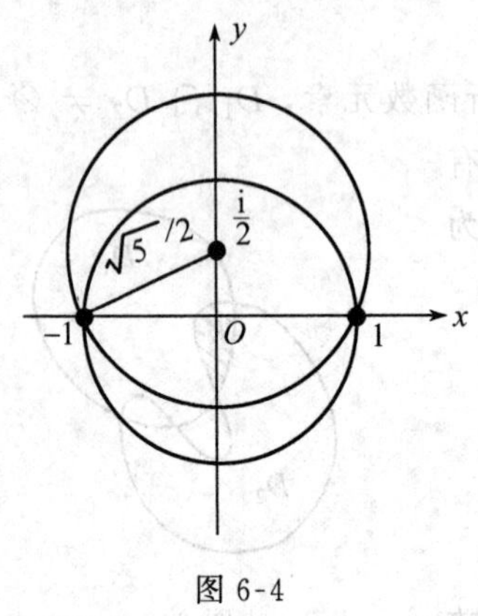

图 6-4

$$\sum_{n=0}^{+\infty}\left[\frac{2}{5}(2+\mathrm{i})\right]^{n+1}\left(z-\frac{\mathrm{i}}{2}\right)^n.$$

易求出其收敛半径为 $R_2=\dfrac{\sqrt{5}}{2}$ (图 6-4).

它在 $D_2:\left|z-\dfrac{\mathrm{i}}{2}\right|<\dfrac{\sqrt{5}}{2}$ 内定义了一个解析函数 f_2, 在 $D_1\cap D_2$ 内有 $f_1=f_2$. 从而 (f_2,D_2) 是 (f_1,D_1) 的解析开拓. D_2 有一部分在 D_1 外, 所以, f_1 解析的范围扩大了. 也就是说 f_1 可解析开拓到 D_1 外. 那么, 究竟在什么情况下用幂级数确定的函数一定可以解析开拓到其收敛圆盘的外部呢? 我们设

$$f_1(z)=\sum_{n=0}^{+\infty}\alpha_n(z-z_1)^n \tag{6.3}$$

的收敛圆盘为 $D_1:|z-z_1|<R_1\ (0<R_1<+\infty)$, 则 f_1 在 D_1 内解析. 在 D_1 内任取一点 $z_2\neq z_1$, 求 f_1 在 z_2 点的幂级数展式, 得

$$\sum_{n=0}^{+\infty}\frac{f_1^{(n)}(z_2)}{n!}(z-z_2)^n. \tag{6.4}$$

设它的收敛半径为 R_2. 由于 f_1 在圆盘 $|z-z_2|<R_1-|z_1-z_2|$ 内解析, 所以, $R_2\geqslant R_1-|z_1-z_2|$. 而且(6.4)在 $D_2:|z-z_2|<R_2$ 内定义了一个解析函数 f_2, 在 $D_1\cap D_2$ 内有 $f_1=f_2$. 这时有下面两种情况:

(1) 如果 $R_2>R_1-|z_1-z_2|$, 则 D_2 有一部分在 D_1 外, 因此, 这时我们说 f_1 可以沿过 z_2 的半径方向解析开拓到 D_1 外(图 6-5 (a)).

(2) 如果 $R_2=R_1-|z_1-z_2|$, 则 D_2 与 D_1 相切, 解析范围未扩大(图 6-5 (b)). 这时我们说 f_1 不能沿过 z_2 的半径方向解析开拓到 D_1 外. 此时 D_1 与 D_2 的切点必为 f_1 的奇点. 因此, 奇点是解析开拓的障碍.

再看例 6.3. 仍设 $D_1:|z|<1$, $f_1(z)=\sum\limits_{n=0}^{+\infty}z^n$, 则 (f_1,D_1) 为解析函数

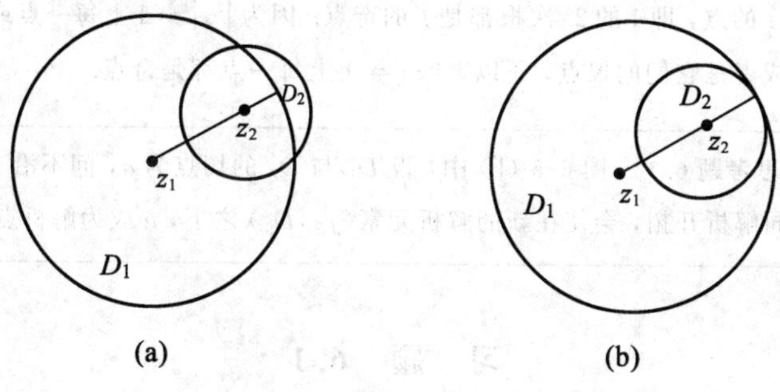

图 6-5

元素，我们求得 f_1 在 $z=a\ (0<a<1)$ 的幂级数展式是

$$f_2(z)=\sum_{n=0}^{+\infty}(1-a)^{-n-1}(z-a)^n.$$

它的收敛半径为 $1-a=1-|a-0|$. 因此，f_1 不能沿过 a 的半径方向解析开拓到 D_1 外. $z=1$ 是 f_1 的奇点，它是一阶极点.

以上说明 f_1 沿半径方向开拓时，遇到奇点就不能开拓. 由定理 4.8，收敛幂级数($R\neq+\infty$)在收敛圆周上至少有和函数的一个奇点，因此，f_1 沿半径方向至少有一个方向不能开拓，即不能在每个方向都能开拓. 然而，下面的例子说明，也有可能收敛幂级数在每个方向都不能解析开拓的情况.

例 6.6 函数

$$f(z)=z+z^2+z^4+z^8+\cdots=\sum_{n=0}^{+\infty}z^{2^n}$$

的收敛半径是 1. 其和函数 f 在 $|z|<1$ 内解析，但在 $|z|=1$ 上的每一点都是 f 的奇点. 这时，$|z|=1$ 称为 f 的自然边界.

证 先证 $z=1$ 是 f 的一个奇点. 为此，只需证明在 $|z|<1$ 内，当 z 沿正实轴方向趋于 1 时，f 趋于无穷，即 $\lim\limits_{x\to1-0}f(x)=+\infty$.

设 $0<x<1$，对于任何正整数 N，有

$$f(x)=\sum_{n=0}^{+\infty}x^{2^n}>\sum_{n=0}^{N}x^{2^n}>(N+1)x^{2^N}.$$

因 $\lim\limits_{x\to1-0}(N+1)x^{2^N}=N+1>N$，故可找到 $x_0\ (0<x_0<1)$，使得当 $x_0<x<1$ 时，有

$$f(x)>(N+1)x^{2^N}>N.$$

由于 N 是任意正整数，我们有 $\lim\limits_{x\to1-0}f(x)=+\infty$. 因此，$z=1$ 是奇点.

其次，由于 $f(z)=z+f(z^2)$，f 在 $z^2=1$，即 $z=1$ 及 $z=-1$ 处不解析. 同样，由于 $f(z)=z+z^2+f(z^4)$，可得满足 $z^4=1$ 的点都是 f 的奇点. 依此类推，对任何正整数

n，满足 $z^{2^n}=1$ 的点，即 1 的 2^n 次根都是 f 的奇点. 因为 $|z|=1$ 上每一点或者是这些奇点中的一个，或者是它们的聚点，所以，$|z|=1$ 上每一点都是奇点.

> **思考题 6.1** 图 6-5 (b) 中，设 D_1 与 D_2 的切点为 a，问不沿 z_1z_2 的方向解析开拓，会使在新的解析元素 (f_3, D_3) 之下，a 成为解析点吗?

习 题 6.1

1. 求下列函数在复平面上的解析开拓：

(1) $\operatorname{sh} x, \operatorname{ch} x$；　　(2) $f(x)=\sum\limits_{n=0}^{+\infty}(-1)^n x^{2n}$.

2. 证明：$f(x)=\begin{cases}e^{-1/x^2}, & \text{当 } x\neq 0,\\ 0, & \text{当 } x=0\end{cases}$ 在 $(-\infty,+\infty)$ 上有任意阶导数，然而它不能解析开拓到任一包括 $z=0$ 的区域.

3. 试证：如果整函数 $f(z)=\sum\limits_{n=0}^{+\infty}\alpha_n z^n$ 在实轴上取实值，那么系数 α_n $(n=0,1,2,\cdots)$ 为实数.

4. 试求 $f_1(z)=\sum\limits_{n=0}^{+\infty}(-1)^n \mathrm{i}^n z^n$ 和 $f_2(z)=\sum\limits_{n=0}^{+\infty}(-1)^n\dfrac{(1+\mathrm{i})^n z^n}{(1-z)^{n+1}}$ 的收敛域 D_1, D_2，并证明 (f_1, D_1) 与 (f_2, D_2) 互为直接解析开拓.

5. $f_1(z)=\sum\limits_{n=0}^{+\infty}z^n$ 与 $f_2(z)=-\sum\limits_{n=0}^{+\infty}\dfrac{1}{z^{n+1}}$ 的收敛域虽无公共部分，但 f_2 仍为 f_1 的间接解析开拓.

6. 试用定义 6.3 的观点解释 $\operatorname{Log} z$ 与 $\sqrt[n]{z}$ 是其黎曼面上的单值解析函数.

6.2　完全解析函数及单值性定理

上两小节指出了两个解析函数元素互为直接开拓本质相同的定义 6.2 与定义 6.3. 按照这两种方法的任何一种都有继续开拓的可能性. 现在有这样两个问题：什么时候开拓得不能再开拓了(即定义域达到最大限度)? 什么时候开拓为单值(多值)解析函数? 这是本节的两个中心问题.

6.2.1 完全解析函数和黎曼面

定义 6.4 如果解析函数元素序列$(f_1,D_1),(f_2,D_2),\cdots,(f_n,D_n)$中任意两个序号相邻的元素$(f_k,D_k)$与$(f_{k+1},D_{k+1})$互为直接解析开拓(按定义6.2或定义6.3)，那么称(f_1,D_1)与(f_n,D_n)**互为间接解析开拓**. 并称$(f_1,D_1),\cdots,(f_n,D_n)$为**解析函数链**.

定义 6.5 设$\{(f,D)\}$为解析函数元素的集合(有限或无限个)，其中任意两个元素$(f_\alpha,D_\alpha),(f_\beta,D_\beta)$都存在解析函数链使它们互为间接解析开拓，称$\{(f,D)\}$定义了一个**一般解析函数**.

定义 6.6 设$\{(f,D)\}$定义的一般解析函数包含了任一元素的一切解析开拓，则称$\{(f,D)\}$为**完全解析函数**. 把$\{(f,D)\}$中具有相同函数值的区域粘贴起来(按定义6.2粘贴区域是邻接边界部分，按定义6.3则粘贴有公共值的一个公共非空开域). 这样形成的一个区域或推广了的区域称为$\{(f,D)\}$的**黎曼面**.

简单地说，完全解析函数是不能再解析开拓或者说开拓到最大限度的一般解析函数. 黎曼面就是它的最大定义域. 而黎曼面的边界称为**自然边界**.

例如，$(e^z,\mathbf{C})$与例6.6中f与D：$|z|<1$均为最大限度的开拓，因此它们均为完全解析函数，其中$\mathbf{C}$及单位圆分别为它们的黎曼面(单叶的)，∞及$|z|=1$分别为其自然边界. 又如$1/\sin z$以$z=k\pi$(k为整数)及$z=\infty$为自然边界.

再如，例6.4与例6.5中(f_k,D_k)，$k=0,\pm1,\pm2,\cdots$及(g_k,D_k)，$k=0,1,\cdots,n-1$,分别定义了完全解析函数即多值解析函数$\mathrm{Log}\,z$和$\sqrt[n]{z}$,它们的黎曼面分别为无穷叶和n叶，其自然边界为0及∞.

对复杂的多值解析函数，其黎曼面也会复杂.

例 6.7 求作$F(z)=\sqrt{z}+\sqrt[3]{z-1}$的黎曼面.

解 其枝点为$z=0,1,\infty$，以$[-\infty,0]$及$[1,+\infty]$为剖线可将$F(z)$分成6枝. 取$\sqrt{z}$及$\sqrt[3]{z-1}$为$[1,+\infty]$上岸为正实数的分枝. 设$\varepsilon=e^{\frac{2\pi i}{3}}$，则这6个分枝为

$$f_1(z)=\sqrt{z}+\sqrt[3]{z-1},\quad f_2(z)=-\sqrt{z}+\sqrt[3]{z-1},$$
$$f_3(z)=\sqrt{z}+\varepsilon\sqrt[3]{z-1},\quad f_4(z)=-\sqrt{z}+\varepsilon\sqrt[3]{z-1},$$
$$f_5(z)=\sqrt{z}+\varepsilon^2\sqrt[3]{z-1},\quad f_6(z)=-\sqrt{z}+\varepsilon^2\sqrt[3]{z-1}.$$

当z围绕$z=0$而不含$z=1$的围线逆时针转一周时$\sqrt{z}$变为$-\sqrt{z}$，而

$\sqrt[3]{z-1}$ 不变，所以有如下置换：

$$\begin{pmatrix} f_1 & f_2 \\ f_2 & f_1 \end{pmatrix}, \quad \begin{pmatrix} f_3 & f_4 \\ f_4 & f_3 \end{pmatrix}, \quad \begin{pmatrix} f_5 & f_6 \\ f_6 & f_5 \end{pmatrix}. \tag{6.5}$$

当 z 围绕 $z=1$ 而不含 $z=0$ 的围线逆时针转一周时，$\sqrt{z}$ 不变，而 $\sqrt[3]{z-1}$ 要乘以 ε 倍，各枝又有如下置换：

$$\begin{pmatrix} f_1 & f_3 & f_5 \\ f_3 & f_5 & f_1 \end{pmatrix}, \quad \begin{pmatrix} f_2 & f_4 & f_6 \\ f_4 & f_6 & f_2 \end{pmatrix}. \tag{6.6}$$

把 **C** 除去剖线后的平面看成 6 个覆叠层记为 D_k，$k=1,2,3,4,5,6$，则 (f_k, D_k) 为解析函数元素. 由(6.5),(6.6) 我们应按函数值连续过渡的班拉卫原理在对应剖线上如图 6-6 那样粘接. 这样就可得到 $F(z)$ 的六叶黎曼面.

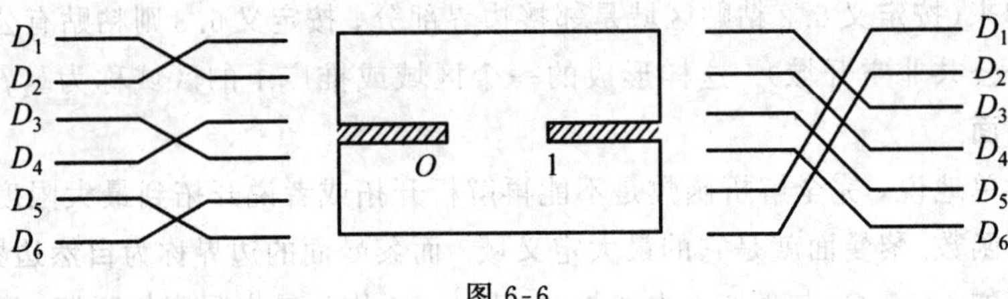

图 6-6

6.2.2 单值性定理

单值性定理是关于一般解析函数成为单值解析函数的判别定理. 首先介绍幂级数沿弧解析开拓的概念.

设 $L: z=z(t)$, $0 \leqslant t \leqslant 1$, 是简单曲线，对于任意给定的 $t_0 \in [0,1]$，若函数 f 在 $z_0 = z(t_0)$ 解析，把 f 在 z_0 的幂级数展式、收敛半径及收敛圆分别记为 $f(t_0, z)$, $R(t_0)$ 及 $U(t_0)$，显然 $R(t_0) > 0$，还可设 $R(t_0) < +\infty$（否则，无继续开拓的必要）.

定义 6.7 所谓 $f(1,z)$ 是 $f(0,z)$ 沿 L 的解析开拓是指满足如下两个条件：

(1) 对于 $[0,1]$ 上每个 t 有 $R(t) > 0$；

(2) 对任意的 $t_0, t_1 \in [0,1]$，当 $z_1 = z(t_1) \in U(t_0)$ 时，在 $U(t_0) \cap U(t_1)$ 内有 $f(t_0, z) = f(t_1, z)$.

这时我们还称 $f(0,z)$ 及 $f(1,z)$ 分别为**始元**和**终元**. 在本定义下必存在解析函数链(圆链，不止一组) 覆盖 L (图 6-7). 由解析函数唯一性，$f(1,z)$ 由 $f(0,z)$ 唯一决定，并与覆盖 L 的圆链无关. 显然以 $f(1,z)$ 为始元沿 L^- 解

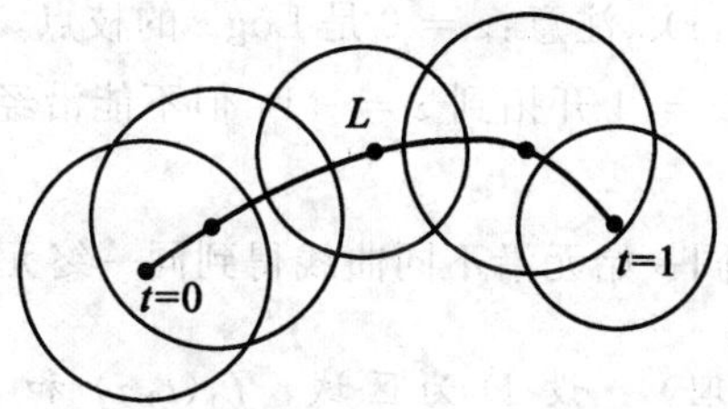

图 6-7

析开拓，其终元必为 $f(0,z)$. 或者说，沿 LL^{-} 解析开拓必回到原来的始元.

设 L_0 与 L_1 为起点和终点相同的简单曲线且对同一始元均可沿这两条曲线解析开拓，其终元是否相同？请看下例：

例 6.8 设 L_0 与 L_1 分别为上半与下半单位圆周：

$$L_0: z = e^{i\pi t}, 0 \leqslant t \leqslant 1; \quad L_1: z = e^{-i\pi t}, 0 \leqslant t \leqslant 1.$$

若取 $\log 1 = 0$，取始元

$$f(0,z) = f_{L_0}(0,z) = f_{L_1}(0,z) = \log z$$

$$= \sum_{n=1}^{+\infty} \frac{(-1)^{n-1}}{n}(z-1)^n,$$

$$z \in U_{L_0}(0) = U_{L_1}(0): |z-1| < 1,$$

作沿 L_0 的解析函数链 $(f_{L_0}(0,z), U_{L_0}(0))$，$\left(f_{L_0}\left(\frac{1}{2},z\right), U_{L_0}\left(\frac{1}{2}\right)\right)$，$(f_{L_0}(1,z), U_{L_0}(1))$，得

$$f_{L_0}\left(\frac{1}{2},z\right) = \frac{\pi}{2}i - \sum_{n=1}^{+\infty} \frac{i^n}{n}(z-i)^n, \quad z \in U_{L_0}\left(\frac{1}{2}\right): |z-i| < 1;$$

$$f_{L_0}(1,z) = \pi i - \sum_{n=1}^{+\infty} \frac{1}{n}(z+1)^n, \quad z \in U_{L_0}(1): |z+1| < 1.$$

同理沿 L_1 可作解析函数链 $(f_{L_1}(0,z), U_{L_1}(0))$，$\left(f_{L_1}\left(\frac{1}{2},z\right), U_{L_1}\left(\frac{1}{2}\right)\right)$，$(f_{L_1}(1,z), U_{L_1}(1))$，得

$$f_{L_1}\left(\frac{1}{2},z\right) = -\frac{\pi}{2}i + \sum_{n=1}^{+\infty} \frac{(-1)^{n-1}i^n}{n}(z+i)^n,$$

$$z \in U_{L_1}\left(\frac{1}{2}\right): |z+i| < 1;$$

$$f_{L_1}(1,z) = -\pi i - \sum_{n=1}^{+\infty} \frac{1}{n}(z+1)^n,$$

$$z \in U_{L_1}(1): |z+1| < 1.$$

故 $f_{L_0}(1,z)\neq f_{L_1}(1,z)$. 注意：$z=0$ 是 $\operatorname{Log} z$ 的枝点，在 $\mathbf{C}-\{0\}$ 上 $f(0,z)$ 可沿任意简单曲线从 $z=1$ 开拓到 $z=-1$，但不能沿经过 $z=0$ 的曲线开拓到 $z=-1$.

下面的定理给出同一始元沿不同曲线得到同一终元的条件.

定理 6.3（单值性定理） 设 D 为区域，$f_0(t,z)$ 和 $f_1(t,z)$ 是同一始元 $f_0(0,z)=f_1(0,z)$ 分别沿曲线 L_0 和 L_1 的解析开拓. 若 L_0 和 L_1 在 D 内同伦，且始元可沿 D 内同伦曲线族中任一曲线解析开拓到终点，则关于 L_0 和 L_1 的终元相同，即 $f_0(1,z)=f_1(1,z)$.

证 由 $L_0\sim L_1(D)$，存在伦移 $\psi(t,\tau)$ 在 D 内把 L_0 连续变为 L_1. 因此，ψ 把 (t,τ) 平面任一弧 $\sigma\subset S=[0,1]\times[0,1]$ 映为 z 平面上的弧 $\Sigma\subset D$. 如 Σ 以 L_0,L_1 的起点为起点，由假设，始元沿 Σ 有解析开拓. 为简单叙述起见，把始元"沿 σ"的解析开拓理解为"沿 Σ"的解析开拓.

欲证结论，等价于要证明 $f_0(0,z)$ 沿曲线 $L_0L_1^-$ 解析开拓回到始元 $f_0(0,z)$，或等价于说沿着 S 的周界 Γ 的解析开拓将回到始元.

下面对 S 逐次平分.

将 S 横向对分为 S_1 和 S_2，其周界分别为 $\Gamma_1(=\pi_1)$ 和 Γ_2，$\Gamma_1=\pi_1$ 的方向是这样取定的：在与大正方形的公共边上，与 Γ 的方向一致(图 6-8 (a))，若把点 O 也看成退化的曲线 σ_1，则 $\pi_1=\sigma_1\Gamma_1\sigma_1^-$. 对于上半正方形 S_2，作折线 π_2，起始于 O，垂直向上引至 S_2 的左下角 A，并以与 Γ 一致的方向(在公共边上)绕过 S_2 的周界，而垂直向下经过 A 回到 O（图 6-8 (b)). 若记 $\sigma_2=AO$，则 $\pi_2=\sigma_2\Gamma_2\sigma_2^-$. 这样，曲线 $\pi_1\pi_2$ 与 Γ 相差只是一段形如 ll^- 的中间折线，其中 $l=BAO$. 因此，沿 $\pi_1\pi_2$ 与沿 Γ 的解析开拓等价，所以如果沿 π_1 及 π_2 都能回到始元，则沿 Γ 也必能回到始元. 现作相反假设：设沿 Γ 的解析开拓不

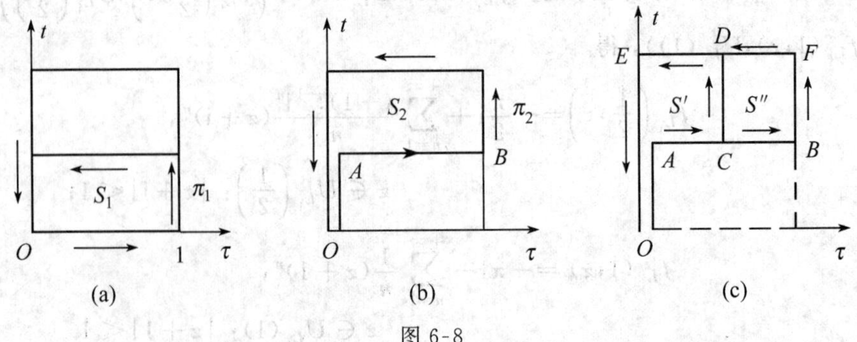

图 6-8

能回到始元，则π_1或π_2至少有一个不妨记为$\pi^{(1)}$不能回到始元. 相应矩形周界及σ分别记为$\Gamma^{(1)},\sigma^{(1)}$. 由前述有

$$\pi^{(1)}=\sigma^{(1)}\Gamma^{(1)}(\sigma^{(1)})^{-},$$

并设$S^{(1)}$的左下端为$P^{(1)}$.

不妨设$\pi^{(1)}=\pi_2$（若$\pi^{(1)}=\pi_1$，做法类似），$\pi^{(1)}$所对应的矩形为$S^{(1)}=S_2$. 将S_2纵向对分得矩形S',S''，边界为Γ',Γ''（图 6-8 (c)）. 对S'取开拓方向为折线

$$OACDEAO=\pi'=\sigma'\Gamma'(\sigma')^{-},$$

其中$\sigma'=$折线AO；对S''取开拓方向为折线

$$OACBFDCAO=\pi''=\sigma''\Gamma''(\sigma'')^{-},$$

其中$\sigma''=$折线CAO. 这时曲线$\pi'\pi''$与$\pi^{(1)}$相差只是一段形如$l'(l')^{-}$的中间折线，$l'=$折线$DCAO$. 因此若沿$\pi^{(1)}$不能回到始元，则沿π',π''中至少有一个，记为$\pi^{(2)}$（为确定起见设$\pi^{(2)}=\pi''$），不能回到始元. 改变与$\pi^{(2)}$相应的记号有

$$\pi^{(2)}=\sigma^{(2)}\Gamma^{(2)}(\sigma^{(2)})^{-},\quad \sigma^{(2)}=CAO,$$

显然，$\sigma^{(1)}\subseteq\sigma^{(2)}$（选$\pi^{(2)}=\pi'$时也有此式，不过$\sigma^{(2)}=\sigma^{(1)}=AO$）. 还令$S^{(2)}$的左下角点为$P^{(2)}$.

重复以上手续，可得矩形序列$S^{(1)}\supset S^{(2)}\supset\cdots\supset S^{(n)}\supset\cdots$及对应封闭曲线序列$\pi^{(1)},\pi^{(2)},\cdots,\pi^{(n)},\cdots$，使得始元沿每个$\pi^{(n)}=\sigma^{(n)}\Gamma^{(n)}(\sigma^{(n)})^{-}$解析开拓回不到自己. 此处$\sigma^{(n)}$是一完全确定的折线，以$O$为终点，以$S^{(n)}$的左下角$P^{(n)}$为起点. $\Gamma^{(n)}$是$S^{(n)}$的周界，同时$\sigma^{(n)}$是$\sigma^{(n+1)}$的子弧.

以下来引出矛盾. 当$n\to\infty$时，矩形$S^{(n)}$收缩于一点$P^{(\infty)}$，而折线$\sigma^{(n)}$在极限情形形成一终于$P^{(\infty)}$的弧σ. 由假设知，始元沿σ必有一解析开拓，其终元为(f_∞,V_∞)，其中V_∞是以$P^{(\infty)}$为心的邻域的像邻域. 对足够大的n，$P^{(n)}\in\Gamma^{(n)}\subset V_\infty$，$P^{(n)}$所对应的$f$值是唯一决定的，因此沿$\Gamma^{(n)}$一周后其值不变，又沿着$\sigma^{(n)}(\sigma^{(n)})^{-}$解析开拓回到始元，从而沿$\pi^{(n)}=\sigma^{(n)}\Gamma^{(n)}(\sigma^{(n)})^{-}$解析开拓其值不变，但这与$\pi^{(n)}$的性质矛盾. ∎

上述证明采自阿尔福斯(Ahlfors)的《复分析》.

单值性定理的一个常见情况是如下定理：

定理 6.4 设$U(0)$：$|z-a|<R(0)$，D为单连通域. $U(0)\subset D$. 若$f(0,z)$在$U(0)$解析，且在D内可沿任意简单曲线解析开拓，则存在一个D内的解析函数$F(z)$使得当$z\in U(0)$时，$F(z)=f(0,z)$.

此定理是上述定理的明显推论.

回想例 6.10，由始元沿不同曲线得不到同一终元的原因是不满足定理 6.4，即 $f(0,z)$ 可从 $z=1$ 沿任意曲线到 $z=-1$ 的区域是多连通域 $\mathbf{C}-\{0\}$. 因此，在多连通域内解析开拓，一般说来，应为多值解析函数.

习 题 6.2

1. 设 $f(x)$ 在 $[a,b]$ 上任一点可展成实幂级数. 求证：$f(x)$ 可以从 $[a,b]$ 开拓成为一个一般解析函数.

2. 试作出下列函数的黎曼面：

(1) $\sqrt{1-z^2}$；　　(2) $\sqrt{z-\mathrm{i}}+\sqrt{z-2}$.

第六章习题

1. 设函数 f 在原点解析而且满足

$$f(2z)=2f(z)f'(z).$$

试证：$f(z)$ 可以解析开拓到整个 z 平面.

2. 设 f 在右半平面 $\mathrm{Re}\,z>0$ 内解析且满足：

$$f(z+1)=zf(z),\quad f(1)=1.$$

试证：f 能解析开拓到除 $z=0,-1,-2,\cdots$ 外的整个 z 平面，且 $z=0,-1,-2,\cdots$ 为其单极点，并求出 f 在这些极点处的留数.

3. 设幂级数 $\sum\limits_{n=0}^{+\infty}\alpha_n z^n$ 的收敛半径为 1 ($\alpha_n\geqslant 0$). 试证明：$z=1$ 是其和函数的奇点.

4. 试证：在 $|z|<1$ 内由幂级数定义的函数

$$f(z)=\sum_{n=0}^{+\infty}\frac{z^{2^n+2}}{(2^n+2)(2^n+1)}$$

以 $|z|=1$ 为它的自然边界.

5. 证明：$f(z)=\sum\limits_{n=0}^{+\infty}z^{n!}$ 以 $|z|=1$ 为自然边界.

第七章 共形映照

在许多数学物理问题中，问题的求解往往与开区域的形状有关(例如后面 8.2.4 小节中上半平面的狄里克来问题和 9.2 节中机翼绕流问题)，在复杂的域 D 不如在简单域 D_1 内容易求解. 这时我们可设法作出函数 $w=f(z)$ 把 D 双方单值共形映为 D_1，让问题在 D_1 求得解答，然后利用反函数 $z=f^{-1}(w)$ 得到问题在原区域 D 的解答.

于是产生这样一些问题：这种函数是否存在，是否唯一，如何求出这种函数以及这类函数具有什么共性等. 为了搞清这些问题，本章先从分式线性映照入手，以获得感性认识，然后研究共形映照的一般理论，最后再利用这一理论来指导具体区域之间的映照.

7.1 分式线性映照

分式线性映照是在理论上和实际应用中都非常重要的一类映照. 许多共形映照的一般理论问题往往由它而得到启发. 在实际应用时常常运用它来作出具体区域间的映照.

所谓**分式线性映照**是指由下式

$$w=L(z)=\frac{az+b}{cz+d},\quad \Delta\equiv\begin{vmatrix}a & b\\ c & d\end{vmatrix}\neq 0 \tag{7.1}$$

所定义的映照，其中 a,b,c,d 为复数. 当 $\Delta=0$ 时，$L(z)$ 退化为常数或无意义，对此我们不感兴趣. 因此，以下恒设 $\Delta\neq 0$.

显然，平移映照 $w=z+\beta$ (β 为任意复数)、旋转映照 $w=e^{i\theta}z$ (θ 为实数)、相似映照 $w=rz$ ($r>0$) 以及倒数(也称反演) 映照 $w=\dfrac{1}{z}$ 均属分式线性映照的特例. 反之，任一分式线性映照均可用以上 4 个基本映照的复合表示. 事实上，当 $c=0$ 时，因 $\Delta\neq 0$，必有 $a,d\neq 0$，且

$$w=\frac{a}{d}z+\frac{b}{d}\equiv a'z+b' \quad (a'\neq 0), \tag{7.2}$$

称为**整线性映照**. 它可分解为平移、旋转、相似三个映照的复合.

当 $c\neq 0$ 时,

$$w=\frac{a}{c}+\frac{bc-ad}{c^2\left(z+\dfrac{d}{c}\right)}. \tag{7.3}$$

它可分解为 4 个基本映照的复合.

7.1.1 共形性

当 $c=0$ 时, 由(7.2),

$$z=\frac{d}{a}w-\frac{b}{a}.$$

若令 $z=\infty$ 时与 $w=\infty$ 对应, 则(7.2)是 $\mathbf{C}_\infty$ 到 $\mathbf{C}_\infty$ 的同胚映照①.

当 $c\neq 0$ 时, 由(7.1),

$$z=\frac{-dw+b}{cw-a}, \quad \begin{vmatrix} -d & b \\ c & -a \end{vmatrix}\neq 0. \tag{7.1$'$}$$

若令 $z=-\dfrac{d}{c},\infty$ 分别对应于 $w=\infty,\dfrac{a}{c}$, 则(7.1)是 $\mathbf{C}_\infty$ 到 $\mathbf{C}_\infty$ 的同胚映照②.

下面讨论(7.1)的共形性, 首先讨论倒数映照 $w=\dfrac{1}{z}$ 的共形性. 因

$$\frac{\mathrm{d}w}{\mathrm{d}z}=-\frac{1}{z^2}\neq 0,$$

故在 $z\neq 0, z\neq\infty$ 时, 倒数映照为共形的. 至于 $z=0$ 及 ∞ 处的共形性过去未涉及过. 现在规定:

定义 7.1 设函数 $w=f(z)$ 当 $z=z_0\ (\neq\infty)$ 时有 $w=\infty$. 作 $t=\dfrac{1}{w}$, 若 $t=\dfrac{1}{f(z)}$ 把 $z=z_0$ 附近共形映为 $t=0$ 附近, 称 $w=f(z)$ 把 $z=z_0$ 附近共形映为 $w=\infty$ 附近.

定义 7.2 设函数 $w=f(z)$ 当 $z=\infty$ 时有 $w=w_0\neq\infty$. 作 $\zeta=$

---

①② 这时, 对连续的理解为广义连续, 即 $\lim\limits_{z\to z_0}f(z)=f(z_0)$ 中, z_0 及 $f(z_0)$ 可允许其中一个或两个为 ∞.

$\frac{1}{z}$，若$w=f\left(\frac{1}{\zeta}\right)$把$\zeta=0$附近共形映为$w=w_0$附近，称$w=f(z)$把$z=\infty$附近共形映为$w=w_0$附近.

当$w=f(z)$在$z=\infty$处有$w=\infty$时，其共形性不难作出相应的规定. 而且我们看出，在上述规定下，所谓**两曲线在无穷远处的依序交角**就是指它们在倒数映照下像曲线在原点的依序交角.

当$w=\frac{1}{z}$时，令$t=\frac{1}{w}$，则$z=0$时$t=0$，且$t=z$为恒等映照. 显然，$t=z$把$z=0$附近共形映为$t=0$附近，按定义7.1，$w=\frac{1}{z}$把$z=0$附近共形映为$w=\infty$附近. 同样令$\zeta=\frac{1}{z}$可证$w=\frac{1}{z}$把$z=\infty$附近共形映为$w=0$附近.

在旋转、平移、相似映照下，我们考虑一般形式(7.2). 因

$$\frac{\mathrm{d}w}{\mathrm{d}z}=a'\neq 0,$$

故$z\neq\infty$处共形. 而$z=\infty$处有$w=\infty$. 故令$t=\frac{1}{w}$，$\zeta=\frac{1}{z}$，(7.2)成为

$$t=\frac{\zeta}{a'+b'\zeta},\quad \left.\frac{\mathrm{d}t}{\mathrm{d}\zeta}\right|_{\zeta=0}=\left.\frac{a'}{(a'+b'\zeta)^2}\right|_{\zeta=0}=\frac{1}{a'}\neq 0.$$

于是在$\zeta=0$处共形，从而(7.2)在$z=\infty$处共形. 由于共形映照的复合映照是共形的，于是我们得到如下结论：

定理7.1 分式线性映照是$\mathbf{C}_\infty$到$\mathbf{C}_\infty$的双方单值的共形映照.

7.1.2 映照群、不动点

我们首先证明：一切分式线性映照构成群. 设

$$\zeta=L_1(z)=\frac{a_1z+b_1}{c_1z+d_1},\quad \Delta_1=\begin{vmatrix}a_1 & b_1\\ c_1 & d_1\end{vmatrix}\neq 0;$$

$$w=L_2(\zeta)=\frac{a_2\zeta+b_2}{c_2\zeta+d_2},\quad \Delta_2=\begin{vmatrix}a_2 & b_2\\ c_2 & d_2\end{vmatrix}\neq 0.$$

经计算

$$w=L_2(L_1(z))=\frac{(a_1a_2+c_1b_2)z+(a_2b_1+d_1b_2)}{(a_1c_2+c_1d_2)z+(c_2b_1+d_1d_2)},$$

$$\Delta=\Delta_1\Delta_2\neq 0.$$

从而 $L_2 \circ L_1$ 仍为分式线性映照. 设 L_1, L_2, L_3 均为任意分式线性映照，经计算表明满足结合律：

$$L_1 \circ (L_2 \circ L_3) = (L_1 \circ L_2) \circ L_3.$$

恒等映照 I: $w = z$ 及分式线性映照的逆映照 L^{-1} 即(7.1)′ 仍为分式线性映照. 且 $L^{-1} \circ L = I$. 这就证实了我们的断言.

其次，所谓分式线性映照的**不动点**系指满足方程

$$L(z) = z$$

的 z 值，由(7.1)，意即满足方程

$$cz^2 + (d-a)z - b = 0$$

的 z 值. 若 $c = b = 0$, $d = a$，则 $L = I$，这时一切点为不动点. 除此之外的分式线性映照至多有两个不动点. 这表明：分式线性映照若有三个不动点必为恒等映照.

7.1.3 三对对应点决定分式线性映照

现在考虑在扩充复平面 z 及 w 上分别给定互异的三点 z_1, z_2, z_3 及 w_1, w_2, w_3. 求作分式线性映照 $w = L(z)$，使 $w_j = L(z_j)$ $(j = 1,2,3)$. 我们证明：这样的分式线性映照是存在且唯一的.

设 $w = L_1(z)$, $w = L_2(z)$ 均满足条件，则

$$z = L_2^{-1}(L_1(z))$$

把 z_1, z_2, z_3 映为自身. 从而 $L_1 = L_2$，唯一性得证. 为作出这个映照，首先作互异的 z_1, z_2, z_3 映为 $0, 1, \infty$ 的映照(必唯一)，即

$$f(z) = \frac{z - z_1}{z - z_3} : \frac{z_2 - z_1}{z_2 - z_3}. \tag{7.4}$$

当 z_1, z_2, z_3 分别为 ∞ 时，上式右端分别成为

$$\frac{z_2 - z_3}{z - z_3}, \quad \frac{z - z_1}{z - z_3}, \quad \frac{z - z_1}{z_2 - z_1}. \tag{7.5}$$

我们记(7.4) 右端或(7.5) 为(z_1, z_2, z_3, z). 由于(z_1, z_2, z_3, z) 及(w_1, w_2, w_3, w) 分别将 z_j 及 w_j $(j = 1,2,3)$ 映为 $0, 1, \infty$，故

$$(w_1, w_2, w_3, w) = (z_1, z_2, z_3, z) \tag{7.6}$$

所确定的映照必把 z_j 映为 w_j. 这样我们得到

定理 7.2 $\mathbf{C}_\infty$ 上三个互异点 z_j $(j = 1,2,3)$ 映为 $\mathbf{C}_\infty$ 上三个互异点 w_j $(j = 1,2,3)$ 的唯一分式线性映照由(7.6) 决定.

称$(z_1,z_2,z_3,z_4)=\dfrac{z_4-z_1}{z_4-z_3}:\dfrac{z_2-z_1}{z_2-z_3}$为$z_1,z_2,z_3,z_4$(依序)的**交比**. 则有

推论 7.1 在任意分式线性映照下交比不变，即

$$(L(z_1),L(z_2),L(z_3),L(z_4))=(z_1,z_2,z_3,z_4). \tag{7.7}$$

证 由定理 7.2，把 z_j 映为$L(z_j)$ $(j=1,2,3)$ 的映照由

$$(L(z_1),L(z_2),L(z_3),w)=(z_1,z_2,z_3,z)$$

决定. 但$L(z)$本身也把 z_j 映为$L(z_j)$. 由唯一性，有 $w=L(z)$. 故上式将 w 换为 $L(z)$ 必成立. 特别地将 z_4 代入便有(7.7). ∎

由本推论可得出以下关于分式线性映照的其他重要性质.

7.1.4 保圆周及侧

设圆周 L 由互异且有顺序的三点 z_1,z_2,z_3 (为确定起见，不妨按逆时针排列)决定. 先设 $z\neq z_1$ 或 z_3，分别依 $z\in\widehat{z_1z_2z_3}$及 $z\in$ 余弧(图 7-1). 由平面几何四点共圆条件得

$$\begin{aligned}&\operatorname{Arg}(z_1,z_2,z_3,z)\\&=\operatorname{Arg}\left(\frac{z-z_1}{z-z_3}:\frac{z_2-z_1}{z_2-z_3}\right)\\&=2k\pi\text{ 或}(2k+1)\pi\\&\qquad(k\text{ 为整数}).\end{aligned}\tag{7.8}$$

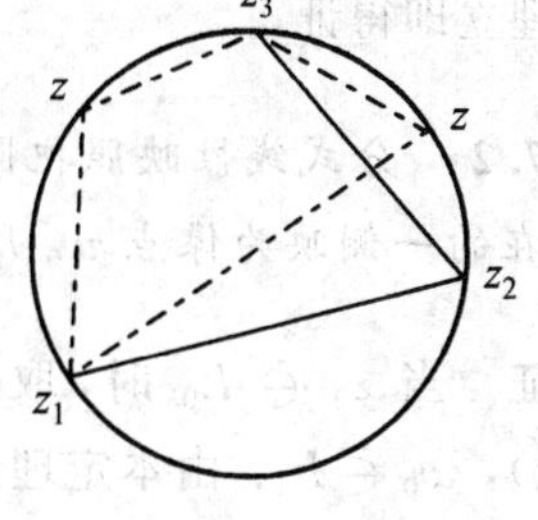

图 7-1

当 $z=z_1$ 或 z_3 时交比分别为 0 及 ∞.
若规定此时辐角为 $2k\pi$ 或$(2k+1)\pi$，则(7.8) 也真.

当 z 在圆内或圆外时分别有

$$2k\pi<\operatorname{Arg}(z_1,z_2,z_3,z)<(2k+1)\pi, \tag{7.9}$$

$$(2k+1)\pi<\operatorname{Arg}(z_1,z_2,z_3,z)<(2k+2)\pi. \tag{7.10}$$

(7.8) ~ (7.10) 可重新依次写为

$$\operatorname{Im}(z_1,z_2,z_3,z)=0,\ >0,\ <0. \tag{7.11}$$

若按 z_1,z_2,z_3 方向(逆时针)环行，分别依 z 在圆周上、左侧(圆内)、右侧(圆外)而有(7.11).

读者可以验证，当 z_1,z_2,z_3 在 L 上依顺时针排列且沿此方向环行时，分别依 z 在圆周上、左侧(圆外)、右侧(圆内)仍有(7.11). 甚至 L 是直线时其

上互异且有顺序的 z_1,z_2,z_3 无论有限或其中之一为 ∞，如沿 z_1,z_2,z_3 方向前进，分别依 z 在直线上、在直线左侧及右侧仍有(7.11).

为了叙述统一起见，我们今后将不区别圆周和直线，而一概称之为"圆周".

由以上讨论我们得到

引理 7.1 设 L 为 $\mathbf{C}_\infty$ 上任意互异且有顺序的三点 z_1,z_2,z_3 所确定的圆周，当沿 z_1,z_2,z_3 的顺序前进时，z 在 L 上、在 L 的左侧及右侧的充要条件分别为 $\operatorname{Im}(z_1,z_2,z_3,z)=0$，$>0$，$<0$.

定理 7.3 分式线性映照把圆周映为圆周，且沿两圆周对应三对边界点相应行进时，左(右)侧区域之间互相对应.

证 在圆周 L 上任取三点 z_j $(j=1,2,3)$，设 $w=L(z)$ 把 z_j 映为 w_j $(j=1,2,3)$，则由交比不变性有

$$\operatorname{Im}(w_1,w_2,w_3,w)=\operatorname{Im}(z_1,z_2,z_3,z). \tag{7.12}$$

由引理立即得证. ∎

推论 7.2 分式线性映照把圆周 L_0 映为圆周 L_1 的同时必把某 z_0 $(\overline{\in} L_0)$ 所在的一侧映为像点 w_0 所在的一侧(于是另一侧之间也相对应).

证 当 $z_0 \overline{\in} L_0$ 时，取 $z_1,z_2,z_3\in L_0$，则 $\operatorname{Im}(z_1,z_2,z_3,z_0)\neq 0$. 由(7.12)，$w_0\overline{\in} L_1$. 由本定理，$z_0$ 所在的一侧(图 7-2)必映为 L_1 所划分的两侧之一. 若映为 w_0 之异侧，则将有两个像点，矛盾，从而本推论得证. ∎

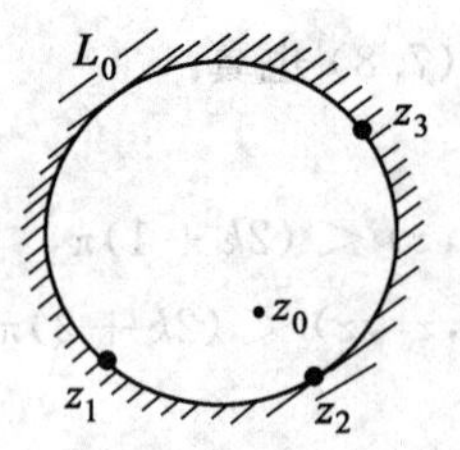

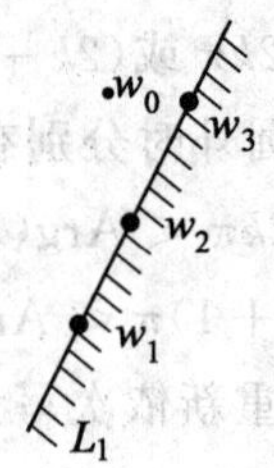

图 7-2

推论 7.3 存在着分式线性映照把已知圆周 L_0 映为已知圆周 L_1.

证 在 L_0,L_1 上分别取互异三点 z_j 及 w_j $(j=1,2,3)$. 由定理 7.2，可

依映照 $w = L(z)$ 把 z_j 映为 w_j $(j = 1,2,3)$. 由本定理知$L(z)$ 还把过 z_j 的圆周 L_0 映为过 w_j $(j = 1,2,3)$ 的圆周 L_2. 但三点唯一确定圆周，从而 $L_1 = L_2$. 故 $w = L(z)$ 为所求(显然这样的映照并不唯一). ■

推论 7.4 两(依序)射线在无穷远点的夹角，等于它们(依序)在顶点处交角反号.

证 设射线 L_0, L_1 在有限顶点 z_0 (可设 $z_0 \neq 0$) 处夹角为 α. 作 $w = \dfrac{1}{z}$，则 L_0, L_1 必映为过 $w = 0, \dfrac{1}{z_0}$ 的两条圆弧 Γ_0, Γ_1(图 7-3)，且 $z = z_0, \infty$ 处 L_0 与 L_1 之夹角分别与 $w = \dfrac{1}{z_0}, 0$ 处 Γ_0 与 Γ_1 之夹角相等. 但 $w = \dfrac{1}{z_0}$ 处 Γ_0 与 Γ_1 之夹角为 α，从而 $w = 0$ 处 Γ_0, Γ_1 夹角为 $-\alpha$，依规定，L_0, L_1 在 ∞ 处夹角为 $-\alpha$. ■

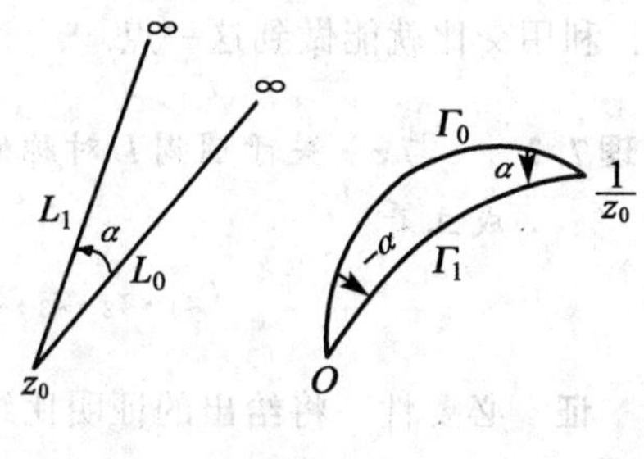

图 7-3

7.1.5 保对称点

我们熟知两点关于一直线对称的概念. 例如关于实轴的对称点是互为共轭的复数. 现将这一概念推广到关于圆周的对称点.

定义 7.3 设圆周 L：$|z - z_0| = R$. 若 z 与 z^* 满足

$$z^* - z_0 = \frac{R^2}{\overline{z} - \overline{z_0}}, \tag{7.13}$$

则称 z 与 z^* 关于 L 互为**对称点**.

由定义看出，z_0 与 ∞ 必为对称点. 当 $z \neq z_0$ 及 ∞ 时，由(7.13) 有

$$\arg(z^* - z_0) = \arg(z - z_0),$$

$$|z^* - z_0|\,|z - z_0| = R^2.$$

这两式表明 z 与 z^* 在过点 z_0 的同一射线上，且一个在圆内(外)时，另一个在圆外(内). 已知 z 并不难用初等作图法绘出 z^*(图 7-4).

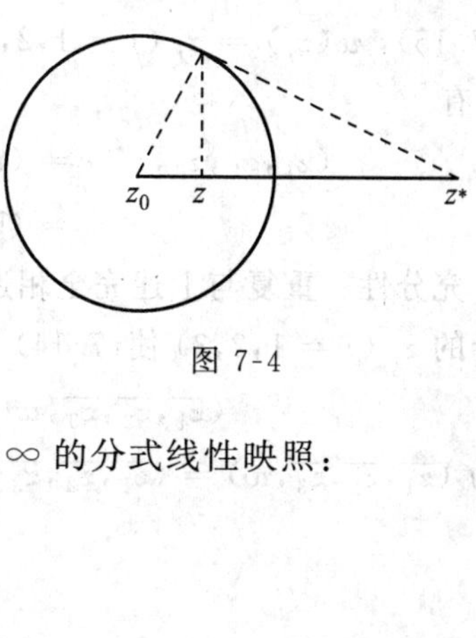

图 7-4

定义的合理性可以这样来看. 作 $z = z_0 + R, z_0 + \mathrm{i}R, z_0 - R$ 映到 $w = 0, 1, \infty$ 的分式线性映照：

$$w = -\mathrm{i}\,\frac{z - z_0 - R}{z - z_0 + R}.$$

由保圆性，此时把圆周映为实轴. 将(7.13)代入上式，易于验证 $w^* = \overline{w}$. 由于像点 w 与 w^* 关于实轴对称，故称 z 与 z^* 关于圆周 L 对称是合理的. 特别，$z = z_0$, $z^* = \infty$ 对应于关于实轴的对称点 $w = \mathrm{i}$, $w^* = -\mathrm{i}$.

定义的合理性启发我们证明任一分式线性映照下关于圆周的对称点具有不变性. 为方便起见，对于直线与有限圆周的对称点最好有一个统一判断准则. 利用交比就能做到这一点.

引理 7.2 *z 与 z^* 关于圆周 L 对称的充要条件是存在 L 上的互异三点 z_1, z_2, z_3，成立着*

$$(z_1, z_2, z_3, z^*) = \overline{(z_1, z_2, z_3, z)}. \tag{7.14}$$

证 必要性 将给出的证明比结论稍宽，即 L 上任取相异三点有(7.14)成立.

(1) 设 L 为实轴，结论显然. 若 L 是非实轴的直线总可通过旋转使 L 变为实轴且使 z_j 变为实轴上的点 t_j $(j = 1,2,3)$，对称点 z, z^* 变为 w, w^*，且有 $w^* = \overline{w}$. 由交比不变性，得

$$\begin{aligned}(z_1, z_2, z_3, z^*) &= (t_1, t_2, t_3, w^*) = \overline{(t_1, t_2, t_3, w)} \\ &= \overline{(z_1, z_2, z_3, z)}.\end{aligned}$$

(2) 设 L 为圆周 $|z - z_0| = R$. 因 $z_j \in L$ $(j = 1,2,3)$，从而

$$z_j - z_0 = \frac{R^2}{\overline{z_j} - \overline{z_0}}, \quad j = 1,2,3. \tag{7.15}$$

作映照

$$w = \overline{z_0} + \frac{R^2}{z - z_0}. \tag{7.16}$$

由(7.15)，$w(z_j) = \overline{z_j}$ $(j = 1,2,3)$. 由(7.13)，$w(z^*) = \overline{z}$. 仍由交比不变性，有

$$\begin{aligned}(z_1, z_2, z_3, z^*) &= (w(z_1), w(z_2), w(z_3), w(z^*)) \\ &= (\overline{z_1}, \overline{z_2}, \overline{z_3}, \overline{z}) = \overline{(z_1, z_2, z_3, z)}.\end{aligned}$$

充分性 重复与上述完全相逆的过程. 例如 L 为有限圆周，其上有一组互异的 z_j $(j = 1,2,3)$ 使(7.14)成立. 易于推出

$$(\overline{z_1}, \overline{z_2}, \overline{z_3}, w(z^*)) = (\overline{z_1}, \overline{z_2}, \overline{z_3}, \overline{z}).$$

因为 $(\overline{z_1}, \overline{z_2}, \overline{z_3}, w) = (\overline{z_1}, \overline{z_2}, \overline{z_3}, z)$ 所确定的映照为恒等映照. 从而 $w(z^*)$

$=\bar{z}$. 由(7.16),(7.13), z^* 与 z 关于 L 对称. 至于 L 为直线时更简单, 留给读者. ■

注 从证明中看出, 若 z 与 z^* 关于 L 上某一组 z_j 成立(7.14)时, 则对 L 上任一组 z_j 也成立(7.14).

定理 7.4 任何分式线性映照 $w=L(z)$ 把关于圆周 L 的对称点 z 与 z^* 映为像圆周 Γ 的对称点 w 与 w^*.

证 由引理必要性有

$$(z_1,z_2,z_3,z^*)=\overline{(z_1,z_2,z_3,z)}.$$

由交比不变性, 上式成为

$$(L(z_1),L(z_2),L(z_3),w^*)=\overline{(L(z_1),L(z_2),L(z_3),w)}.$$

由引理充分性, w 与 w^* 关于 Γ 对称. ■

7.1.6 三个特殊的分式线性映照

除了平移、旋转、相似、倒数四种基本分式线性映照经常用到以外, 还有下面将要介绍的三种分式线性映照的应用也很普遍, 它们是:

1. 把上半平面映到单位圆内

若存在这种分式线性映照, 则必把上半平面内某点 $z=z_0$ 映为 $w=0$. 又由对称点不变性, 此时 $z=\overline{z_0}$ 映为 $w=\infty$. 于是

$$w=k\frac{z-z_0}{z-\overline{z_0}}.$$

由保圆性知, 实轴映为单位圆周 $|w|=1$. 所以, $z=x$ 代入上式并取绝对值, 有

$$1=|w|=|k|\frac{|x-z_0|}{|x-\overline{z_0}|}=|k|.$$

从而 $k=\mathrm{e}^{i\theta}$, θ 为实数. 于是

$$w=\mathrm{e}^{i\theta}\frac{z-z_0}{z-\overline{z_0}}\quad(\mathrm{Im}\, z_0>0,\ \theta\text{ 为实数}).$$

反之, 将 $z=x$ 代入上式有 $|w|=1$, 即实轴映为单位圆周, 且 z_0 映为 0, 从而把 z_0 所在的上半平面映为 $w=0$ 所在的单位圆内, 故上式确为所求. 由定理 7.1 知, 该映照把下半平面映为单位圆外.

2. 把单位圆内映为单位圆内

设该映照已求出, 则必在圆内存在一点 z_0 ($|z_0|<1$), 使 z_0 映为 0, 从

而$\dfrac{1}{z_0}$映为∞，于是

$$w = k\frac{z - z_0}{z - \dfrac{1}{\overline{z_0}}} \equiv k_1 \frac{z - z_0}{1 - \overline{z_0} z}.$$

又映照把$|z| = 1$映为$|w| = 1$. 注意到单位圆周上有$z\bar{z} = 1$，从而，当$|z| = 1$时，

$$1 = |w| = |k_1| \frac{|z - z_0|}{|z\bar{z} - \overline{z_0} z|} = |k_1| \frac{|z - z_0|}{|z||\bar{z} - \overline{z_0}|} = |k_1|.$$

仍有$k_1 = e^{i\theta}$，θ为实数. 这样一来，

$$w = e^{i\theta} \frac{z - z_0}{1 - \overline{z_0} z} \quad (|z_0| < 1,\ \theta \text{为实数}).$$

反之，不难验证这就是所求的映照. 显然，该映照将$|z| > 1$映为$|w| > 1$.

3. 把上半平面映为上半平面

设

$$w = \frac{az + b}{cz + d},$$

其中a,b,c,d为实数，且$\Delta > 0$. 显然，该映照将实轴映为实轴，当z为实数时，

$$\frac{dw}{dz} = \frac{\Delta}{(cz + d)^2} > 0,$$

即实轴变为实轴是同向的. 故该映照把上半平面映为上半平面. 同时也把下半平面映为下半平面.

例 7.1 求映照$w = \dfrac{z - 1}{z + 1}$之下，上半圆盘$\{\operatorname{Im} z > 0\} \cap \{|z| < 1\}$（图 7-5 (a)）映为$w$平面的区域.

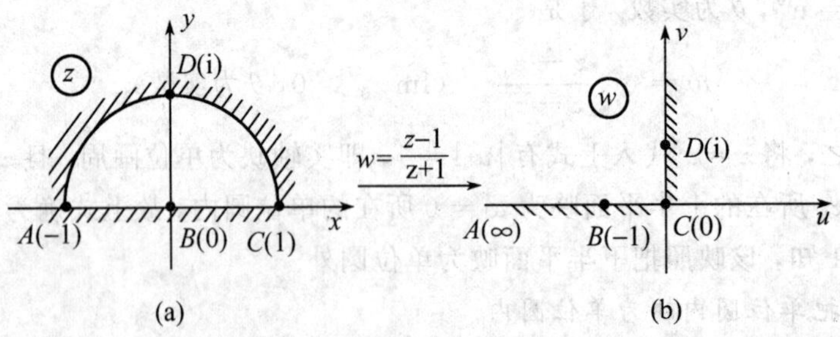

图 7-5

解 z平面上的实轴和单位圆周均过$z=-1$及1，且互相正交. 由保圆性及保角性，它们映为w平面过$w=0$的两条互相垂直的直线，且实轴映为实轴，单位圆周映为虚轴，又$z=0$及i分别映为$w=-1$及i，从而$[-1,1]$映为$[-\infty,0]$，上半圆周映为上半虚轴，由保侧性知上半圆盘映为第二象限(图7-5(b)).

例 7.2 求上半平面映为$|w-1|<2$的映照$w=L(z)$且使$L(\mathrm{i})=2$，$L'(\mathrm{i})>0$.

解 作

$$\zeta=L_1(z)=\mathrm{e}^{\mathrm{i}\theta}\frac{z-\mathrm{i}}{z+\mathrm{i}}.$$

它把上半z平面映为$|\zeta|<1$，且$L_1(\mathrm{i})=0$，$L_1'(\mathrm{i})=\dfrac{1}{2\mathrm{i}}\mathrm{e}^{\mathrm{i}\theta}$(图7-6(a),(b)). 作

$$\eta=\frac{1}{2}(w-1),$$

它把w平面上的圆盘$|w-1|<2$映为$|\eta|<1$，且$w=2$映为$\eta=\dfrac{1}{2}$(图7-6(c),(d)). 再作

$$\zeta=\mathrm{e}^{\mathrm{i}\varphi}\frac{\eta-\dfrac{1}{2}}{1-\dfrac{1}{2}\eta},$$

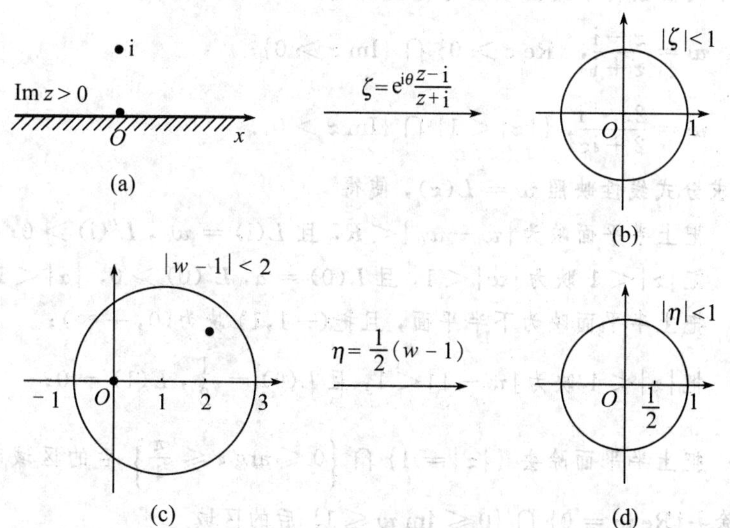

图 7-6

它把$|\eta|<1$映为$|\zeta|<1$且$\eta=\dfrac{1}{2}$映为$\zeta=0$（图 7-6 (b),(d)）. 令

$$\zeta=L_2(w)=\mathrm{e}^{\mathrm{i}\varphi}\frac{\frac{1}{2}(w-1)-\frac{1}{2}}{1-\frac{1}{4}(w-1)}=\mathrm{e}^{\mathrm{i}\varphi}\frac{2w-4}{5-w}.$$

于是，z与w平面之间的映照由

$$L_1(z)=\mathrm{e}^{\mathrm{i}\theta}\frac{z-\mathrm{i}}{z+\mathrm{i}}=\mathrm{e}^{\mathrm{i}\varphi}\frac{2w-4}{5-w}=L_2(w)$$

所决定. 因为$w=L(z)=L_2^{-1}(L_1(z))$，$L(\mathrm{i})=L_2^{-1}(L_1(\mathrm{i}))=2$，

$$L'(\mathrm{i})=\frac{L_1'(z)}{L_2'(w)}\bigg|_{z=\mathrm{i}}=\frac{L_1'(\mathrm{i})}{L_2'(2)}=\mathrm{e}^{\mathrm{i}(\theta-\varphi)}\frac{3}{4\mathrm{i}}>0.$$

从而$\mathrm{e}^{\mathrm{i}(\theta-\varphi)}=\mathrm{i}$，代入$z$与$w$之间的关系式，最后解得

$$w=\frac{(5\mathrm{i}+4)z+5+4\mathrm{i}}{(2+\mathrm{i})z+2\mathrm{i}+1}.$$

习 题 7.1

1. 求分式线性映照，它将$-1,\mathrm{i},1+\mathrm{i}$分别映到

(1) $0,2\mathrm{i},1-\mathrm{i}$； (2) $\mathrm{i},\infty,1$.

2. 下列函数将下列区域映为什么区域？

(1) $w=\dfrac{z-\mathrm{i}}{z+\mathrm{i}}$，$\{\mathrm{Re}\,z>0\}\cap\{\mathrm{Im}\,z>0\}$；

(2) $w=\dfrac{2z-\mathrm{i}}{2+\mathrm{i}z}$，$\{|z|<1\}\cap\{\mathrm{Im}\,z>0\}$.

3. 求分式线性映照$w=L(z)$，使得

(1) 把上半平面映为$|w-w_0|<R$，且$L(\mathrm{i})=w_0$，$L'(\mathrm{i})>0$；

(2) 把$|z|<1$映为$|w|<1$，且$L(0)=\alpha$，$L'(0)>0$，$|\alpha|<1$；

(3) 把上半平面映为下半平面，且把$(-1,1)$映为$(0,+\infty)$；

(4) 把$|z|<1$映为$|w-1|<1$，且$L(0)=\dfrac{1}{2}$，$L(1)=0$；

(5) 把上半平面除去$\{|z|=1\}\cap\left\{0\leqslant\arg z\leqslant\dfrac{\pi}{4}\right\}$后的区域映为上半平面除去$\{\mathrm{Re}\,w=0\}\cap\{0\leqslant\mathrm{Im}\,w\leqslant1\}$后的区域.

(6) 把圆环$2<|z|<5$映为圆环$4<|w|<10$且$L(5)=-4$.

7.2 共形映照的一般理论

由上节知道，分式线性函数作出 $\mathbf{C}_\infty \to \mathbf{C}_\infty$ 的双方单值的共形映照. 一般说来，什么样的函数能作出区域到区域之间的双方单值的共形映照呢？

若取同胚映照 $w=f(z)$，则嫌不够，因未必导数存在，且存在又未必有 $f'(z)\neq 0$，共形性难以保证. 那么任意一个在域内解析且为单射的函数（简称单叶解析函数）是否具备上述性质呢？我们首先来研究这一问题.

7.2.1 单叶解析函数的性质

后面将看到导出下列性质的关键在于以下引理.

引理 7.3 设 $w=f(z)$ 在 z_0 解析，$w_0=f(z_0)$，又设 $f'(z_0)=f''(z_0)=\cdots=f^{(n-1)}(z_0)=0$，而 $f^{(n)}(z_0)\neq 0$（n 为正整数），则对充分小的 $\rho>0$，可找到 $\mu>0$，使对取定的常数 w 满足 $0<|w-w_0|<\mu$ 时，$f(z)-w$ 在 $0<|z-z_0|<\rho$ 内有 n 个一阶零点.

证 首先因在 z_0 附近有

$$f(z)=w_0+\frac{f^{(n)}(z_0)}{n!}(z-z_0)^n+\frac{f^{(n+1)}(z_0)}{(n+1)!}(z-z_0)^{n+1}+\cdots,$$

其中 $f^{(n)}(z_0)\neq 0\ (n\geqslant 1)$，于是 $f(z)-w_0$ 在 z_0 处有 n 阶零点.

其次，我们可证明，存在 $\rho>0$，使当 $0<|z-z_0|\leqslant\rho$ 时，有 $f(z)\neq w_0$ 及 $f'(z)\neq 0$ 同时成立. 事实上，由于 z_0 附近 $f(z)-w_0\not\equiv 0$，由零点孤立性知必有 $\rho_1>0$，使当 $0<|z-z_0|<\rho_1$ 时，$f(z)-w_0\neq 0$，即 $f(z)\neq w_0$. 又因此时 z_0 附近 $f'(z)\not\equiv 0$（否则，z_0 附近 $f(z)\equiv$ 常数 $=w_0$，矛盾）. 再次利用零点孤立性有 $\rho>0$（不妨取 $\rho<\rho_1$），使当 $0<|z-z_0|\leqslant\rho$ 时有 $f'(z)\neq 0$. 当然，这时更有 $f(z)\neq w_0$.

最后来证明引理中的结论. 对刚才求得的 ρ 作圆周 L：$|z-z_0|=\rho$，其内域为 D. 因 $z\in L$ 时，$f(z)-w_0\neq 0$，于是得

$$\min_{z\in L}|f(z)-w_0|=\mu>0.$$

取定常数 w 满足 $0<|w-w_0|<\mu$. 注意

$$f(z)-w=(f(z)-w_0)+(w_0-w),$$

显然，$f(z)-w_0$ 及 w_0-w 在 $D\cup L$ 上解析，又 $z\in L$ 时有

$$|f(z)-w_0|\geqslant\mu>|w_0-w|.$$

由儒歇定理，$f(z)-w$ 与 $f(z)-w_0$ 一样，在 D 内也有 n 个零点. 设 z^* 为其中任意一个零点，则 $f(z^*)=w$ $(w\neq w_0)$，这时必有 $z^*\neq z_0$（否则，若 $z^*=z_0$，则 $w=w_0$，矛盾），而 $0<|z^*-z_0|<\rho$，从而 $f'(z^*)\neq 0$. 这意味着 z^* 为 $f(z)-w$ 的一阶零点. ∎

理解本引理结论的几何意义是有益的. 在引理假设下，结论表明：对 w_0 附近异于 w_0 的任意一点 w，在 z_0 附近有异于 z_0 的 $n\geqslant 1$ 个原像.

定理 7.5（保域性） 设 $w=f(z)$ 在开区域 D 内解析，且不恒为常数，则 $D_1=f(D)$ 仍为开区域.

证 为证 D_1 为开集，任取 $w_0=f(z_0)\in D_1$，$z_0\in D$. 则在 z_0 附近必有 $f(z)\not\equiv w_0$（否则，由解析函数唯一性有 $f(z)\equiv w_0$ 于 D，矛盾）. 于是存在正整数 n，使 $f'(z_0)=\cdots=f^{(n-1)}(z_0)=0$，而 $f^{(n)}(z_0)\neq 0$. 由引理的几何意义知，w_0 附近的 w 均在 z_0 附近有原像. 或者说，存在 $\mu>0$，使 $B(w_0,\mu)\subset D_1$. 于是 w_0 为内点，从而 D_1 为开集.

D_1 的连通性由 f 的连续性很明显得知. ∎

推论 7.5 域 D 内的单叶解析函数把域 D 一对一地映为域 $D_1=f(D)$.

定理 7.6 f 在域 D 内单叶解析，则在 D 内处处有 $f'\neq 0$.

证 用反证法. 设在某点 $z_0\in D$ 处有 $f'(z_0)=0$，则或者 $f^{(n)}(z_0)=0$ $(n=1,2,\cdots)$，于是 f 在 D 内为一常数，这与单叶性矛盾；或者存在正整数 $n>1$，使 $f'(z_0)=f''(z_0)=\cdots=f^{(n-1)}(z_0)=0$，而 $f^{(n)}(z_0)\neq 0$. 这时，由引理 7.3，$w_0=f(z_0)$ 附近的 w $(\neq w_0)$ 在 z_0 附近有 $n>1$ 个原像，也与单叶性矛盾. ∎

注意本定理之逆不成立. 如 $w=\mathrm{e}^z$ 就是一例，在 $\mathbf{C}$ 上处处有 $\dfrac{\mathrm{d}w}{\mathrm{d}z}=\mathrm{e}^z\neq 0$，但 $w=\mathrm{e}^z$ 不是 $\mathbf{C}$ 上单叶解析函数. 然而，我们却有

定理 7.7 设 $w=f(z)$ 在 z_0 处解析且 $f'(z_0)\neq 0$，则 $w=f(z)$ 在 z_0 附近单叶.

证 设 $w_0=f(z_0)$，由引理 7.3，存在 $\rho>0$，$\mu>0$，使得对于满足 $0<|w-w_0|<\mu$ 的 w，$f(z)-w$ 在 $0<|z-z_0|<\rho$ 内仅有一个一阶零点. 再由 f 的连续性，存在一个 $\delta\ (0<\delta<\rho)$，使得当 $|z-z_0|<\delta$ 时有

$$|f(z)-f(z_0)|=|w-w_0|<\mu.$$

因而 $f(z)$ 在 $|z-z_0|<\delta$ 内单叶解析. ∎

定理 7.8 设 $w=f(z)$ 是域 D 内的单叶解析函数，$D_1=f(D)$，则在 D_1 内必存在着单叶解析的反函数 $z=f^{-1}(w)$，且 $\dfrac{\mathrm{d}z}{\mathrm{d}w}=\dfrac{1}{f'(z)}$.

证 因 $w=f(z)$ 在 D 内单叶解析且 $D_1=f(D)$，从而 $w=f(z)$ 为双射，所以在 D_1 内存在反函数 $z=f^{-1}(w)$. 任取 $w_0\in D_1$，则 $z_0=f^{-1}(w_0)\in D$. 当 $w\in D_1$，$w\neq w_0$，则 $z=f^{-1}(w)\in D$，且 $z\neq z_0$. 任取 $\varepsilon>0$，选取引理 7.3 中的 $\rho<\varepsilon$，则存在 $\mu>0$，使当 $0<|w-w_0|<\mu$ 时，有

$$|z-z_0|=|f^{-1}(w)-f^{-1}(w_0)|<\rho<\varepsilon.$$

因此，当 $w\to w_0$ 时有 $z\to z_0$，于是

$$\left.\frac{\mathrm{d}z}{\mathrm{d}w}\right|_{w=w_0}=\lim_{w\to w_0}\frac{\Delta z}{\Delta w}=\frac{1}{\lim\limits_{z\to z_0}\dfrac{\Delta w}{\Delta z}}=\frac{1}{f'(z_0)}.$$

由 w_0 的任意性，$z=f^{-1}(w)$ 在 D_1 内单叶解析. ∎

定理 7.9 单叶解析函数是把区域映为区域的共形映照.

由定理 7.6 和推论 7.5 可直接得出此定理的证明.

以上的区域和单叶解析函数都是指 **C** 上的. 若在 $\mathbf{C}_\infty$ 上扩充单叶解析函数的定义，即函数 $f(z)$ 在 $\mathbf{C}_\infty$ 上的区域 D 除可能有极点外解析，且仍为单射(这时 z 或 $f(z)$ 均可能取值 ∞)，在这个定义下，以上关于单叶解析函数的结论全部成立(见习题 7.2). 而且门索夫(Д. Е. Меньшов)证明了定理 7.9 的逆定理：$\mathbf{C}_\infty$ 上区域之间的双方单值的共形映照①必由单叶解析函数作出(证略).

7.2.2 黎曼映照定理

以上讨论表明，给定了单叶解析函数必可作出区域之间的共形映照. 反之，给定了两个区域是否存在单叶解析函数把其中一个共形映为另一个？这

① 以后有时简单地说区域间的共形映照，其双方单值是不言而喻的.

是共形映照中的基本理论问题. 我们想就最简单的情况讨论，即 $\mathbf{C}_\infty$ 上任一单连通域 D 是否存在单叶解析函数把 D 共形映为单位圆内部？回答是否定的. 例如取 $D=\mathbf{C}$ 或 $\mathbf{C}_\infty$，设有 $w=f(z)$ 满足上述要求，则 f 必为整函数且 $|f|<1$. 依柳维尔定理，f 恒为常数，这与单叶性矛盾. 故不可能存在这样的单叶解析函数 f. 然而，仅仅除了上述特殊情形外，我们仍有下面的一般性结果.

定理 7.10 (黎曼映照存在定理) 对 $\mathbf{C}_\infty$ 上任一边界不止一点的单连通域 D，必存在单叶解析函数把 D 共形映为单位圆内部.

定理的证明较复杂，这里从略. 本定理是一个很重要的定理，它是近代复变函数几何理论的起点.

从本定理出发，容易证明在 $\mathbf{C}_\infty$ 上任意两个边界不止一点的单连通域必存在单叶解析函数把一个共形映为另一个(习题 7.2 中的第 1 题).

注意：本定理结论中的函数并不唯一，因若 $w=f(z)$ 为所求者，则 $w=e^{i\theta}f(z)$ 亦为所求. 在单位圆映为自身及上半平面映为单位圆内的分式线性映照都有 $e^{i\theta}$ 这个因子，因而，映照不唯一. 但是我们容易看出，把 $|z|<1$ 映为 $|w|<1$ 的分式线性映照 $w=L(z)$ 若满足

$$L(z_0)=0,\ L'(z_0)>0 \quad (|z_0|<1),$$

则必定唯一. 同样把 $\mathrm{Im}\, z>0$ 映为 $|w|<1$ 的分式线性映照 $w=L(z)$ 满足

$$L(z_0)=0,\ L'(z_0)>0 \quad (\mathrm{Im}\, z_0>0),$$

也必定唯一. 一般地，我们有

定理 7.11 (黎曼映照唯一性定理) 定理 7.10 中把 D 映为 D_1：$|w|<1$ 的单叶解析函数若满足

$$f(z_0)=0,\ f'(z_0)>0 \quad (\text{对某确定的 } z_0\in D), \tag{7.17}$$

则它是唯一的.

为了证明这个定理，还需如下著名的许瓦兹(Schwarz)引理.

引理 7.4 (许瓦兹) 设 $w=f(z)$ 在 $|z|<1$ 内解析，$f(0)=0$，且 $|f(z)|\leqslant 1$，则

(1) $|f(z)|\leqslant|z|$；

(2) 若有一点 z_0，$0<|z_0|<1$，满足 $|f(z_0)|=|z_0|$，则 $f(z)=e^{i\theta}z$，θ 为实数.

本引理有如下几何意义：如果 $|z|\leqslant r<1$，则在所设条件下有 $|f(z)|\leqslant r$ 成立. 这就是说，映照的像受着原像的控制（图 7-7）. 结论(2) 表明只要单位圆内有一点 $z_0\neq 0$，使像与原像的模相等，则该函数为旋转映照.

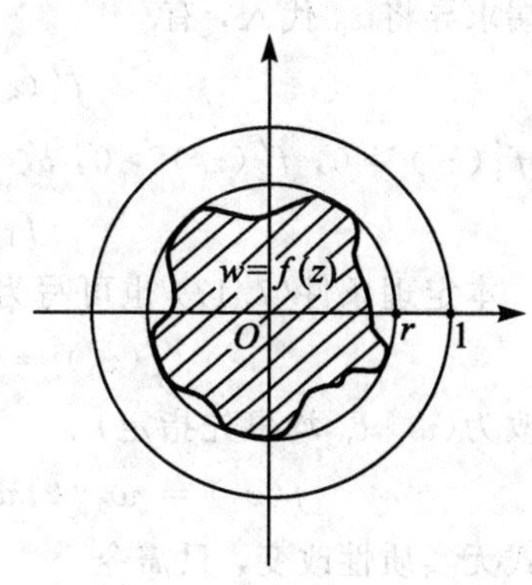

图 7-7

引理的证明 先证结论(1). 因 $f(z)$ 在 $|z|<1$ 内解析，且在 $z=0$ 处有零点，从而在 $|z|<1$ 内有

$$f(z)=z\varphi(z),$$

其中 $\varphi(z)$ 在 $|z|<1$ 内解析. $\forall z\in B(0,1)$, $\exists 0<r<1$，使 $z\in\overline{B(0,r)}\subset B(0,1)$. 由最大模原理，有

$$|\varphi(z)|\leqslant \max_{|z|\leqslant r}|\varphi(z)|=\max_{|z|=r}\frac{|f(z)|}{|z|}=\frac{\max\limits_{|z|=r}|f(z)|}{r}\leqslant\frac{1}{r}.$$

让 $r\to 1$，就得到：当 $|z|<1$ 时，有 $|\varphi(z)|\leqslant 1$. 从而

$$|f(z)|=|z\varphi(z)|\leqslant|z|.$$

现证结论(2). 因 $|\varphi(z)|\leqslant 1$，又

$$|\varphi(z_0)|=\frac{|f(z_0)|}{|z_0|}=1\quad(0<|z_0|<1),$$

即 $|\varphi(z)|$ 在 $|z|<1$ 内一点 z_0 达到最大值 1. 因此由最大模原理，在 $|z|<1$ 内，$\varphi(z)\equiv c$（常数），且 $|c|=|\varphi(z_0)|=1$. 从而 $c=\mathrm{e}^{\mathrm{i}\theta}$（$\theta$ 为实数）. 故在 $|z|<1$ 内，有

$$f(z)=z\varphi(z)=\mathrm{e}^{\mathrm{i}\theta}z.$$ ■

定理 7.11 的证明 设 $w_1=f_1(z)$，$w_2=f_2(z)$ 均为满足本定理条件的函数，则由定理 7.8，$z=f_2^{-1}(w_2)$ 在 $|w_2|<1$ 内单叶解析. 于是

$$w_1=f_1(f_2^{-1}(w_2))$$

在 $|w_2|<1$ 内解析，把 $|w_2|<1$ 映为 $|w_1|<1$ 且 $f_1(f_2^{-1}(0))=f_1(z_0)=0$. 由许瓦兹引理结论(1)，得

$$|w_1|\leqslant|w_2|.$$

由 w_1 与 w_2 之对等性，同理可证，$|w_2|\leqslant|w_1|$. 于是 $|w_1|=|w_2|$. 由许瓦兹引理结论(2)，得 $w_1=\mathrm{e}^{\mathrm{i}\theta}w_2$，$\theta$ 为实数，即

$$f_1(z)=\mathrm{e}^{\mathrm{i}\theta}f_2(z).\tag{7.18}$$

两端求导将 z_0 代入，有

$$f_1'(z_0)=e^{i\theta}f_2'(z_0).$$

因 $f_1'(z_0)>0$，$f_2'(z_0)>0$，故 $e^{i\theta}>0$，$\theta=2k\pi$（k 为整数）．代入(7.8)，有

$$f_1(z)=f_2(z).$$ ∎

本定理条件(7.17)也可写为

$$f(z_0)=0,\quad \arg f'(z_0)=0, \tag{7.17$'$}$$

或改为(w_0，θ_0 均事先指定)

$$f(z_0)=w_0\ \ (|w_0|<1),\quad \arg f'(z_0)=\theta_0. \tag{7.17$''$}$$

此式无实质性改变，只需令

$$F(z)=e^{-i\theta_0}\frac{f(z)-w_0}{1-\overline{w_0}f(z)},$$

再应用本定理即得．

唯一性条件(7.17)还可改用一对内点与一对边界点对应：

$$\left.\begin{aligned}&f(z_0)=w_0\quad (z_0\in D,\ |w_0|<1),\\&f(t_0)=e^{i\theta_0}\quad (t_0\in\partial D,\ \theta_0\ \text{为实数}),\ z_0,w_0,t_0,\theta_0\ \text{均事先指定};\end{aligned}\right\} \tag{7.19}$$

或者用边界上三对点的对应：

$$f(t_j)=e^{i\theta_j}\quad (t_j\in\partial D,\ \theta_j\ \text{为给定实数}),\ j=1,2,3 \tag{7.20}$$

来代替(有关(7.19)，(7.20)，可见第七章习题第5题)．

7.2.3 边界对应定理

紧接着是这样的问题：黎曼映照定理中当单叶解析函数把域 D 共形映为 $|w|<1$ 时，区域的边界之间有什么关系？我们有如下的定理：

定理 7.12（边界对应） 在 $\mathbf{C}_\infty$ 上以简单连续曲线为边界（边界不止一点）的单连通区域 D（有界或无界），在单叶解析函数 $w=f(z)$ 把 D 共形映为 D_1：$|w|<1$ 的同时，函数 $w=f(z)$ 的定义可连续延拓到 ∂D 使 $w=f(z)$ 成为 $\overline{D}$ 到 $\overline{D_1}$ 的同胚映照．于是在这映照下，边界 ∂D 和 ∂D_1 之间也是同胚映照，且它们分别关于区域 D 和 D_1 的正方向一致．

注意定理中所指的连续是指 $\mathbf{C}_\infty$ 上的广义连续．由于这个定理证明也很冗长，仍从略．

还可指出，定理中的 D_1 换成 $\mathbf{C}_\infty$ 上以简单连续曲线为边界（边界不止一点）的单连通区域时，结论也是对的．

由本定理结果自然会想到其逆的情况，下面的定理在一定程度上是上述

定理的逆定理.

定理7.13（边界对应定理之逆） 设有界单连通域 D 以简单光滑封闭曲线 L 为边界，$w=f(z)$ 在 $\overline{D}=D\cup L$ 上解析，且把 L 双方单值映为 Γ：$|w|=1$，则 $w=f(z)$ 在 D 内单叶且把 D 共形映为 D_1：$|w|<1$，这时 L 与 Γ 分别关于 D 及 D_1 的正方向一致.

证 本定理的证明关键在证 $D_1=f(D)$.

由假设，当 $z\in L$ 时，$|w|=|f(z)|=1$. 取 $|w_0|\neq 1$. 从而 $z\in L$ 时，$f(z)-w_0\neq 0$. 由辐角原理，$f(z)-w_0$ 在 D 内零点个数为

$$N=\frac{1}{2\pi}[\operatorname{Arg}(f(z)-w_0)]_L=\frac{1}{2\pi}[\operatorname{Arg}(w-w_0)]_\Gamma$$

$$=\begin{cases}0, & |w_0|>1, \quad (7.21)\\ \pm 1, & |w_0|<1. \quad (7.22)\end{cases}$$

但 $N=-1$ 不可能，故只有 L 与 Γ 关于区域的正向相同. (7.22) 还表明 D_1 内的点均有一个原像，即

$$D_1\subseteq f(D).$$

还要证 $f(D)\subseteq D_1$，或等价地证 D_1 之外无原像. 由(7.21) 知 $|w_0|>1$ 时无原像. 而 $|w_0|=1$ 时，注意到在 D 内 $f(z)\neq$ 常数（否则，L 将映为一点，与所设矛盾)，这时 w_0 不可能在 D 内有原像. 否则，由 $f(z)$ 的保内点的性质，将存在 $\mu>0$，使得圆域 $B(w_0,\mu)$ 有原像. 但 $B(w_0,\mu)$ 有一部分与 $|w|>1$ 相交，故与 (7.21) 相矛盾. ∎

定理中的 D 换成 $\mathbf{C}_\infty$ 上的无界单连通域，边界 L 是简单光滑曲线(封闭或否) 时，结论仍真. 事实上，必存在 $z_0\in\mathbf{C}_\infty-\overline{D}$.（为什么?）作映照

$$\zeta=\frac{1}{z-z_0},$$

把 $D\cup L$ 映为由简单封闭光滑曲线 Γ^* 围成的有界域 D^*，在 $\overline{D}^*$ 上可用已有结论使得 $f\left(z_0+\dfrac{1}{\zeta}\right)$ 在 D^* 单叶，把 D^* 共形映为 D_1，且 Γ^*，Γ 分别关于区域 D^*，D_1 的正向相对应，然后回到 z 平面，立即得证.

若定理中的 Γ 换成简单封闭曲线时，证明可以重演，故结论也真. 但 Γ 通过 ∞ 时，结论就未必正确了. 例如 $w=z^3$，在 $\operatorname{Im}z>0$ 内除去 ∞ 外解析，把实轴双方单值映为实轴且保持同向. 但 $w=z^3$ 在 $\operatorname{Im}z>0$ 内并非单叶.

前面讨论的都是单连通域之间的共形映照. 至于多连通域之间的情况一

般比较复杂. 可以证明，在单叶解析映照下，区域的连通数不变，即 n 连通域映为 n 连通域. 但反过来，任意给定两个多连通区域即使连通数相同也未必能找到单叶解析映照把其中一个共形映为另一个.

例如，可以证明把圆环 $r_1<|z|<r_2$ 能共形映为圆环 $R_1<|w|<R_2$ 的充要条件为 $\dfrac{r_1}{r_2}=\dfrac{R_1}{R_2}$. 这是应该引起注意的.

习 题 7.2

1. $\mathbf{C}_\infty$ 上任意两个边界不止一点的单连通域必存在单叶解析函数把一个共形映为另一个.

2. 如果 $w=f(z)$ 不恒为常数，除可能有极点外，在域 D 内解析，则 $D_1=f(D)$ 在 $\mathbf{C}_\infty$ 上为域.

3. 设 $w=f(z)$ 是 $\mathbf{C}_\infty$ 上域 D 的单叶解析函数. 证明：

(1) $w=f(z)$ 具有保域性；

(2) $f(z)$ 如果在 D 内有极点或零点的话，只可能是一阶的，且只有一个极点或零点；

(3) 反函数仍为单叶解析函数；

(4) 对于 $z_0\in D$，当 z_0 有限时 $f'(z_0)\neq 0$；当 $z_0=\infty$ 时，$\lim\limits_{z\to\infty}z^2f'(z)\neq 0$；

(5) 把 $\mathbf{C}_\infty$ 上的域 D 共形映为 $\mathbf{C}_\infty$ 上的域 $D_1=f(D)$.

4. 在 $\mathbf{C}_\infty$ 上的单连通域分为三类：(1) $\mathbf{C}_\infty$；(2) $\mathbf{C}_\infty$ 上除去一点；(3) 边界点不止一点的单连通域. 证明：存在 $\mathbf{C}_\infty$ 上的单叶解析函数能在同一类之间共形映照，但不能跨类共形映照.

7.3 几个初等函数的映照

共形映照的一般理论对作出具体区域间的映照是有指导意义的. 例如，定义于某区域中的解析函数，只要确定出其单叶性区域，则由此而作的映照必然是共形映照. 为了今后作出具体区域间的映照，我们除了要熟悉分式线性映照外，还需熟悉一些基本初等函数的映照. 因为许多复杂的映照往往是由一些基本初等函数的映照为基础所组成.

7.3.1 指数与对数函数映照

指数函数

$$w = e^z \tag{7.23}$$

为整函数. 由于它的反函数多值，需要寻求其单叶性区域. 设对任意的 z_1, z_2 有 $e^{z_1} = e^{z_2}$，则

$$z_1 - z_2 = 2k\pi i \quad (k\ 为整数),$$

或

$$x_1 = x_2, \quad y_1 - y_2 = 2k\pi.$$

设有区域 $D = \{z \mid a < \operatorname{Im} z < b\}$，这里 $0 < b-a \leqslant 2\pi$，则对任意 $z_1, z_2 \in D$，上式中的 $k=0$，亦即 $z_1 = z_2$，故 D 为单叶性区域，而且当 $b-a=2\pi$ 时为最大单叶域. 这样的区域很多. 例如，$D_0 = \{z \mid 0 < \operatorname{Im} z < 2\pi\}$ 便是其中之一.

下面求 D_0 的像区域，当 $z \in D_0$ 时，由(7.23)有

$$|w| e^{i \arg w} = e^x e^{iy},$$

$$|w| = e^x, \quad \arg w = y. \tag{7.24}$$

于是，z 平面中直线 $y = y_0$ 对应于 w 平面中射线 $\arg w = y_0$（除去原点）；z 平面上线段 $x = x_0$，$0 < y < 2\pi$ 对应于 w 平面除去点 e^{x_0} 的圆周 $|w| = e^{x_0}$（图 7-8）. 而且显然因为直线 $x = x_0$，$y = y_0$ 互相正交，从而像曲线 $\arg w = y_0$ 与 $|w| = e^{x_0}$ 正交. 当 z 平面上直线 $y=0$ 变至直线 $y = 2\pi$ 时，w 平面上射线 $\arg w = 0$ 变至 $\arg w = 2\pi$. 这样 $w = e^z$ 把 D_0 共形映为 w 平面除去正实轴（包括原点）后的区域 D_+. 记为

$$D_+ : 0 < \arg w < 2\pi.$$

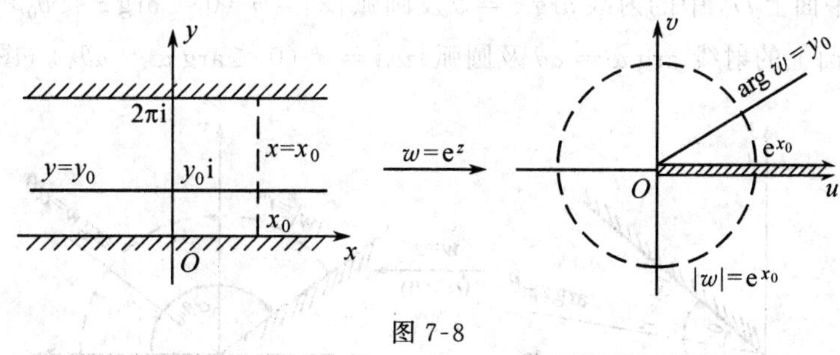

图 7-8

同理可证明，$w = e^z$ 把

$$D_k : 2k\pi < \operatorname{Im} z < 2(k+1)\pi, \quad k\ 为整数 \tag{7.25}$$

共形映为 D_+. 把

$$D_k^*: 2k\pi-\pi < \operatorname{Im} z < 2k\pi+\pi,\quad k \text{ 为整数} \tag{7.26}$$

共形映为 D_-(即 w 平面除去 $[-\infty,0]$);更一般地,把

$$y_1 < \operatorname{Im} z < y_2,\quad 0 < y_1 - y_2 \leqslant 2\pi$$

映为 $y_1 < \arg w < y_2$,故指数函数把带形区域共形映为角形区域.

作为反函数的对数函数则与之相反. 例如 $w = \operatorname{Log} z$ 在 D_+ 中可分成无穷个单值解析分枝. 取 $\log 1_{\text{上}} = 2k\pi \mathrm{i}$ 的分枝 $w = (\log z)_k$,则把 D_+ 共形映为(7.25). 同样可知在 D_- 中各分枝 $(\log z)_{k'}$ 把 D_- 共形映为(7.26).

7.3.2 幂函数映照

我们只限于讨论 $\alpha > 0$ 时的幂函数

$$w = z^\alpha. \tag{7.27}$$

为寻求其单叶性区域,设对 z_1, z_2 有 $z_1^\alpha = z_2^\alpha$,即

$$|z_1|^\alpha \mathrm{e}^{\mathrm{i}\alpha \arg z_1} = |z_2|^\alpha \mathrm{e}^{\mathrm{i}\alpha \arg z_2}.$$

于是 $|z_1| = |z_2|$, $\alpha(\arg z_1 - \arg z_2) = 2k\pi$ (k 为整数).

设区域 $D = \{z \mid \varphi_1 < \arg z < \varphi_2\}$ 满足

$$0 < \varphi_2 - \varphi_1 \leqslant 2\pi \quad \text{且} \quad 0 < \alpha(\varphi_2 - \varphi_1) \leqslant 2\pi, \tag{7.28}$$

则对任意 $z_1, z_2 \in D$,必有 $k = 0$. 从而导致 $z_1 = z_2$. 于是 D 为单叶性域. 例如,设 θ_0 为一常数,且 $0 < \theta_0, \alpha\theta_0 \leqslant 2\pi$,则

$$D_0: 0 < \arg z < \theta_0$$

便为单叶性域.

下面求 D 的像区域. 设 $z \in D_0$,由(7.27)有

$$|w| = |z|^\alpha,\quad \arg w = \alpha \arg z.$$

于是 z 平面上 D_0 中的射线 $\arg z = \theta$ 及圆弧 $|z| = r$ $(0 < \arg z < \theta_0)$ 分别映为 w 平面上的射线 $\arg w = \alpha\theta$ 及圆弧 $|w| = r^\alpha$ $(0 < \arg w < \alpha\theta_0)$ (图 7-9).

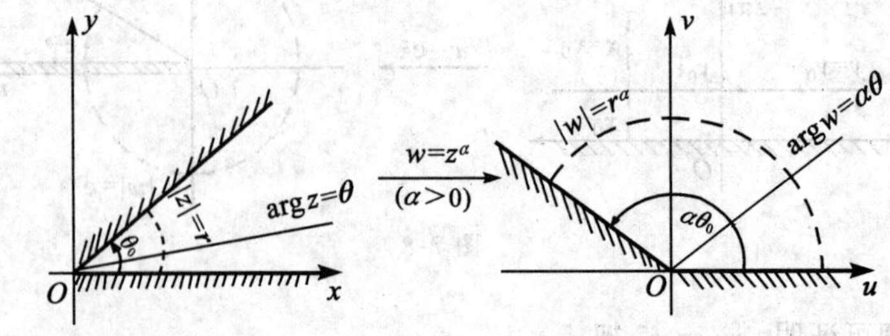

图7-9

当 z 平面上射线由 $\arg z=0$ 变至 $\arg z=\theta_0$ 时，w 平面上相应的射线由 $\arg w=0$ 变至 $\arg w=\alpha\theta_0$. 故角域 D_0 共形映为角域 $0<\arg w<\alpha\theta_0$.

例 7.3 $w=z^4$.

由(7.28)可验证

$$D_k:\frac{k\pi}{2}<\arg z<\frac{(k+1)\pi}{2},\quad k\text{ 为整数},$$

为其单叶性域. $w=z^4$ 把 D_k 共形映为 D_+（图 7-10).

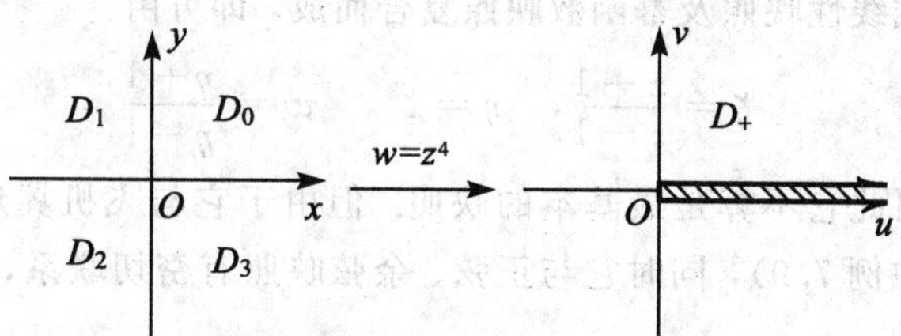

图 7-10

同样

$$D_k^*:\frac{k\pi}{2}-\frac{\pi}{4}<\arg z<\frac{k\pi}{2}+\frac{\pi}{4},\quad k\text{ 为整数}\tag{7.29}$$

也是单叶性域，D_k^* 的像为 D_-.

一般地，$w=z^n$（n 为大于 1 的正整数）有单叶性域

$$\frac{2k\pi}{n}<\arg z<\frac{2(k+1)\pi}{n},\tag{7.30}$$

及

$$\frac{2k\pi}{n}-\frac{\pi}{n}<\arg z<\frac{2k\pi}{n}+\frac{\pi}{n},\tag{7.31}$$

且分别映为 D_+ 及 D_-.

例 7.4 $w=\sqrt[4]{z}$.

$w=\sqrt[4]{z}$ 是 $w=z^4$ 的反函数，其映照为例 7.3 之逆. $w=\sqrt[4]{z}$ 在 D_+ 内可分为 4 个单值解析分枝. 设 $(\sqrt[4]{-1})_k=\mathrm{e}^{\frac{2k+1}{4}\pi\mathrm{i}}$ 的分枝为 $w=(\sqrt[4]{z})_k$，$k=0,1,2,3$，则各分枝把 D_+ 分别映为 1,2,3,4 象限. 同样，$w=\sqrt[4]{z}$ 在 D_- 取 $\sqrt[4]{1}=\mathrm{e}^{\frac{k\pi}{2}\mathrm{i}}$ 的分枝 $w=(\sqrt[4]{z})_k^*$，$k=0,1,2,3$，则把 D_- 映为(7.29).

一般地，$w=\sqrt[n]{z}$ 在 D_+ 中取 $\sqrt[n]{-1}=\mathrm{e}^{\frac{2k+1}{n}\pi\mathrm{i}}$，在 D_- 中取 $\sqrt[n]{1}=\mathrm{e}^{\frac{2k\pi}{n}\mathrm{i}}$，其

相应分枝 $w=(\sqrt[n]{z})_k$ 及 $w=(\sqrt[n]{z})_k^*$ 分别将 D_+ 及 D_- 映为(7.30)及(7.31)，$k=0,1,\cdots,n-1$.

7.3.3 儒可夫斯基(Жуковский)函数映照

这个函数定义为

$$w=\frac{1}{2}\left(z+\frac{1}{z}\right). \tag{7.32}$$

它可以由分式线性映照及幂函数映照复合而成，即可由

$$\zeta=\frac{z+1}{z-1},\quad \eta=\zeta^2,\quad w=\frac{\eta+1}{\eta-1}$$

复合而成. 因此它不算是最基本的映照. 但由于它与飞机翼形设计有关(见下面7.4节中例7.9)，同时它与正弦、余弦映照有密切联系，因此有必要单独加以介绍.

首先，由(7.32)看出，该函数在 $\mathbf{C}_\infty$ 上除 $z=0,\infty$ 有一阶极点外解析. 为其寻求单叶性域，令

$$\frac{1}{2}\left(z_1+\frac{1}{z_1}\right)=\frac{1}{2}\left(z_2+\frac{1}{z_2}\right),$$

即

$$(z_1-z_2)\left(1-\frac{1}{z_1z_2}\right)=0.$$

可以看出，凡区域内任意两点 z_1,z_2 能满足 $z_1z_2\neq 1$ 者为单叶性域. 例如单位圆内(或外)和上(或下)半平面的区域均是单叶性域.

为求出它们的映照，令 $w=u+\mathrm{i}v$，$z=r\mathrm{e}^{\mathrm{i}\theta}$，将(7.32)分开实、虚部有

$$\left.\begin{aligned}u&=\frac{1}{2}\left(r+\frac{1}{r}\right)\cos\theta,\\ v&=\frac{1}{2}\left(r-\frac{1}{r}\right)\sin\theta,\end{aligned}\right\}\quad 0\leqslant\theta\leqslant 2\pi. \tag{7.33}$$

以下从极坐标下的坐标曲线及其变化求出上述单叶性区域的像区域.

(1) 圆周 $|z|=r$ 的像：当 $r\neq 1$ 时，在(7.33)中消去 θ 得

$$\frac{u^2}{\left[\frac{1}{2}\left(r+\frac{1}{r}\right)\right]^2}+\frac{v^2}{\left[\frac{1}{2}\left(r-\frac{1}{r}\right)\right]^2}=1. \tag{7.34}$$

它是长半轴 $a=\frac{1}{2}\left(r+\frac{1}{r}\right)$、短半轴 $b=\frac{1}{2}\left|r-\frac{1}{r}\right|$、焦点在$(\pm 1,0)$的椭圆(图7-11).

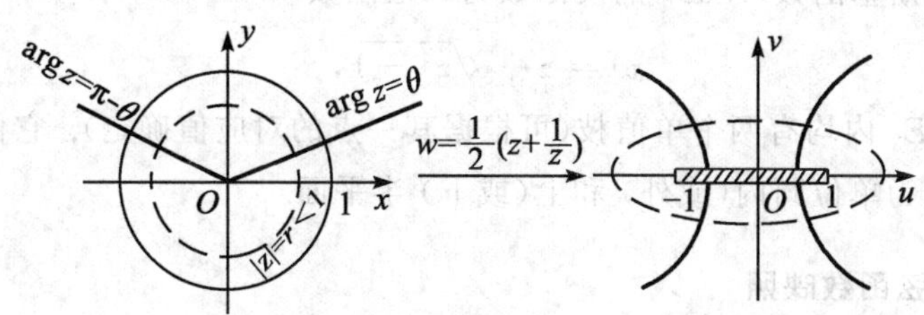

图 7-11

当 r 由 0 增至 1 时，a 由 $+\infty$ 减至 1，b 由 $+\infty$ 减至 0. 像由长短半轴为 $+\infty$ 的椭圆退化为二重线段：

$$v=0,\quad -1\leqslant u\leqslant 1. \tag{7.35}$$

由(7.33) 看出这是单位圆周 $|z|=1$ 的像曲线：$v=0$，$u=\cos\theta$. θ 由 0 变到 2π 时，动点在线段(7.35) 上来回各一次. 可见，z 平面单位圆内的区域共形映为 w 平面上除去线段(7.35) 的区域. 记为 E_1. 同样，把 $|z|>1$ 映为 E_1.

(2) 射线 $\arg z=\theta$ 的像：当 $\theta\neq\frac{k\pi}{2}$ 时 $(0\leqslant k\leqslant 4)$，由(7.33) 消去 r 得

$$\frac{u^2}{\cos^2\theta}-\frac{v^2}{\sin^2\theta}=1. \tag{7.36}$$

这是实、虚半轴分别为 $|\cos\theta|$，$|\sin\theta|$、焦点在$(\pm 1,0)$ 的双曲线(图 7-11).

当 $\theta=0$ 时，$v=0$，$u=\frac{1}{2}\left(r+\frac{1}{r}\right)$；当 r 从 0 增至 1 又从 1 增至 $+\infty$ 时，u 从 $+\infty$ 减至 1 又从 1 增至 $+\infty$. 即 $\arg z=0$ 映为实轴上射线 $u\geqslant 1$ 两次.

当 $0<\theta<\frac{\pi}{2}$ 时，这时 $u>0$，射线 $\arg z=\theta$ 映为双曲线(7.36) 右半枝.

当 $\theta=\frac{\pi}{2}$ 时，$u=0$，射线 $\arg z=\frac{\pi}{2}$ 映为虚轴.

当 $\frac{\pi}{2}<\theta<\pi$ 时，$u<0$，射线 $\arg z=\theta$ 映为双曲线(7.36) 左半枝.

当 $\theta=\pi$ 时，$u=\frac{-1}{2}\left(r+\frac{1}{r}\right)$，$v=0$. 射线 $\arg z=\pi$ 映为实轴上 $u\leqslant -1$ 两次.

由上看出，当射线 $\arg z=\theta$ 中 θ 由 0 连续增至 π 时(即画出上半平面)，w 平面上映出除去实轴上无穷区间$[-\infty,-1]$，$[+1,+\infty]$后的区域，记为 E_2.

同法讨论得知，下半平面映为 w 平面上的 E_2.

儒可夫斯基函数(7.32)的反函数为二值函数

$$w = z + \sqrt{z^2 - 1},$$

它在 E_1 和 E_2 内均有两个单值枝(可根据其一点的对应值确定). 它们分别把 E_1 和 E_2 映为单位圆内(或外)和上(或下)半平面.

7.3.4 余弦函数映照

$w = \cos z$ 是整函数. 为寻求其单叶性域，令 $\cos z_1 = \cos z_2$，亦即

$$-2\sin\frac{z_1 + z_2}{2}\sin\frac{z_1 - z_2}{2} = 0,$$

于是，或者 $z_1 - z_2 = 2k\pi$，有

$$x_1 - x_2 = 2k\pi, \quad y_1 = y_2; \tag{7.37}$$

或者 $z_1 + z_2 = 2k\pi$，有

$$x_1 + x_2 = 2k\pi, \quad y_1 + y_2 = 0; \tag{7.38}$$

满足条件的单叶性域很多. 例如我们证明 $0 < \mathrm{Re}\, z < \pi$ 为单叶性域，且为最大单叶域. 当任意 z_1, z_2 属于该域时，由(7.37)看出 $k = 0$，从而 $z_1 = z_2$，而(7.38)不可能成立.(为什么?) 现在求该区域映照下的像，由余弦定义，$w = \cos z$ 可分解为

$$\zeta = \mathrm{i}z, \quad \eta = \mathrm{e}^{\zeta}, \quad w = \frac{1}{2}\left(\frac{1}{\eta} + \eta\right),$$

其中映照 $\zeta = \mathrm{i}z$ 把 D_z: $0 < \mathrm{Re}\, z < \pi$ (图 7-12 (a)) 共形映为 ζ 平面上区域 D_ζ: $0 < \mathrm{Im}\, \zeta < \pi$ (图 7-12 (b))，映照 $\eta = \mathrm{e}^{\zeta}$ 把 D_ζ 映为 η 平面上的上半平

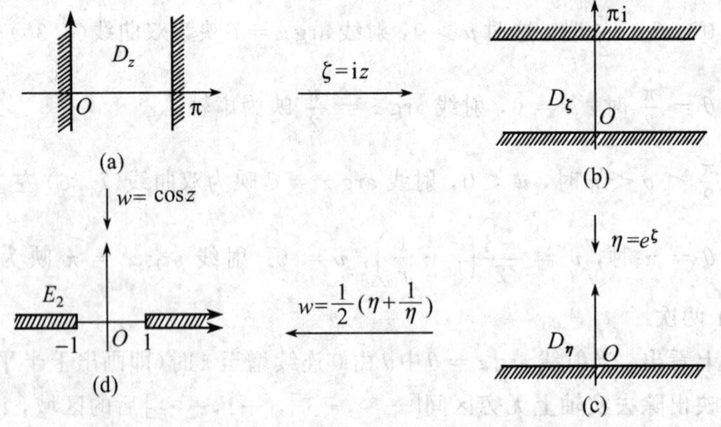

图 7-12

面 D_η：$\mathrm{Im}\,\eta>0$（图 7-12（c））. 最后，$w=\dfrac{1}{2}\left(\eta+\dfrac{1}{\eta}\right)$将 D_η 映为 w 平面上（上小节中）的 E_2（图 7-12（d））. 故 $w=\cos z$ 把 D_z 共形映为 E_2.

不难证明，$k\pi<\mathrm{Re}\,z<(k+1)\pi$ 也是单叶性域，且也映为 E_2.

反余弦函数

$$w=\mathrm{Arccos}\,z$$

是多值函数. 在 E_2 可分为无穷个单值解析分枝，可由一点的对应值例如取 $w(0)=\dfrac{\pi}{2}$ 的相应分枝 $w=\arccos z$，将 E_2 共形映为 $0<\mathrm{Re}\,w<\pi$.

利用初等函数之间关系，可不难得到正弦、正切及其反函数等的映照，希望读者在习题中去熟悉它们.

习　题　7.3

1. 求 $0<\mathrm{Im}\,z<\pi$ 到 $|w|<1$ 的共形映照.

2. 在 $w=\mathrm{e}^z$ 映照下，求下列区域的像区域：

(1) $\{0<\mathrm{Im}\,z<2\pi\}\cap\{0<\mathrm{Re}\,z<+\infty\}$；

(2) $\left\{-\dfrac{\pi}{2}<\mathrm{Im}\,z<\dfrac{\pi}{2}\right\}\cap\{-\infty<\mathrm{Re}\,z<0\}$.

3. $w=z^\alpha$ $(\alpha>0)$ 在 $z=0$ 保角吗？有何特征？

4. 在 $w=z^2$ 映照下，求

(1) w 平面上坐标直线 $u=c$，$v=c$ 的原像曲线；

(2) z 平面上坐标直线 $x=c$，$y=c$ 的像曲线.

5. 试求下列区域在 $w=\dfrac{1}{2}\left(z+\dfrac{1}{z}\right)$映照下的像：

(1) $0<r<|z|<1$；　(2) $\{|z|<1\}\cap\{\mathrm{Im}\,z>0\}$；

(3) $\{|z|>1\}\cap\{\mathrm{Im}\,z>0\}$；　(4) $\dfrac{\pi}{4}<\arg z<\dfrac{3\pi}{4}$；

(5) $|z|>r>1$.

6. 从 $w=\cos z=\cos(x+\mathrm{i}y)$ 的分解式

$$u=\cos x\,\mathrm{ch}\,y,\quad v=-\sin x\,\mathrm{sh}\,y$$

出发，求区域 $0<\mathrm{Re}\,z<\pi$ 内下列图形的映照像：

(1) $y=y_0$，$0<x<\pi$；　(2) $x=x_0$；

(3) $\{\mathrm{Im}\,z>0\}\cap\{0<\mathrm{Re}\,z<\pi\}$；　(4) $\{\mathrm{Im}\,z<0\}\cap\{0<\mathrm{Re}\,z<\pi\}$.

7. 证明：$w=\sin z$，

(1) 在 $k\pi-\frac{\pi}{2}<\operatorname{Re}z<k\pi+\frac{\pi}{2}$ 单叶（k 为整数）；

(2) 把 $-\frac{\pi}{2}<\operatorname{Re}z<\frac{\pi}{2}$ 共形映为 E_2；

(3) 把 $\{\operatorname{Im}z>0\}\cap\left\{-\frac{\pi}{2}<\operatorname{Re}z<\frac{\pi}{2}\right\}$ 及 $\{\operatorname{Im}z<0\}\cap\left\{-\frac{\pi}{2}<\operatorname{Re}z<\frac{\pi}{2}\right\}$ 分别映为上半及下半平面；

(4) 反函数 $w=\arcsin z$ 当 $w(0)=0$ 时，把 E_2 共形映为 $-\frac{\pi}{2}<\operatorname{Re}w<\frac{\pi}{2}$.

8. 证明：$w=\tan z$ 把 $-\frac{\pi}{2}<\operatorname{Re}z<\frac{\pi}{2}$ 共形映为 $w=u+\mathrm{i}v$ 平面除去射线 $u=0$，$|v|\geqslant 1$ 后的区域.

7.4 综合实例

共形映照的问题分为两大类：一类是已知函数求映照区域，一类是已知对应区域求映照函数. 兹分别叙述如下：

7.4.1 已知函数求映照区域

在 7.1,7.2 节中已有诸多介绍. 最基本方法是求出函数的单叶性区域，由函数本身分解式，求单叶性区域内坐标曲线（直角坐标或极坐标）的像曲线，并由坐标曲线在单叶性区域内连续变化，得出像区域；第二种方法是映照函数本身较复杂时，可将函数分解为已知基本映照，逐一观察像区域的演变，得出最后的像区域，如 7.3 节对 $w=\cos z$ 便是这样做的. 另外，还可采用边界对应的方法. 例如可以验证

$$D:\{\operatorname{Im}z>0\}\cap\left\{-\frac{\pi}{2}<\operatorname{Re}z<\frac{3}{2}\pi\right\}$$

为 $w=\cos z$ 的单叶性域. 因它不满足(7.38)，而从(7.37)可推出 $z_1=z_2$. 现在问 $w=\cos z$ 把 D 映成什么区域？由分解 $w=\cos z$ 得

$$\begin{cases}u=\cos x\operatorname{ch}y,\\ v=-\sin x\operatorname{sh}y.\end{cases}$$

可见，D 的边界 $\left\{-\frac{\pi}{2}\leqslant x\leqslant\frac{3\pi}{2},\ y=0\right\}$ 及 $\left\{x=-\frac{\pi}{2}\text{ 或 }\frac{3\pi}{2},\ y\geqslant 0\right\}$ 分别

映为$\{-1\leqslant u\leqslant 1,\ v=0\}$及$\{u=0,\ v\geqslant 0\}$各有两次，其中各点间对应见图 7-13. 当$z$沿着$D$的边界正向走一圈时，其像在$w$平面对应走成倒$T$形. 故$D$映成除去$\{-1\leqslant u\leqslant 1,\ v=0\}$及$\{u=0,\ v\geqslant 0\}$的$w$平面.

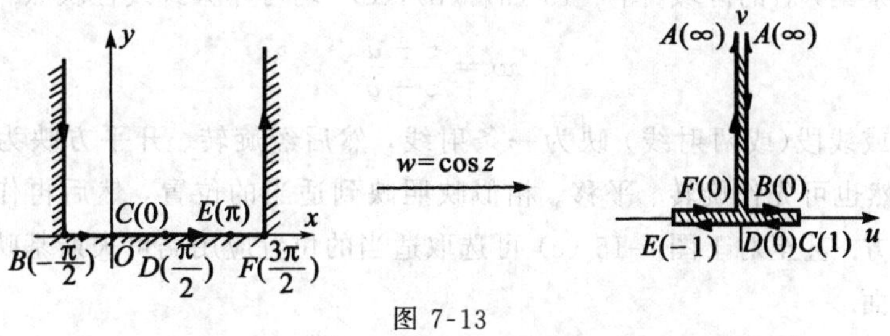

图 7-13

7.4.2 已知对应区域求映照函数

所求的函数与对应区域及其边界的形状有关. 一般说来，这是极端困难的. 现在就一些较基本的情况举例如下.

例 7.5 把平面上除去上半个单位圆周(包括端点)的区域D_z(图 7-14 (a))映为上半平面D_w.

解 作

$$\zeta=\frac{z-1}{z+1}. \tag{7.39}$$

它把 1,i,−1 分别映为 0,i,∞；把上半单位圆周映为上半虚轴. 因此把D_z映为除去上半虚轴(包括原点)后的平面D_ζ(图 7-14 (b)).

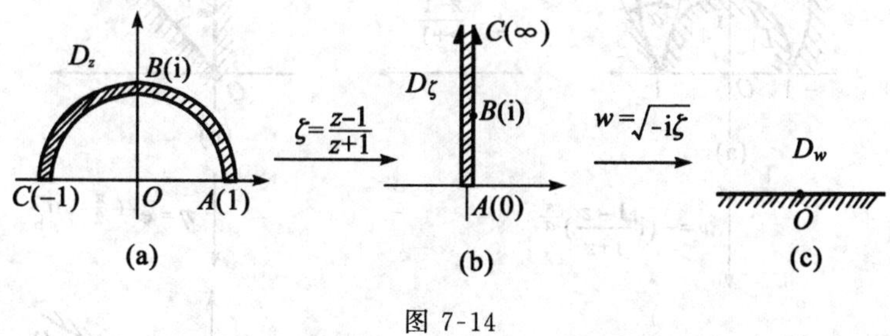

图 7-14

映照$w=\sqrt{-\mathrm{i}\zeta}$可视为$\eta=-\mathrm{i}\zeta$与$w=\sqrt{\eta}$(取$\sqrt{-1}=\mathrm{i}$的分枝)的复合，即先旋转$-\frac{\pi}{2}$角把$D_\zeta$映为除去正实轴$[0,+\infty)$后的区域$D_\eta$，然后开平方把$D_\eta$映为上半平面$D_w$(图 7-14 (c)). 这样，所求函数为

$$w=\sqrt{-\mathrm{i}\,\frac{z-1}{z+1}}\quad (w(0)=\mathrm{e}^{\frac{\pi}{4}\mathrm{i}}).$$

一般，对一平面上除去一段包括端点 a,b 的圆弧或线段(或一直线除去开线段的余集）后的区域(图 7-15 (a),(b),(c)) 均可作分式线性映照

$$w=\frac{z-a}{z-b}$$

把圆弧或线段(或两射线) 映为一条射线，然后经旋转、开平方映为上半平面. 当然也可先作旋转、平移、相似映照映到适当的位置，然后再作(7.39)及开平方. 甚至对于图 7-15 (c) 可选取适当的位置应用儒可夫斯基映照映为上半平面.

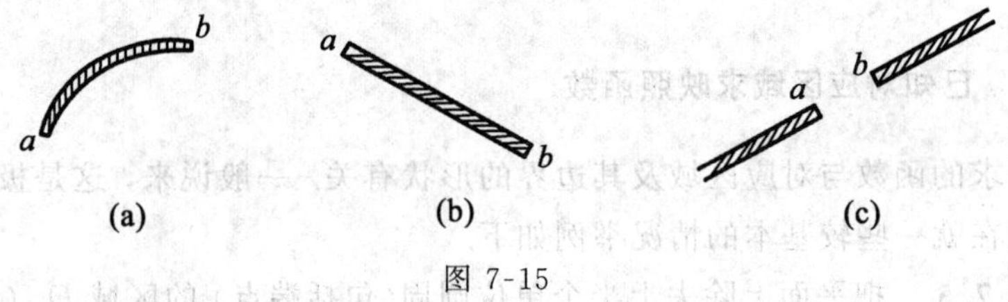

图 7-15

例 7.6 作出下列一组圆与圆相关位置的映照.

(1) 如图 7-16 (a)，把圆弧 L_1,L_2 所夹的区域 D_z 映为上半平面，其中 L_1 为上半单位圆周，L_2 与 L_1 在 $z=1$ 处夹角为 $\alpha\left(0<\alpha<\dfrac{\pi}{2}\right)$.

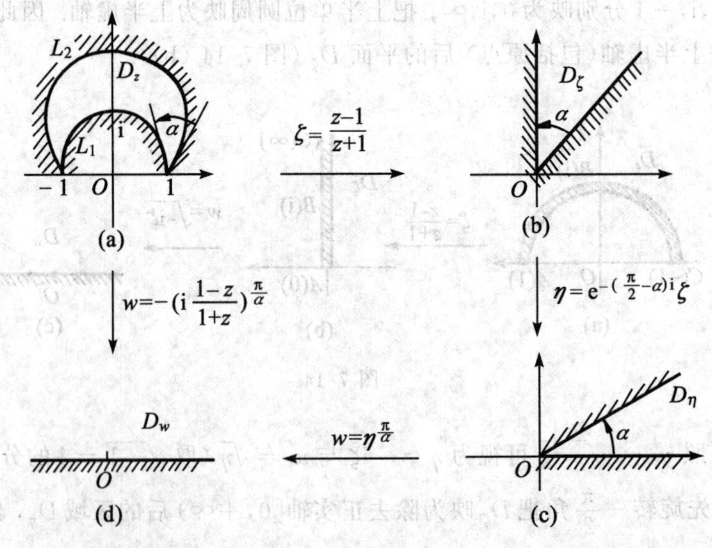

图 7-16

解 作

$$\zeta = \frac{z-1}{z+1}.$$

依例7.5，L_1 映为上半虚轴，L_2 映为第一象限过原点的射线与虚轴交α角(保角性)；这时 D_z 映为角形域 D_ζ：$\frac{\pi}{2}-\alpha < \arg\zeta < \frac{\pi}{2}$ (图 7-16 (b)).

作 $\eta = e^{-(\frac{\pi}{2}-\alpha)i}\zeta$，把 D_ζ 映为角形域 D_η：$0 < \arg\eta < \alpha$ (图 7-16 (c)).

最后，作 $w = \eta^{\frac{\pi}{\alpha}}$ (若为多值函数则取在正实轴上岸为正实值的分枝)，则把 D_η 映为上半平面. 这样，所求函数为

$$w = -\left(i\frac{1-z}{1+z}\right)^{\frac{\pi}{\alpha}}.$$

一般由圆弧与圆弧、直线与圆弧相交时所夹的图形称为**二角形**. 如图 7-17 (a),(b),(c) 中区域均为二角形，皆可作映照

$$w = \frac{z-a}{z-b}$$

把上述区域映为过原点的角域，然后通过旋转及幂映照映成上半平面.

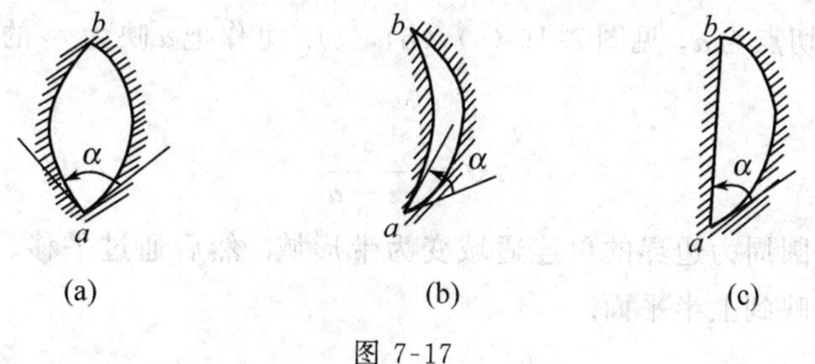

图 7-17

(2) 求挖去两圆盘 $|z\pm1|\leqslant1$ 后的平面区域 D_z (图 7-18 (a)) 映为上半平面 D_w 的映照.

解 两圆周 $|z\pm1|=1$ 在 $z=0$ 相切并与实轴正交. 为将这两圆周同时映为直线，须将 $z=0$ 映为 ∞. 另使 $z=\pm2$ 成为不动点. 此映照为

$$\zeta = \frac{4}{z}.$$

它把实轴及两圆周分别映为实轴及平行线 $\xi=\pm2$，并且由边界对应可知 D_z 映为 D_ζ：$-2 < \mathrm{Re}\,\zeta < 2$ (图 7-18 (b)).

映照 $\eta = i\pi\frac{\zeta+2}{4}$ 将 D_ζ 映为 D_η：$0 < \mathrm{Im}\,\eta < \pi$ (图 7-18 (c)). 最后作

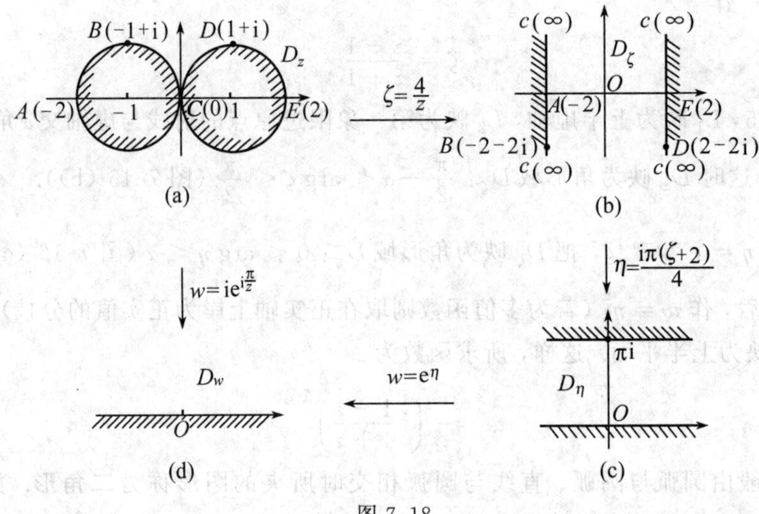

图 7-18

$w=e^{\eta}$将 D_{η} 映为上半平面 D_w（图 7-18（d））. 故所求函数为

$$w=\mathrm{i}\,\mathrm{e}^{\mathrm{i}\frac{\pi}{z}}.$$

一般地，对于这样的区域，其边界是圆弧与圆弧内（外）切，或直线与圆弧相切，设切点为a，见图 7-19（a），（b），（c）. 可作把a映为∞的分式线性映照①

$$w=\frac{1}{z-a}$$

把以两相切圆周为边界的单连通域变为带形域. 然后通过平移、旋转、相似及指数映照映到上半平面.

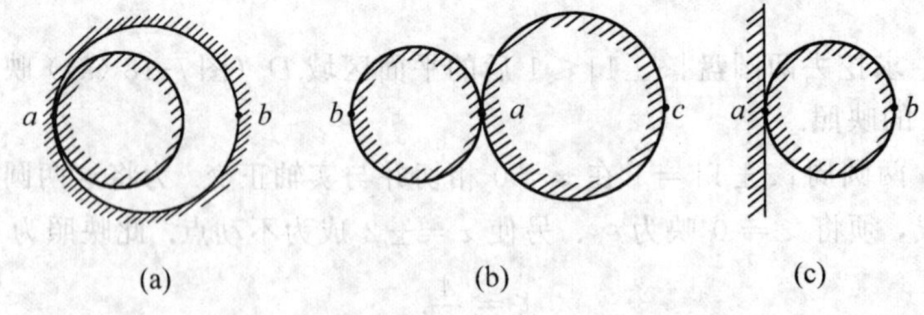

图 7-19

① 或另在圆周上找一至两个参考点使相应地映为零或为不动点有时更显简单.

(3) 求圆周 $|z|=1$ 和 $|z-1|=\frac{5}{2}$ 所围的偏心环 D_z（图 7-20）共形映为同心圆环 D_w：$1<|w|<R$.

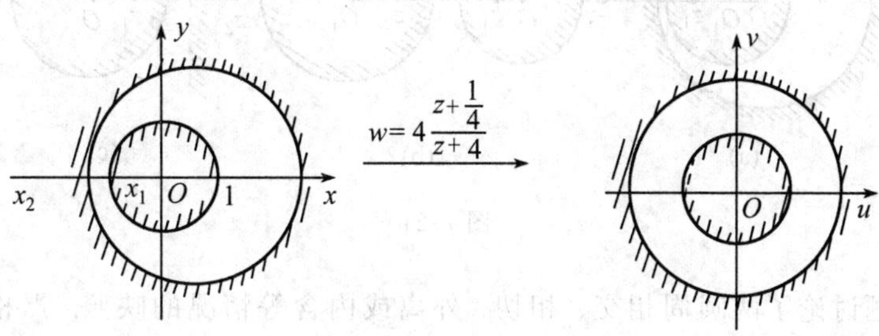

图 7-20

解 首先求两圆周 $|z|=1$ 及 $|z-1|=\frac{5}{2}$ 的公共对称点. 它们必在两圆的连心线 Ox 轴上，故可设为 x_1,x_2，根据对称点定义，有

$$x_1x_2=1,$$

$$(1-x_1)(1-x_2)=\left(\frac{5}{2}\right)^2.$$

解得 $x_1=-\frac{1}{4}$，$x_2=-4$. 作映照

$$\zeta=\frac{z+\frac{1}{4}}{z+4}.$$

由对称点的不变性知，z 平面以 x_1,x_2 为公共对称点的圆周必映为 ζ 平面上以 $0,\infty$ 为公共对称点的同心圆周. 后者的半径可用 $x=1$，$x=\frac{7}{2}$ 分别代入上式得 $\zeta=\frac{1}{4}$，$\zeta=\frac{1}{2}$. 这表明偏心圆环 D_z 映为同心圆环 D_ζ：$\frac{1}{4}<|\zeta|<\frac{1}{2}$. 作映照 $w=4\zeta$，则 D_ζ 映为同心圆环 D_w：$1<|w|<2$. 于是最后映照为

$$w=\frac{4z+1}{z+4}.$$

一般，两个有限圆周内含、外离或一直线与有限圆周相离时，见图 7-21 (a),(b),(c)，可用求它们公共对称点 z_1,z_2 的方法，作映照

$$w=\frac{z-z_1}{z-z_2},$$

将两“圆周”界定的二连通域映为同心圆环.

O O₁ z₁
z₂
O z₁
z₂ O₁
z₂
z₁ O
(a)
(b)
(c)

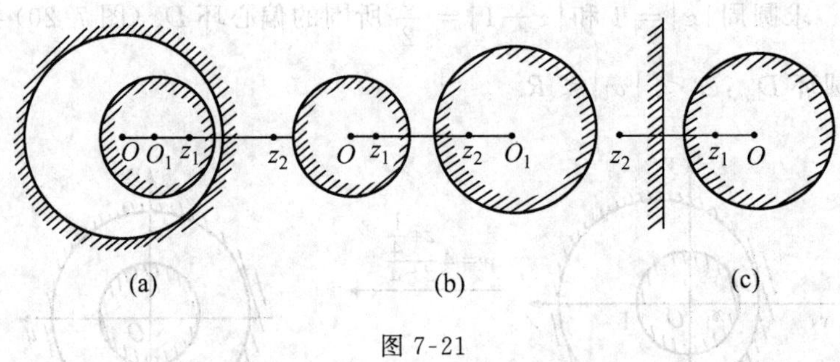

图 7-21

本题讨论了两圆周相交、相切、外离或内含等情况的映照. 严格说来，角区域、带形域也是两圆周相交与相切的特例. 如我们所知，它们分别主要通过幂函数及指数函数映为上半平面. 所补充的只是角形、带形中有裂缝的情形. 在映照过程中始终要追踪裂缝的变化. 下面再举一组例子.

例 7.7 作出下列区域之间的映照.

(1) 把上半平面除去虚轴上裂缝 $0\leqslant y\leqslant h$ 的区域 D_z（图 7-22 (a)）共形映为上半平面.

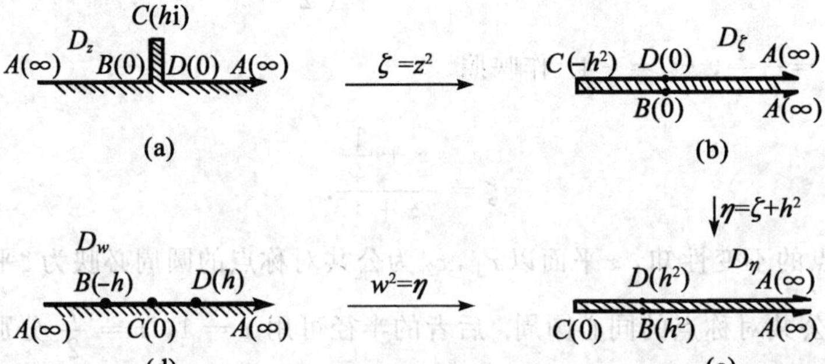

C(hi)
Dz
A(∞) B(0) D(0) A(∞)
ζ=z²
C(−h²) D(0) Dζ A(∞)
B(0) A(∞)
(a)
(b)
η=ζ+h²
Dw
B(−h) D(h)
A(∞) C(0) A(∞)
w²=η
D(h²) Dη A(∞)
C(0) B(h²) A(∞)
(d)
(c)

图 7-22

解 把上半平面视为角形域，把有裂缝的上半平面 D_z 也视为角形域. 作 $\zeta=z^2$ 把 D_z 映为除去实轴上$[-h^2,+\infty)$ 后的区域 D_ζ，见图 7-22 (b). 作 $\eta=\zeta+h^2$，把 D_ζ 映为除去实轴上$[0,+\infty)$后的区域 D_η，见图 7-22 (c). 作 $w=\sqrt{\eta}$（取在剖线正实轴上岸取正实值的分枝），把 D_η 映为上半平面，见图 7-22 (d). 于是，所求映照为

$$w=\sqrt{z^2+h^2}\quad（取 \sqrt{h^2}=h 的分枝）.$$

（2） 把带形域 D_z：$0<\mathrm{Im}\,z<2\pi$ 映为带形域 $0<\mathrm{Im}\,w<2\pi$ 内除去射线$\{u\leqslant 0,\ v=\pi\}$ 的区域 D_w（图 7-23（c））.

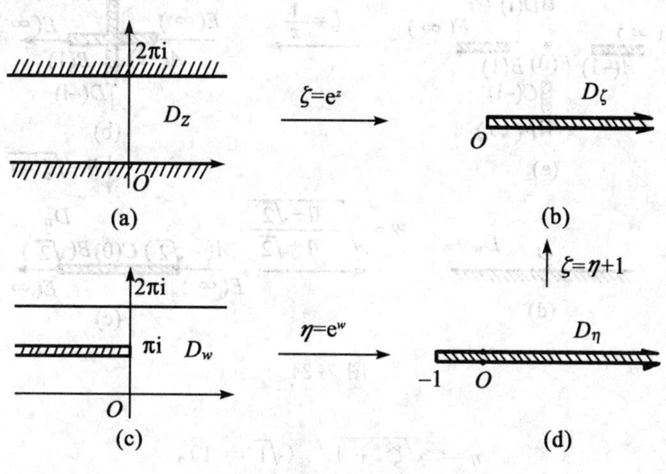

图 7-23

解 D_w 中若不计裂缝也可视为带形域. 作 $\zeta=e^z$，把 D_z 映为除去正实轴$[0,+\infty)$ 的区域 D_ζ（图 7-23（b））. 作 $\eta=e^w$，把 D_w 映为除去实轴上$[-1,+\infty)$ 的区域 D_η（图 7-23（d））. 显然，把 D_η 映为 D_ζ 的映照为 $\zeta=\eta+1$. 于是，所求映照为

$$w=\log(e^z-1)\quad(\log(-1)=\pi i).$$

一般，把有裂缝的区域映成一特定区域很难说有什么固定的方法，它取决于我们对各类映照函数的熟悉程度和解题经验，读者可通过练习不断总结.

例 7.8 求平面除去$(-\infty,-1]$，$[1,+\infty)$，$(-\infty i,-i]$，$[i,+\infty i)$ 四条射线后的区域 D_z（图 7-24（a））映为上半平面的映照.

解 作映照

$$\zeta=\frac{1}{z},$$

它把实、虚轴仍分别映为实、虚轴，把 $0,\infty,-1,1,i,-i$ 分别映为 $\infty,0,-1,1,-i,i$，把 D_z 映为 ζ 平面除去线段$[-1,1]$及$[-i,i]$的域 D_ζ（图 7-24（b））.

把 D_ζ 对称于实轴的上、下两部分分别记为 D'_ζ，D''_ζ. 作 ζ 平面实轴上的辅助射线 $EA=(-\infty,-1)$，$BE=(1,+\infty)$. 现只考虑 D'_ζ 的映照. 根据本节例 7.7（1），作映照

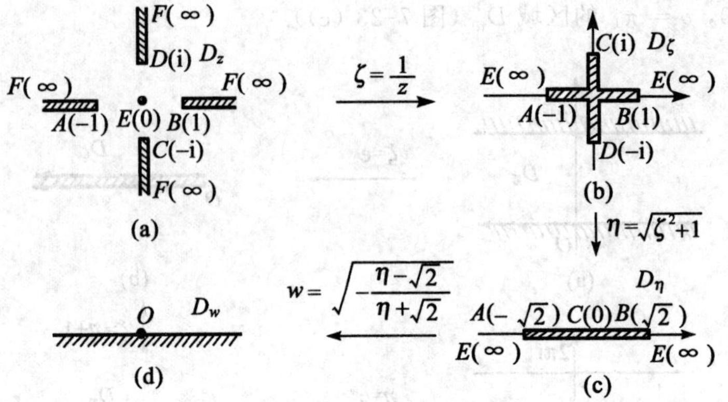

图 7-24

$$\eta=\sqrt{\zeta^2+1}\quad(\sqrt{1}=1),$$

则把 D'_ζ 映为上半平面 D'_η. 由于 $\eta=\sqrt{\zeta^2+1}$ 可越过 ζ 平面的辅助射线 EA，BE 开拓到下半平面. 由对称原理，这函数把 D''_ζ 映为 η 平面上与 D'_η 对称于实轴的区域 D''_η. 总之，把 D_ζ 映为 η 平面上除去实轴上的线段 $[-\sqrt{2},\sqrt{2}]$ 的区域 D_η（图 7-24 (c)）. 最后，根据例 7.5 的小结，可作

$$w=\sqrt{-\frac{\eta-\sqrt{2}}{\eta+\sqrt{2}}}\quad(\sqrt{1}=1),$$

把 D_η 映为上半平面（图 7-24 (d)）. 故所求映照为

$$w=\sqrt{-\frac{\sqrt{z^2+1}-\sqrt{2}z}{\sqrt{z^2+1}+\sqrt{2}z}}\quad\text{（内外根号均取}\sqrt{1}=1\text{ 的分枝）}.$$

一般地，复杂的对称区域可以考虑利用对称扩张的办法进行映照. 以上例子中区域都是以直线（或直线的一部分）、圆弧为边界，若区域边界中有椭圆、双曲线、抛物线而要映为上半平面时，映照主要依赖于平方、开平方、儒可夫斯基映照甚至多角形映照（下一章 8.3 节中介绍）. 在简单情形比较容易（见习题 7.4），一般情况可参看普里瓦洛夫著《复变函数引论》第 12 章 §5（人民教育出版社，闵嗣鹤等译）.

在工程技术中，为具体进行区域共形映照，人们常把映照函数与区域之间制成表格汇聚成册以便查阅.

最后介绍一个与实际应用有关的例子.

例 7.9 z 平面的上半平面有一过 $z=\pm 1$，拱高为 h，含 2α 弧度且圆心在下半虚轴上的圆弧 $\overset{\frown}{AB}$（图 7-25 (a)）；w 平面上有一圆心在 $w=\mathrm{i}h$ 过 $w=\pm 1$ 的圆周 K. 已知过 $w=1$ 的半径与实轴交 $\frac{\alpha}{2}$ 角（图 7-25 (b)）. 现在求 z 平面除去 $\overset{\frown}{AB}$ 后的区域 D_z 共形映为 w 平面中圆周 K 外部 D_w 的映照.

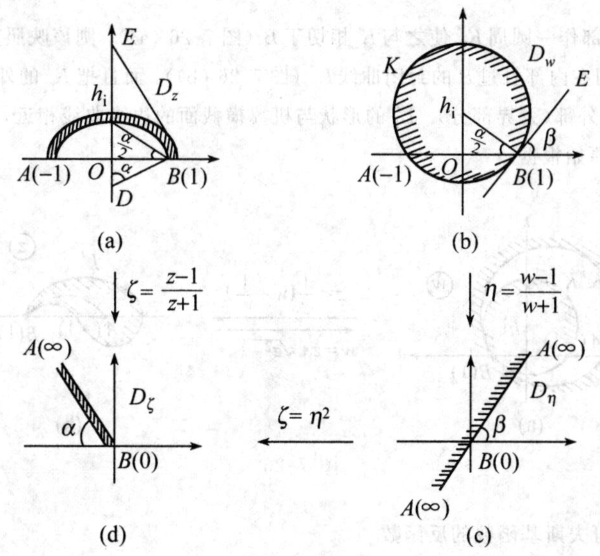

图 7-25

解 在 z 平面上过 B 作 $\overset{\frown}{AB}$ 的切线 BE，则实轴正向与 BE 的交角为 $\pi-\alpha$. 作映照

$$\zeta=\frac{z-1}{z+1},$$

则把 D_z 映为 ζ 平面除去射线 $\arg\zeta=\pi-\alpha$ 后的区域 D_ζ：$-\pi-\alpha<\arg\zeta<\pi-\alpha$（图 7-25 (d)）.

在 w 平面中过 B 作 K 的切线 BE，则实轴正向与 BE 交角为 $\beta=\frac{\pi}{2}-\frac{\alpha}{2}$. 作

$$\eta=\frac{w-1}{w+1},$$

则圆周 K 映为 η 平面过原点且与实轴正向交 β 角的直线. 因 $w=0$ 映为 $\eta=-1$，故知 w 平面上 D_w：$|w-\mathrm{i}h|>\sqrt{1+h^2}$ 映为 D_η：$\beta-\pi<\arg\eta<\beta$，即

$$-\frac{\pi}{2}-\frac{\alpha}{2}<\arg\eta<\frac{\pi}{2}-\frac{\alpha}{2}\quad(\text{图 7-25 (c)}).$$

最后作映照 $\zeta=\eta^2$，则把 D_η 映为 D_ζ，即

$$\frac{z-1}{z+1}=\left(\frac{w-1}{w+1}\right)^2.$$

解之得

$$z=\frac{1}{2}\left(w+\frac{1}{w}\right),\tag{7.40}$$

这就是 w 平面到 z 平面的儒可夫斯基映照. 可以看出，这个映照与 h 值无关，故取 $h=0$ 时，这个映照把 $|w|>1$ 映为 z 平面除去实轴上线段$[-1,1]$后的区域，这与 7.3.3 小节结果完全符合.

若在 K 外部作一圆周 K' 使之与 K 相切于 B（图 7-26（a）），则该映照把 K' 映为 z 平面上把 $\widehat{AB}$ 包围在内部且过 B 的封闭曲线 L'（图 7-26（b）），而且把 K' 的外部（无界部分）映为曲线 L' 的外部（无界部分）. L' 的形状与机翼横截面的边缘曲线相近，这是飞机翼形设计中的一个原始根据.

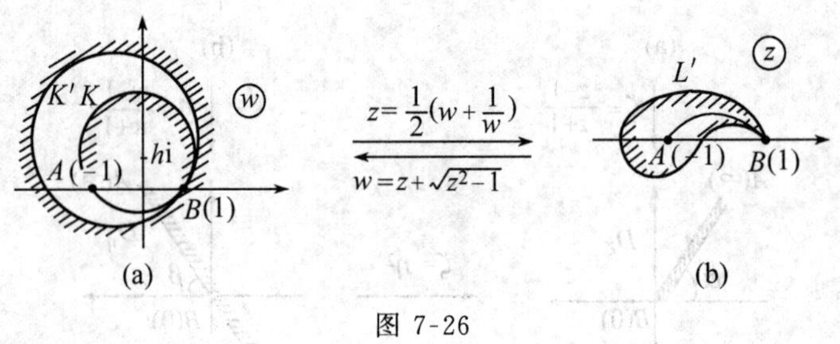

图 7-26

最后，儒可夫斯基函数的反函数

$$w=z+\sqrt{z^2-1}$$

把 z 平面曲线 L' 的外部（无界部分）映为圆周 K' 的外部（无界部分）. 不难进一步用整线性映照把 K' 的外部映为单位圆的外部. 据此，可研究机翼绕流问题（参看第九章）.

习 题 7.4

1. 已知下列函数，求共形映照区域：

(1) $w=z+\frac{z^n}{n}$（正整数 $n\geqslant 2$）将 $|z|<1$ 映成什么区域？

(2) $w=\frac{z}{1+z^2}$ 将 $\{|z|<1\}\cap\{\operatorname{Im} z>0\}$ 映成什么区域？

(3) 应用边界对应定理，问 $w=\frac{1}{2}(z^n+z^{-n})$ 将扇形$\{|z|<1\}\cap\left\{0<\arg z<\frac{\pi}{n}\right\}$映成什么区域？

2. 求下列区域到上半平面的共形映照：

(1) 平面除去线段$[1+i,2+2i]$;

(2) 平面除去实轴上射线$(-\infty,0]$和$[2,+\infty)$;

(3) 平面除去圆弧$\{|z|=1\}\cap\left\{-\frac{\pi}{4}\leqslant\arg z\leqslant\frac{\pi}{4}\right\}$.

3. 求下列共形映照:

(1) $|z-1|<2$ 和 $|z+1|<2$ 的公共部分映为上半平面;

(2) $\{|z|<1\}\cap\{\operatorname{Im} z>0\}$ 映为上半平面;

(3) $|z|=2$ 及 $|z-1|=1$ 所夹的区域映为上半平面;

(4) $\{\operatorname{Re} z>0\}\cap\{|z-1|>1\}$ 映为上半平面;

(5) 把边界为$|z\pm 2|=1$的区域映为以$w=0$为心的同心圆环,且求出圆环半径之比;

(6) 将偏心圆环$\{|z-3|>9\}\cap\{|z-8|<16\}$映为同心圆环$\rho<|w|<1$且求$\rho$之值.

4. 求作下列共形映照:

(1) 把圆盘$|z|<1$除去$\left[\frac{1}{2},1\right)$的区域映为$|w|<1$;

(2) 把$\{|z|<1\}\cap\{0<\arg z<\alpha<2\pi\}$映为$|w|<1$;

(3) 把$|z|<1$映为带形域$0<\operatorname{Re} w<1$且把$-1,1,\mathrm{i}$映为$-\infty\mathrm{i}$, $+\infty\mathrm{i},\mathrm{i}$.

第七章习题

1. 证明下述不动点的命题:

(1) 有两个不动点 $a,b\ (\in \mathbf{C})$ 的分式线性映照为

$$\frac{w-a}{w-b}=h\frac{z-a}{z-b},\quad h \text{ 为非零复数};$$

(2) 只有一个有穷不动点 a 的分式线性映照为

$$\frac{1}{w-a}=\frac{1}{z-a}+k,\quad k \text{ 为非零复数}.$$

2. 证明下述分式线性映照集合形成映照子群:

(1) 旋转群$\{z,\varepsilon z,\varepsilon^2 z,\cdots,\varepsilon^{n-1}z\}$,其中$\varepsilon=e^{\frac{2\pi}{n}\mathrm{i}}$, n为自然数;

(2) 双周期函数群$\{z+m\omega_1+n\omega_2,\ m,n$为整数$\}$, $\operatorname{Im}\frac{\omega_1}{\omega_2}\neq 0$.

3. 设 $w=L(z)$ 是单位圆到自身的分式线性映照. 证明:

(1) 对于单位圆内任意两点 z_1,z_2,有

$$\left|\frac{z_1-z_2}{1-\overline{z_1}z_2}\right|=\left|\frac{w_1-w_2}{1-\overline{w_1}w_2}\right|,\quad w_k=L(z_k),k=1,2;$$

(2) $\dfrac{|\mathrm{d}z|}{1-|z|^2}=\dfrac{|\mathrm{d}w|}{1-|w|^2}$.

4. 证明:把 $|z|<1$ 映为 $|w|<1$,且 $z=z_0$ ($|z_0|<1$) 映为 $w=0$ 的单叶解析函数必为

$$w=\mathrm{e}^{\mathrm{i}\theta}\frac{z-z_0}{1-\overline{z_0}z},\quad \theta\text{ 为实数}.$$

5. 试证满足黎曼映照存在定理中的函数若满足下列条件之一则必唯一:

(1) 三对边界点对应;

(2) 一对内点及一对边界点对应.

6. 求 $\{|z|<1\}\cap\{\operatorname{Im}z>0\}$ 到单位圆内的共形映照.

7. 求将单位圆内除去实轴上 $\left(-1,-\frac{1}{2}\right]$ 和 $\left[\frac{1}{2},1\right)$ 后的区域共形映为单位圆内的函数.

8. 证明:寇北(Köbe)函数 $w=\dfrac{z}{(1+z)^2}$ 把单位圆内部映为全平面除去实轴上射线 $\left[\frac{1}{4},+\infty\right)$ 后的区域.

9. 求作下列共形映照:

(1) 把双曲线 $x^2-y^2=1$ 右半枝所围的区域(不含原点)映成上半平面;

(2) 把抛物线 $v^2=4(1+u)$ 左方的区域映成上半平面;

(3) 把双曲线 $x^2-y^2=1$ 两枝之间的部分(含原点)映为上半平面;

(4) 把椭圆 $\dfrac{x^2}{5^2}+\dfrac{y^2}{4^2}=1$ 的外部映为 $|w|>1$;

(5) 把平面除去线段 $[-\mathrm{i},\mathrm{i}]$ 及正实轴的区域映为上半平面;

(6) 把平面除去线段 $[-a,a]$ 和 $[-a\mathrm{i},a\mathrm{i}]$ $(a>0)$ 的区域映为单位圆外.

10. 设 D 为圆内某区域,其边界上一段为圆弧 I (不包括端点),若 $f(z)$ 在 D 内解析,在 $D\cup I$ 上连续,且 $f(I)$ 为圆弧上一段. 定义 D 关于 I 对称域 D^* 内的函数值 $f_1(D^*)$ 关于 $f(I)$ 与 $f(D)$ 对称,则

$$F(z)=\begin{cases}f(z), & z\in D\cup I,\\ f_1(z), & z\in D^*\end{cases}$$

在 $D \cup I \cup D^*$ 解析. 当 $I, f(I)$ 之一为圆弧上一段，另一个为实轴上一段时又如何推广?

第八章 调和函数

8.1 调和函数的概念及其性质

8.1.1 调和函数与解析函数的关系

设 $f = u + \mathrm{i}v$ 在域 D 内解析. 由解析函数的无限可微性得

$$
\begin{aligned}
f' &= u'_x + \mathrm{i}v'_x = v'_y - \mathrm{i}u'_y, \\
f'' &= u''_{xx} + \mathrm{i}v''_{xx} = v''_{xy} - \mathrm{i}u''_{xy} = v''_{yx} - \mathrm{i}u''_{yx} \\
&= -u''_{yy} - \mathrm{i}v''_{yy}, \\
&\cdots.
\end{aligned}
$$

从而 u,v 无限次可微，任意阶的偏导数连续. 如引进算符

$$\Delta \equiv \frac{\partial^2}{\partial x^2} + \frac{\partial^2}{\partial y^2},$$

则由 f'' 表达式看出

$$\Delta u = 0, \quad \Delta v = 0.$$

定义 8.1 实函数 $u(x,y)$ 在域 D 内有二阶连续的偏导数且满足拉普拉斯(Laplace) 方程

$$\Delta u = 0,$$

则称 u 为域 D 内的**调和函数**①. 有时简写为 $u(z)$.

定义 8.2 若 $u(x,y), v(x,y)$ 均在域 D 内调和且满足 C. R. 方程

$$u'_x = v'_y, \quad u'_y = -v'_x, \tag{8.1}$$

则称 v 是 u 的**共轭调和函数**.

值得注意的是，此时并不能说 u,v 互为共轭调和函数. 事实上，如 v 是 u 的共轭调和函数. 依定义，则 $-u$ 是 v 的共轭调和函数.

---

① 本书均指二元调和函数.

定理 8.1 $f=u+\mathrm{i}v$ 在域 D 内解析的充要条件为：v 是 u 的共轭调和函数.

证 由上述，必要性已证；充分性更显然. ∎

由以上所述，我们还附带知道解析函数实、虚部无限次可微，任意阶偏导数是连续的，且任意阶偏导数也是调和函数.

定理 8.1 表明了解析函数和调和函数的密切关系. 本书已对解析函数作了大量讨论. 为了了解调和函数的特性，我们自然会想到，把它化为相应的解析函数，然后由解析函数的性质导出调和函数的性质. 因此我们考虑这样的问题：是否能找出 D 内的解析函数 f 使得它以已知调和函数 u 为其实部?

先设域 D 内已存在这样的解析函数 $f=u+\mathrm{i}v$. 因 v 可微，从而由(8.1)有

$$\mathrm{d}v=v'_x\,\mathrm{d}x+v'_y\,\mathrm{d}y=-u'_y\,\mathrm{d}x+u'_x\,\mathrm{d}y.$$

于是

$$v(x,y)=\int_{(x_0,y_0)}^{(x,y)}-u'_y\,\mathrm{d}x+u'_x\,\mathrm{d}y+C,\tag{8.2}$$

其中(x_0,y_0)为 D 中一固定点，C 为任意实常数. 但(8.2)是否为所求 f 的虚部还需检验. 首先，若不加任何限制，(8.2)一般不是单值的. 然而有如下定理.

定理 8.2 设 u 在域 D 内调和，D 内封闭光滑曲线 $L\sim 0$，则

$$\int_L-u'_y\,\mathrm{d}x+u'_x\,\mathrm{d}y=0.\tag{8.3}$$

证 设 $F=u'_x-\mathrm{i}u'_y$，易验证 $u'_x,-u'_y$ 满足 C. R. 条件. 故 F 在 D 内解析. 由柯西定理，

$$\begin{aligned}0=\int_L F&=\int_L(u'_x-\mathrm{i}u'_y)(\mathrm{d}x+\mathrm{i}\,\mathrm{d}y)\\&=\int_L u'_x\,\mathrm{d}x+u'_y\,\mathrm{d}y+\mathrm{i}\int_L-u'_y\,\mathrm{d}x+u'_x\,\mathrm{d}y.\end{aligned}$$

上式虚部为零，得(8.3). ∎

推论 8.1 设 u 在单连通域 D 内调和，$(x_0,y_0),(x,y)\in D$，则

$$\int_{(x_0,y_0)}^{(x,y)}-u'_y\,\mathrm{d}x+u'_x\,\mathrm{d}y$$

为(x,y)的单值函数.

回到原问题上来，我们应补充假设 D 为单连通域，则(8.2)中 v 是单值

的，且容易验证 u,v 满足 C. R. 条件，且 $v\in C^2$，故 $f=u+\mathrm{i}v$ 为所求.

例 8.1 设 $u(x,y)=x^2-y^2+xy$，求解析函数 $f=u+\mathrm{i}v$.

解法 1 易验证 u 为全平面内的调和函数. 由(8.2)，

$$v(x,y)=\int_{(0,0)}^{(x,y)}(2y-x)\mathrm{d}x+(2x+y)\mathrm{d}y+C$$

$$=-\frac{1}{2}x^2+2xy+\frac{1}{2}y^2+C. \tag{8.4}$$

故

$$f(z)=(x^2-y^2+xy)+\mathrm{i}\left(-\frac{1}{2}x^2+2xy+\frac{1}{2}y^2\right)+\mathrm{i}C$$

$$=\left(1-\frac{\mathrm{i}}{2}\right)z^2+\mathrm{i}C.$$

解法 2 因 $v'_y=u'_x=2x+y$，故

$$v=\int(2x+y)\mathrm{d}y=2xy+\frac{1}{2}y^2+\varphi(x), \tag{8.5}$$

$$v'_x=2y+\varphi'(x)=-u'_y=2y-x.$$

从而，$\varphi(x)=-\frac{1}{2}x^2+C$，代入(8.5)仍有(8.4).

在 D 为单连通域时，已知调和函数 $v(x,y)$，同样可类似求出 u，使 $f=u+\mathrm{i}v$ 解析，且

$$u(x,y)=\int_{(x_0,y_0)}^{(x,y)}v'_y\mathrm{d}x-v'_x\mathrm{d}y+C,$$

其中 C 为实常数. 请读者自行讨论. 这样，我们得到：

定理 8.3 在单连通域 D 内，已知调和函数 u（或 v），便可求出 D 中的解析函数 $f=u+\mathrm{i}v$，但彼此可能相差一个虚（或实）常数.

D 为多连通域时，(8.2) 中 $v(x,y)$ 一般不是单值的. 若 D 中有 n 个洞，相应循环常数为 $P_1,P_2,\cdots,P_n$，则(8.2) 中任意两积分之差为 $P_1,P_2,\cdots,P_n$ 之整系数线性组合. 例如，$u(x,y)=\frac{1}{2}\ln(x^2+y^2)$ 是除原点外的调和函数. 由(8.2) 可算出原点的循环常数为 2π. 从而，

$$v(x,y)=\arctan\frac{y}{x}+2n\pi+C.$$

这样得到多值解析函数

$$f(z)=\ln|z|+\mathrm{i}\,\mathrm{Arg}\,z+\mathrm{i}C=\mathrm{Log}\,z+\mathrm{i}C.$$

8.1.2 极值原理

正因为调和函数与解析函数关系密切，为了讨论调和函数性质，往往按上小节的方法求相应的解析函数，然后由解析函数的性质推出调和函数的性质．我们把这种解决问题的程序归纳为调和 → 解析 → 调和．

例如，我们来证明，任一域 D 内的调和函数必无限次可微，任意阶偏导数连续，且任意阶偏导数也为调和函数．设此函数为 u，任取 $z_0 \in D$，对 z_0 的一邻域 $B(z_0,\delta) \subset D$，作 $f = u + \mathrm{i}v$ 于 $B(z_0,\delta)$ 内解析．由定理 8.1 后面的讨论知道，u 有所述的性质．

用类似的方法，可证明调和性是共形映照下的不变性质(见习题 8.1 第 2 题)．

解析函数有最大模原理，类似地，调和函数有极值原理．

定理 8.4（极值原理） 域 D 中非常数的调和函数 $u(z)$ 在 D 内部不能达到最大(小)值．

证 若 $u(z)$ 在 $z_0 \in D$ 达到最大值，即 $u(z_0) \geqslant u(z)$，这时对 $B(z_0,\delta) \subset D$ 更是如此．在 B 内作解析函数 $f = u + \mathrm{i}v$，则对 $g = \mathrm{e}^f$ 有

$$|\mathrm{e}^{f(z)}| = \mathrm{e}^{u(z)} \leqslant \mathrm{e}^{u(z_0)} = |\mathrm{e}^{f(z_0)}|.$$

根据最大模原理，在 B 内 e^f 从而 f 及 u 为常数．利用本节习题中第 6 题可得出 $u(z)$ 在 D 内恒为常数．这个矛盾说明 $u(z)$ 不能在 D 内取最大值．另外，若 $u(z)$ 在 D 内取最小值，则调和函数 $-u$ 在 D 内取最大值，矛盾． ∎

若不借助习题，则由刚才的证明知 u 的极值点为开集，而 u 的非极值点也为开集．事实上，设 z^* 为非极值点，则在以 z^* 为心无论多么小的邻域内，必存在 z_1,z_2 使 $u(z_1) < u(z^*) < u(z_2)$．根据 u 的连续性，必存在 z^* 的一邻域也是如此．因 D 为连通集，它表示为两个不相交开集之并时，其中必有一个为空集，另一个为全集．而极值点的集合为全集将与假设 u 在 D 不为常数矛盾，故只能为空集．

推论 8.2 设 $u(z)$ 在有界域 D 内调和，在 $\overline{D}$ 上连续，则在边界上达到最大(小)值．特别，若边界值恒为零，则在 D 内 $u(z) \equiv 0$．

后者说明调和函数之值由其连续边界值唯一决定．

8.1.3 波阿松(Poisson)公式及均值公式

柯西公式表明区域内解析函数的值可用周界的柯西积分表示，那么调和函数在区域内的值是否能用周界上的某种积分表示呢？我们有

定理 8.5（波阿松公式） 设 $u(z)$ 在 $|z|\leqslant\rho$ 上为调和函数①$(0<\rho<+\infty)$，记 $z=re^{i\theta}$，$0\leqslant r\leqslant\rho$，$0\leqslant\theta<2\pi$，则

$$u(re^{i\theta})=\frac{1}{2\pi}\int_0^{2\pi}u(\rho e^{i\varphi})\frac{\rho^2-r^2}{\rho^2-2r\rho\cos(\varphi-\theta)+r^2}d\varphi. \tag{8.6}$$

证 按常规，在 $|z|\leqslant\rho$ 作相应解析函数 $f=u+iv$. 设圆周 L：$\zeta=\rho e^{i\varphi}$ $(0\leqslant\varphi<2\pi)$，因点 $z=re^{i\theta}$ 在圆内，其对称点 $z^*=\dfrac{\rho^2}{\overline{z}}$ 在圆外. 分别将柯西公式及柯西定理应用于 z 及 z^*，有

$$f(z)=\frac{1}{2\pi i}\int_L\frac{f(\zeta)}{\zeta-z}d\zeta,$$

$$0=\frac{1}{2\pi i}\int_L\frac{f(\zeta)}{\zeta-z^*}d\zeta.$$

两式相减得

$$f(z)=\frac{1}{2\pi}\int_L f(\zeta)\left(\frac{\zeta}{\zeta-z}-\frac{\zeta}{\zeta-z^*}\right)\frac{d\zeta}{i\zeta}. \tag{8.7}$$

注意 $\zeta\overline{\zeta}=\rho^2$ 并代入 z^* 的表达式，算出括号内的值：

$$\begin{aligned}\frac{\zeta}{\zeta-z}-\frac{\zeta}{\zeta-z^*}&=\frac{\zeta}{\zeta-z}-\frac{\zeta\overline{z}}{\zeta\overline{z}-\rho^2}=\frac{\zeta}{\zeta-z}-\frac{\zeta\overline{z}}{\zeta\overline{z}-\zeta\overline{\zeta}}\\&=\frac{\zeta}{\zeta-z}-\frac{\overline{z}}{\overline{z}-\overline{\zeta}}=\frac{|\zeta|^2-|z|^2}{|\zeta-z|^2}\\&=\frac{\rho^2-r^2}{\rho^2-2r\rho\cos(\varphi-\theta)+r^2}>0.\end{aligned} \tag{8.8}$$

在(8.7)中代入 $\zeta=\rho e^{i\varphi}$ 及(8.8)，并分出实部就得到(8.6). ∎

我们把(8.8)称为**波阿松核**，称公式(8.6)为**波阿松公式**. 定理表明，调和函数在圆域内任一点之值可用它在圆周上的值来表达.

注 1 若注意到

---

① 即在包含闭圆盘 $|z|\leqslant\rho$ 的一区域内调和.

$$\frac{|\zeta|^2-|z|^2}{|\zeta-z|^2}=\mathrm{Re}\,\frac{\zeta+z}{\zeta-z},$$

则(8.6)可写成

$$u(z)=\mathrm{Re}\,\frac{1}{2\pi\mathrm{i}}\int_{|\zeta|=\rho}u(\zeta)\,\frac{\zeta+z}{\zeta-z}\,\frac{\mathrm{d}\zeta}{\zeta}.\tag{8.9}$$

这是波阿松公式的复形式，也称为**许瓦兹**(Schwarz) **公式**.

特别，若 L 为单位圆周：$\zeta=\mathrm{e}^{\mathrm{i}\varphi}$，$0\leqslant\varphi\leqslant 2\pi$，则(8.9)为

$$u(z)=\frac{1}{2\pi}\int_0^{2\pi}u(\mathrm{e}^{\mathrm{i}\varphi})\mathrm{Re}\,\frac{\mathrm{e}^{\mathrm{i}\varphi}+z}{\mathrm{e}^{\mathrm{i}\varphi}-z}\mathrm{d}\varphi.\tag{8.10}$$

注 2 在(8.6)中令 $z=0$ 时，有

$$u(0)=\frac{1}{2\pi}\int_0^{2\pi}u(\rho\mathrm{e}^{\mathrm{i}\varphi})\mathrm{d}\varphi.\tag{8.11}$$

表示调和函数在圆盘中心之值可用它周界上值的积分的平均值表示，故称(8.11)为**均值公式**.

一般，若 $u(z)$ 在 $|z-z_0|<\rho$ 调和($0<\rho<+\infty$)，则有

$$u(z_0)=\frac{1}{2\pi}\int_0^{2\pi}u(z_0+\rho\mathrm{e}^{\mathrm{i}\varphi})\mathrm{d}\varphi.\tag{8.11$'$}$$

本注之逆也真，即域 D 内连续且在任何点满足积分均值性质的函数必为调和函数(见本章末习题 3,4 题). 可见均值性是调和函数的特征性质.

注 3 可以证明波阿松公式中条件放宽为 $u(z)$ 在 $|z|<\rho$ 内调和、在 $|z|\leqslant\rho$ 上连续时，也是成立的.

利用调和函数与解析函数的关系，还可以讨论调和函数的唯一性定理、孤立奇点的性态以及调和开拓等. 这些我们通过习题让读者得到了解(本节习题的 2,3,5,6 题，本章习题 2,4 题).

习 题 8.1

1. 已知下列条件之一，求相应的解析函数 $f(z)=u(x,y)+\mathrm{i}v(x,y)$ ($z=x+\mathrm{i}y$).

(1) $u(x,y)=x^3+6x^2y-3xy^2-2y^3$；

(2) $u(x,y)=\dfrac{x}{x^2+y^2}$；

(3) $u(x,y)+v(x,y)=(x-y)(x^2+4xy+y^2)-2(x+y)$；

(4) $v(x,y)=3x^2y-y^3$.

2. 证明：调和函数在共形映照下仍为调和函数.

3. 全平面上有上(下)界的调和函数必为常数.

4. 设 $u(z)$ 在域 D 内调和，且在 D 内一个有聚点的集上为零，$u(z)$ 恒为零吗？以 $u(x,y)=x$ 为例说明之.

5. 设 $u_1(z)$,$u_2(z)$ 分别在域 D_1,D_2 内调和，且 D_1,D_2 有一非空公共开域 K，在 K 内 $u_1=u_2$，则称 u_1,u_2 **互为直接调和开拓**. 试证：u_2 由 u_1 唯一决定(仅就 D_1,D_2 均为单连通时证明，但为一般域时仍真).

6. 设 $u(z)$ 在域 D 调和，在圆盘 $K\subset D$ 内 $u(z)=0$，则 $u(z)$ 在域 D 内恒为零(调和函数唯一性定理).

7. 设 $u(z)$ 在 $|z|\leqslant R$ 上调和，$u(z)\geqslant 0$，则当 $|z|<R$ 时，

$$u(0)\frac{R-|z|}{R+|z|}\leqslant u(z)\leqslant u(0)\frac{R+|z|}{R-|z|}.$$

8. 设 $f(z)$,$g(z)$ 在域 D 解析，且 $e^{\mathrm{Re}\,f(z)}=\mathrm{Re}\,g(z)$. 证明：$f(z)$,$g(z)$ 均为常数.

9. 设 $u(x,y)=ax^3+bx^2y+cxy^2+dy^3$，$a,b,c,d$ 为常数，求此种形式的最一般调和函数及对应的共轭调和函数 $v(x,y)$，使 $f(z)=u+\mathrm{i}v$ 解析，写出 $f(z)$ 的表达式.

10. 设 $u(x,y)$ 调和，视 x,y 为 $z,\bar{z}$ 的函数，并假定形式链法则成立. 证明：$\dfrac{\partial}{\partial z}u(x,y)$ 为某一解析函数 $g(z)$，且 $\dfrac{\partial}{\partial \bar{z}}u(x,y)=\overline{g(z)}$.

11. 若 $w=f(z)$ 解析，证明：

(1) $\dfrac{\partial^2|w|}{\partial x^2}+\dfrac{\partial^2|w|}{\partial y^2}=\dfrac{|w'|^2}{|w|}$；

(2) $\left(\dfrac{\partial^2}{\partial x^2}+\dfrac{\partial^2}{\partial y^2}\right)|f(z)|^2=4|f'(z)|^2$；

(3) $\left(\dfrac{\partial^2}{\partial x^2}+\dfrac{\partial^2}{\partial y^2}\right)\ln(1+|f(z)|^2)=\dfrac{4|f'(z)|^2}{(1+|f(z)|^2)^2}$.

8.2 狄里克来(Dirichlet)问题

8.2.1 一般狄里克来问题

波阿松公式是圆域内调和函数值用周界值来表示的公式. 利用共形映照还可以对其他类型的区域也这样去作. 反过来，数学物理中也有这样一类问

题：求区域内的调和函数使其在边界上为已知连续的实函数 $u(z)$. 这就是所谓的狄里克来问题. 在实际应用上，$u(\zeta)$ 在边界上要求连续的条件过严，可放宽为在边界上有有限个第一类间断点的连续函数(下简称逐段连续)，即求域内的调和函数使其在边界连续点上为已给的逐段连续函数. 但对上述提法，唯一性又成了问题. 例如给定在 $|\zeta|=1$ 上除 $\zeta=-1$ 外 $u(\zeta)=0$，而 $\zeta=-1$ 时 $u(\zeta)=1$. 显然 $u_1(z)=0$ 为解，但是

$$u_2(z)=\operatorname{Re}\frac{1-z}{1+z}=\frac{1-|z|^2}{|1+z|^2}$$

在 $|z|<1$ 内异于零也是满足问题条件的解. 不过后者在 $|z|<1$ 内是无界的. 因为 $z=re^{i\theta}$ 沿负实轴趋于 -1 时，

$$u_2(re^{i\pi})=\frac{1-r^2}{(1-r)^2}=\frac{1+r}{1-r}\to+\infty.$$

为保证唯一性，狄里克来问题的准确提法如下：设 $u(\zeta)$ 是某区域边界上给定的连续或逐段连续函数，要求出在域内有界调和函数使其在边界连续点上为 $u(\zeta)$. 对具体区域解的唯一性届时予以证明.

从共形映照的观点看，我们只需弄清楚单位圆上的狄氏问题就行了，而这一问题的关键是如下波阿松积分的性质.

8.2.2 波阿松积分的性质

设 $u(\zeta)$ 是 $|\zeta|=1$ 上的逐段连续函数，称

$$P_u(z)=\frac{1}{2\pi}\int_0^{2\pi}u(e^{i\varphi})\operatorname{Re}\frac{e^{i\varphi}+z}{e^{i\varphi}-z}\,d\varphi,\quad |z|<1 \tag{8.12}$$

为单位圆上的波阿松积分. 类似地不难定义 $|\zeta-z_0|=\rho$ 上的波阿松积分.

波阿松积分有如下性质：

定理 8.6 (许瓦兹(Schwarz)) 设 $u(e^{i\varphi})$ 在 $0\leqslant\varphi\leqslant2\pi$ 上逐段连续，则 $P_u(z)$ 在 $|z|<1$ 内有界调和，且在连续点 $e^{i\varphi_0}$ 处有

$$\lim_{z\to e^{i\varphi_0}}P_u(z)=u(e^{i\varphi_0}). \tag{8.13}$$

证 1° 有界性 首先在(8.10)中令 $u\equiv1$ 则有等式：

$$\frac{1}{2\pi}\int_0^{2\pi}\operatorname{Re}\frac{e^{i\varphi}+z}{e^{i\varphi}-z}\,d\varphi=1. \tag{8.14}$$

由(8.8)知波阿松核恒正，又由假设 $u(e^{i\varphi})$ 在 $0\leqslant\varphi\leqslant2\pi$ 有界，设为 $|u(e^{i\varphi})|\leqslant M$，则由(8.12)知 $|z|<1$ 时有 $|P_u(z)|\leqslant M$.

2° 调和性 由(8.9)有

$$P_u(z)=\mathrm{Re}\left(\frac{1}{\pi \mathrm{i}}\int_{|\zeta|=1}\frac{u(\zeta)}{\zeta-z}\mathrm{d}\zeta-\frac{1}{2\pi \mathrm{i}}\int_{|\zeta|=1}u(\zeta)\frac{\mathrm{d}\zeta}{\zeta}\right).$$

方括号内为$|z|<1$中的解析函数，从而其实部调和.

3° 证(8.13) 因$u(\mathrm{e}^{\mathrm{i}\varphi})$在$\varphi_0$处连续，则对任意$\varepsilon>0$，存在$\delta>0$，使当$|\varphi-\varphi_0|\leqslant\delta$时，有

$$|u(\mathrm{e}^{\mathrm{i}\varphi})-u(\mathrm{e}^{\mathrm{i}\varphi_0})|<\varepsilon. \tag{8.15}$$

注意到(8.14)，估计

$$\begin{aligned}|P_u(z)-u(\mathrm{e}^{\mathrm{i}\varphi_0})|&\leqslant\frac{1}{2\pi}\int_0^{2\pi}|u(\mathrm{e}^{\mathrm{i}\varphi})-u(\mathrm{e}^{\mathrm{i}\varphi_0})|\,\mathrm{Re}\,\frac{\mathrm{e}^{\mathrm{i}\varphi}+z}{\mathrm{e}^{\mathrm{i}\varphi}-z}\,\mathrm{d}\varphi\\&=\frac{1}{2\pi}\int_{|\varphi-\varphi_0|\leqslant\delta}+\frac{1}{2\pi}\int_{|\varphi-\varphi_0|>\delta}\\&=I_1+I_2,\end{aligned}$$

把(8.15)代入I_1，且仍利用(8.14)，有

$$I_1<\frac{\varepsilon}{2\pi}\int_{|\varphi-\varphi_0|\leqslant\delta}\mathrm{Re}\,\frac{\mathrm{e}^{\mathrm{i}\varphi}+z}{\mathrm{e}^{\mathrm{i}\varphi}-z}\,\mathrm{d}\varphi\leqslant\frac{\varepsilon}{2\pi}\int_0^{2\pi}\mathrm{Re}\,\frac{\mathrm{e}^{\mathrm{i}\varphi}+z}{\mathrm{e}^{\mathrm{i}\varphi}-z}\,\mathrm{d}\varphi=\varepsilon.$$

另外，因

$$\mathrm{Re}\,\frac{\mathrm{e}^{\mathrm{i}\varphi}+z}{\mathrm{e}^{\mathrm{i}\varphi}-z}=\frac{1-r^2}{1-2r\cos(\varphi-\theta)+r^2},$$

当$z=r\mathrm{e}^{\mathrm{i}\theta}\to\mathrm{e}^{\mathrm{i}\varphi_0}$时，有$r\to1$，$\theta\to\varphi_0$. 从而$1-r^2\to0$，

$$1-2r\cos(\varphi-\theta)+r^2\to2(1-\cos(\varphi-\varphi_0)).$$

又当$|\varphi-\varphi_0|>\delta$时，$2(1-\cos(\varphi-\varphi_0))>2(1-\cos\delta)$. 故对于$\varepsilon>0$及固定的$\delta>0$，必存在$\delta_1>0$，使当$|z-\mathrm{e}^{\mathrm{i}\varphi_0}|<\delta_1$时，有

$$1-2r\cos(\varphi-\theta)+r^2>2(1-\cos\delta),$$

及$1-r^2<\dfrac{1-\cos\delta}{M}\varepsilon$，因此

$$I_2<\frac{1}{2\pi}\int_{|\varphi-\varphi_0|>\delta}2M\frac{1-r^2}{1-2r\cos(\varphi-\theta)+r^2}\mathrm{d}\varphi<\frac{2\pi-2\delta}{2\pi}\varepsilon<\varepsilon.$$ ∎

有了本定理我们将顺便得到一个关于降低调和函数定义中关于导数连续性要求的一个有趣结果：

定理8.7 设$u(z)$在域D内连续，u''_{xx}与u''_{yy}存在，且$\Delta u=0$，则$u(z)$是域D内的调和函数.

证 任取$z_0\in D$，作闭邻域$\overline{B}(z_0,R)\subset D$. 不失一般性，可认为$z_0=0$，$R=1$. 对

任意 $\varepsilon > 0$ 作函数

$$v(z) = u(z) - P_u(z) + \varepsilon x^2.$$

这函数在 $B(0,1)$ 必不能取到最大值. 事实上，若在 $B(0,1)$ 中某点是最大值点，则该点处必有 $v''_{xx} \leqslant 0$，$v''_{yy} \leqslant 0$，从而 $\Delta v \leqslant 0$. 另一方面，注意到 $P_u(z)$ 在 $|z| < 1$ 内调和，故有

$$\Delta v = \Delta u - \Delta P_u + 2\varepsilon = 2\varepsilon > 0,$$

这一矛盾证实了我们的断言. 现对 $v(z)$ 应用这一结论. 在边界 $|z| = 1$ 上，$|x| \leqslant |z| = 1$，且由上定理知，边界上有 $P_u(z) = u(z)$. 故边界上有

$$v(z) = u(z) - P_u(z) + \varepsilon x^2 \leqslant \varepsilon.$$

从而在 $|z| < 1$ 中不等式更为正确. 令 $\varepsilon \to 0$，得 $u(z) \leqslant P_u(z)$. 交换 $u(z)$ 与 $P_u(z)$ 位置，得 $P_u(z) \leqslant u(z)$，故 $u(z) = P_u(z)$. ∎

8.2.3 圆域上的狄里克来问题

设 $u(\zeta)$ 是 $|\zeta| = 1$ 上给定的连续函数或逐段连续函数，要求在 $|z| < 1$ 内有界且以 $u(\zeta)$ 为边值的调和函数. 由许瓦兹定理，$P_u(z)$ 是问题的解. 今证其唯一性.

当 $u(\zeta)$ 连续时，$P_u(z)$ 必是唯一解. 事实上，若另有 $u_1(z)$ 为解，则 $P_u(z) - u_1(z)$ 在 $|z| < 1$ 内调和，在圆周上为零，由极值原理，在单位圆内 $P_u(z) - u_1(z) \equiv 0$. 得证.

当 $u(\zeta)$ 为逐段连续时，$P_u(z)$ 也是问题的唯一解，不过此时不能直接用极值原理，而要用到下面的命题.

定理 8.8 设 $u(\zeta)$ 在 $|\zeta| = 1$ 上逐段连续，并在连续点上的上确界和下确界分别为 M, m(必有限). 则 $|z| < 1$ 中狄里克来问题的有界解 $u(z)$ 必满足

$$m \leqslant u(z) \leqslant M.$$

证 设 $u(\zeta)$ 在 $|\zeta| = 1$ 上的间断点为 $\zeta_1, \zeta_2, \cdots, \zeta_n$，对 $\varepsilon > 0$，作函数

$$v(z) = M + \varepsilon \sum_{k=1}^{n} \ln \frac{2}{|z - \zeta_k|},$$

则 $v(z)$ 在 $|z| < 1$ 内调和、大于 M 且当 $z \to \zeta_k$ 时以 $+\infty$ 为极限. 设单位圆内除掉以 ζ_k 为心、充分小 r 为半径的小圆后所成的区域为 B_r. 这时 $v(z) - u(z)$ 在 B_r 内调和. 在 $\partial B_r \cap \{z \mid |z| = 1\}$ 上 $v(z) - u(z) \geqslant M - u(z) \geqslant 0$. 因 $u(z)$ 为有界解，而当 $r \to 0$ 时，$v(z) \to +\infty$. 故在 $\partial B_r \cap \{|z| < 1\}$ 也有 $v(z) - u(z) > 0$. 由调和函数极值原理，在 B_r 内 $v(z) - u(z) \geqslant 0$，由于 r 充分小. 这不等式对 $|z| < 1$ 中任何 z 也是对的. 固定单位圆内任一 z，令 $\varepsilon \to 0$，得 $u(z) \leqslant M$，因 $-u(z)$ 调和，类似得 $-u(z) \leqslant -m$. ∎

回到 $u(\zeta)$，它在 $|\zeta|=1$ 上逐段连续时，唯一性证明变得简单. 设另有 $u_1(z)$ 为解，则 $P_u(z)-u_1(z)$ 在 $|z|<1$ 内有界调和且在圆周上连续点处以零为边值. 由定理 8.8，在 $|z|<1$ 内 $P_u(z)-u_1(z)\equiv 0$. 证毕.

8.2.4 上半平面的狄里克来问题

先考虑问题的提法. 设 $u(t)$ 在实轴上逐段连续，在实轴上 n 个有限点 $t_1, t_2, \cdots, t_n$ 处有第一类间断. 因 ∞ 在实轴上也作寻常点看待，即令 $t_{n+1}=\infty$ 处 $u(t)$ 可能连续也可能有第一类间断，总之应设 $\lim\limits_{t\to+\infty} u(t)$ 及 $\lim\limits_{t\to-\infty} u(t)$ 存在(有限). 现在要求在上半平面内有界、且在实轴上连续点处取值 $u(t)$ 的调和函数.

作映照

$$w=w(z)=\frac{z-z_0}{z-\overline{z_0}} \quad (\operatorname{Im} z_0>0,\ z_0=x_0+\mathrm{i}y_0), \tag{8.16}$$

把上半平面 $\operatorname{Im} z>0$ 映为单位圆 $|w|<1$ 内，把实轴 $-\infty<t<+\infty$ 映为单位圆周 $\zeta=\mathrm{e}^{\mathrm{i}\varphi}$，$0\leqslant\varphi\leqslant 2\pi$，且 $w(z_0)=0$. 逆映照为

$$z=z(w)=\frac{w\overline{z_0}-z_0}{w-1},$$

除 $w=1$ 外在 $\mathbf{C}_\infty$ 上解析而 $w=1$ 时 $z=\infty$.

令 $u_1(\zeta)=u(z(\zeta))=u(t)$，则可知在与实轴 $t_1, t_2, \cdots, t_n$ 对应点 $\zeta_1, \zeta_2, \cdots, \zeta_n$ 处 $u_1(\zeta)$ 有第一类间断点，在与 $t_{n+1}=\infty$ 对应点 $\zeta_{n+1}=1$ 处，$u_1(\zeta)$ 连续或第一类间断，由上小节知，$|w|<1$ 内狄里克来问题唯一解为 $P_{u_1}(w)\equiv u_1(w)$，在 $w=0$ 之值为

$$u_1(0)=\frac{1}{2\pi}\int_0^{2\pi} u_1(\mathrm{e}^{\mathrm{i}\varphi})\mathrm{d}\varphi.$$

现将上式换回 z 平面. 因 $u_1(0)=u(z_0)$，$u_1(\mathrm{e}^{\mathrm{i}\varphi})=u_1(\zeta)=u(t)$，由 (8.16)，$\zeta=\mathrm{e}^{\mathrm{i}\varphi}=\dfrac{t-z_0}{t-\overline{z_0}}$ 或 $\varphi=\arg\dfrac{z_0-t}{\overline{z_0}-t}$，当 t 沿实轴从 $-\infty$ 到 $+\infty$ 时 φ 从 0 变至 2π. 同时，由 $\zeta=\mathrm{e}^{\mathrm{i}\varphi}$ 有

$$\mathrm{d}\varphi=\frac{\mathrm{d}\zeta}{\mathrm{i}\zeta}=\frac{-\mathrm{i}(z_0-\overline{z_0})}{(t-z_0)(t-\overline{z_0})}\mathrm{d}t=\frac{2y_0}{(t-x_0)^2+y_0^2}\mathrm{d}t \quad (z_0=x_0+\mathrm{i}y_0).$$

最后得到

$$u(z_0)=\frac{1}{\pi}\int_{-\infty}^{+\infty} u(t)\frac{y_0}{(t-x_0)^2+y_0^2}\mathrm{d}t, \quad \operatorname{Im} z_0>0. \tag{8.17}$$

因 $u(t)$ 在实轴上有界，以上积分是收敛的，并且是上半平面狄里克来问题的唯一解(由圆域问题的唯一性导出). 因为

$$\mathrm{Re}\,\frac{1}{\mathrm{i}(t-z_0)}=\frac{y_0}{(t-x_0)^2+y_0^2},$$

故(8.17)可改写为

$$u(z_0)=\mathrm{Re}\,\frac{1}{\pi\mathrm{i}}\int_{-\infty}^{+\infty}\frac{u(t)}{t-z_0}\mathrm{d}t,\quad \mathrm{Im}\,z_0>0. \tag{8.17$'$}$$

习 题 8.2

1. 证明：使得在单位圆周两段互余弧上分别为 0 和 1 的单位圆内的调和函数在任一点的值等于其值为 1 的弧关于该点所相对弧的度量的 $1/2\pi$.

2. 证明：使得在实轴上一区间 (α,β) 上取值为 1，而实轴的其余各点取值为 0，且在上半平面内的调和函数在任一点之值为此点关于 α,β 视角的 $1/\pi$.

3. 设 $u(\zeta)$ 是 $|\zeta|=1$ 上的逐段连续函数. 证明：在 $|z|<1$ 内解析且其实部在 $|\zeta|=1$ 上连续点之值为 $u(\zeta)$ 的解析函数(许瓦兹问题)为

$$f(z)=\frac{1}{2\pi\mathrm{i}}\int_{|\zeta|=1}u(\zeta)\,\frac{\zeta+z}{\zeta-z}\,\frac{\mathrm{d}\zeta}{\zeta}+\mathrm{i}\,\mathrm{Im}\,f(0)$$

$$=\frac{1}{\pi\mathrm{i}}\int_{|\zeta|=1}\frac{u(\zeta)}{\zeta-z}\mathrm{d}\zeta-\overline{f(0)}.$$

4. 设 $u(t)$ 在实轴上逐段连续，且

$$u(t)=O\left(\frac{1}{|t|^{\alpha}}\right),\quad \alpha>0\ (\text{当}\ t\to\infty).$$

求上半平面内的解析函数，使其实部在实轴上连续点处之值为 $u(t)$ (许瓦兹问题).

8.3 许瓦兹(Schwarz)-克里斯多菲(Christoffel)公式

8.3.1 一般公式

本节考虑一种特殊映照，即把多角形内部共形映照为上半平面的公式，或者说，如果能把上半平面共形映照为多角形内部，则其反函数即为所求.

设位于w平面的有界多角形P的顶点依逆时针方向为$w_1,w_2,\cdots,w_n$. w_k处的内角为$\beta_k\pi$，暂设$0<\beta_k<2\ (k=1,2,\cdots,n)$. 显然

$$\sum_{k=1}^{n}\beta_k=n-2.$$

根据黎曼映照定理及边界对应定理，存在着上半平面内单叶解析函数$w=f(z)$把上半平面映为P的内部，实轴映为P的边界. 实轴上某些点a_1，$a_2,\cdots,a_n\ (-\infty<a_1<a_2<\cdots<a_n<+\infty)$分别与$P$的顶点$w_1,w_2,\cdots,w_n$相对应(图 8-1).

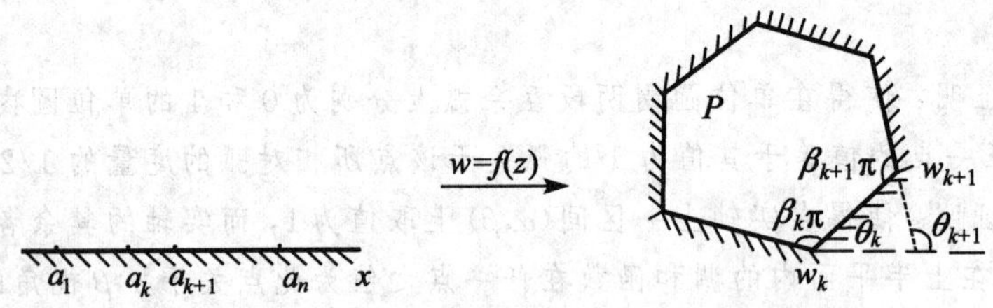

图 8-1

要寻求$w=f(z)$，只需求出$f'(z)$，而$f'(z)$在上半平面内不为零. 设

$$\log f'(z)=\ln|f'(z)|+\mathrm{i}\arg f'(z) \tag{8.18}$$

是上半平面内任一解析分枝. 为求$\log f'(z)$，先求在上半平面内的调和函数$v(z)=\arg f'(z)$. 由导数几何意义知，在区间(a_k,a_{k+1})上，

$$v(x,0)=\theta_k=\arg(w_{k+1}-w_k),\quad a_k<x<a_{k+1},$$
$$k=1,2,\cdots,n\ (w_{n+1}=w_1).$$

为求解这个狄里克来问题，可先求更简单的类似问题，即求在上半平面内的调和函数$v_k(z)$，使

$$v_k(x,0)=\begin{cases}1, & \text{当 } x\in(a_k,a_{k+1}),\\ 0, & \text{当 } x\in\mathbf{R}-(a_k,a_{k+1}),\end{cases}\qquad k=0,1,\cdots,n,$$

其中已令$a_0=-\infty$，$a_{n+1}=+\infty$. 则

$$v(z)=\sum_{k=1}^{n}\theta_k v_k(z)$$

必为所求. 由上小节(8.17)′，知道，

$$v_k(z)=\mathrm{Re}\left(\frac{1}{\pi\mathrm{i}}\int_{a_k}^{a_{k+1}}\frac{\mathrm{d}t}{t-z}\right)=\frac{1}{\pi}\arg\frac{z-a_{k+1}}{z-a_k}.$$

代入上式，注意到$\arg(z-a_0)=0$，$\arg(z-a_{n+1})=\pi$，及$\theta_k-\theta_{k+1}=(\beta_{k+1}-1)\pi$，则

$$v(z) = \sum_{k=0}^{n-1} \frac{\theta_k - \theta_{k+1}}{\pi} \arg(z - a_{k+1}) + \theta_n$$
$$= \sum_{k=1}^{n} (\beta_k - 1) \arg(z - a_k) + \theta_n.$$

故以 $v(z) = \arg f'(z)$ 为虚部的相应解析函数为

$$\log f'(z) = \ln C + \mathrm{i}\theta_n + \sum_{k=1}^{n} (\beta_k - 1) \log(z - a_k),$$

其中 C 为任意正常数，于是

$$f'(z) = C\mathrm{e}^{\mathrm{i}\theta_n} \prod_{k=1}^{n} (z - a_k)^{\beta_k - 1}. \tag{8.19}$$

积分，得

$$f(z) = C_1 \int_{z_0}^{z} \prod_{k=1}^{n} (z - a_k)^{\beta_k - 1} \mathrm{d}z + C_2, \tag{8.20}$$

其中 $C_1 = C\mathrm{e}^{\mathrm{i}\theta_n}$，$C_2$ 为任意复常数. z_0 为上半平面或实轴上任意一点. 公式(8.20)称为**许瓦兹-克里斯多菲公式**.

以下是使用公式的几点说明.

注 1 实际应用时往往知道多角形 P 的顶点 w_k 的位置而不知 a_k，另外 z_0, C_1, C_2 也待确定. 首先我们注意，令 $C_1 = 1$，$C_2 = 0$，此时的 $f(z)$ 所映照的多角形与已知多角形只有位置和大小的区别，即相差平移、旋转、相似变换. 为确定 C_2 可取 z_0 为 a_k $(k = 1,2,\cdots,n)$ 中的一个. 例如 $z_0 = a_1$，相应 P 的顶点 w_1，由(8.20)，$C_2 = f(a_1) = w_1$（若恰好有 $a_1 = 0$ 对应 $w_1 = 0$ 则 $C_2 = 0$，公式变得更简单）. 为求 $\arg C_1$①，若在(8.19)中取定各因子 $(z - a_k)^{\beta_k - 1}$ 使当 $x > a_n$（a_n 为有限）时为正实值的分枝，则

$$\arg f'(x) = \theta_n = \arg(w_1 - w_n) = \arg C_1.$$

根据黎曼映照定理，a_k 中可任意取定三个. 设 $a_1 \leftrightarrow w_1$，$a_2 \leftrightarrow w_2$，$a_3 \leftrightarrow w_3$（选取时尽量照顾公式简化）. 设多角形 P 各边长依次为 $l_1, l_2, \cdots, l_n$. 其余 $n-2$ 个实数 $a_4, a_5, \cdots, a_n$ 及 $|C_1|$ 可由以下 $n-2$ 个方程决定：

$$l_k = \int_{a_k}^{a_{k+1}} |f'(x)| \mathrm{d}x = |C_1| \int_{a_k}^{a_{k+1}} \prod_{j=1}^{n} |x - a_j|^{\beta_j - 1} \mathrm{d}x,$$
$$k = 3,4,\cdots,n.$$

这时式中 $a_{n+1} = a_1$. 但事实上，上面的公式用起来还是很不方便的. 有时我

---

① 这里只介绍 $\arg C_1$ 的一种求法，在实际作法时是非常灵活的.

们可利用对称原理或其他方法来确定它们.

注 2 公式(8.20)中 $a_1, a_2, \cdots, a_n$ 均为有限数. 若其中某个为 ∞, 例如 $a_n = +\infty$. 由于此时实轴上区间

$$(a_0, a_1), (a_1, a_2), \cdots, (a_{n-1}, a_n) \quad (a_0 = -\infty)$$

较原来少一个, 重复公式推导, (8.20) 成为

$$f(z) = C_1 \int_{z_0}^{z} \prod_{k=1}^{n-1} (z - a_k)^{\beta_k - 1} \mathrm{d}z + C_2. \tag{8.21}$$

又若任意的一个 $a_j = +\infty$, 则 $a_1, a_2, \cdots, a_n$ 之间关系成为

$$-\infty < a_{j+1} < a_{j+2} < \cdots < a_n < a_1 < \cdots < a_{j-1} < a_j = +\infty,$$

则公式(8.20)成为

$$f(z) = C_1 \int_{z_0}^{z} \prod_{k=1}^{j-1} (z - a_k)^{\beta_k - 1} \prod_{k=j+1}^{n} (z - a_k)^{\beta_k - 1} \mathrm{d}z + C_2. \tag{8.22}$$

以上表明若 $a_j = +\infty$ 时, 公式(8.20)得到简化, 即被积函数的乘积中就缺少相应因子.

注 3 公式(8.20)是假设 P 为有界多角形推导出来的. 若 P 的顶点有一个或几个变为无穷, 这时称 P 为**广义多角形**. 例如, 设 $w_j = \infty$ (图 8-2). 在顶点为 w_j 的两边上分别取点 w_{j_1}, w_{j_2} 连成$n+1$边形. 设 w_{j_1}, w_{j_2} 处分别有内角 $\beta_{j_1}\pi, \beta_{j_2}\pi$, 则由(8.20), 有

$$f(z) = C_1 \int_{z_0}^{z} \prod_{k=1}^{j-1} (z - a_k)^{\beta_k - 1} (z - a_{j_1})^{\beta_{j_1} - 1} (z - a_{j_2})^{\beta_{j_2} - 1} \prod_{k=j+1}^{n} (z - a_k)^{\beta_k - 1} \mathrm{d}z$$
$$+ C_2,$$

其中 a_{j_1}, a_{j_2} 分别为实轴上相应于 w_{j_1}, w_{j_2} 的点. 令 w_{j_1}, w_{j_2} 平行地趋于 ∞, 则 a_{j_1}, a_{j_2} 均趋于 a_j, 即

$$f(z) = C_1 \int_{z_0}^{z} \prod_{k=1}^{j-1} (z - a_k)^{\beta_k - 1} (z - a_j)^{\beta_{j_1} + \beta_{j_2} - 2} \prod_{k=j+1}^{n} (z - a_k)^{\beta_k - 1} \mathrm{d}z + C_2.$$

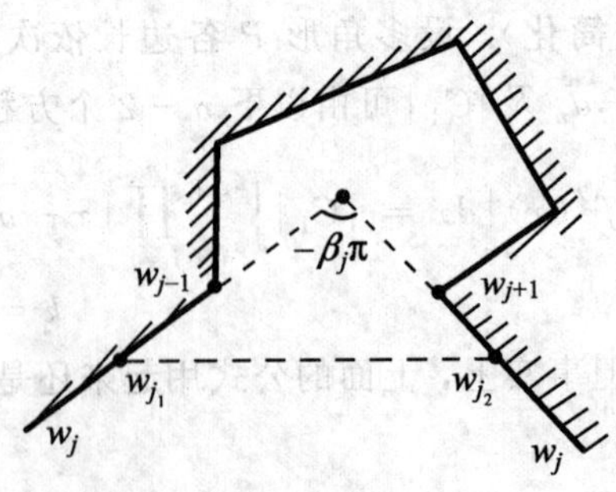

图 8-2

设以 w_j 为顶点的两边 $w_{j-1}w_{j_1}$ 及 $w_{j+1}w_{j_2}$ 在 ∞ 处交角为 $\beta_j\pi$，则这两直线第二交点夹角为 $-\beta_j\pi$，且显然有 $-\beta_j\pi+\beta_{j_1}\pi+\beta_{j_2}\pi=\pi$，从而上式化为

$$f(z)=C_1\int_{z_0}^{z}\prod_{k=1}^{n}(z-a_k)^{\beta_k-1}\mathrm{d}z+C_2.$$

这说明 $w_j=\infty$ 时原公式照样有效，只是将 β_j 用 w_j 两边在 ∞ 处交角(β_j 也可为零)代替即可.

8.3.2 例

例 8.2 求把上半平面 $\operatorname{Im} z>0$ 共形映照到顶点为 w_1, w_2, w_3，内角分别为 $\beta_1\pi, \beta_2\pi, \beta_3\pi$ 的三角形 D 的内部.

解 取 $a_1=0$，$a_2=1$，$a_3=\infty$. 由注 2，作

$$\zeta=\int_0^z z^{\beta_1-1}(z-1)^{\beta_2-1}\mathrm{d}z.$$

它把上半平面映为顶点为 $\zeta_1, \zeta_2, \zeta_3$，内角为 $\beta_1\pi, \beta_2\pi, \beta_3\pi$ 的三角形 D 的内部. 作整线性变换就能与 D 重合，即

$$f(z)=C_1\int_0^z z^{\beta_1-1}(z-1)^{\beta_2-1}\mathrm{d}z+C_2$$

为所求.

若 D 为正三角形，且选取

$$w_1=0,\quad w_2=a\ (a>0),\quad w_3=\frac{1+\mathrm{i}\sqrt{3}}{2}a.$$

由于 $a_1=0$ 对应 $w_1=0$，从而 $C_2=0$，又 $\beta_1=\beta_2=\beta_3=\dfrac{1}{3}$，故

$$w=C_1\int_0^z z^{\frac{1}{3}-1}(z-1)^{\frac{1}{3}-1}\mathrm{d}z=C'\int_0^z z^{-\frac{2}{3}}(1-z)^{-\frac{2}{3}}\mathrm{d}z.$$

取 $z^{-\frac{2}{3}}, (1-z)^{-\frac{2}{3}}$ 在 $0<x<1$ 的上岸为正实值的分枝，当 z 在实轴上从 0 变到 1 时，对应 w 在实轴上由 0 变到 a (>0)，所以 $C'>0$. 又

$$a=C'\int_0^1 x^{-\frac{2}{3}}(1-x)^{-\frac{2}{3}}\mathrm{d}x=C'\frac{\Gamma^2\left(\frac{1}{3}\right)}{\Gamma\left(\frac{2}{3}\right)}.$$

由余元公式 $\Gamma\left(\dfrac{2}{3}\right)\Gamma\left(\dfrac{1}{3}\right)=\pi\Big/\sin\dfrac{\pi}{3}$，得

$$C'=\frac{2\pi a}{\sqrt{3}\Gamma^3\left(\frac{1}{3}\right)}.$$

例 8.3 求上半平面到顶点为$-K,K,K+\mathrm{i}K',-K+\mathrm{i}K'$的矩形内部的共形映照，其中$K,K'>0$（图 8-3）.

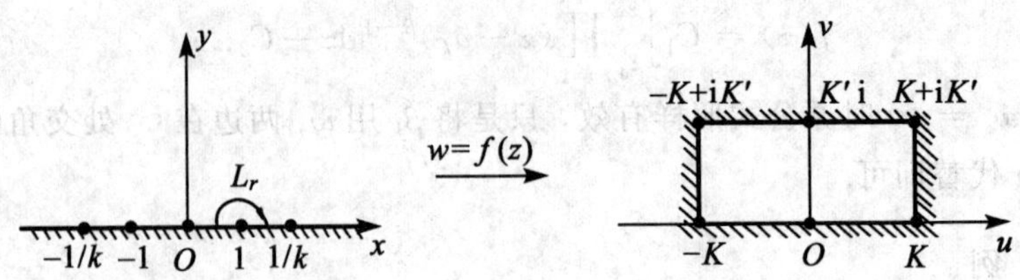

图 8-3

解 先考虑把第一象限映为顶点为$0,K,K+\mathrm{i}K',K'\mathrm{i}$的矩形. 为此选取$z=0,1,\infty$分别与$w=0,K,K'\mathrm{i}$对应. 设此映照为$w=f(z)$. 它把区间$[0,1],[1,+\infty]$及虚轴分别映为$[0,K]$、折线$[K,K+\mathrm{i}K',K'\mathrm{i}]$及虚轴上$K'\mathrm{i}$至0. 因此必有$z=\dfrac{1}{k}$$(0<k<1)$与$w=K+K'\mathrm{i}$相对应. 由于虚轴与虚轴对应，把$w=f(z)$越过$z$平面的虚轴作对称开拓，则把第二象限映为顶点为$-K,0,K'\mathrm{i},-K+\mathrm{i}K'$的矩形. 由于关于虚轴的对称点相应，所以$z=-1$，$-\dfrac{1}{k}$分别相应于$w=-K,-K+\mathrm{i}K'$. 这样，$w=f(z)$把上半平面映为题设的矩形内部. 因内角均为$\pi/2$，由(8.20)，

$$f(z)=C_1\int_0^z\left(z+\frac{1}{k}\right)^{\frac{1}{2}-1}(z+1)^{\frac{1}{2}-1}\left(z-\frac{1}{k}\right)^{\frac{1}{2}-1}(z-1)^{\frac{1}{2}-1}\mathrm{d}z+C_2$$
$$=C_1'\int_0^z\frac{\mathrm{d}z}{\sqrt{(1-z^2)(1-k^2z^2)}},$$

其中因为$z=0$对应于$w=0$，故有$C_2=0$. 式中根号例如可取这样的分枝：使得当$0<x<1$在上岸时取正实值. 令$x=1,\dfrac{1}{k}$（上岸）代入，得

$$K=C_1'\int_0^1\frac{\mathrm{d}x}{\sqrt{(1-x^2)(1-k^2x^2)}},\tag{8.23}$$

$$K+\mathrm{i}K'=C_1'\int_0^{\frac{1}{k}}\frac{\mathrm{d}x}{\sqrt{(1-x^2)(1-k^2x^2)}}$$
$$=C_1'\left[\int_0^1\frac{\mathrm{d}x}{\sqrt{(1-x^2)(1-k^2x^2)}}+\mathrm{i}\int_1^{\frac{1}{k}}\frac{\mathrm{d}x}{\sqrt{(x^2-1)(1-k^2x^2)}}\right].\tag{8.24}$$

其中诸积分为沿实轴上岸的区间的积分(为反常实积分). 将(8.23)代入(8.24)式,

$$K' = C_1'\int_1^{\frac{1}{k}} \frac{\mathrm{d}x}{\sqrt{(x^2-1)(1-k^2x^2)}}. \tag{8.25}$$

将(8.23),(8.25)联立就可决定 C_1' 及 k.

例 8.4 求上半平面到图 8-4 (b) 所示的广义多角形的映照.

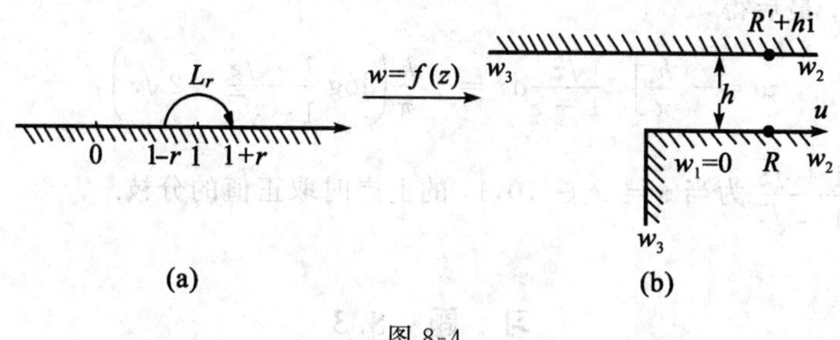

图 8-4

解 让 $z=0,1,\infty$ 依次与 $w_1=0$, $w_2=\infty$, $w_3=\infty$ 对应, $\beta_1=\frac{3}{2}$, $\beta_2=0$, $\beta_3=-\frac{1}{2}$. 代入(8.20)有

$$w = C_1\int_0^z z^{\frac{3}{2}-1}(z-1)^{0-1}\mathrm{d}z + C_2 = C_1\int_0^z \frac{\sqrt{z}}{z-1}\mathrm{d}z + C_2.$$

其中$\sqrt{z}$不妨取这样的分枝:当 z 在正实轴上岸时它取正值. 在上式中 $z=x$ (上岸) $(0<x<1)$, 则

$$f(x) = C_1\int_0^x \frac{\sqrt{x}}{x-1}\mathrm{d}x \quad (0<x<1),$$

其中右边积分为实积分, 且 <0. 另一方面, $f(x)$ 为对应于 w 平面正实轴上的点, 故 $f(x)>0$. 由此可见, C_1 为实数, 且 <0.

在上半平面中以 $z=1$ 为中心, 作充分小的半圆周 L_r: $z=1+re^{i\theta}$ $(0\leqslant\theta\leqslant\pi)$. $f(1-r)$ 为 w 平面正实轴上的一点, 即 $f(1-r)=R>0$; $f(1+r)$ 为 w 平面上直线 $w=hi$ 上的一点. 当 $r\to 0$ 时, 显然 $z=1+re^{i\theta}$ 一致地趋于 1, 从而易知$\sqrt{z}$也一致趋于 1. 因为$\sqrt{z}-1=\frac{z-1}{\sqrt{z}+1}$, 而$\frac{1}{\sqrt{z}+1}$在 $z=1$ 的邻域内有界, 令 $x=1\pm r$, 代入上面积分式中,

$$f(1+r)-f(1-r) = C_1\int_{L_r^-} \frac{\sqrt{z}}{1-z}\mathrm{d}z,$$

亦即

$$(R'-R)+\mathrm{i}h=-C_1\mathrm{i}\int_0^{\pi}\sqrt{1+r\mathrm{e}^{\mathrm{i}\theta}}\,\mathrm{d}\theta.$$

令 $r\to 0$，两边取极限，

$$\lim_{r\to 0}[(R'-R)+\mathrm{i}h]=-C_1\pi\mathrm{i}.$$

比较两边虚部与实部知 $C_1=-\dfrac{h}{\pi}\ (\lim\limits_{r\to 0}(R'-R)=0)$.

于是，最后得

$$w=-\frac{h}{\pi}\int_0^z\frac{\sqrt{z}}{1-z}\mathrm{d}z=-\frac{h}{\pi}\left(\log\frac{1+\sqrt{z}}{1-\sqrt{z}}-2\sqrt{z}\right),$$

其中 $\log\dfrac{1+\sqrt{z}}{1-\sqrt{z}}$ 为当 $z=x\in(0,1)$ 的上岸时取正值的分枝.

习 题 8.3

1. 试将上半平面共形映照为等腰直角三角形，且使 $z=0,1,\infty$ 分别对应于 $w=0,a,(1+\mathrm{i})a\ (a>0)$.

2. 利用多角形映照把上半平面共形映照为 $|\mathrm{Re}\,w|<\dfrac{\pi}{2}$, $\mathrm{Im}\,w>0$，且 $z=-1,0,1$ 分别对应于 $w=-\dfrac{\pi}{2},0,\dfrac{\pi}{2}$.

3. 证明：函数 $w=\displaystyle\int_0^z\frac{\mathrm{d}z}{\sqrt{z(1-z^2)}}$ 将上半平面映为一边长等于 $\dfrac{1}{2\sqrt{2\pi}}\Gamma^2\left(\dfrac{1}{4}\right)$ 的正方形内部.

4. 试证明：单位圆 $|z|<1$ 映成有界多角形 P 内部的共形映照函数为

$$w=C_1\int_0^z\prod_{k=1}^{n}(z-a_k)^{\beta_k-1}\mathrm{d}z+C_2,$$

其中 $a_k=\mathrm{e}^{\mathrm{i}\varphi_k}\ (\varphi_1<\varphi_2<\cdots<\varphi_n)$ 在单位圆上按逆时针方向排列分别相应于 P 的顶点 w_k，$\beta_k\pi$ 是 P 在 w_k 处的内角.

5. 试将上半平面共形映照为图 8-5 所示的广义多角形，且使 $z_1=0$, $z_2=1$, $z_3=\infty$ 分别对应于 $w_1=0$, $w_2=a\mathrm{i}\ (a>0)$, $w_3=\infty$.

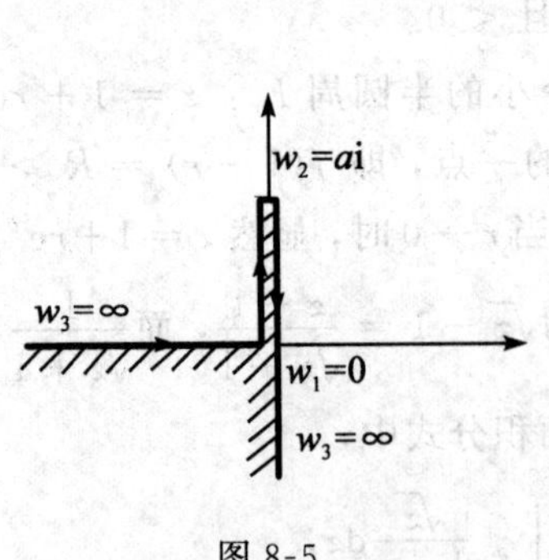

图 8-5

第八章习题

1. 若 $u(x,y)$ 在域 D 内有直至二阶的连续偏导数，

$$x+\mathrm{i}y=z=g(\zeta)=g(\xi+\mathrm{i}\eta)=x(\xi,\eta)+\mathrm{i}y(\xi,\eta)$$

在 D 内解析. 令 $u(x(\xi,\eta),y(\xi,\eta))=u_1(\xi,\eta)$，则对拉普拉斯算子 Δ 有

$$\Delta u_1=|g'(\zeta)|^2\cdot\Delta u.$$

2. 若 $u(z)$ 在 $0<|z-a|<R$ 内调和，但 $u(z)$ 在 $z=a$ 有孤立奇点. 证明：

(1) 若 $\lim\limits_{z\to a}u(z)$ 存在且有限，则

$$u(z)=\begin{cases}u(z), & \text{当 } 0<|z-a|<R,\\ \lim\limits_{z\to a}u(z), & \text{当 } z=a\end{cases}$$

在 $|z-a|<R$ 内调和；

(2) 若 $\lim\limits_{z\to a}u(z)=+\infty$ 或 $-\infty$，则

$$u(z)=\alpha\ln|z-a|+u_*(z),$$

其中 α 为一非零实数，而 $u_*(z)$ 在 a 邻域内调和；

(3) 若 $\lim\limits_{z\to a}u(z)$ 不存在，则对任一实数 Γ 都可在 a 的空心邻域内找到一串 $z_n\to a\ (n\to+\infty)$，使

$$\lim_{n\to+\infty}u(z_n)=\Gamma.$$

3. 设 $u(z)$ 在域 D 内连续，不为常数，且在 D 内任一点具有积分均值性. 证明：$u(z)$ 遵守极值原理.

4. 在区域内连续的实函数 $u(x,y)$ 成为调和函数的充要条件为这个函数有均值性.

5. 验证极坐标下拉普拉斯方程形式为

$$r\frac{\partial}{\partial r}\left(r\frac{\partial u}{\partial r}\right)+\frac{\partial^2 u}{\partial\theta^2}=0,$$

并由此证明只依赖于 r 的调和函数必为 $\ln r$ 的线性函数.

6. 应用变换 $z_1=\dfrac{R^2}{\bar{z}}$ 于波阿松公式，求解关于 $|z|>R$ 的外狄里克来问题：求在 $|z|>R$ 中调和（包括 ∞）、在 $|\zeta|=R$ 上有指定边值 $u(\zeta)$ 的函数 $u(z)$，并确定 $u(\infty)$ 之值.

7. 利用多角形映照求上半平面到宽为 $H = h_1 + h_2 (h_1, h_2 > 0)$ 的带形域除去一条半射线如图 8-6 所示的区域.

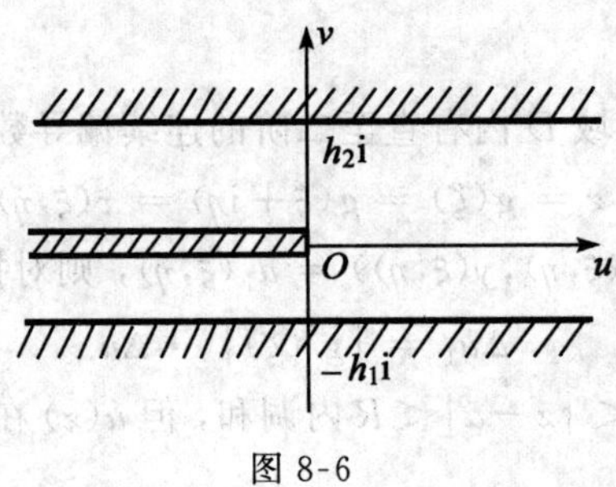

图 8-6

第九章 解析函数在平面场中的应用

单复变解析函数是平面上代表各种物理特性的、其实虚部之间具有某种联系的一对二元实函数的抽象. 解析函数的产生和发展与流体力学有紧密的联系，但它在电学、磁学、热学、弹性力学及数学其他分支中均有着广泛的应用. 为了不涉及更多的各应用部门的专业知识，本章着重介绍它在流体力学中的应用. 由于数学的高度抽象性从而具有广泛应用性的职能，决定了它对其他领域实际问题也会有效用(当然还应顾及具体专业领域的特殊性).

在数学分析中读者已熟悉场论的知识. 不过这里讨论的是**平面数量场**或**向量场**，即空间某区域的数量或向量分布在平行于某一平面的各个平面内，且场中过任一点垂直于该平面直线上的各点处均具有相同数量或向量. 若假设这是一个**定常场**(即每点的数量或向量值与时间无关)，那么只需了解上述一个平面上的场分布就足具代表性了. 不过在后面的讨论中当我们说到平面上点 z_0、曲线 L、区域 D 则应分别想象为空间过 z_0 对该平面的垂线、以 L 为基线的直柱面、以 D 为底的直柱体等，而不另声明.

9.1 解析函数的流体力学意义

设给定**不可压缩**的(密度均匀、不随压力改变，不妨设密度 $\rho=1$)定常流动的平面速度场

$$v = v_x + \mathrm{i}v_y$$

在平面区域 D 内连续，其流体厚度设为 $h=1$. 我们试图寻求场中有关量的复表示，以刻画这个流动.

9.1.1 复环流

设 L 为平面上取定从 A 到 B 为正向的简单逐段光滑曲线，在 L 上取弧的微元 $\mathrm{d}s$，在其上任一点 M 作单位切向量 τ（与 L 正向相同）及单位法向量 n

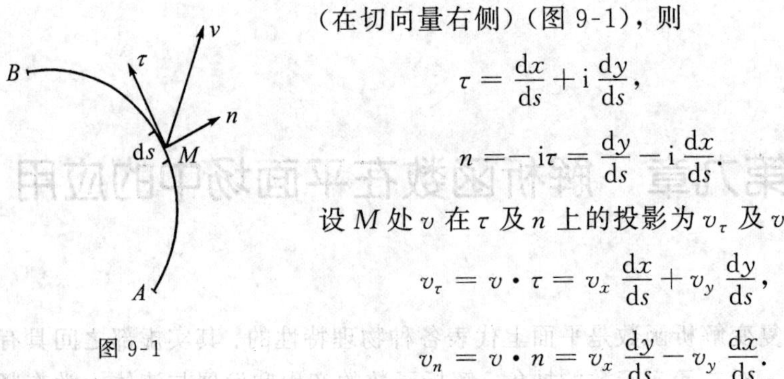

图 9-1

(在切向量右侧)(图 9-1),则

$$\tau=\frac{\mathrm{d}x}{\mathrm{d}s}+\mathrm{i}\,\frac{\mathrm{d}y}{\mathrm{d}s},$$

$$n=-\mathrm{i}\tau=\frac{\mathrm{d}y}{\mathrm{d}s}-\mathrm{i}\,\frac{\mathrm{d}x}{\mathrm{d}s}.$$

设 M 处 v 在 τ 及 n 上的投影为 v_τ 及 v_n,则

$$v_\tau=v\cdot\tau=v_x\,\frac{\mathrm{d}x}{\mathrm{d}s}+v_y\,\frac{\mathrm{d}y}{\mathrm{d}s},$$

$$v_n=v\cdot n=v_x\,\frac{\mathrm{d}y}{\mathrm{d}s}-v_y\,\frac{\mathrm{d}x}{\mathrm{d}s}.$$

现在求:

(1) 流体由 L 左(正)侧流向右(负)侧的**流量** N_L(单位时间内流过 L 流体的质量);

(2) 流体在 L 上的速度**环量** Γ_L(单位时间内流体沿 L 旋转了多少).

首先,通过 $\mathrm{d}s$ 的流量

$$\mathrm{d}N_L=\rho h v_n\,\mathrm{d}s=v_n\,\mathrm{d}s$$

表示以 $\mathrm{d}s$ 为底、v_n 为高的平行四边形面积;如果 v 与 n 的夹角为锐(钝)角,流量则为正(负)值.

同样,$\mathrm{d}s$ 上的环量

$$\mathrm{d}\Gamma_L=v_\tau\,\mathrm{d}s.$$

v 与 τ 的夹角为锐(钝)角时,环量为正(负).于是

$$\Gamma_L=\int_L v_\tau\,\mathrm{d}s=\int_L v_x\,\mathrm{d}x+v_y\,\mathrm{d}y,\tag{9.1}$$

$$N_L=\int_L v_n\,\mathrm{d}s=\int_L -v_y\,\mathrm{d}x+v_x\,\mathrm{d}y.\tag{9.1$'$}$$

称 $P_L=\Gamma_L+\mathrm{i}N_L$ 为 L 的**复环流**,其值为

$$P_L=\int_L(v_x-\mathrm{i}v_y)(\mathrm{d}x+\mathrm{i}\,\mathrm{d}y)=\int_L\overline{v(z)}\,\mathrm{d}z,\tag{9.2}$$

称 $v=v_x+\mathrm{i}v_y$ 为**复速度**.因此 L 上的复环流是复速度的共轭沿 L 的积分.

设 $z_0\in G$,z_0 有限或为 ∞.作 z_0 任意"充分小"的邻域 $B(z_0)$,边界为 L,取 L 关于 $B(z_0)$ 的正向,依 $N_L>0$,$N_L<0$,$\Gamma_L\neq0$ 分别称 z_0 为**源点**、**汇点**、**涡点**.总之上述点处之共性为复环流非零,即

$$P_L(z_0)\neq0.\tag{9.3}$$

设区域 G 中至多有有限个源点、汇点和涡点.在 G 中除去这些点外得一

域D，称D为无源[①]、无旋域. 因对D内任意作封闭光滑曲线L，若$L\sim 0$，就有

$$P_L=\int_L \overline{v(z)}\,\mathrm{d}z=0. \tag{9.4}$$

由莫勒拉(Morera)定理，$\overline{v(z)}$是D内解析函数. 这就是说，不可压缩流体作无源、无旋定常平面流动时的特征是：D内任意同伦于零的封闭曲线上的复环流为零，且复速度之共轭为域D内解析函数.

9.1.2 复势

我们来引入刻画上述流动的量. 设域D中存在函数$f(z)$，使$f'(z)=\overline{v(z)}$，称$f(z)$为流动的**复势**. 设$z_0, z\in D$，

$$f(z)=\int_{z_0}^{z}\overline{v}\,\mathrm{d}z. \tag{9.5}$$

依D为单连通或多连通，$f(z)$分别为单值解析函数或一般为多值解析函数. 后者在D内每个单连通域内可分成单值解析分枝. 依定义，作为复势的函数其导数必须是单值的. 记

$$f(z)=\varphi(x,y)+\mathrm{i}\psi(x,y), \tag{9.6}$$

称$\varphi(x,y)$和$\psi(x,y)$分别为**势函数**(速度势)和**流函数**.

$$\varphi(x,y)=\text{常数},\quad \psi(x,y)=\text{常数}$$

分别称为**等势线**和**流线**. 在$v\neq 0$处，$f'(z)\neq 0$，从而等势线与流线正交. 而每点的速度在流线的切向上，从而流线是质点运动的轨迹.

因此，有了复势$f(z)$便可作等势线及流线，而流动速度$v=\overline{f'(z)}$，即

$$|v|=|f'(z)|,\quad \arg v=-\arg f'(z).$$

所以说复势刻画了流体的运动. 容易看出复势确定到相差一个任意常数时并不影响流体运动的刻画.

例 9.1 讨论复势$f(z)=az\ (a>0)$的流动.

解 势函数$\varphi(x,y)=ax$，等势线$x=C_1$. 流函数$\psi(x,y)=ay$，流线$y=C_2$. 速度$v=\overline{f'(z)}=a$，方向平行于x轴，从左至右(图 9-2).

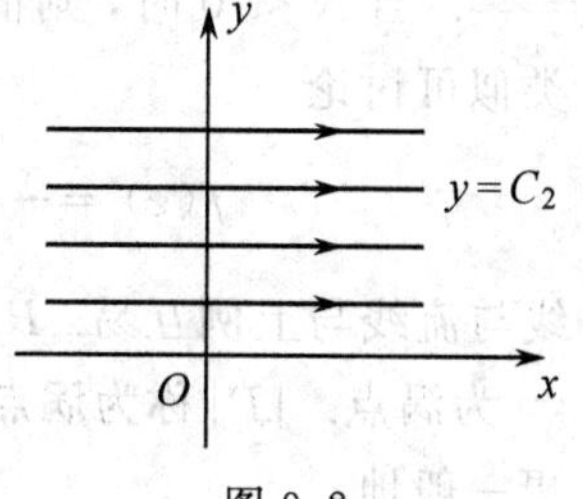

图 9-2

---

① 把汇认为是负源，则无源也包含无汇之意，下同.

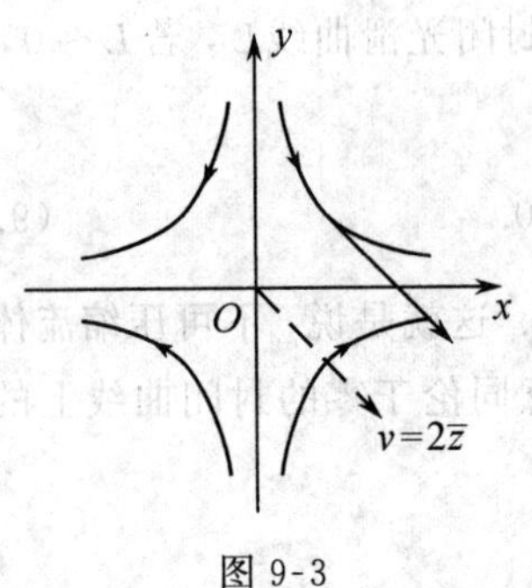

图 9-3

例 9.2 讨论复势 $f(z)=z^2$ 的流动.

解 $\varphi(x,y)=x^2-y^2$，等势线

$$x^2-y^2=C_1;$$

$\psi(x,y)=2xy$，流线

$$xy=C_2;$$

$v=\overline{f'(z)}=2\bar{z}$(图 9-3).

下面讨论 $f(z)$ 的个别孤立奇点处在简单情况下的流体力学解释.

9.1.3 源(汇)点、涡点

例 9.3 讨论复势 $f(z)=\dfrac{N}{2\pi}\operatorname{Log} z$（$N$ 为非零实数）的流动.

解 设 $z=re^{i\theta}$，则

$$\varphi(r,\theta)=\frac{N}{2\pi}\ln r,\quad \psi(r,\theta)=\frac{N}{2\pi}\theta.$$

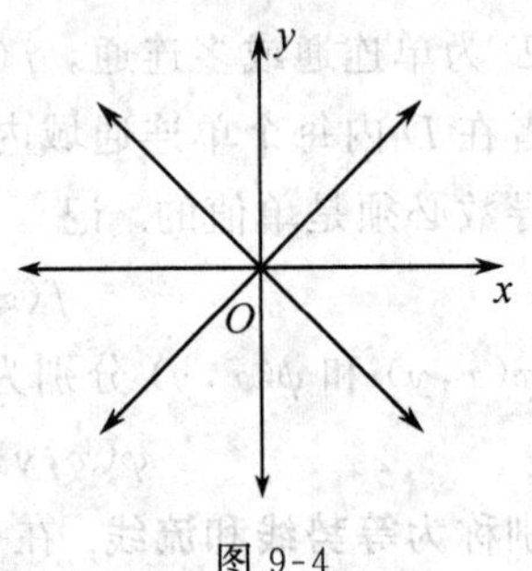

图 9-4

等势线 $r=$ 常数，流线 $\theta=$ 常数(图 9-4).

$v=\dfrac{N}{2\pi}\cdot\dfrac{1}{\bar{z}}$ 在 $z=0$ 及 ∞ 处分别为 ∞ 及 0.

现讨论流体在枝点 $z=0$ 及 ∞ 处的特性. 任意作包围 $z=0$ 的简单封闭曲线 L. 由(9.2)有

$$P_L=\int_L f'(z)\mathrm{d}z=\frac{N}{2\pi}\int_L\frac{1}{z}\mathrm{d}z=N\mathrm{i}.$$

从而 $\Gamma_L=0$（无旋），而 $N_L=N\neq 0$. 设 $N>0$，则 $z=0$ 为源点，$z=\infty$ 为汇点，流体以无限大速度从 $z=0$ 涌出沿流线作放射状运动并以零速度流入 $z=\infty$. 当 $N<0$ 时，则情况正好相反. $|N|$ 称为**源(汇)点强度**.

类似可讨论

$$f(z)=-\frac{\mathrm{i}\Gamma}{2\pi}\operatorname{Log} z\quad(\Gamma\text{ 为非零实数}).$$

等势线与流线与上例互易. $P_L=\Gamma$. 从而 $N_L=0$（无源），$\Gamma_L=\Gamma\neq 0$，于是 0 及 ∞ 为涡点. $|\Gamma|$ 称为**涡点强度**.

更一般地，

$$f(z)=\frac{N-\mathrm{i}\Gamma}{2\pi}\operatorname{Log} z\quad(\text{实数 } N,\ \Gamma\neq 0),$$

可求出 $P_L=\Gamma+\mathrm{i}N$. 故 0 及 ∞ 为**源涡点**(其他讨论从略).

例 9.4 讨论复势为

$$f(z)=\frac{N}{2\pi}\operatorname{Log}\frac{z-a}{z-b}\quad(a\neq b,\ N\in\mathbf{R},\ N\neq 0)$$

的流动.

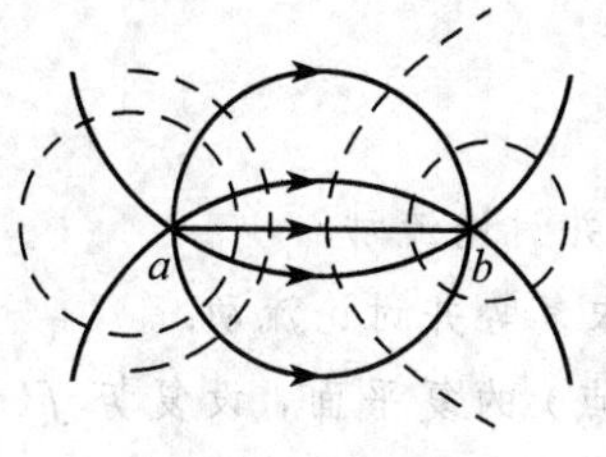

图 9-5

解 $\varphi(z)=\dfrac{N}{2\pi}\ln\left|\dfrac{z-a}{z-b}\right|$,

$\psi(z)=\dfrac{N}{2\pi}\operatorname{Arg}\dfrac{z-a}{z-b}$,

等势线是以 a,b 为对称点的圆族，流线为过 a,b 的圆族(图 9-5). $P_L(a)=N$, $P_L(b)=-N$. 当 $N>0$ 时，a 为源点，b 为汇点. 当 $N<0$ 时则相反.

同样可讨论

$$f(z)=\frac{-\mathrm{i}\Gamma}{2\pi}\operatorname{Log}\frac{z-a}{z-b}\quad\text{及}\quad f(z)=\frac{N-\mathrm{i}\Gamma}{2\pi}\operatorname{Log}\frac{z-a}{z-b}$$

($N,\Gamma\in\mathbf{R}$ 且非零)，则 a,b 分别为双涡点及双源涡点.

9.1.4 偶极子

例 9.5 讨论复势 $f(z)=\dfrac{1}{z}$ 的流动. 这时

$$\varphi(x,y)=\frac{x}{x^2+y^2},$$

$$\psi(x,y)=-\frac{y}{x^2+y^2},$$

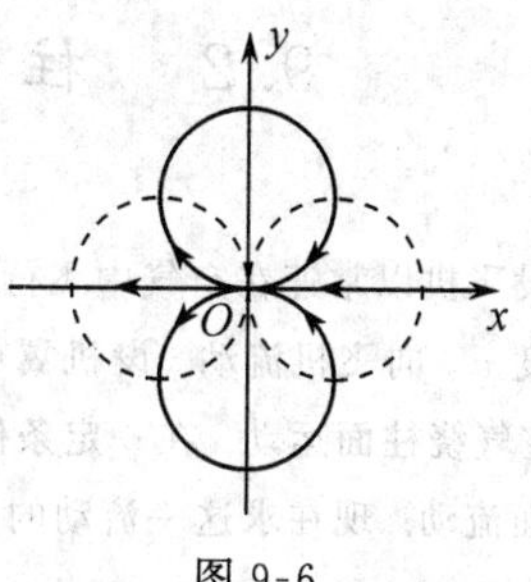

图 9-6

等势线(流线)为圆心在 x 轴(y 轴)与 y 轴(x 轴)相切的圆族，由

$$v=-\frac{1}{z^2},$$

可知流体从 $z=0$ 右侧流进，从左侧流出(图 9-6)，且 $v(0)=\infty$,

$$P_L(0)=-\int_L\frac{1}{z^2}\mathrm{d}z=0.$$

例 9.4 中，取 $a=-h\ (h>0)$, $b=0$, $N=\dfrac{2\pi}{h}$，则当 $h\to 0$ 时，

$$\frac{N}{2\pi}\log\frac{z-a}{z-b}=\frac{\log(z+h)-\log z}{h}\to\frac{1}{z}.$$

从而在 $z=0$ 处的一阶极点是两个源、汇点无限接近而其强度无限大时的极限. 因此，称 $z=0$ 为**偶极子**.

也可从两个无限接近的涡点(或源涡点)出发得到上面同样的结果. 类似地，二阶极点可解释为两个一阶极点的重合，等等.

习 题 9.1

1. 已知势函数 $\varphi(x,y)=x+y$，求复势并讨论流动.

2. 设流体的水平及垂直分速为 y 和 x，求复势并讨论流动.

3. 已知流动区域为除去正实轴(包括原点)的复平面，设复势 $f(z)=\sqrt{z}$，求流动.

4. 已知复势，求下列流动(包括指出枝点的流体力学性态)：

(1) $w=-\dfrac{\mathrm{i}}{2\pi}\mathrm{Log}\,z$；　　(2) $w=-\dfrac{\mathrm{i}}{2\pi}\mathrm{Log}\,\dfrac{z+1}{z-1}$；

(3) $w=\dfrac{1-\mathrm{i}}{2\pi}\mathrm{Log}\,z$.

5. 已知复势 $f(z)=\dfrac{1}{z^2}$，求 $z=0$ 处复环流，并证明：$z=0$ 可视为两个一阶极点的重合.

9.2 柱面绕流与机翼升力计算

设飞机以常速在空气中飞行，从相对运动观点看，可认为飞机静止而空气在无穷远以速度 v_∞ 向飞机流动. 设机翼中部离机身和翼端较远，可视为一柱体. 对这一柱体而言，空气绕柱面运动. 在一定条件下，上述问题可化为上节的不可压缩流体无源、无旋定常平面流动. 现在求这一流动的复势并计算机翼升力. 首先从最简单情况说起.

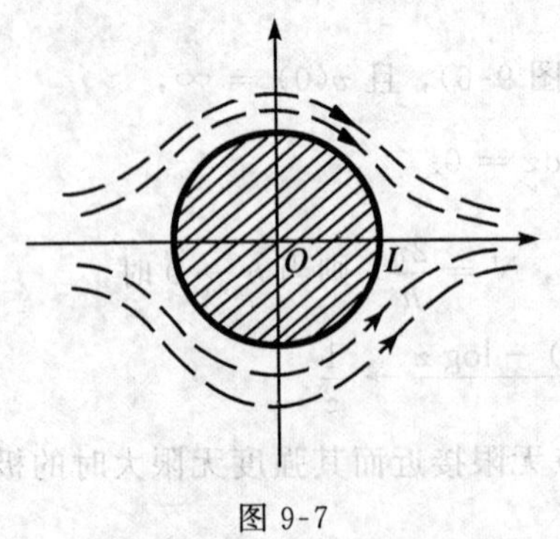

图 9-7

9.2.1 圆盘绕流

这是空间圆柱绕流的代名词. 设圆盘静止不动，横截面为 $|z|<1$，边界为 L (图 9-7). 设流体是不可压缩的无源、无旋定常平面流动. 流体在无穷远处速度 $v_\infty>0$ (适当选坐标系时). 因为流体不会离开 L，故 L 必为流线之一. 现求流动复势 $f(z)$ 使得在 L 的环量为 Γ.

$f'(z)=\overline{v(z)}$ 在 $|z|>1$ 解析，在 $|z|\geqslant 1$

上连续(因速度连续分布)，又 $f'(\infty)=v_\infty$，从而在 L 外部有罗朗展式：

$$f'(z)=v_\infty+\frac{\alpha_{-1}}{z}+\frac{\alpha_{-2}}{z^2}+\cdots. \tag{9.7}$$

积分后去掉不影响流动的常数后有

$$f(z)=v_\infty z+\alpha_{-1}\log z-\frac{\alpha_{-2}}{z}-\frac{\alpha_{-3}}{2z^2}-\cdots. \tag{9.8}$$

设 L_1 为 $|z|=R\ (>1)$，并设 L 与 L_1 均取反时针向. 由多连通域中柯西定理及复环流的定义，有

$$2\pi\alpha_{-1}\mathrm{i}=\int_{L_1}f'(z)\mathrm{d}z=\int_L f'(z)\mathrm{d}z=P_L=\Gamma_L+\mathrm{i}N_L=\Gamma,$$

这里 $N_L=0$ 是因为圆盘内没有流体出入. 于是 $\Gamma_L=\Gamma$ 为实数，且

$$\alpha_{-1}=\frac{\Gamma}{2\pi\mathrm{i}}.$$

现将(9.8)写为

$$f(z)=v_\infty z+\frac{\Gamma}{2\pi\mathrm{i}}\log z-\frac{\alpha_{-2}}{z}-\frac{\alpha_{-3}}{2z^2}-\cdots. \tag{9.9}$$

因 L 为流线，从而 $z\in L$ 时，$\mathrm{Im}\,f(z)=m$(常数). 设

$$F(z)=f(z)-\frac{\Gamma}{2\pi\mathrm{i}}\log z,$$

则 $F(z)$ 在 $1<|z|<+\infty$ 内解析，在 $1\leqslant|z|<+\infty$ 上连续，且在 $|z|=1$ 时 $\mathrm{Im}\,F(z)=m$. 由解析开拓原理，$F(z)$ 可开拓到 $0<|z|\leqslant 1$，于是当 $0<|z|<+\infty$ 时，有

$$F(z)=v_\infty z-\frac{\alpha_{-2}}{z}-\frac{\alpha_{-3}}{z^2}-\cdots,$$

特别地，在 $|z|=1$ 上成立. 令

$$z=\mathrm{e}^{\mathrm{i}\theta},\quad \alpha_{-n}=a_{-n}+\mathrm{i}b_{-n}\quad (n=2,3,\cdots).$$

代入(9.9)，分出虚部并加整理，则对所有的 θ，有

$$m-b_{-2}\cos\theta+(v_\infty+a_{-2})\sin\theta-\frac{b_{-3}}{2}\cos 2\theta+\frac{a_{-3}}{2}\sin 2\theta+\cdots=0.$$

由傅立叶(Fourier) 展式的唯一性得

$$m=0,\ b_{-2}=0,\ a_{-2}=-v_\infty,\ a_{-n}=b_{-n}=0\ (n\geqslant 3).$$

代入(9.9)得

$$f(z)=v_\infty z+\frac{\Gamma}{2\pi\mathrm{i}}\log z+\frac{v_\infty}{z}, \tag{9.10}$$

且

$$\overline{v(z)}=\overline{f'(z)}=v_\infty-\frac{\Gamma}{2\pi\mathrm{i}}\frac{1}{\bar{z}}-\frac{v_\infty}{\bar{z}^2}.$$

现求使 $v=0$ 的点(称为**临界点**)，即求满足

$$v_\infty z^2+\frac{\Gamma}{2\pi\mathrm{i}}z-v_\infty=0 \tag{9.11}$$

的点，解出得

$$z = \frac{1}{4\pi v_\infty}\Big[\Gamma \mathrm{i} \pm \sqrt{(4\pi v_\infty)^2 - \Gamma^2}\Big]. \tag{9.12}$$

(1) 当 $|\Gamma| \leqslant 4\pi v_\infty$ 时，显然此时 $|z| = 1$. 设 $z = \mathrm{e}^{\mathrm{i}\theta}$，代入(9.11)得

$$\Gamma = 4\pi v_\infty \sin\theta. \tag{9.13}$$

由此可确定满足上式的 θ_1, θ_2. 于是

$$z_1 = \mathrm{e}^{\mathrm{i}\theta_1} \quad \left(|\theta_1| \leqslant \frac{\pi}{2}\right), \quad z_2 = \mathrm{e}^{\mathrm{i}\theta_2} \quad (\theta_2 = \pi - \theta_1)$$

为临界点. 当 $z_1 \neq z_2$ 时，流向 z_2 的流线经 z_2 后分成两条，分别沿上、下圆周流动然后在 z_1 处会合. 因此，z_2, z_1 分别称为**分枝点和会合点**(图 9-8 (a)). 当 $z_1 = z_2$ 时则合而为一(图 9-8 (b)).

(2) $|\Gamma| > 4\pi v_\infty$ 时，临界点在虚轴上，模为

$$|z| = \frac{1}{4\pi v_\infty}\Big|\Gamma \pm \sqrt{\Gamma^2 - (4\pi v_\infty)^2}\Big|.$$

因两个点的模之积为 1，且两个之中一个在圆外，一个在圆内(后者事实上不存在)(图 9-8 (c)).

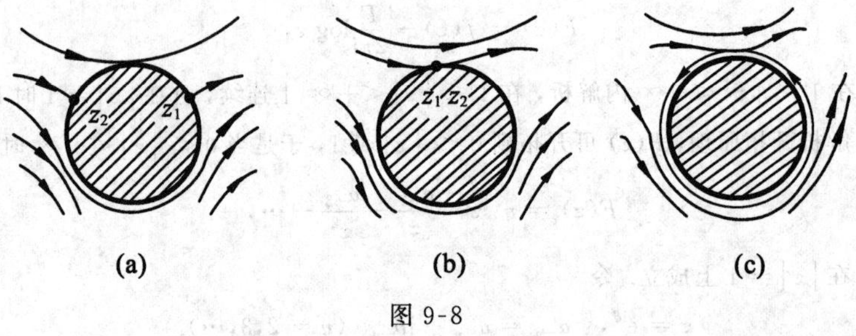

图 9-8

9.2.2 一般截面绕流

设柱体横截面为 E，周界为 C (图 9-9 (a))，C 必为流线，流体在无穷远处速度设为 $v_\infty > 0$，且在 C 上环流量为 Γ，求复势 $f(z)$.

利用共形映照可化为上小节的情形. 不妨取原点位于 E 内，设 $\overline{E}$ 的外部为 D，我们证明：可求出把 D 共形映照为 $|w| > 1$ 的函数 $w = g(z)$，且满足 $g(\infty) = \infty$ 及 $g'(\infty) > 0$.

为此，首先作 $w_1 = \dfrac{1}{z}$ 把 D 映为含原点的有界域 D_1 (图 9-9 (b)). 由黎曼映照唯一性定理，存在 $w_2 = F(w_1)$ 把 D_1 映为 D_2：$|w_2| < 1$，且 $F(0) = 0$，$F'(0) = A > 0$ (图 9-9 (c)). 从而 $F(w_1)$ 在 $w_1 = 0$ 附近有

$$F(w_1) = Aw_1 + \alpha_2 w_1^2 + \cdots + \alpha_n w_1^n + \cdots. \tag{9.14}$$

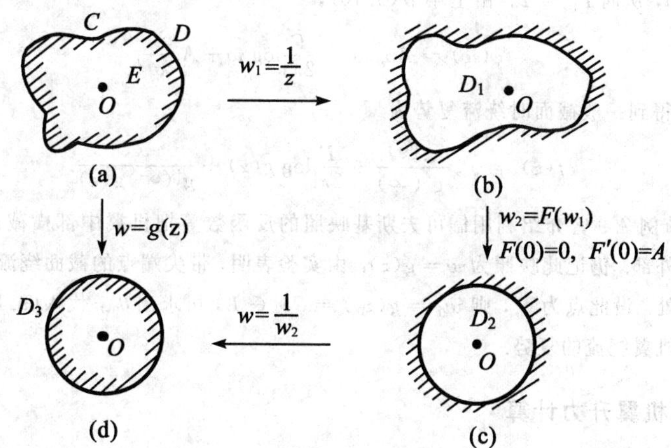

图 9-9

最后作 $w=\dfrac{1}{\omega_2}$ 把 D_2 映为 D_3：$|w|>1$（图 9-9（d））. 于是

$$g(z)=\frac{1}{F\left(\dfrac{1}{z}\right)}$$

将 D 映为 $|w|>1$ 且 $g(\infty)=\infty$. 又

$$g'(z)=F'\left(\frac{1}{z}\right)\left(zF\left(\frac{1}{z}\right)\right)^{-2},\tag{9.15}$$

显然 $z\to\infty$ 时 $F'\left(\dfrac{1}{z}\right)\to A$. 从(9.14)知，在 ∞ 邻域内有

$$zF\left(\frac{1}{z}\right)=A+\frac{\alpha_2}{z}+\cdots+\frac{\alpha_n}{z^{n-1}}+\cdots.$$

从而 $z\to\infty$ 时，$zF\left(\dfrac{1}{z}\right)\to A$. 由(9.15)，$g'(\infty)=\dfrac{1}{A}$. 证毕.

我们验证

$$\varphi(w)=f(z)=f(g^{-1}(w))\tag{9.16}$$

是 w 平面单位圆盘绕流的复势，这是因为 $\varphi(w)$ 显然是 $|w|>1$ 中的解析函数. 同时

$$\overline{\varphi'(\infty)}=\overline{\frac{f'(\infty)}{g'(\infty)}}=Av_\infty.$$

又映照 $w=g(z)$ 将周界 C 映为 L：$|w|=1$，当 $z\in C$（C 是一流线）时，$\operatorname{Im}f(z)=$ 常数. 由(9.16)知，$w\in L$ 时，

$$\operatorname{Im}\varphi(w)=\text{常数}.$$

从而 L 为一流线，最后计算 L 上的复环流：

$$P_L=\int_L\varphi'(w)\,\mathrm{d}w=\int_C f'(z)\,\mathrm{d}z=P_C=\Gamma.$$

因 $N_L=0$，从而 $\Gamma_L=\Gamma$. 由上小节(9.10)，

$$\varphi(w)=Av_\infty w+\frac{\Gamma}{2\pi\mathrm{i}}\log w+A\frac{v_\infty}{w}.$$

由(9.16)得到一般截面时绕流复势为

$$f(z)=v_\infty\frac{g(z)}{g'(\infty)}+\frac{\Gamma}{2\pi\mathrm{i}}\log g(z)+\frac{v_\infty}{g'(\infty)g(z)}.$$

7.4 节例 7.9 曾介绍利用儒可夫斯基映照的反函数等把机翼中部横截面外部映为单位圆盘的外部. 仍记此映照为 $w=g(z)$. 由实验表明，带尖端点的截面绕流中，流体会合点在尖端处. 设此点为 z_0，则 $w_0=g(z_0)=\mathrm{e}^{\mathrm{i}\theta_0}\in L$，可求出 θ_0，代入(9.13)求出 Γ. 这样就求得机翼绕流的复势.

9.2.3 机翼升力计算

取机翼中部厚度为 $h=1$ 的柱体，其横断面边界为 C（图 9-10). 流体在无穷远速度为 $v_\infty>0$. 上小节已求出 C 上环流 Γ 及相应复势 $f(z)$. 现求机翼升力 F.

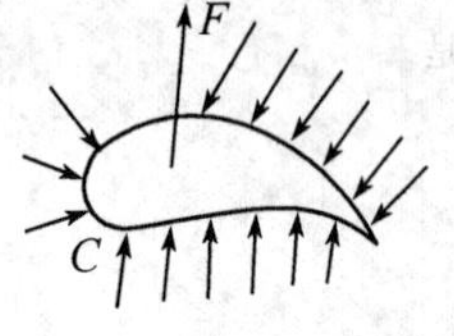

图 9-10

设流体密度为 ρ，流速为 v，在与流体平面垂直的单位面积上所受压力 f 服从伯努利(Bernoulli)公式

$$f=A-\frac{\rho}{2}|v|^2,\tag{9.17}$$

其中 A 为实常数. 我们知道，曲线 C 上每点所受压力必在此点法向上且指向截面内部. 在 C 上取弧的微元 $\mathrm{d}s$，设其上正切向与 x 轴的夹角为 φ，则 $\mathrm{d}z=|\mathrm{d}z|\mathrm{e}^{\mathrm{i}\varphi}=\mathrm{d}s\,\mathrm{e}^{\mathrm{i}\varphi}$，在 $\mathrm{d}s$ 上所受压力为(取 C 为顺时针向)

$$\mathrm{d}F=f\cdot(-\mathrm{i}\mathrm{e}^{\mathrm{i}\varphi})\mathrm{d}s=-\mathrm{i}f\mathrm{d}z=-\mathrm{i}\left(A-\frac{\rho}{2}|v|^2\right)\mathrm{d}z.$$

从而 C 上压力为

$$F=\int_{C^-}\mathrm{d}F=\frac{\rho\mathrm{i}}{2}\int_{C^-}|v|^2\mathrm{d}z.\tag{9.18}$$

因 v 在 C 的切向上，即 $v=\pm|v|\mathrm{e}^{\mathrm{i}\varphi}$，从而

$$|v|^2=v^2\mathrm{e}^{-2\mathrm{i}\varphi}=\left(\overline{f'(z)}\right)^2\mathrm{e}^{-2\mathrm{i}\varphi}.$$

代入(9.18)且注意到 $\overline{\mathrm{d}z}=|\mathrm{d}z|\mathrm{e}^{-\mathrm{i}\varphi}$，有

$$F=\frac{\rho\mathrm{i}}{2}\int_{C^-}\left(\overline{f'(z)}\right)^2\mathrm{e}^{-2\mathrm{i}\varphi}\mathrm{d}z=\frac{\rho\mathrm{i}}{2}\int_{C^-}\left(\overline{f'(z)}\right)^2\overline{\mathrm{d}z}.$$

从而

$$\overline{F}=-\frac{\rho\mathrm{i}}{2}\int_{C^-}(f'(z))^2\mathrm{d}z.\tag{9.19}$$

显然 $f'(z)$ 在截面外解析且连续到边界 C 上，$f'(\infty)=v_\infty$，因此在 ∞ 的邻域内有

$$f'(z)=v_\infty+\frac{\beta_{-1}}{z}+\frac{\beta_{-2}}{z^2}+\cdots. \tag{9.20}$$

如同 9.2.1 小节中求 α_{-1} 的方法一样，我们也得到 $\beta_{-1}=\dfrac{\Gamma}{2\pi\mathrm{i}}$，代入(9.20)且将 $f'(z)$ 平方，有

$$(f'(z))^2=v_\infty^2+\frac{\Gamma v_\infty}{\pi\mathrm{i}}\frac{1}{z}+\beta'_{-2}\frac{1}{z^2}+\beta'_{-3}\frac{1}{z^3}+\cdots.$$

代回(9.19)，得 $\overline{F}=\mathrm{i}\rho\Gamma v_\infty$，即

$$F=-\mathrm{i}\rho\Gamma v_\infty. \tag{9.21}$$

此即儒可夫斯基(Жуковский)升力公式.

习　题　9.2

设河水很深，河底有一高为 h 的堤坝，河水流动是无源、无旋的，已知流动在无穷远处的流速为 v_∞，求复势.

提示：利用共形映照将河水区域化为上半平面.

附录一　初等多值函数单值分枝判定定理充分性之证明

第二章中，有关于初等多值函数单值分枝的判定定理，即

定理 2.3　*设初等多值函数 $F(z)$ 定义在区域 D 内，则 $F(z)$ 在 D 内可单值分枝的充分必要条件是：对于 D 内任一简单封闭曲线 L，都有 $[F(z)]_L = 0$.*

定理的必要性已在那里证明，以下将证明充分性.

首先指出 $f(z) = \arg z$ $(0 \leqslant \arg z < 2\pi)$ 的连续性(见第一章，习题 1.2 第 3 题). 令 $z = re^{i\varphi}$，$r > 0$，则 $0 \leqslant \varphi < 2\pi$.

(1)　$f(z)$ 在$[0, +\infty)$ 不连续. 事实上，取 $z = 0$，当 z 沿过原点的射线 $\arg z = \varphi$ 趋于原点时，$\lim\limits_{z \to 0} f(z) = \varphi$，随射线与 x 轴正向倾角不同而有不同极限，从而$\lim\limits_{z \to 0} f(z)$ 不存在，故 $f(z)$ 在 $z = 0$ 处不连续. 取正半实轴上的点 $z = x_0 > 0$，当 z 从上(下) 半平面趋于 x_0 时，得到极限为 $0(2\pi)$，从而 $\lim\limits_{z \to x_0} f(z)$ 不存在，即 $f(z)$ 在 $z = x_0 > 0$ 处不连续.

(2)　$f(z)$ 在$\mathbf{C} \backslash [0, +\infty)$ 连续. 只要证明 $f(z)$ 在此域上任意一点 $z_0 = r_0 e^{i\varphi_0}$ 处连续即可. 取 $0 < \varepsilon < \min\{\varphi_0, 2\pi - \varphi_0\}$，作两射线 $\arg z = \varphi_0 \pm \varepsilon$，取 $\delta = r_0 \sin\varepsilon$，作圆盘 $|z - z_0| < \delta$，此圆盘必与上述两射线相切. 对此圆盘内任一点 z，有

$$|f(z) - f(z_0)| = |\varphi - \varphi_0| \leqslant \arcsin \frac{z - z_0}{r_0} < \arcsin \frac{\delta}{r_0} = \varepsilon.$$

以上事实从直观上很明显：$\arg z$ 在平面内可从 0 连续变化到 2π，只是在正半实轴发生 2π 的跳跃. 类似可证，若规定 $-\pi \leqslant \arg z < \pi$，则 $g(z) = \arg z$ 在复平面除去$(-\infty, 0]$ 外也连续. 一般地，只要对 φ 的初值作适当规定，$\arg z$ 在复平面除去过原点的射线后的区域内连续，而在射线上 $\arg z$ 发生 2π 的跳跃.

辐角函数单值分枝的判定定理(即后面本附录定理 A) 是初等多值函数

单值分枝理论的关键. 以下引理1至引理5是它的基础.

Arg$z$沿以原点为中心的圆周沿正向跑一圈产生2π的改变量，故Arg$z$在$z=0$附近不单值，但除$z=0$以外，对平面任何有穷点$z_0\neq 0$附近有以下局部分枝的命题.

引理1 对任一有穷点$z_0\neq 0$，以z_0为圆心、$|z_0|$为半径的圆盘D：$|z-z_0|<|z_0|$内可取到Arg$z$的单值连续分枝.

证 过原点O作D的切线$T'OT$（切线的两头T,T'均伸向∞点），在平面除去半切线OT（或OT'）的区域，辐角函数可单值连续分枝，故特别在D亦然. ∎

以下引理2是关于辐角函数在曲线上可取单值连续分枝的命题. 设

$$L: z=L(t)=x(t)+\mathrm{i}y(t)\in C[\alpha,\beta],\quad \alpha,\beta\text{有穷},$$

L是$\mathbf{C}$上的连续曲线. 点集$\{z|z=L(t),\alpha\leqslant t\leqslant\beta\}$称曲线的迹，记为$\langle L\rangle$. 显然$\langle L^-\rangle=\langle L\rangle$，可见，不同曲线可以有相同的迹. 又如$L_1(t)=\mathrm{e}^{\mathrm{i}t}$ $(0\leqslant t\leqslant 2\pi)$与$L_2(t)=\mathrm{e}^{\mathrm{i}t}$ $(0\leqslant t\leqslant 4\pi)$也有$\langle L_1\rangle=\langle L_2\rangle$.

引理2 设$L(t)$是$\mathbf{C}$上的任一连续曲线L $(\alpha\leqslant t\leqslant\beta)$，$O\overline{\in}\langle L\rangle$，则在$[\alpha,\beta]$上可取到Arg$L(t)$的单值连续分枝.

证 因$O\overline{\in}\langle L\rangle$，由两互不相交有界闭集距离定理，$O$到$\langle L\rangle$距离$\rho=\rho(O,L)>0$，即当$t\in[\alpha,\beta]$时，有

$$|L(t)|\geqslant\inf_{\alpha\leqslant t\leqslant\beta}|L(t)|=\rho(O,L)=\rho>0.$$

由$L(t)$在$[\alpha,\beta]$上的一致连续性，$\exists\,\delta>0$，当$|t-t'|<\delta$且$t,t'\in[\alpha,\beta]$时，有

$$|L(t)-L(t')|<\rho$$

取$\alpha=t_0<t_1<\cdots<t_n=\beta$，$t_{j+1}-t_j<\delta$且记$z_j=L(t_j)$ $(j=0,1,\cdots,n-1)$，则当$t\in[t_j,t_{j+1}]$时$|L(t)-z_j|<\rho$，所以L_j：$z=L(t)$，$t_j\leqslant t\leqslant t_{j+1}$落在圆盘$D_j$：$|z-z_j|<\rho$内，因$|z_j|=|L(t_j)|\geqslant\rho$，从而

$$D_j\subset G_j\qquad(G_j: |z-z_j|<|z_j|).$$

由引理1，在$G_j\cap L$从而更在$D_j\cap L$可取到Arg$L(t)$的单值连续分枝，记为$f_j(t)$.

但是$f_j(t)$与$f_{j+1}(t)$在t_j之值未必相等，例如$f_0(t)$和$f_1(t)$在t_1的值不一定相等，但$f_0(t_1)$，$f_1(t_1)$都是Arg$L(t_1)$中的值，所以存在整数n_1，使

$f_0(t_1)=f_1(t_1)+2n_1\pi$，因为 $f_1(t)+2n_1\pi$ 也是 $\mathrm{Arg}L(t)$ 在 $[t_1,t_2]$ 上的单值连续分枝，所以

$$g_1(t)=\begin{cases}f_0(t)\triangleq g_0(t), & t_0\leqslant t\leqslant t_1,\\ f_1(t)+2n_1\pi, & t_1\leqslant t\leqslant t_2\end{cases}$$

就是 $\mathrm{Arg}\,L(t)$ 在 $[t_0,t_2]$ 上的单值连续分枝. 如此继续下去，若 $g_{k-1}(t)$ 是 $\mathrm{Arg}L(t)$ 在 $[t_0,t_k]$ 上的单值连续分枝，则 $\exists$ 整数 n_k，使

$$g_k(t)=\begin{cases}g_{k-1}(t), & t_0\leqslant t\leqslant t_k,\\ f_k(t)+2n_k\pi, & t_k\leqslant t\leqslant t_{k+1}\end{cases}$$

为 $\mathrm{Arg}L(t)$ 在 $[t_0,t_{k+1}]$ 上的单值连续分枝. 直至 $k=n-1$. ∎

要注意的是，虽然 $L(t)=\mathrm{e}^{it}$ 在 $[0,2\pi]$ 上可取到单值连续分枝，可是 $\mathrm{Arg}L(t)$ 在该曲线的迹上却取不到单值分枝.

引理 3 辐角在不过原点的连续曲线上的连续改变量与初值选择无关.

证 设 $f(t)$ 和 $g(t)$ 都是 $\mathrm{Arg}L(t)$ 在 $[\alpha,\beta]$ 上的两个单值连续分枝，则 $h(t)=\dfrac{1}{2\pi}(f(t)-g(t))$ 在 $[\alpha,\beta]$ 上任一点取整数值. 又 $h(t)$ 在 $[\alpha,\beta]$ 上连续，由连续函数介值定理必有 $h(t)=$ 常数于 $[\alpha,\beta]$. 由 $h(\beta)=h(\alpha)$ 知，

$$f(\beta)-f(\alpha)=g(\beta)-g(\alpha).$$ ∎

本引理表明，连续曲线上辐角的连续改变量只与起止点的位置有关，而不必考虑初值. 可是即使曲线端点相同，但曲线不同，辐角沿不同曲线的改变量可以不同. 然而对于同伦曲线，我们有如下结论：

引理 4 G 为开区域，$O\overline{\in} G$，设曲线 $L_0\sim L_1(G)$，则

$$[\mathrm{Arg}\,z]_{L_0}=[\mathrm{Arg}\,z]_{L_1}.$$

证 设伦移为 $\Psi(t,s)\in C[0,1;0\,1]$，$\Psi(t,s)\subset G$，且 $\Psi(t,0)=L_0(t)$，$\Psi(t,1)=L_1(t)$. 首先证明，当 $z\overline{\in} G$ 时，$\exists\delta>0$，使

$$|\Psi(t,s)-z|\geqslant\delta. \tag{1}$$

假设结论不对，则取 $\delta_n=\dfrac{1}{n}$ 时，必存在 $0\leqslant t_n\leqslant 1$，$0\leqslant s_n\leqslant 1$，$z_n\overline{\in} G$ $(n=1,2,\cdots,n)$，使

$$|\Psi(t_n,s_n)-z_n|<\frac{1}{n}. \tag{2}$$

由于 $\exists M>0$，使 $0\leqslant t,s\leqslant 1$ 有 $|\Psi(t,s)|\leqslant M$，从而

$$|z_n| \leqslant |\Psi(t_n,s_n)-z_n|+|\Psi(t_n,s_n)|<1+M.$$

对于有界序列 t_n,s_n,z_n，必可选取这样的子列，使 $t_{n_j}\to t_0$，$s_{n_j}\to s_0$，$z_{n_j}\to z_0$，其中 $0\leqslant t_0\leqslant 1$，$0\leqslant s_0\leqslant 1$，$z_0\in G$. 但另一方面，由(2)有

$$|\Psi(t_{n_j},s_{n_j})-z_{n_j}|<\frac{1}{n_j},$$

于是 $\Psi(t_0,s_0)=z_0\in G$，这与 $z_0\overline{\in}G$ 矛盾，故(1)成立.

由 $\Psi(t,s)$ 在正方形 $Q=[0,1;0,1]$ 上的一致连续性，对刚才的 $\delta>0$，以 t 为横坐标，s 为纵坐标，可把 Q 分成 N^2 个面积相等的小正方形

$$R_{(i-1)/N,(j-1)/N}=\left[\frac{i-1}{N},\frac{i}{N};\frac{j-1}{N},\frac{j}{N}\right],\quad i,j=1,2,\cdots,N,$$

$\forall (t,s),(t',s')\in R_{(i-1)/N,(j-1)/N}$，有

$$|\Psi(t,s)-\Psi(t',s')|<\delta.$$

这意味着 $R_{(i-1)/N,(j-1)/N}$ 必落入圆盘 $D_{(i-1)/N,(j-1)/N}$：$\left|z-\Psi\left(\frac{i-1}{N},\frac{j-1}{N}\right)\right|<\delta$ 之内. 下证 $D_{(i-1)/N,(j-1)/N}\subset G$ $(i,j=1,2,\cdots,N)$. 否则的话，在某个 $D_{(i-1)/N,(j-1)/N}$ 内有一点 $z^*\overline{\in}G$，且

$$\left|z^*-\Psi\left(\frac{i-1}{N},\frac{j-1}{N}\right)\right|<\delta.$$

而另一方面，开头我们证明了对一切 $(t,s)\in Q$ 及 $z^*\overline{\in}G$ 有 $|\Psi(t,s)-z^*|\geqslant\delta$，特别有 $\left|z^*-\Psi\left(\frac{i-1}{N},\frac{j-1}{N}\right)\right|\geqslant\delta$，这就导出矛盾的结果，故一切的 $D_{(i-1)/N,(j-1)/N}\subset G$.

现在来证明本引理的结论. 因 $O\overline{\in}G$，更有 $O\overline{\in}D_{(i-1)/N,(j-1)/N}$ $(i,j=1,2,\cdots,N)$，由引理1，$\operatorname{Arg}z$ 在每个 $D_{(i-1)/N,(j-1)/N}$ 内均可取单值连续分枝. 在 (t,s) 平面，从 $R_{0,0}$ 左下角 $(0,0)$ 出发沿 $R_{0,0}$ 边界考查起点终点相同的线段 $\overline{(0,0),\left(\frac{1}{N},0\right)}$ 和折线 $\overline{(0,0),\left(0,\frac{1}{N}\right),\left(\frac{1}{N},\frac{1}{N}\right),\left(\frac{1}{N},0\right)}$，它们的像曲线落入 $D_{0,0}$，为同伦曲线，其沿像曲线的辐角改变量相同(引理4). 同样，从 $R_{1/N,0}$ 左下角 $\left(\frac{1}{N},0\right)$ 出发沿 $R_{1/N,0}$ 边界起点、终点相同的线段 $\overline{\left(\frac{1}{N},0\right),\left(\frac{2}{N},0\right)}$ 及折线

$$\overline{\left(\frac{1}{N},0\right),\left(\frac{1}{N},\frac{1}{N}\right),\left(\frac{1}{N},\frac{2}{N}\right),\left(\frac{2}{N},0\right)},$$

它们的像曲线落入 $D_{1/N,0}$，为同伦曲线，其辐角的改变量相同，将路径相加，沿起点、终点相同的线段 $\overline{(0,0),\left(\frac{2}{N},0\right)}$ 与折线

$$\overline{(0,0),\left(0,\frac{1}{N}\right),\left(\frac{2}{N},\frac{1}{N}\right),\left(\frac{2}{N},0\right)}$$

的像曲线的辐角改变量相同. 继续沿实轴将正方形 $R_{0,0}, R_{1/N,0}, R_{2/N,0}, \cdots, R_{1,0}$ 的边界从左至右如前考查，则可证明沿起点、终点相同的线段 $\overline{(0,0),(1,0)}$ 与折线 $\overline{(0,0),\left(0,\frac{1}{N}\right),\left(1,\frac{1}{N}\right),(1,0)}$ 的像曲线辐角改变量相同. 若注意到 $\Psi(0,s)=a$, $\Psi(1,s)=b$, 即可得知沿线段 $\overline{(0,0),(1,0)}$ 与线段 $\overline{\left(0,\frac{1}{N}\right),\left(1,\frac{1}{N}\right)}$ 之像曲线的辐角改变量相同. 令水平线段

$$l_{k/N}=\overline{\left(0,\frac{k}{N}\right),\left(1,\frac{k}{N}\right)},\quad k=0,1,\cdots,N.$$

则由刚才所证，即沿 l_0 与 $l_{1/N}$ 像曲线的辐角改变量相同. 用类似的方法，由下至上可证明沿 $l_{1/N}$ 与 $l_{2/N}, \cdots, l_{(N-1)/N}$ 与 l_1 的像曲线的辐角改变分别相同. 而 l_0 的像为 L_0, l_1 的像为 L_1，故 $[\operatorname{Arg} z]_{L_0}=[\operatorname{Arg} z]_{L_1}$.

当 L_0, L_1 为封闭曲线时，请读者根据以上证明类似补出. ∎

引理 5 设 L 是不过原点的约当封闭曲线，L 所围的有界内域为 D，则

$$[\operatorname{Arg} z]_L=\begin{cases}\pm 2\pi, & O\in D,\\ 0, & O\overline{\in} \overline{D}.\end{cases}$$

证 圆盘内任意两条起点、终点相同的连续曲线必同伦. 又因边界不止一点的单连通域都能共形映射为单位圆盘的内部，从而易证边界不止一点的单连通域内任意两条起点、终点相同的连续曲线，也必同伦(试证之). 对于 L 是圆周而言，本引理的结论明显. 故本引理的证明方法是作一个单连通域使 L 与某圆周同伦，然后应用引理 4 的结论，即可证明本命题.

1) 当 $O\in D$ 时，必存在环形域 G: $0<R_1<|z|<R_2$，使 $L\subset G$. 任取 $z_0=r_0e^{i\varphi_0}\in L$，视 z_0 为 L 的起点和终点，即 $z=L(t)$, $0\leqslant t\leqslant 1$, $L(0)=L(1)=z_0$. 过 z_0 作约当曲线 Γ 使起点在 $|z|=R_1$ 上，终点在 $|z|=R_2$ 上，则 $G_1=G\backslash\Gamma$ 是单连通域. 过 z_0 作一圆周 Γ_1:

$$z=\Gamma_1(t)=r_0e^{i(2\pi t+\varphi_0)},\quad 0\leqslant t\leqslant 1,$$

则 $\Gamma_1\subset G$, $\Gamma_1-\{z_0\}\subset G_1$. 易见，$L$ 与 Γ_1 或 Γ_1^- 同伦(第一章习题第 6 题). 当 $t\in[0,1]$ 时，$2\pi t+\varphi_0$ 是 $\operatorname{Arg}\Gamma_1(t)$ 的一个单值连续分枝，从而

$$[\operatorname{Arg} z]_{\Gamma_1}=(2\pi+\varphi_0)-\varphi_0=2\pi,$$

$$[\operatorname{Arg} z]_{\Gamma_1^-}=\varphi_0-(2\pi+\varphi_0)=-2\pi.$$

由引理 4，$[\operatorname{Arg} z]_L = \pm 2\pi$.

2) 当 $O \overline{\in} \overline{D}$ 时，任取 $z_1 = r_1 e^{i\varphi_1} \in D$，作圆周 Γ_2：

$$z = \Gamma_2(t) = z_1 + r e^{i(2\pi t + \varphi_1 - \pi)},\quad 0 \leqslant t \leqslant 1,$$

使得 $0 < r < r_1$，$(r_1 - r)e^{i\varphi_1} \in L$，取 $\operatorname{Arg}\Gamma_2(t)$ 在$[0,1]$上的单值连续分枝

$$\varphi(t) = \varphi_1 - \arcsin\frac{r\sin 2\pi t}{\sqrt{r_1^2 + r^2 - 2r_1 r\cos 2\pi t}},$$

当 t 从 0 到 1 依次递增地变化：$0 \nearrow \frac{1}{4} \nearrow \frac{1}{2} \nearrow \frac{3}{4} \nearrow 1$，则 $\varphi(t)$ 摆动式变化，依次为

$$\varphi_1 \searrow \varphi_1 - \arcsin\frac{r}{\sqrt{r^2 + r_1^2}} \nearrow \varphi_1 \nearrow \varphi_1 + \arcsin\frac{r}{\sqrt{r^2 + r_1^2}} \searrow \varphi_1,$$

故$[\operatorname{Arg} z]_{\Gamma_2} = 0$. 同理可知$[\operatorname{Arg} z]_{\Gamma_2^-} = 0$. 因为 L 和 Γ_2 显然可包含在一个不含原点的单连通域内，从而 L 与 Γ_2 或 Γ_2^- 同伦. 由引理 4，$[\operatorname{Arg} z]_L = 0$. ■

定理 A 设 D 为域，$0,\infty \overline{\in} D$. $\operatorname{Arg} z$ 在 D 内可单值连续分枝的充分必要条件是：对 D 内的任何约当封闭曲线 L，有$[\operatorname{Arg} z]_L = 0$.

证 必要性同定理 2.3，只证充分性。

1) 首先证明，对任何域 G 内的约当曲线 l（其端点为 a,b），在 G 内必存在与 l 端点相同、内接于 l 且与 l 同伦的折线.

事实上，由于 l 上的每一点 z 为 G 的内点，可作一邻域 $U(z) \subset D$，这些邻域覆盖了 l，且可从中抽出有限个邻域覆盖 l，按 l 从 $a = z_0$ 到 $b = z_n$ 的方向有 $U(z_0), U(z_1), \cdots, U(z_n)$. 取 $z_k' \in U(z_{k-1}) \cap U(z_k) \cap l$，$k = 1,2,\cdots,n$. 因 $\overset{\frown}{z_{k-1} z_k'}, \overline{z_{k-1} z_k} \subset U(z_{k-1})$，$\overset{\frown}{z_k' z_k}, \overline{z_k' z_k} \subset U(z_k)$，从而

$$\overset{\frown}{z_{k-1} z_k'} \sim \overline{z_{k-1} z_k'},\quad \overset{\frown}{z_k' z_k} \sim \overline{z_k' z_k}.$$

连折线 $\gamma = \overline{z_0 z_1' z_1 z_2' z_2 \cdots z_k' z_k \cdots z_n' z_n}$，则 $l \sim \gamma$，即 γ 为所求.

2) 下面证本定理之充分性. 在 D 上任取两点 z_0, z_1 分别为起点和终点 $(z_0 \neq z_1)$，任作连结 z_0, z_1 的两条约当曲线 $L_1, L_2 \subset D$，只要证明$[\operatorname{Arg} z]_{L_1} = [\operatorname{Arg} z]_{L_2}$ 即可. 像 1) 分别作 L_1, L_2 的内接折线 $\Gamma_1, \Gamma_2 \subset D$，则$[\operatorname{Arg} z]_{L_j} = [\operatorname{Arg} z]_{\Gamma_j}$，$j = 1,2$. 于是

$$\begin{aligned}[\operatorname{Arg} z]_{L_1} - [\operatorname{Arg} z]_{L_2} &= [\operatorname{Arg} z]_{L_1} - [\operatorname{Arg} z]_{\Gamma_1} + [\operatorname{Arg} z]_{\Gamma_1} \\ &\quad - [\operatorname{Arg} z]_{\Gamma_2} + [\operatorname{Arg} z]_{\Gamma_2} - [\operatorname{Arg} z]_{L_2} \\ &= [\operatorname{Arg} z]_{\Gamma_1^+ + \Gamma_2^-}. \end{aligned} \tag{3}$$

有穷闭折线 $\Gamma_1^+ + \Gamma_2^-$ 只能由有限个闭多边形 Q_j 和有限个重合的线段 $l_k^+ + l_k^-$ 组成，且

$$[\operatorname{Arg} z]_{Q_i} = 0, \quad [\operatorname{Arg} z]_{l_k^+ + l_k^-} = 0.$$

由(3)，$[\operatorname{Arg} z]_{L_1} - [\operatorname{Arg} z]_{L_2} = 0$. ∎

作连结原点和 ∞ 点的简单连续曲线 l，在 $\mathbf{C}\backslash l$ 内任一约当封闭曲线 L 上有 $[\operatorname{Arg} z]_L = 0$. 故在 $\mathbf{C}\backslash l$ 内，$\operatorname{Arg} z$ 可单值连续分枝.

仍取域 D 不含 O 及 ∞ 点，$F(z)$ 取 $\operatorname{Log} z$ 或 z^α ($\alpha \neq$ 整数)，定理 A 可解释对这两个初等多值函数定理 2.3 充分性成立. 首先，由于

$$\operatorname{Log} z = \ln|z| + \mathrm{i} \operatorname{Arg} z, \tag{4}$$

对 D 内的任何约当封闭曲线 L，设 $[\operatorname{Log} z]_L = 0$ 有 $[\operatorname{Arg} z]_L = 0$，由定理 A，$\operatorname{Arg} z$ 在 D 可取单值连续分枝，又 $\ln|z|$ 在 $z \neq 0$ 及 ∞ 时连续，由(4)知，$\operatorname{Log} z$ 在 D 可取单值连续分枝(用第二章的方法可证明 $\operatorname{Log} z$ 的每个分枝为解析分枝)，这就证明此时定理 2.3 充分性成立.

再看 z^α，因为

$$z^\alpha = \mathrm{e}^{\alpha \operatorname{Log} z}, \tag{5}$$

L 如前，设 $[z^\alpha]_L = 0$ 必有 $[\operatorname{Arg} z]_L = 0$. 由(4)，$[\operatorname{Log} z]_L = 0$，由以上所证，$D$ 内 $\operatorname{Log} z$ 可取单值解析枝，由复合函数解析性，z^α 在 D 便取得单值且解析的分枝.

以上叙述的 $\operatorname{Log} z, z^\alpha$ 的分枝问题虽然简单，却为我们证明定理 2.3 的普遍性奠定了基础.

为证明定理 2.3，以下给出加强条件命题. 不过所指的是一般多值函数 $F(z)$，而不限定初等多值函数. 所谓 $F(z)$ 在域 D 有意义，指域 D 内不含 $F(z)$ 的多值性奇异点，即枝点或枝点的极限点.

定理 B 设多值函数 $F(z)$ 在 D 内有意义，$F(z)$ 可在 D 内沿任何开口约当曲线解析开拓，则 $F(z)$ 在 D 内可单值分枝的充分条件时对 D 内任何约当封闭曲线 L 有 $[F(z)]_L = 0$.

证 1) 首先证对 D 内任何开口约当曲线 $l = \widehat{ab}$，取定 $F(z)$ 在 a 的初值 $f(a)$，一定存在端点与 l 相同、内接于 l 且与 l 同伦的折线 γ 使 $[F(z)]_l = [F(z)]_\gamma$. 事实上，因 $F(z)$ 可沿 l 解析开拓，一定存在从 $a = z_0$ 顺次到 $b = z_n$ 的有穷个开圆盘 $U(z_0), U(z_1), \cdots, U(z_n)$，它们落入 D 内，覆盖 l，且 $F(z)$ 以 $f(a)$ 为初值的一个分枝在 $G = \bigcup\limits_{j=0}^{n} U(z_j)$ 解析，像定理 A 前半部的证明 1)

那样，作 l 的内接折线 $\gamma\subset G$，则 $l\sim\gamma$，且$[F(z)]_l=[F(z)]_\gamma$（注意虽然 $l\sim\gamma$，一般未必有$[F(z)]_l=[F(z)]_\gamma$，这里是因 $F(z)$ 的分枝在 G 解析的条件起作用，见单值性定理 6.3）.

2）证结论的充分性. 对任意 $z_0,z_1\ (z_0\neq z_1)$ 作连结 z_0,z_1 的两任意约当曲线 L_1,L_2. 取定 $F(z)$ 在 z_0 的值 $f(z_0)$，分别作 L_1,L_2 的内接折线 Γ_1,Γ_2，使$[F(z)]_{L_j}=[F(z)]_{\Gamma_j}$，$j=1,2$. 然后像定理 A 的 2）那样证明. ∎

现回到定理 2.3 的充分性证明上来. 由定理 B 看到，只需验证初等多值函数 $F(z)$ 在定义域 D 内可沿任何开口约当曲线解析开拓. 其实从下面的证明也将看到这一点. 验证 $\mathrm{Log}R(z)$ 与 $\sqrt[n]{R(z)}$ 有此性质是基本重要的（$R(z)$ 由(2.41)定义）. 从第二章知道，$R(z)$ 分子、分母的零点即一切的 a_i,b_j 均为 $\mathrm{Log}R(z)$ 的枝点，而 ∞ 点为枝点的充要条件是 $\sum\limits_{i=1}^{m}\alpha_i\neq\sum\limits_{j=1}^{n}\beta_j$. 设 D 不含所有的 a_i,b_j，若 ∞ 点是枝点则要求 $\infty\,\overline{\in}\,D$. 任作开口约当曲线 $l=\overset{\frown}{ab}\subset D$，$l$ 上的点均为寻常点（见 2.2.6 节），任取 $z\in l$，则 $l\neq$ 一切 a_i,b_j 及 ∞（不管 ∞ 是否为枝点）. 作 z 的邻域 $U(z)$，则 $R(z)$ 在 $U(z)$ 解析. 设 $\zeta=R(z)$，故 $U(z)$ 在映照 $\zeta=R(z)$ 的像必为域 $V(\zeta)$（定理 7.5），且 $V(\zeta)$ 必不含 O 及 ∞ 点（只要 $U(z)$ 充分小），于是 $\mathrm{Log}\zeta$ 在 $V(\zeta)$ 可取得解析分枝，又 $R(z)$ 在 $U(z)$ 解析，故 $\mathrm{Log}R(z)$ 在 $U(z)$ 可取解析分枝. 由于 $z\in l$ 是任意的，故从 $a=z_0$ 到 $b=z_n$ 依次有有限个圆盘 $U(z_0),U(z_1),\cdots,U(z_n)$ 落入 D 且覆盖 l. 取定 $\log R(a)$ 之值，即取定 $\arg R(a)$ 之值. 像引理 2 那样分段可逐步取定 $\mathrm{Arg}R(z)$ 在 l 上的一个单值分枝，这样便取定了 $\mathrm{Log}R(z)$ 在 l 上的单值分枝. 由解析函数的唯一性，$\mathrm{Log}R(z)$ 在 $\bigcup\limits_{k=0}^{n}U(z_k)$ 取定了单值解析枝. 这就验证了 $\mathrm{Log}R(z)$ 对 D 内任何开口约当曲线 l 可解析开拓.

为对 $\sqrt[n]{R(z)}$ 验证上述结论，为了叙述方便，不妨设所有的 a_i,b_j 均为 $\sqrt[n]{R(z)}$ 的枝点（因为否则的话，对分子、分母中不是枝点的这种因子均可开 n 次方根并提到根号前，这些已开了方的因子的全部构成一有理函数，已不存在单值分枝的问题了）. D 不含一切 a_i,b_j，若 ∞ 点是 $\sqrt[n]{R(z)}$ 枝点，则要求 $\infty\,\overline{\in}\,D$，如前作 $l=\overset{\frown}{ab}\subset D$. 取定初值 $\sqrt[n]{R(a)}=\sqrt[n]{|R(a)|}\mathrm{e}^{\mathrm{i}\frac{\arg R(a)}{n}}=\sqrt[n]{|R(a)|}\mathrm{e}^{\mathrm{i}\theta_0}$，即

$$\theta_0=\arg\sqrt[n]{R(a)}=\frac{\arg R(a)}{n},$$

于是确定了 $\arg R(a)$，进而确定了 $\log R(a)$，前已证 $\mathrm{Log}R(z)$ 可沿 l 解析开拓，从而 $\sqrt[n]{R(z)}=\mathrm{e}^{\frac{1}{n}(\mathrm{Log}R(z))}$ 也可沿 l 解析开拓.

对初等多值函数 $\mathrm{Log}z$，z^{α} ($\alpha\neq$ 整数)，$\mathrm{Log}R(z)$，$\sqrt[n]{R(z)}$ 均已证明定理 2.3 充分性成立. 而反三角函数(反双曲函数)由对数或对数与根式生成，验证定理 B 中解析开拓条件则可仿上进行. 定理 2.3 的充分性证明全部完成.

对于 $\mathrm{Arg}R(z)$ 来说，谈不上什么沿开口曲线的解析开拓，但定理 2.3 仍成立. 原因在于$[\mathrm{Arg}R(z)]_L=0$ 的充要条件为$[\mathrm{Log}R(z)]_L=0$ (L 为 D 内约当封闭曲线，D 内不含 $\mathrm{Arg}R(z)$ 的枝点)，由于 $\mathrm{Log}R(z)$ 在 D 内可分成单值解析枝，故得其虚部 $\mathrm{Arg}R(z)$ 在 D 内可分成单值连续枝.

(参考文献：刘士强、林玉波著《关于初等多值函数单值分枝问题》第七章，兰州大学出版社，1993.)

附录二　高(整数)阶奇异积分定义由来详述

本书 3.4.3 小节叙述了二阶奇异积分定义的来源．本节叙述一般高整数阶奇异积分是如何分部积分弃去发散部分而留下有限部分而定义的，设 L：$t=t(s)$（s 为弧长，$0\leqslant s\leqslant |L|$）为一简单逐段光滑曲线，设复函数 $f(t)$ 定义于 L，则 $f'(t),f''(t)$ 等均指沿 L 上的导数，以下设 $t_0\in L$.

引理　设 $f'(t)$ 在 L 上 t_0 附近存在，则

$$\lim_{t\to t_0}\frac{f(t)-f(t_0)}{(t-t_0)^n}=\lim_{t\to t_0}\frac{f'(t)}{n(t-t_0)^{n-1}},$$

只要右边极限存在($n\geqslant 1$).

证　不失一般性可设 $f(t)$ 为实值函数(否则可拆成实、虚部按以下处理)．令 $F(s)=f(t(s))$，故 $F'(s)=f'(t)t'(s)$，于是

$$\begin{aligned}\lim_{t\to t_0}\frac{f(t)-f(t_0)}{(t-t_0)^n}&=\lim_{s\to s_0}\frac{F(s)-F(s_0)}{(s-s_0)^n}\left(\frac{s-s_0}{t-t_0}\right)^n\\&=\frac{1}{(t'(s_0))^n}\lim_{s\to s_0}\frac{F'(s)}{n(s-s_0)^{n-1}}\\&=\frac{1}{(t'(s_0))^n}\lim_{s\to s_0}\frac{f'(t)t'(s)}{n(t-t_0)^{n-1}}\left(\frac{t-t_0}{s-s_0}\right)^{n-1}\\&=\lim_{t\to t_0}\frac{f'(t)}{n(t-t_0)^{n-1}}.\end{aligned}$$

■

推论　设 $f^{(n)}(t_0)$ 存在，则

$$\lim_{t\to t_0}\frac{f(t)-f(t_0)-f'(t_0)(t-t_0)-\cdots-\dfrac{f^{(n-1)}(t_0)}{(n-1)!}(t-t_0)^{n-1}}{(t-t_0)^n}$$

$$=\frac{1}{n!}f^{(n)}(t_0).$$

证 $n=1$时显然，$n\geqslant 2$时反复应用引理即得. ∎

设L为简单逐段光滑封闭曲线，$t_0\in L$，以t_0为心、以充分小的$\eta>0$为半径作弧在L正方向上依次截得仅两交点t_1,t_2（这是可以做到的，证明从略），$L_\eta=\overset{\frown}{t_2t_1}$(劣弧). 设$f^{(n)}(t)\in H(L)$，$n$为正整数，考虑以下积分之$n$次分部积分：

$$\begin{aligned}
&\int_{L-L_\eta}\frac{f(t)}{(t-t_0)^{n+1}}\mathrm{d}t\\
&\quad=\sum_{k=0}^{n-1}\frac{1}{n(n-1)\cdots(n-k)}\left[\frac{f^{(k)}(t_1)}{(t_1-t_0)^{n-k}}-\frac{f^{(k)}(t_2)}{(t_2-t_0)^{n-k}}\right]\\
&\qquad+\frac{1}{n!}\int_{L-L_\eta}\frac{f^{(n)}(t)}{t-t_0}\mathrm{d}t\\
&\quad\triangleq I_1+I_2.
\end{aligned}$$

当$\eta\to 0$时，I_2趋于主值积分$\dfrac{1}{n!}\displaystyle\oint_L\frac{f^{(n)}(t)}{t-t_0}\mathrm{d}t$；而对$I_1$添辅助项，有

$$\begin{aligned}
I_1=&\left[\sum_{k=0}^{n-1}\frac{f^{(k)}(t_1)-f^{(k)}(t_0)-\cdots-\dfrac{f^{(n-1)}(t_0)}{(n-1)!}(t_1-t_0)^{n-k-1}}{n(n-1)\cdots(n-k)(t_1-t_0)^{n-k}}\right.\\
&\left.-\sum_{k=0}^{n-1}\frac{f^{(k)}(t_2)-f^{(k)}(t_0)-\cdots-\dfrac{f^{(n-1)}(t_0)}{(n-1)!}(t_2-t_0)^{n-k-1}}{n(n-1)\cdots(n-k)(t_2-t_0)^{n-k}}\right]\\
&+\sum_{k=0}^{n-1}\frac{1}{n(n-1)\cdots(n-k)}\left\{f^{(k)}(t_0)\left[\frac{1}{(t_2-t_0)^{n-k}}-\frac{1}{(t_1-t_0)^{n-k}}\right]\right.\\
&+\frac{f^{(k+1)}(t_0)}{1!}\left[\frac{1}{(t_2-t_0)^{n-k-1}}-\frac{1}{(t_1-t_0)^{n-k-1}}\right]+\cdots\\
&\left.+\frac{f^{(n-1)}(t_0)}{(n-k-1)!}\left[\frac{1}{t_2-t_0}-\frac{1}{t_1-t_0}\right]\right\}.
\end{aligned}$$

由上推论知，$\eta\to 0$时上式第一个方括号内的项趋于

$$\sum_{k=0}^{n-1}\frac{1}{n(n-1)\cdots(n-k)}\left[\frac{1}{(n-k)!}f^{(n)}(t_0)-\frac{1}{(n-k)!}f^{(n)}(t_0)\right]=0.$$

剩下来的部分为

$$\begin{aligned}
&\sum_{k=0}^{n-1}\frac{1}{n(n-1)\cdots(n-k)}\sum_{j=0}^{n-k-1}\frac{f^{(k+j)}(t_0)}{j!}\cdot\frac{1}{(t-t_0)^{n-(k+j)}}\Bigg|_{t=t_1}^{t=t_2}\\
&\quad=\sum_{k=0}^{n-1}\frac{1}{n(n-1)\cdots(n-k)}\sum_{l=k}^{n-1}\frac{f^{(l)}(t_0)}{(l-k)!}\cdot\frac{1}{(t-t_0)^{n-l}}\Bigg|_{t=t_1}^{t=t_2}
\end{aligned}$$

$$= \sum_{l=0}^{n-1} f^{(l)}(t_0) \frac{1}{(t-t_0)^{n-l}} \Bigg|_{t=t_1}^{t=t_2} \cdot \sum_{k=0}^{l} \frac{1}{n(n-1)\cdots(n-k)(l-k)!}$$

$$= \sum_{l=0}^{n-1} f^{(l)}(t_0) \sum_{k=0}^{l} \frac{1}{n(n-1)\cdots(n-k)(l-k)!} \cdot \frac{\mathrm{e}^{-(n-1)\theta_2 \mathrm{i}} - \mathrm{e}^{-(n-1)\theta_1 \mathrm{i}}}{\eta^{n-l}}$$

$$\equiv \sum_{l=0}^{n-1} f^{(l)}(t_0) \frac{A_l(t_0, \eta)}{\eta^{n-l}},$$

其中 $t_j - t_0 = \eta \mathrm{e}^{\theta_j \mathrm{i}}$，$j = 1,2$，且 $A_l(t_0, \eta)$ 为有界量，当 $\eta \to 0$ 时，上式极限一般不存在，按照 Hadamard 弃去发散部分的思想，故可定义

$$\oint_L \frac{f(t)}{(t-t_0)^{n+1}} \mathrm{d}t = \lim_{\eta \to 0} \left[\int_{L-L_\eta} \frac{f(t)\mathrm{d}t}{(t-t_0)^{n+1}} - \sum_{l=0}^{n-1} f^{(l)}(t_0) \frac{A_l(t_0,\eta)}{\eta^{n-l}} \right] \quad (6)$$

或即

$$\oint_L \frac{f(t)}{(t-t_0)^{n+1}} \mathrm{d}t = \frac{1}{n!} \oint_L \frac{f^{(n)}(t)}{t-t_0} \mathrm{d}t. \quad (7)$$

定义(6)，(7)是等价的. 前者说明定义的由来，但不好记忆. 而后者形式简单且表明高整数阶奇异积分其实是用主值积分定义的. 从上面全过程看到，(6)也可以这样形式地记忆. 即不顾 t_0 的奇异性(把 t_0 视作常点)，形式地分部积分得到(这样做根本用不着记公式了)，

$$\oint_L \frac{f(t)}{(t-t_0)^{n+1}} \mathrm{d}t = -\frac{1}{n} \oint_L f(t) \mathrm{d} \frac{1}{(t-t_0)^n} = \frac{1}{n} \oint_L \frac{f'(t)\mathrm{d}t}{(t-t_0)^n}$$

$$= \frac{1}{n(n-1)} \oint_L \frac{f''(t)\mathrm{d}t}{(t-t_0)^{n-1}} = \cdots$$

$$= \frac{1}{n(n-1)\cdot \cdots \cdot 2} \oint_L \frac{f^{(n-1)}(t)\mathrm{d}t}{(t-t_0)^2}$$

$$= \frac{1}{n!} \oint_L \frac{f^{(n)}(t)}{t-t_0} \mathrm{d}t.$$

对于 L 为开口弧高整数阶奇异积分的定义以及高分数阶((7)中左边 $n+1$ 改为 $n+\alpha$，n 为正整数 $0<\alpha<1$) 奇异积分的定义(无论 L 是封闭或开口)，以上用分部积分弃去发散部分，保留有限部分的定义法，以及不顾 t_0 奇性，形式分部积分的定义法，原则上均有效. 由于写来冗长，本书暂不涉及，故从略.

(参考文献：钟寿国编著《推广的留数定理及其应用》，武汉大学出版社，1993.)

习题答案或提示

习题 1.1

1. 0, -1; 0, 1; -1, 0; -5, $\sqrt{2}$.

2. $\sqrt{2}$, $2k\pi+\frac{\pi}{4}$; $\frac{1}{\sqrt{2}}$, $2k\pi-\frac{\pi}{4}$; 1, $2k\pi-\frac{\pi}{2}$; $\sqrt{5}$, $2k\pi-\arctan\frac{1}{2}$.

3. (1) 当 $n=2m$ 时(m 为自然数), z^n 的实部和虚部分别为

$$\sum_{k=0}^{m}(-1)^k C_{2m}^{2k}x^{2m-2k}y^{2k},\quad \sum_{k=0}^{m-1}(-1)^k C_{2m}^{2k+1}x^{2m-(2k+1)}y^{2k+1};$$

当 $n=2m+1$ 时(m 为自然数), z^n 的实部和虚部分别为

$$\sum_{k=0}^{m}(-1)^k C_{2m+1}^{2k}x^{2m+1-2k}y^{2k},\quad \sum_{k=0}^{m}(-1)^k C_{2m+1}^{2k+1}x^{2m-2k}y^{2k+1}.$$

(2) $\rho^n\cos n\theta$, $\rho^n\sin n\theta$.

4. $(1+\mathrm{i})^{\frac{1}{n}}=\sqrt[2n]{2}\left(\cos\frac{\pi+8k\pi}{4n}+\mathrm{i}\sin\frac{\pi+8k\pi}{4n}\right)$, $k=0,1,\cdots,n-1$;

$(-\mathrm{i})^{\frac{1}{n}}=\cos\frac{-\pi+4k\pi}{2n}+\mathrm{i}\sin\frac{-\pi+4k\pi}{2n}$, $k=0,1,\cdots,n-1$.

11. $\beta\bar{z}+\bar{\beta}z+c=0$ (c 为实数, β 为非零复数, $z=x+y\mathrm{i}$).

12. 圆心: $-a$; 半径: $\sqrt{|a|^2-b}$; 一点或虚圆.

14. 过北极的圆周.

习题 1.2

3. 在正实轴及原点处不连续, 在其余点处连续(见附录一开头部分).

4. $f_1(z)$ 是, $f_2(z)$ 否.

5. (1) $y=1$; (2) $y=x^2$; (3) $y=\frac{1}{x}$ 在第一象限的部分.

6. (2) x 轴; (3) $y=-3$;

(4) 焦点为$(-3,0)$, $(-1,0)$ 而长轴为 4 的椭圆;

(5) 由 i 发出且与 x 轴正向成 45° 的射线(不含 i);

(6) 以$\left(0,-\frac{1}{2}\right)$为心、$\frac{1}{2}$ 为半径的圆周(除去$(0,0)$).

7. (7) 以$\left(\frac{1}{2},0\right)$为心、$\frac{1}{2}$为半径圆周的外部；

(8) 双曲线 $xy=\frac{1}{2}$ 所围不含原点的部分.

8. (1) $u^2+v^2=\left(\frac{1}{2}\right)^2$； (2) $u+v=0$；

(3) $\left(u-\frac{1}{2}\right)^2+v^2=\left(\frac{1}{2}\right)^2$； (4) $u=\frac{1}{2}$.

10. 能；否.

12. -2π, 0, π.

13. $\frac{5\pi}{2}$, $-\frac{5}{2}\pi$.

习题 1.3

1. (1) 无； (2) 0； (3) 无.

2. (1) 条件收敛； (2) 绝对收敛； (3) 发散.

第一章习题

5. 以圆心为$\frac{a-K^2b}{1-K^2}$、半径为$\frac{K|a-b|}{|1-K^2|}$的圆周，或 a,b 之中垂线.

6. 设 $L_0(t)=z_0+\rho e^{2\pi it}$, $L_1(t)=z_0+\rho_1(t)e^{i\theta(t)}$ $(0\leqslant t\leqslant 1,\theta(0)+2\pi=\theta(1),\rho_1(0)=\rho_1(1))$. 取 $\psi(t,s)=z_0+[s\rho+(1-s)\rho_1(t)]e^{i2\pi st+i(1-s)\theta(t)}$.

习题 2.1

1. (1) $z=0$ 可导，$z\neq 0$ 不可导，$\mathbf{C}$ 上不解析；

(2) $x=y$ 上可导，其余点处均不可导，在 $\mathbf{C}$ 上不解析；

(3) $\mathbf{C}$ 上解析.

6. (1) 2, 0； (2) $\frac{1}{2}$, π； (3) $2\sqrt{2}$, $\frac{\pi}{4}$.

7. (1) $|z|<\frac{1}{2}$；$|z|>\frac{1}{2}$； (2) $|z|>1$；$|z|<1$.

习题 2.2

2. $u=\sin x\operatorname{ch}y$, $v=\cos x\operatorname{sh}y$；$u=\cos x\operatorname{ch}y$, $v=-\sin x\operatorname{sh}y$.

5. (1) $-\frac{3\pi}{2}i$, $\frac{\pi}{2}i$； (2) $e^{-\frac{3\pi}{4}i}$, $e^{\frac{\pi}{4}i}$.

6. $2^{-\frac{1}{16}}e^{\frac{13}{32}\pi i}$.

7. 若作剖线$[-\infty,-1]$及 $z=\pm 1$ 与 $z=i$ 连结的闭线段，$f(2)=\ln 3+\pi i$；若作剖线$[-\infty,-1]$及 $z=\pm 1$ 与 $z=-i$ 连结的闭线段，$f(2)=\ln 3-\pi i$（当然还可能有种种剖线作法）.

8. 以$[-1,0]$为剖线，$f(1)=\ln 2$.

9. 在形式上两枝表达式相同，但 $f_1(-1)=\sqrt{2}\,\mathrm{i}$，$f_2(-1)=-\sqrt{2}\,\mathrm{i}$.

10. 在适当的剖线下，$f(-2)=-3^{\frac{2}{3}}$.

第二章习题

2. 提示：当 z 在单位圆外域时，则$\frac{1}{z}$ 在单位圆的内域.

5. 否.

6. 互相正交的椭圆族和双曲线族(特殊情况退化为线段、射线、直线).

7. 椭圆$\frac{u^2}{(R(m+1))^2}+\frac{v^2}{(R(1-m))^2}=1$；$z=\frac{w+\sqrt{w^2-4mR^2}}{2R}$.

8. 否. 因起点位置及初值取法不同，$[F(z)]_\Gamma$ 可取有限或无穷个值；$[\sqrt{z}]_\Gamma=-2\sqrt{z_0}$.

9. 取剖线为$[-\infty,0]$,$\sqrt{1}=1$ 的分枝.

11. 设 $\alpha=a+\mathrm{i}b$，$\rho=|z|$，$\theta=\arg z$. 若$b=0$，则$\alpha\geqslant 0$或$|z|=1$时成立；若$b\neq 0$，则 $\theta=\frac{(a-\sqrt{a^2+b^2})\ln\rho}{b}$时成立(所有的情形均要求$|\alpha|$为非负整数).

12. 取 $z^\alpha=\mathrm{e}^{\alpha\log z}$ 和 $z^\beta=\mathrm{e}^{\beta\log z}$ 中的 $\log z$ 在同一单值连续分枝之中时.

14. 否.

15. $f(x_{\text{下}})=\mathrm{i}\sqrt[4]{x(1-x)^3}$，$f(-1)=\sqrt[4]{2}(1+\mathrm{i})$ (其中方根均理解为算术根).

16. (1) 错，其余均对.

习题 3.1

1. (1) 0; (2) 0; (3) $\frac{\pi}{2}$.

2. 4.

7. 提示：在估计绕半圆$|z|=R$，$\operatorname{Im} z\geqslant 0$ 的积分之模时，应用不等式 $\sin\theta\geqslant\frac{2\theta}{\pi}$ $\left(0\leqslant\theta\leqslant\frac{\pi}{2}\right)$；在估计位于下半平面内的弧($a<0$ 的情形) 的积分之模时，应用下述事实：当 $R\to+\infty$ 时，每一段弧的长度趋于$|a|$.

习题 3.2

2. (1) $2\pi\mathrm{i}$; (2) 0; (3) $\frac{4}{3}\pi$;

(4) $n\neq -1$ 时为$\frac{2\pi\mathrm{i}}{n+1}$，$n=-1$ 时为 $-2\pi^2$；

(5) $\alpha\neq-1$ 时为$\dfrac{e^{2\pi\alpha i}-1}{1+\alpha}$, $\alpha=-1$ 时为 $2\pi i$.

4. 提示：利用有界多连通域的柯西定理及上节习题第 4 题.

习题 3.3

2. (1) 0,1 都在 L 的外域时 $I=0$; 0 在 L 的内域、1 在 L 的外域时, $I=1$; 1 在 L 的内域、0 在 L 的外域时, $I=-\dfrac{e}{2}$; 0 和 1 均在 L 的内域时, $I=1-\dfrac{e}{2}$.

(2) a,b 都在圆外时, $I=0$; b 在圆内、a 在圆外时, $I=\dfrac{2\pi i}{(b-a)^n}$; a 在圆内、b 在圆外时, $I=\dfrac{(-1)^{n-1}2\pi i}{(a-b)^n}$; a,b 均在圆内时 $I=0$.

3. $2\pm f'(0)$.

4. 提示：利用有界多连通域的柯西公式及习题 3.1 第 5 题.

5. 提示：利用柯西公式.

6. 提示：利用上题. 注意到单位圆周上 $z\bar{z}=1$.

习题 3.4

1. (1) $\sqrt{2(\sqrt{2}-1)i}$; (2) 1; (3) $\dfrac{\pi i}{(n-1)!}$.

2. 提示：利用定理 3.3′.

3. $\displaystyle\int_a^b\frac{f'(\tau)}{\tau-\tau_0}d\tau+\frac{f(a)}{a-\tau_0}-\frac{f(b)}{b-\tau_0}$.

第三章习题

3. (1) 提示：考虑 e^{-z^2} 沿区域 $D=\left\{z\,\middle|\,|z|\leqslant R,\ 0\leqslant\arg z\leqslant\dfrac{\pi}{4}\right\}$ 的边界的积分.

(2) 提示：考虑 e^{-z^2} 沿着以 $-x_1,x_2,x_2+ih,-x_1+ih$ 为顶点的矩形边界的积分 $(x_1,x_2>0)$.

6. 提示：用莫瑞勒定理.

习题 4.1

1. (1) 1; (2) 1; (3) $\dfrac{1}{e}$;

(4) 1; (5) $+\infty$; (6) 1.

2. (1) $|z|\leqslant1$ 除去 $z=1$; $-\log(1-z)$, 取 $\log1=0$;

(2) $|z|<1$; $\dfrac{1}{(1-z)^2}$;

(3) $|z|\leqslant1$; $(1-z)\log(1-z)+z$, 取 $\log1=0$.

习题 4.2

1. (1) $\sum\limits_{n=1}^{+\infty}\dfrac{2^{\frac{n}{2}}\sin\dfrac{\pi}{4}n}{n!}z^n\quad(|z|<+\infty)$;

(2) $\sum\limits_{n=1}^{+\infty}(-1)^{n-1}\dfrac{2^{2n-1}}{(2n)!}z^{2n}\quad(|z|<+\infty)$;

(3) $\sum\limits_{n=0}^{+\infty}(-1)^n\dfrac{z^{2n+1}}{2n+1}\quad(|z|<1)$;

(4) $\sum\limits_{n=0}^{+\infty}(1-z)z^{4n}\quad(|z|<1)$.

2. (1) $\sum\limits_{n=0}^{+\infty}(-1)^n\dfrac{(z-1)^{2n}}{2^{2n+2}}\quad(|z-1|<2)$;

(2) $\sum\limits_{n=0}^{+\infty}(-1)^n(n+1)(z-1)^n\quad(|z-1|<1)$;

(3) $\sum\limits_{n=0}^{+\infty}\dfrac{\sin\left(1+\dfrac{\pi}{2}n\right)}{n!}(z-1)^n\quad(|z-1|<+\infty)$;

(4) $\dfrac{-1+\sqrt{3}\mathrm{i}}{2}\left[1+\sum\limits_{n=1}^{+\infty}(-1)^n\dfrac{(-1)\cdot2\cdot5\cdot\cdots\cdot(3n-4)}{3^n n!}(z-1)^n\right]$

$(|z-1|<1)$.

3. (1) $1+\dfrac{1}{2!}z^2+\dfrac{5}{4!}z^4+\cdots\quad\left(|z|<\dfrac{\pi}{2}\right)$;

(2) $1+z^2+\dfrac{1}{3}z^4+\cdots\quad(|z|<+\infty)$.

4. (1) $z=\pm3\mathrm{i}$ 为一阶, $z=\infty$ 为二阶; ①

(2) $z=0$ 为二阶, $z=k\pi$ (k 为整数, $k\neq0$) 为一阶;

(3) $z=2k\pi\mathrm{i}$ 为一阶(k 为整数), $z=\pm2$ 为 3 阶;

(4) $z=k\pi+\dfrac{\pi}{4}$ 为一阶(k 为整数);

(5) $z=k\pi$ 为三阶(k 为整数);

(6) $z=0$ 为三阶; $z=\sqrt[3]{k\pi}\varepsilon^j$ 为一阶, $j=0,1,2$ ($\varepsilon=\mathrm{e}^{\frac{2\pi}{3}\mathrm{i}}$), k 为非零整数.

6. (1),(3) 不存在; (2) 存在且为 $f(z)=\dfrac{z^2}{1+z^2}$.

习题 4.3

1. (1) $z=\pm\mathrm{i}$ 为二阶极点, $z=0$ 为本性奇点, $z=\infty$ 为可去奇点(6 阶零点);

---

① $f(z)$ 在 $z=\infty$ 的零点的阶, 意即 $\varphi(\zeta)=f\left(\dfrac{1}{\zeta}\right)$在 $\zeta=0$ 处零点的阶.

(2) $z=0$ 为二阶极点，$z=\infty$ 为本性奇点；

(3) $\alpha\neq k\pi$ 时，$z=2n\pi\pm\alpha$ 为一阶极点，$\alpha=k\pi$ 时，$z=2n\pi\pm\alpha$ 为二阶极点(k，n 均为整数)，$z=\infty$ 为极点的极限点；

(4) $z=0$ 为可去奇点，$z=2k\pi\mathrm{i}\ (k=\pm1,\pm2,\cdots)$ 为单极点，$z=\infty$ 为极点的极限点；

(5) $z=\dfrac{1}{k\pi}\ (k=\pm1,\pm2,\cdots)$ 为本性奇点，$z=0$ 为本性奇点的极限点，$z=\infty$ 为本性奇点；

(6) $z=k\pi$ 为单极点(k 为整数)，$z=\infty$ 为极点的极限点；

(7) 提示：将$\sqrt{z}$分枝，讨论$\sqrt{1}=\pm1$的情形；

(8) 提示：将 $\mathrm{Log}z$ 分枝，讨论不同初值 $\log 1=2k\pi\mathrm{i}$ 的情形.

2. (1),(4),(6) 可以，其余均不能.

3. (1) $\alpha_0+\sum\limits_{n=1}^{+\infty}\alpha_n(z^n+z^{-n})$，$\alpha_n=\dfrac{1}{\pi}\int_0^{\pi}\mathrm{e}^{2\cos\theta}\cos n\theta\,\mathrm{d}\theta$，$n=0,1,2,\cdots$；

(2) $\sum\limits_{n=-1}^{+\infty}\sum\limits_{k=0}^{n+1}\dfrac{(-1)^k\sin\frac{\pi}{2}(k+1)}{(n+1-k)!}z^n$；

(3) $\sum\limits_{n=0}^{+\infty}\dfrac{\sin\left(1+\frac{n\pi}{2}\right)}{n!}\cdot\dfrac{1}{(z-1)^n}$；

(4) $\sum\limits_{n=0}^{+\infty}(n+1)(-\mathrm{i})^n\dfrac{1}{(z-\mathrm{i})^{n+3}}$；

(5) $\dfrac{1}{5}\left[\sum\limits_{n=0}^{+\infty}\dfrac{(-1)^n}{2^{n+1}}z^n+\sum\limits_{n=0}^{+\infty}\dfrac{(-1)^{n+1}}{z^{2n+1}}+\sum\limits_{n=1}^{+\infty}\dfrac{(-1)^{n+1}2}{z^{2n}}\right]$；

(6) $\sum\limits_{n=0}^{+\infty}\left[\sum\limits_{k=0}^{n}\dfrac{(-1)^{n+1-k}}{k+1}\right](z-1)^n$；

(7) $\mathrm{e}^{-\alpha\pi\mathrm{i}}\left[\dfrac{1}{z+1}+\sum\limits_{n=1}^{+\infty}\dfrac{\alpha(\alpha+1)\cdots(\alpha+n-1)}{n!}(z+1)^{n-1}\right]$.

12. $f(z)=\sum\limits_{k=1}^{m}\dfrac{\beta_k}{z-z_k}$，其中$\dfrac{\beta_k}{z-z_k}$ 为 $f(z)$ 在 $z=z_k$ 的主部.

习题 5.1

1. (1) $\mathrm{Res}(f,2k\pi\mathrm{i})=-1$；

(2) $\mathrm{Res}(f,0)=\dfrac{1}{6}$，$\mathrm{Res}(f,\infty)=-\dfrac{1}{6}$；

(3) $\mathrm{Res}(f,-1)=(-1)^{n+1}\dfrac{2n(2n-1)\cdots(n+2)}{(n-1)!}$，

$\mathrm{Res}(f,\infty)=(-1)^n\dfrac{2n(2n-1)\cdots(n+2)}{(n-1)!}$；

(4) $\mathrm{Res}(f,-1)=2\sin 2$, $\mathrm{Res}(f,\infty)=-2\sin 2$;

(5) $\mathrm{Res}(f,0)=\mathrm{Res}(f,\infty)=0$;

(6) $\mathrm{Res}(f,0)=\mathrm{Res}(f,\infty)=0$;

(7) $\mathrm{Res}(f,\infty)=0$;

(8) $\mathrm{Res}(f,2)=\dfrac{128}{5}$, $\mathrm{Res}(f,\pm i)=\dfrac{2\pm i}{10}$, $\mathrm{Res}(f,\infty)=-26$.

3. (1) ± 1; (2) $\pm\dfrac{(a-b)^2}{8}$;

(3) $k\pi i, -\left(k+\dfrac{1}{2}\right)\pi i$, k 为整数;

(4) 以$[-\infty,0]$为剖线，取$\sqrt{1}=1$的分枝留数为$-2e^{2k\pi a i}$, k 为整数.

习题 5.2

1. (1) $-2\pi i$; (2) $-4n i$; (3) 0; (4) $-2\pi i$.

2. (1) $-2\pi i\sin 1$; (2) $\sin 1$.

习题 5.3

(1) $\dfrac{\pi}{2\sqrt{3}}$; (2) $\dfrac{\pi}{ab(a+b)}$; (3) $\dfrac{\pi}{12\sin\dfrac{\pi}{12}}$;

(4) $\dfrac{2\pi}{1-p^2}$; (5) $\dfrac{\pi}{2\sqrt{a(a+1)}}$; (6) $\dfrac{\pi}{3\cdot 2^m}$;

(7) $\dfrac{\pi}{2e}$; (8) $\dfrac{\pi}{2}\left(1-\dfrac{1}{e^m}\right)$; (9) $\dfrac{\pi}{2e}$;

(10) $\pi\sin 1$; (11) $\dfrac{\pi(1-p)}{4\cos\dfrac{\pi p}{2}}$; (12) $\dfrac{\pi}{\sin p\pi}(2^p-1)$;

(13) $-\dfrac{1}{2}$; (14) $\dfrac{\pi^3}{8}$; (15) $-\pi$;

(16) $\dfrac{2\pi}{\sqrt{3}}$; (17) $\dfrac{2\pi}{\sqrt{3}}$; (18) $\dfrac{(\ln 2)^2}{2}$;

(19) $\dfrac{\sqrt{2}}{2}\pi\ln 2$; (20) $\cos nx$.

习题 5.4

1. 提示：z_0 为 f 的零(极)点，则 z_0 是$\dfrac{f'}{f}$的一阶极点，且 $\mathrm{Res}\left(\dfrac{f'}{f},z_0\right)=k$, $k>0$ (<0)时，$k(-k)$ 为 f 零(极)点的阶.

2. 提示：利用留数定理.

3. 4个.

4. (1) 无根； (2) 4个.

第五章习题

1. $a \neq b$ 时，$\dfrac{2\pi\mathrm{i}(\mathrm{e}^a-\mathrm{e}^b)}{a-b}$；$a=b$ 时，$2\pi\mathrm{i}\mathrm{e}^a$.

5. (1) 提示：z^{2n} 是辐角的周期函数；答：$\dfrac{\pi}{2n\sin\dfrac{2m+1}{2n}\pi}$；

(2) $\sqrt{2}\pi$；

(3) $\dfrac{\pi}{\sin p\pi}\left(2^{\frac{p}{2}}\cos\dfrac{p}{4}\pi-1\right)$；

(4) 提示：$x=1$ 为可去奇点；答：$\dfrac{\pi^2}{4}$；

(5) 提示：考虑 $\dfrac{1}{(z-a)(\mathrm{Log}\, z-\pi\mathrm{i})}$；答：$\dfrac{\ln a}{\ln^2 a+\pi^2}+\dfrac{1}{1+a}$；

(6) $\dfrac{b-a}{2}\pi$；

(7) 提示：以顶点为 $-R_1, R_2, R_2+\mathrm{i}, -R_1+\mathrm{i}\ (R_1, R_2>0)$ 的矩形边界作围道，取辅助函数 $\dfrac{\mathrm{e}^{az}}{\mathrm{e}^{\pi z}-\mathrm{e}^{-\pi z}}$；答：$\dfrac{1}{2}\tan\dfrac{a}{2}$；

(8) 提示：辅助函数 $f(z)=\dfrac{\mathrm{e}^{4z\mathrm{i}}-4\mathrm{e}^{2z\mathrm{i}}+3}{8z^4}$，围道为上半闭圆盘 $\mathrm{Im}\, z\geqslant 0$，$|z|\leqslant R$ 的边界；答：$\dfrac{2}{3}\pi$.

6. 提示：取辅助函数 $f(z)=\dfrac{\mathrm{e}^{\mathrm{i}z}}{\sqrt{z}}$，围道为 $D=\{z \mid |z|\leqslant R,\ \mathrm{Im}\, z\geqslant 0,\ \mathrm{Re}\, z\geqslant 0\}$ 的边界，利用推广的柯西定理 3.3′（$f(z)$ 在 $z=0$ 有不足一阶的奇异性）.

习题 6.1

1. (1) $\mathrm{sh}\, z, \mathrm{ch}\, z$；　(2) $\dfrac{1}{1+z^2}$, $z\neq\pm\mathrm{i}$.

第六章习题

2. $\mathrm{Res}(f,-n)=(-1)^n\dfrac{1}{n!}$, $n=0,1,2,\cdots$.

3. 提示：用反证法. 若 $z=1$ 不是奇点，则单位圆周上处处不是奇点.

4. 提示：利用例 6.6.

5. 提示：证明 $|z|=1$ 上有一 $f(z)$ 奇点的稠密集，即 $z_0=\mathrm{e}^{2\pi\mathrm{i}\frac{p}{q}}$，$p,q$ 是正整数，$0\leqslant\dfrac{p}{q}\leqslant 1$.

习题 7.1

1. (1) $w=\dfrac{2(z+1)}{4\mathrm{i}z+5-\mathrm{i}}$；　(2) $w=\dfrac{\mathrm{i}z+3}{(2+\mathrm{i})(z-\mathrm{i})}$.

2. (1) 下半单位圆；　(2) $|w|<1$ 内除去 $\left|w+\frac{5\mathrm{i}}{4}\right|\leqslant\frac{3}{4}$ 的部分.

3. (1) $w=R\mathrm{i}\,\frac{z-\mathrm{i}}{z+\mathrm{i}}+w_0$；　(2) $w=\frac{z+\alpha}{1+\bar{\alpha}z}$；

(3) $w=\alpha\,\frac{z-1}{z+1}\ (\alpha<0)$；　(4) $w=\frac{1-z}{z+2}$；

(5) $w=(\sqrt{2}+1)\,\frac{z-1}{z+1}$；　(6) $w=-\frac{20}{z}$.

习题 7.2

2. 提示：证 D_1 为开集时，凡在 z 及 w 平面映照中有 ∞ 之处，对 z 或 w 作倒数映照.
3. (1) 提示：直接利用上题结论；
   (2) 提示：极点的情形利用倒数映照化为零点情形；零点的情形又分为在有穷点及 ∞ 处的情形；∞ 处有零点时作自变量倒数映照化为有穷点的情形；
   (3) 提示：利用推广了的单叶解析函数定义于反函数.

习题 7.3

1. $w=\frac{\mathrm{e}^z-\mathrm{i}}{\mathrm{e}^z+\mathrm{i}}$.
2. (1) 单位圆外除去射线：$y=0,\ 1\leqslant x\leqslant+\infty$；
   (2) $\{|z|<1\}\cap\{\operatorname{Re}z>0\}$.
4. 两组双曲线族；两组抛物线族. 特殊情形退化为直线或射线.
5. (1) 椭圆(7.34)内除去线段(7.35)后的区域；
   (2) 下半平面；
   (3) 上半平面；
   (4) 双曲线 $x^2-y^2=\frac{1}{2}$ 两枝之间的区域；
   (5) 椭圆(7.34)以外的区域(无界部分).
6. (1) 半椭圆；　(2) 双曲线一支；　(3) 下半平面；　(4) 上半平面.
7. (4) 提示：利用 $w=\cos z$.
8. 提示：将函数分解为基本的已知映照，然后逐一讨论.

习题 7.4

1. (1) $u=\cos\theta+\frac{1}{n}\cos n\theta,\ v=\sin\theta+\frac{1}{n}\sin n\theta\ (0\leqslant\theta\leqslant 2\pi)$ 所围成的区域；
   (2) 上半平面；
   (3) 下半平面.

2. (1) $w=\sqrt{\frac{z-(1+\mathrm{i})}{2(1+\mathrm{i})-z}}$；　(2) $w=\sqrt{\frac{z}{z-2}}$；　(3) $w=\sqrt{\frac{1-\mathrm{e}^{-\frac{\pi}{4}\mathrm{i}}z}{z-\mathrm{e}^{-\frac{\pi}{4}\mathrm{i}}}}$.

3. (1) $w=-\left[\frac{z-\sqrt{3}\mathrm{i}}{z+\sqrt{3}\mathrm{i}}\right]^{\frac{3}{2}}$;　　(2) $w=\left(\frac{z+1}{z-1}\right)^{2}$;

(3) $w=\exp\left(\frac{2\pi\mathrm{i}z}{z-2}\right)$;　　(4) $w=\exp\left\{\frac{\mathrm{i}\pi(z-2)}{z}\right\}$;

(5) $w=\frac{z+\sqrt{3}}{z-\sqrt{3}}$; $7+4\sqrt{3}$;　　(6) $w=\mathrm{e}^{\mathrm{i}\theta}\frac{2z}{z+24}$, θ 为任意实数, $\rho=\frac{2}{3}$.

4. (1) $w=\frac{\left(\sqrt{\frac{2z-1}{2-z}}+1\right)^{2}-\mathrm{i}\left(\sqrt{\frac{2z-1}{2-z}}-1\right)^{2}}{\left(\sqrt{\frac{2z-1}{2-z}}+1\right)^{2}+\mathrm{i}\left(\sqrt{\frac{2z-1}{2-z}}-1\right)^{2}}$;

(2) $w=\frac{(z^{\frac{\pi}{\alpha}}+1)^{2}-\mathrm{i}(z^{\frac{\pi}{\alpha}}-1)^{2}}{(z^{\frac{\pi}{\alpha}}+1)^{2}+\mathrm{i}(z^{\frac{\pi}{\alpha}}-1)^{2}}$;

(3) $w=\frac{1}{\pi\mathrm{i}}\log\left(-\mathrm{i}\mathrm{e}^{-\pi}\frac{z-1}{z+1}\right)$.

第七章习题

3. 提示：利用许瓦兹引理及单位圆到自身的映照.

4. 提示：应用许瓦兹引理.

5. 提示：(1) 利用第 4 题； (2) 利用许瓦兹引理.

6. $w=\frac{z^{2}+2\mathrm{i}z+1}{z^{2}-2\mathrm{i}z+1}$.

7. $w=\frac{2}{5}\left(z+\frac{1}{z}\right)+\sqrt{\left[\frac{2}{5}\left(z+\frac{1}{z}\right)\right]^{2}-1}$.

8. 提示：将函数分解为基本函数的映照，利用儒可夫斯基函数.

9. (1) $w=\mathrm{i}(z^{2}-1)$;

(2) 提示：利用习题 7.3 的第 4 题；答：$z=\sqrt{w}-\mathrm{i}$;

(3) $w=-\frac{\mathrm{i}}{2}(z+\sqrt{z^{2}-2})^{2}$;

(4) 提示：利用习题 7.3 的第 5 题；答：$w=\frac{1}{9}(z+\sqrt{z^{2}-9})$;

(5) $w=\sqrt{\sqrt{z^{2}+1}+1}$;

(6) $w=\frac{1}{\sqrt{2}a}(\sqrt{z^{2}+a^{2}}+\sqrt{z^{2}-a^{2}})$.

注　第七章习题的答案中，多值函数均对适当分枝才成立.

习题 8.1

1. (1) $f(z)=(1-2\mathrm{i})z^{3}+\mathrm{i}C$;　　(2) $f(z)=\frac{1}{z}+\mathrm{i}C$;

(3) $f(z)=z^3-2z+(1-\mathrm{i})C$; (4) $f(z)=z^3+C$

(以上 C 均为任意实常数).

6. 提示：先考虑 D 为单连通域的情形.

7. 提示：$|\zeta|=R$ 时，$\dfrac{R-|z|}{R+|z|}\leqslant \operatorname{Re}\dfrac{\zeta+z}{\zeta-z}\leqslant\dfrac{R+|z|}{R-|z|}$.

9. $c=-3a$, $b=-3d$; $f(z)=(a+\mathrm{i}d)z^3+\mathrm{i}C$ (C 为任意实常数).

习题 8.2

4. $f(z)=\dfrac{1}{\pi\mathrm{i}}\displaystyle\int_{-\infty}^{+\infty}\frac{u(t)}{t-z}\mathrm{d}t+\mathrm{i}C$.

习题 8.3

1. $w=c\displaystyle\int_0^z z^{-\frac{3}{4}}(1-z)^{-\frac{1}{2}}\mathrm{d}z$, $c=\dfrac{a}{B\left(\dfrac{1}{4},\dfrac{1}{2}\right)}$.

2. $w=\arcsin z$ 取 $w(0)=0$ 分枝.

3. 提示：设正方形顶点为 $w_1=0$, $w_2=a>0$, $w_3=(1+\mathrm{i})a$, $w_4=a\mathrm{i}$. 先考虑把第一象限映为三角形 w_1,w_2,w_3 内部，再利用对称原理.

5. $w=-\dfrac{1}{2}a\mathrm{i}\sqrt{z}(z-3)$.

第八章习题

2. (3) 提示：在 $0<|z-a|<R$ 内求 v. 若循环常数 $P=0$，则考虑 $F(z)=\mathrm{e}^{f(z)}$, $f(z)=u+\mathrm{i}v$; 若 $P\neq 0$，则考虑 $F(z)=\mathrm{e}^{\frac{2\pi}{P}(u+\mathrm{i}v_1+\mathrm{i}nP)}$, v_1 为某单值函数.

4. 提示：域内任取一点 z_0，作圆域 $B(z_0,R)\subset D$，于其上考虑 $u(z)-P_u(z)$ 是否恒为零. 再利用上题.

6. $u(r\mathrm{e}^{\mathrm{i}\theta})=\dfrac{1}{2\pi}\displaystyle\int_0^{2\pi}u(R\mathrm{e}^{\mathrm{i}\varphi})\frac{r^2-R^2}{R^2-2rR\cos(\varphi-\theta)+r^2}\mathrm{d}\varphi$ ($R<r$, $0\leqslant\theta\leqslant 2\pi$),

$$u(\infty)=\frac{1}{2\pi}\int_0^{2\pi}u(R\mathrm{e}^{\mathrm{i}\varphi})\mathrm{d}\varphi.$$

7. $w=\dfrac{h_1}{\pi}\left(\log(1-z)+\dfrac{h_2}{\pi}\log\left(1+\dfrac{h_1}{h_2}z\right)\right)$, 其中 $\log 1=0$.

习题 9.1

1. $f(z)=(1-\mathrm{i})z$.

2. $f(z)=-\dfrac{\mathrm{i}}{2}z^2$.

习题 9.2

$f(z)=v_\infty\sqrt{z^2+h^2}$.

■■■■■■■■■■已出版书目

高等学校数学系列教材

- 复变函数（第二版） 路见可 钟寿国 刘士强
  （普通高等教育“十一五”国家级规划教材）
- 线性规划（第二版） 张干宗
- 积分方程论（第二版） 路见可 钟寿国
- 常微分方程（第二版） 蔡燧林
- 抽象代数（第二版） 牛凤文
- 高等代数 邱森
- 小波分析 樊启斌

已出版书目

高等学校数学系列教材

- 复变函数（第三版） 路见可 钟寿国 刘士强
  （普通高等教育"十一五"国家级规划教材）
- 线性规划（第二版） 张干宗
- 积分方程论（第二版） 路见可 钟寿国
- 常微分方程（第二版） 蔡燧林
- 抽象代数（第二版） 牛凤文
- 高等代数 周森
- 小波分析 魏启斌